21世纪普通高校计算机公共课程

U0681917

新编信息技术
上机与实验指导

姚建东 主编

李海柱 张桂英 王翠茹 等 编著

荣智涛 审校

清华大学出版社
北京

内 容 简 介

本书面向广大计算机技术爱好者、多媒体技术爱好者和信息网络技术爱好者,按照计算机信息技术学习的一般规律和实践要求,精心设计、科学编排了 118 个实验案例,详细介绍了在学习、掌握信息技术的基本技能和应用实践中所涉及的相关操作技术和应用技能。全书共分为 10 章,包括多媒体计算机系统、Windows 7 操作系统、数字化办公系统、图形图像、数字音频处理、数字视频处理、电脑动画、计算机网络与Internet、信息安全与计算机病毒防范、信息检索与利用等内容。

本书针对性强,既有翔实的实验步骤,又有丰富的图表信息,使读者能容易、快速、全面地掌握信息技术的基本操作技术和实践应用技能。

本书循序渐进、内容完整、实用性强,以教材方式组织内容,可作为大中专院校、高等职业技术院校、培训机构、社会团体的信息技术教学和培训的实验指导教材,也可供社会广大信息技术爱好者参考。

图书在版编目(CIP)数据

新编信息技术上机与实验指导/姚建东主编;李海柱等编著. —北京:清华大学出版社,2010.9
(2014.7 重印)
(21 世纪普通高校计算机公共课程规划教材)
ISBN 978-7-302-23642-9

Ⅰ. ①新…　Ⅱ. ①姚…　②李…　Ⅲ. ①电子计算机－高等学校－教学参考资料　Ⅳ. ①TP3

中国版本图书馆 CIP 数据核字(2010)第 160117 号

责任编辑:梁　颖
责任校对:焦丽丽
责任印制:何　芊

出版发行:清华大学出版社
　　网　　址:http://www.tup.com.cn,http://www.wqbook.com
　　地　　址:北京清华大学学研大厦 A 座　　　　邮　编:100084
　　社 总 机:010-62770175　　　　　　　　　　邮　购:010-62786544
　　投稿与读者服务:010-62776969,c-service@tup.tsinghua.edu.cn
　　质 量 反 馈:010-62772015,zhiliang@tup.tsinghua.edu.cn
印 装 者:三河市春园印刷有限公司
经　　销:全国新华书店
开　　本:185mm×260mm　　　印　张:20.5　　　字　数:496 千字
版　　次:2010 年 9 月第 1 版　　　　　　　印　次:2014 年 7 月第 4 次印刷
印　　数:6501~7500
定　　价:32.00 元

产品编号:038298-01

出 版 说 明

随着我国改革开放的进一步深化,高等教育也得到了快速发展,各地高校紧密结合地方经济建设发展需要,科学运用市场调节机制,加大了使用信息科学等现代科学技术提升、改造传统学科专业的投入力度,通过教育改革合理调整和配置了教育资源,优化了传统学科专业,积极为地方经济建设输送人才,为我国经济社会的快速、健康和可持续发展以及高等教育自身的改革发展做出了巨大贡献。但是,高等教育质量还需要进一步提高以适应经济社会发展的需要,不少高校的专业设置和结构不尽合理,教师队伍整体素质亟待提高,人才培养模式、教学内容和方法需要进一步转变,学生的实践能力和创新精神亟待加强。

教育部一直十分重视高等教育质量工作。2007年1月,教育部下发了《关于实施高等学校本科教学质量与教学改革工程的意见》,计划实施"高等学校本科教学质量与教学改革工程(简称'质量工程')",通过专业结构调整、课程教材建设、实践教学改革、教学团队建设等多项内容,进一步深化高等学校教学改革,提高人才培养的能力和水平,更好地满足经济社会发展对高素质人才的需要。在贯彻和落实教育部"质量工程"的过程中,各地高校发挥师资力量强、办学经验丰富、教学资源充裕等优势,对其特色专业及特色课程(群)加以规划、整理和总结,更新教学内容、改革课程体系,建设了一大批内容新、体系新、方法新、手段新的特色课程。在此基础上,经教育部相关教学指导委员会专家的指导和建议,清华大学出版社在多个领域精选各高校的特色课程,分别规划出版系列教材,以配合"质量工程"的实施,满足各高校教学质量和教学改革的需要。

本系列教材立足于计算机公共课程领域,以公共基础课为主、专业基础课为辅,横向满足高校多层次教学的需要。在规划过程中体现了如下一些基本原则和特点。

(1) 面向多层次、多学科专业,强调计算机在各专业中的应用。教材内容坚持基本理论适度,反映各层次对基本理论和原理的需求,同时加强实践和应用环节。

(2) 反映教学需要,促进教学发展。教材要适应多样化的教学需要,正确把握教学内容和课程体系的改革方向,在选择教材内容和编写体系时注意体现素质教育、创新能力与实践能力的培养,为学生知识、能力、素质协调发展创造条件。

(3) 实施精品战略,突出重点,保证质量。规划教材把重点放在公共基础课和专业基础课的教材建设上;特别注意选择并安排一部分原来基础比较好的优秀教材或讲义修订再版,逐步形成精品教材;提倡并鼓励编写体现教学质量和教学改革成果的教材。

(4) 主张一纲多本,合理配套。基础课和专业基础课教材配套,同一门课程有针对不同层次、面向不同专业的多本具有各自内容特点的教材。处理好教材统一性与多样化,基本教材与辅助教材、教学参考书,文字教材与软件教材的关系,实现教材系列资源配套。

(5) 依靠专家,择优选用。在制订教材规划时要依靠各课程专家在调查研究本课程教材建设现状的基础上提出规划选题。在落实主编人选时,要引入竞争机制,通过申报、评审确定主题。书稿完成后要认真实行审稿程序,确保出书质量。

　　繁荣教材出版事业,提高教材质量的关键是教师。建立一支高水平教材编写梯队才能保证教材的编写质量和建设力度,希望有志于教材建设的教师能够加入到我们的编写队伍中来。

　　　　　　　21 世纪普通高校计算机公共课程规划教材编委会

　　　　　　　联系人:梁颖 liangying@tup. tsinghua. edu. cn

前 言

随着信息技术的快速发展,计算机技术、网络技术、多媒体技术已经成为现代人类社会最具影响力的科技技术。加强信息观念、掌握信息处理的手段和技术、培养信息应用的道德意识和法制精神,已经成为高校信息技术课程的最基本目标。本书旨在通过精心选择和设计的一系列实验案例,强化信息技术在基础应用、文字办公、多媒体处理、网络应用、信息安全等几个方面的实践操作能力,培养读者把信息技术的理论知识与应用实践结合起来的方法和技能,使信息技术真正成为读者有效处理信息的掌中利器。

本书特点

本书的内容编排和目录组织十分讲究,使读者能够快速掌握计算机技术的实践操作方法。书中把每个知识点都精心设计成为简短的实验,通过实验步骤的引导,一步一步引导读者掌握信息应用和处理的基本方法、基本操作技能。这样既能避免枯燥和空洞,又能让读者在轻松愉快的实验中熟悉和掌握实际应用,从而激发读者对信息技术的兴趣。

概括来讲,本书具有如下特点:

❑ 取材广泛,内容丰富。本书每一章节的实验案例包括基础教学案例和实践应用案例。

❑ 案例完整,结构严谨。本书选择的实验案例都是由浅入深、循序渐进。

❑ 讲解通俗,内容翔实。每个实验案例的操作步骤都是以通俗易懂的语言阐述,并穿插重要的图表信息。

❑ 目的明确,过程清晰。本书所有实验案例都有明确的试验目的和预期目标,每一个实验案例都由实验目的、实验步骤和实验结论组成。

组织结构

本书共分 10 章,涵盖了多媒体计算机系统、Windows 7 操作系统、数字化办公系统、图形图像、数字音频处理、数字视频处理、电脑动画、计算机网络与 Internet、信息安全与计算机病毒防范、信息检索与利用等内容,是信息素养教育比较理想的实验指导用书。

本书在选择、设计实验案例时,充分考虑学习者的学习特点和信息技术掌握的一般规律,每一个实验案例都有明确的"实验目的"、详细的"实验步骤"和精练的"实验结论";每一章所选择的实验都有助于读者由基础训练到实践应用,由简单操作到综合实践,由浅入深、由表及里、循序渐进地掌握信息技术的相关技术和技能。

读者对象

❑ 大中专院校非计算机专业学生

❑ 高等职业技术院校非计算机专业学生

❑ 信息技术培训教师和学员

❑ 信息技术爱好者和相关技术人员

编者与致谢

本书由姚建东主编，李海柱、张桂英、王翠茹、金涛、马晓波等编著。全书内容与结构由姚建东规划、统稿，并完成编写第 2 章、第 10 章全部内容；李海柱完成编写第 1 章全部内容；张桂英完成编写第 3 章、第 5 章全部内容；王翠茹完成编写第 4 章、第 6 章全部内容；金涛完成编写第 7 章全部内容；马晓波完成编写第 8 章、第 9 章全部内容。同时参与本书编写工作的人员还有：文黎敏、王治国、冯强、曾德惠、许庆华、程亮、周聪、黄志平、胡松、邢永峰、邵军、边海龙、刘达因、赵婷、马鸿娟、侯桐、赵光明、李胜、李辉、侯杰、王红研、王磊、闫守红、康涌泉、蒋杼倩、王小东、张森、张正亮、宋利梅、何群芬、程瑶等，在此一并表示感谢。

配套服务

我们为本书专门制作了电子资源和教学资料以方便老师课堂教学，读者可从清华大学出版社网站下载。由于作者水平所限，加之信息技术发展迅速，本实验指导教材的覆盖面广，书中错误和不妥之处在所难免，恳请广大读者批评指正。我们的联络方式：china_54@tom.com。

编 者

2010 年 7 月

目 录

第 1 章　多媒体计算机系统与组成上机实践 ………………………………………… 1

　1.1　组装多媒体计算机系统 …………………………………………………………… 1

　　1.1.1　实验 1　观察多媒体计算机由哪些部件组成 ……………………………… 1

　　1.1.2　实验 2　选择多媒体计算机部件 ……………………………………………… 3

　　1.1.3　实验 3　组装多媒体计算机 …………………………………………………… 7

　　1.1.4　实验 4　启动多媒体计算机 …………………………………………………… 10

　　1.1.5　实验 5　BIOS 基本设置 ……………………………………………………… 11

　　1.1.6　实验 6　安装 Windows XP 操作系统 ……………………………………… 13

　　1.1.7　实验 7　安装硬件驱动程序 ………………………………………………… 16

　　1.1.8　问题与解答 …………………………………………………………………… 18

　1.2　多媒体计算机外部设备的选择与连接 ………………………………………… 18

　　1.2.1　实验 1　选择手写绘图板并连接多媒体计算机 …………………………… 19

　　1.2.2　实验 2　选择图像扫描仪并连接多媒体计算机 …………………………… 19

　　1.2.3　实验 3　选择音箱并连接多媒体计算机 …………………………………… 20

　　1.2.4　实验 4　选择录音卡座并连接多媒体计算机 ……………………………… 21

　　1.2.5　实验 5　选择视频采集卡并连接多媒体计算机 …………………………… 22

　　1.2.6　实验 6　选择一部摄像机并连接多媒体计算机 …………………………… 23

　　1.2.7　问题与解答 …………………………………………………………………… 24

　1.3　维护多媒体计算机系统 ………………………………………………………… 24

　　1.3.1　实验 1　Windows XP 操作系统注册表的备份与还原 …………………… 24

　　1.3.2　实验 2　Windows XP 操作系统垃圾文件清理 …………………………… 26

　　1.3.3　实验 3　Windows XP 操作系统无法正常启动故障排除 ………………… 27

　　1.3.4　实验 4　Windows XP 操作系统的备份 …………………………………… 27

　　1.3.5　实验 5　Windows XP 操作系统的还原 …………………………………… 30

　　1.3.6　实验 6　多媒体计算机除尘 ………………………………………………… 31

　　1.3.7　实验 7　多媒体计算机开机无显示故障诊断与排除 ……………………… 33

　　1.3.8　实验 8　多媒体计算机无法开机故障诊断与排除 ………………………… 33

　　1.3.9　问题与解答 …………………………………………………………………… 34

第 2 章　Windows 7 多媒体操作系统上机实践 ………………………………………… 35

　2.1　Windows 7 多媒体操作系统的安装 …………………………………………… 35

2.1.1　实验 1　使用 Windows 7 升级顾问 ················· 35

2.1.2　实验 2　安装 Windows 7 操作系统 ················· 36

2.1.3　问题与解答 ················· 39

2.2　Windows 7 多媒体操作系统的使用 ················· 41

2.2.1　实验 1　个性化主题环境 ················· 41

2.2.2　实验 2　桌面小工具的使用 ················· 45

2.2.3　实验 3　Windows 7 经典附件"画图"程序的使用 ················· 46

2.2.4　实验 4　Windows 7 经典附件"写字板"程序的使用 ················· 50

2.2.5　实验 5　资源管理器的使用 ················· 52

2.2.6　实验 6　媒体中心的使用 ················· 56

2.2.7　问题与解答 ················· 59

2.3　Windows 7 多媒体操作系统的维护 ················· 61

2.3.1　实验 1　系统备份与还原 ················· 62

2.3.2　实验 2　建立系统映像与系统恢复 ················· 63

2.3.3　实验 3　磁盘检查与整理 ················· 65

2.3.4　实验 4　用户帐户与管理 ················· 67

2.3.5　问题与解答 ················· 69

第 3 章　数字办公系统上机实践 ················· 71

3.1　Microsoft Office Word 上机实践 ················· 71

3.1.1　实验 1　特殊字符的录入 ················· 71

3.1.2　实验 2　图文混排练习 ················· 74

3.1.3　实验 3　制作一张名片 ················· 79

3.1.4　实验 4　制作一份试卷 ················· 83

3.1.5　实验 5　Word 长篇文档的排版 ················· 87

3.1.6　实验 6　制作一份个人简历 ················· 95

3.1.7　问题与解答 ················· 98

3.2　Microsoft Office Excel 上机实践 ················· 99

3.2.1　实验 1　制作一份成绩单 ················· 99

3.2.2　实验 2　求总成绩、平均成绩 ················· 102

3.2.3　实验 3　按总成绩从大到小排列 ················· 105

3.2.4　实验 4　筛选出不及格学生的名单 ················· 106

3.2.5　实验 5　按专业分类汇总，生成总成绩饼形图 ················· 107

3.2.6　问题与解答 ················· 109

3.3　Microsoft Office PowerPoint 上机实践 ················· 111

3.3.1　实验 1　制作"丫丫画册"演示文稿 ················· 111

3.3.2　实验 2　设置"丫丫画册"演示文稿的动画效果 ················· 116

3.3.3　实验 3　设置幻灯片放映 ················· 118

3.3.4　问题与解答 ················· 119

第 4 章　图形图像上机实践 ……………………………………………………………… 120

　4.1　数字图像扫描与获取上机实践 …………………………………………………… 120

　　　4.1.1　实验 1　通过扫描仪获取图像 ………………………………………… 120

　　　4.1.2　实验 2　用 Snagit 软件获取图像 …………………………………… 121

　　　4.1.3　问题与解答 ……………………………………………………………… 122

　4.2　Adobe Photoshop 上机实践 ……………………………………………………… 122

　　　4.2.1　实验 1　合成照片 ……………………………………………………… 122

　　　4.2.2　实验 2　制作杂志封面 ………………………………………………… 124

　　　4.2.3　实验 3　制作手机广告 ………………………………………………… 127

　　　4.2.4　实验 4　制作化妆品广告 ……………………………………………… 131

　　　4.2.5　实验 5　制作艺术照片 ………………………………………………… 133

　　　4.2.6　实验 6　制作显示器广告 ……………………………………………… 136

　　　4.2.7　实验 7　制作时尚相框 ………………………………………………… 138

　　　4.2.8　实验 8　海滨游宣传海报 ……………………………………………… 142

　　　4.2.9　实验 9　合成婚纱照 …………………………………………………… 145

　　　4.2.10　实验 10　制作儿童照片 ……………………………………………… 150

　　　4.2.11　实验 11　制作足球海报 ……………………………………………… 153

　　　4.2.12　实验 12　制作风情图片 ……………………………………………… 157

　　　4.2.13　实验 13　巧克力广告 ………………………………………………… 160

　　　4.2.14　问题与解答 ……………………………………………………………… 163

　4.3　CorelDRAW 上机实践 …………………………………………………………… 164

　　　4.3.1　绘制简单图形 …………………………………………………………… 164

　　　4.3.2　问题与解答 ……………………………………………………………… 165

　4.4　ACDSee 图形图像管理 …………………………………………………………… 166

　　　4.4.1　利用 ACDSee 转换图片格式 ………………………………………… 166

　　　4.4.2　问题与解答 ……………………………………………………………… 168

第 5 章　数字音频上机实践 ……………………………………………………………… 170

　5.1　数字音频的采集与录制 …………………………………………………………… 170

　　　5.1.1　实验 1　通过 MIC 录制声音文件 …………………………………… 170

　　　5.1.2　实验 2　通过 Line In 录制声音文件 ……………………………… 172

　　　5.1.3　实验 3　声音文件质量的调整 ………………………………………… 172

　　　5.1.4　问题与解答 ……………………………………………………………… 174

　5.2　通用数字音频处理软件 Sony Sound Forge …………………………………… 174

　　　5.2.1　实验 1　使用 Sony Sound Forge 进行录音 ……………………… 174

　　　5.2.2　实验 2　自制手机铃声 ………………………………………………… 176

　　　5.2.3　实验 3　调节音量 ……………………………………………………… 178

　　　5.2.4　实验 4　时间的压缩与拉伸 …………………………………………… 182

5.2.5　实验5　配乐诗朗诵 ································· 184

5.2.6　实验6　立体声声音文件与单声道声音文件的相互转换 ·········· 185

5.2.7　实验7　音乐的变声处理 ····························· 187

5.2.8　实验8　空间与回音效果 ····························· 188

5.2.9　实验9　使用均衡器 ······························· 189

5.2.10　问题与解答 ································· 190

5.3　音频播放软件上机实践 ································· 191

5.3.1　实验1　单首歌曲的播放 ····························· 191

5.3.2　实验2　连续播放多首歌曲 ··························· 191

5.3.3　实验3　打造个人"音乐数据库" ························ 192

5.3.4　实验4　图形均衡器的使用 ··························· 193

5.3.5　问题与解答 ··································· 194

第6章　数字视频上机实践 ··································· 195

6.1　数字视频的采集与录制 ································· 195

6.1.1　通过 Windows Movie Maker 软件采集视频 ················ 195

6.1.2　问题与解答 ································· 197

6.2　通用数字视频处理软件 Adobe Premiere ····················· 197

6.2.1　实验1　素材导入与管理 ····························· 197

6.2.2　实验2　剪辑视频 ······························· 201

6.2.3　实验3　应用转场 ······························· 203

6.2.4　实验4　添加特效 ······························· 206

6.2.5　实验5　关键帧动画 ······························· 209

6.2.6　实验6　MTV 制作 ······························· 212

6.2.7　问题与解答 ································· 216

6.3　数字影音格式转换与播放 ································· 217

6.3.1　通过 WinAVI 转换视频格式 ························· 217

6.3.2　问题与解答 ································· 218

第7章　电脑动画上机实践 ··································· 220

7.1　Flash 基础操作 ···································· 220

7.1.1　实验1　新建 Flash 文档 ··························· 220

7.1.2　实验2　保存 Flash 文档 ··························· 222

7.1.3　实验3　图形绘制与编辑(标志制作) ······················ 223

7.1.4　实验4　创建与编辑文本对象(制作彩色文字) ················· 228

7.1.5　实验5　元件库基本操作 ····························· 230

7.1.6　问题与解答 ································· 231

7.2　Flash 动画制作 ···································· 232

7.2.1　实验1　基础动画设计：倒计时盘 ······················· 232

7.2.2　实验 2　形状变形动画：小禾苗的生长 …………………………………… 234

7.2.3　实验 3　引导动画：小鸟飞行的效果 …………………………………… 236

7.2.4　实验 4　遮罩动画：百叶窗效果 …………………………………… 238

7.2.5　实验 5　简单脚本控制动画：小球的运动 …………………………………… 241

7.2.6　问题与解答 …………………………………… 244

7.3　Flash 综合动画制作 …………………………………… 244

7.3.1　实验 1　综合实例：滚动的字幕 …………………………………… 245

7.3.2　实验 2　综合实例：飞舞的鼠标 …………………………………… 247

7.3.3　问题与解答 …………………………………… 248

第 8 章　计算机网络与 Internet 上机实践 …………………………………… 249

8.1　连接到 Internet …………………………………… 249

8.1.1　实验 1　网线的制作 …………………………………… 249

8.1.2　实验 2　通过调制解调器电话拨号接入 Internet …………………………………… 251

8.1.3　实验 3　通过局域网接入 Internet …………………………………… 254

8.1.4　实验 4　通过 ADSL 接入 Internet …………………………………… 255

8.1.5　问题与解答 …………………………………… 258

8.2　Internet Explorer 浏览器的使用 …………………………………… 259

8.2.1　实验 1　Internet Explorer 基本设置 …………………………………… 259

8.2.2　实验 2　通过 Web 浏览器浏览网页 …………………………………… 261

8.2.3　问题与解答 …………………………………… 262

8.3　FTP 客户端软件传输文件 …………………………………… 263

8.3.1　通过 FTP 客户端软件传输文件 …………………………………… 263

8.3.2　问题与解答 …………………………………… 267

8.4　电子邮件的使用 …………………………………… 268

8.4.1　实验 1　基于 Web 的电子邮件的使用 …………………………………… 268

8.4.2　实验 2　基于邮件客户端软件的电子邮件的使用 …………………………………… 271

8.4.3　问题与解答 …………………………………… 275

8.5　Dreamweaver 制作网页 …………………………………… 276

8.5.1　通过 Dreamweaver 制作网页 …………………………………… 276

8.5.2　问题与解答 …………………………………… 283

第 9 章　信息安全与计算机病毒防范上机实践 …………………………………… 284

9.1　防火墙应用上机实践 …………………………………… 284

9.1.1　瑞星防火墙的使用 …………………………………… 284

9.1.2　问题与解答 …………………………………… 290

9.2　计算机的安全机制上机实践 …………………………………… 290

9.2.1　计算机安全设置 …………………………………… 290

9.2.2　问题与解答 …………………………………… 294

X

9.3　计算机病毒防范上机实践 ···································· 295

9.3.1　瑞星杀毒软件的使用 ···································· 295

9.3.2　问题与解答 ···································· 299

第 10 章　信息检索与利用上机实践 ···································· 300

10.1　信息检索的常用方法 ···································· 300

10.1.1　实验 1　通过百度搜索引擎检索信息 ···································· 300

10.1.2　实验 2　通过 Google 搜索引擎进行学术文献搜索 ············ 303

10.1.3　实验 3　超星数字图书馆的使用 ···································· 304

10.1.4　问题与解答 ···································· 307

10.2　通过 OCR 软件进行数字信息的再加工 ···································· 308

10.2.1　实验 1　对数字格式文档进行图像转换 ···································· 308

10.2.2　实验 2　通过尚书 OCR 进行图像文件的文字识别 ············· 311

10.2.3　问题与解答 ···································· 312

参考文献 ···································· 314

第1章 多媒体计算机系统与组成上机实践

知识点：
- 认识多媒体计算机主要部件
- 选择多媒体计算机部件
- 组装多媒体计算机
- BIOS 基本设置
- 安装 Windows XP 操作系统
- 安装驱动程序
- 多媒体计算机外部设备的连接
- 多媒体计算机系统的维护

本章导读：

多媒体计算机系统由硬件系统和软件系统组成。其中，硬件系统包括计算机主要配置和各种多媒体外部设备以及与各种多媒体外部设备连接的控制接口卡；软件系统包括多媒体操作系统、多媒体设备驱动程序和各种多媒体应用软件。

1.1 组装多媒体计算机系统

多媒体计算机部件除有主机、显示器、键盘、鼠标和音箱等主要部件外，还有话筒、扫描仪、打印机以及其他影音设备。

1.1.1 实验 1 观察多媒体计算机由哪些部件组成

1. 实验目的

通过本实验了解构成多媒体计算机的各部件。

2. 实验步骤

(1) 观察一台多媒体计算机由哪些部分组成。从外观上看，多媒体计算机由主机、显示器、键盘、鼠标和音箱构成，如图 1-1 所示。

(2) 观察主机箱后面板的各种接口。主机接口有给主机供电的电源插口(黑色)、连接键盘鼠标的 PS/2 接口(蓝绿色)、连接各种移动设备的 USB 接口(黑色)、连接打印机的 LPT 接口(朱红色)、连接通信设备的 COM 接口(深蓝色)、连接话筒的 MIC 接口(粉红色)、连接音箱的 Line Out 接口(淡绿色)、连接音频设备的 Line In 接口(淡蓝色)、连接显示器的 VGA 接口(蓝色)、连接局域网络的网卡接口等，如图 1-2 所示。

图 1-1　联想开天 4610 多媒体计算机的外观

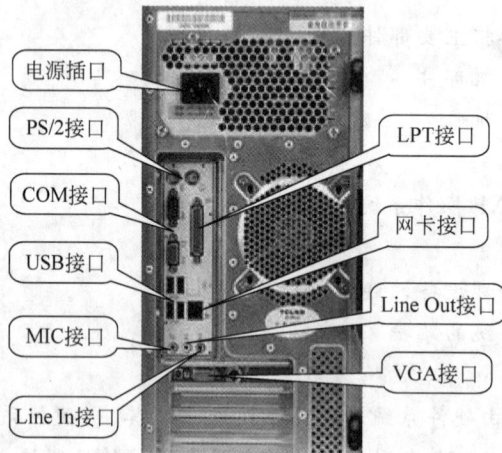

图 1-2　各部件的接口

（3）将主机箱左边的挡板拆下来，观察主机箱里面的各部件之间的连接。主机箱内部有主板、CPU、内存条、显卡、软盘驱动器、硬盘驱动器、光盘驱动器和电源等部件；有主板、CPU、软驱、硬盘、光驱等部件的电源连线；有软驱、硬盘、光驱等存储设备的数据连线；还有主机前面板上的电源开关、电源指示灯、硬盘指示灯、USB 接口、耳麦等的连线，如图 1-3所示。

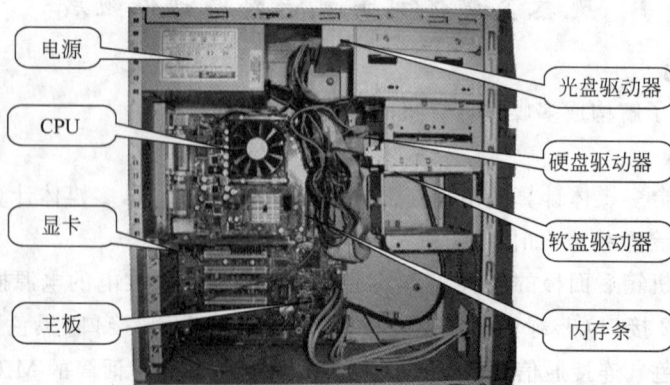

图 1-3　主机箱内部部件

3. 实验结论

多媒体计算机硬件系统由 CPU、存储器、输入设备和输出设备组成。CPU 包括运算器和控制器；存储器包括内存和外存(U 盘、硬盘和光盘)；输入设备包括键盘、鼠标等；输出设备包括显示器、音箱等,如图 1-4 所示。

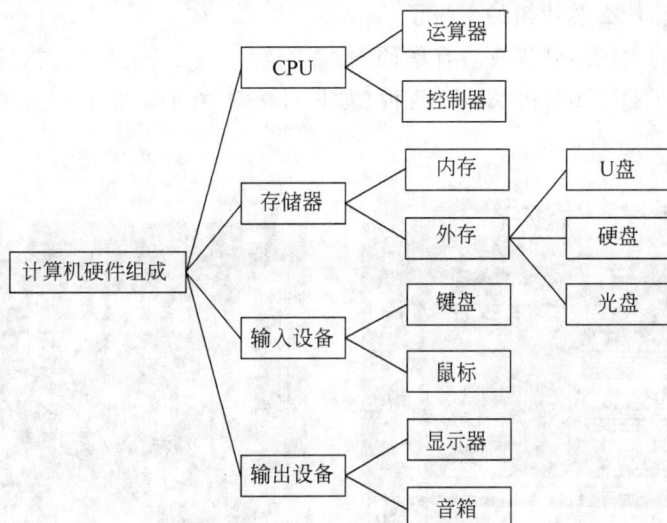

图 1-4　计算机硬件组成

1.1.2　实验 2　选择多媒体计算机部件

1. 实验目的

通过本实验了解多媒体计算机各部件的品牌、型号、参数及作用。

2. 实验步骤

(1) 选择 CPU。目前市场上的品牌与系列：CPU 主要是 Intel 和 AMD 两个品牌。Intel 系列有赛扬、奔腾、酷睿如图 1-5 所示；AMD 系列有闪龙、速龙、羿龙,如图 1-6 所示。

图 1-5　Intel CPU　　　　　　图 1-6　AMD CPU

主频与缓存：这两项指标对 CPU 的速度影响很大。主频是 CPU 内核工作的时钟频率,主频越高处理的数据量就越大,目前 CPU 的主频大概在 2000MHz 到 3000MHz 之间；缓存是位于 CPU 与内存之间的临时存储器,容量比内存小,但是交换速度比内存快。缓存

分为一级缓存、二级缓存、三级缓存,其中二级缓存的大小对 CPU 的速度有直接影响,目前 CPU 的二级缓存在 1MB 到 6MB 之间。

(2) 选择主板。选择好了 CPU 就决定了选择什么样的主板,CPU 与主板的匹配主要是接口类型,CPU 需要通过某个接口与主板连接才能进行工作。确定了接口类型以后就可以选择什么品牌和什么芯片组的主板了。

目前市场上的主板品牌很多:有华硕、技嘉、微星、精英、七彩虹、梅捷、双敏、Intel 等。主板芯片组主要还是 Intel 和 AMD 两种(如图 1-7 和图 1-8 所示),其他还有 VIA、SIS、ATI、NVIDIA 等。

图 1-7 Intel 芯片组主板

图 1-8 AMD 芯片组主板

(3) 选择内存。选好了主板就决定了选择什么样的内存,内存有不同的技术标准(如 DDR、DDR2、DDR3 等),不同类型的内存与主板的接口类型不同,要根据主板选择相匹配的内存,然后再选择品牌和容量。

目前市场上的内存品牌很多:有金士顿、现代、三星等。内存容量在 512MB 到 4GB 之间,如图 1-9、图 1-10 所示。

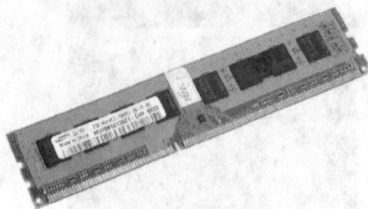

图 1-9 金士顿 1GB DDR2 800 内存

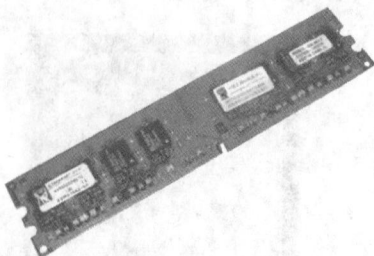

图 1-10 三星 2GB DDR3 1333 内存

(4) 选择显卡。显卡是主板和显示器之间的接口,用来控制计算机的图形输出,负责将 CPU 送来的数据处理成显示器认识的格式,再送到显示器形成图像。显卡主要由显示芯片、显存和附加电路组成。因此选择显卡首先要看芯片组(主要有 ATI、NVIDIA、Intel 等),其次是显示内存的速度、大小和类型(如 3.3NS、2GM、DDR),然后要看品牌(如七彩虹、双敏、华硕、微星、技嘉等),最后还要看是什么接口(目前主要是 E-PCI 接口,看主板是否支持),如图 1-11、图 1-12 所示。

图 1-11　NVIDIA 芯片显卡

图 1-12　ATI 芯片显卡

(5) 选择硬盘。硬盘是计算机的重要部件之一,它的好坏直接关系到机器稳定性。选择硬盘要知道硬盘的品牌、接口、转速、缓存及容量。目前市面上主要品牌有 IBM、希捷、西部数据、迈拓等,接口主要有 IDE、SATA 的,转速主要是 7200prm 的,缓存容量有 128KB、256KB、512KB,甚至是 2MB 和 8MB 等,硬盘容量有 160GB、250GB、320GB、500GB 等,如图 1-13、图 1-14 所示。

图 1-13　IDE 接口硬盘

图 1-14　SATA 接口硬盘

(6) 选择光驱。光驱对多媒体计算机来说也是很重要的一个部件,光驱分为 CD-ROM、CD-RW、DVD-ROM、DVD-RW 等,现在光驱的技术已经很成熟,纠错能力和稳定性都比较好,所以选光驱主要看品牌、速度和接口类型。目前市面上主要品牌有明基、索尼、三星、惠普等产品,其质量和售后服务都能得到较好的保障。DVD-ROM 光驱速度有 8X、16X、20X、22X、24X 等,一般 16X 就够用了。光驱接口和硬盘接口同样有 IDE、SATA 两种,如图 1-15、图 1-16 所示。

(7) 选择机箱、电源。组装多媒体计算机,选择机箱也是非常重要的,因为以上 CPU、主板、内存、显卡、硬盘和光驱等部件都要安装到机箱内部。机箱的技术含量不是特别高,选择机箱主要注意内部结构是否能够安装上面所选择的各部件,通风散热是否好;用料方面主要看钢板的厚度怎么样,钢板的厚度直接影响计算机噪声大小;做工方面,主要看钢板和支架边缘是否光滑平整、表面漆是否均匀;功能方面,主要看前面板上的常用接口是否够用,

图 1-15　索尼 DVD-ROM 光驱

图 1-16　惠普 DVD-RW 刻录机

比如 USB 接口、耳麦接口和多功能读卡器；品牌方面，目前市面上有大水牛、金河田、技展、长城、世纪之星、爱国者、多彩等；最后当然要看外观是否简洁大方。电源如果无特殊要求，使用机箱自带电源就可以了，不过必须匹配主板、硬盘和光驱的供电接口。如图 1-17、图 1-18 所示是两款机箱的外观。

图 1-17　多彩 MT814 机箱

图 1-18　技展彩钢 9 号机箱

（8）选择显示器、键盘、鼠标。目前市面上主要是液晶显示器，并且技术比较成熟。选择液晶显示器主要看品牌、屏幕尺寸、对比度和接口类型等。品牌有三星、LG、AOC、明基、飞利浦等；屏幕尺寸有 16 英寸、17 英寸、19 英寸、22 英寸等，还要分方屏和宽屏；对比度有 3000∶1、5000∶1、10000∶1、30000∶1、50000∶1 等；接口类型有 D-Sub（模拟信号）、DVI-D（数字信号）、HDMI（数字高清信号）等。如图 1-19、图 1-20 所示是两款显示器的外观。

图 1-19　三星 943N＋ 方屏显示器

图 1-20　三星 943NW＋ 宽屏显示器

(9) 选择键盘和鼠标。键盘和鼠标一般要配套选择,品牌有罗技、IBM、双飞燕、雷柏、多彩、LG、苹果等;接口有 PS/2 接口、USB 接口和无线接口,如图 1-21 所示。

图 1-21　键盘、鼠标套件

3. 实验结论

选择多媒体计算机硬件,通常 CPU 速度要快、主板要稳定、硬盘和内存容量要大,如表 1-1 所示的配置是当前主流配置。

表 1-1　多媒体计算机配置

配　　置	品牌型号
CPU	Intel Core 2 Duo E4500 (盒装)
主板	技嘉 P31-DS3L
内存	金士顿 2GB DDR2 800
硬盘	希捷 320GB 8MB 缓存(串口/盒装)
显卡	七彩虹 9600GT-GD3 512MB
光驱	三星 TS-H652N
显示器	三星 943NWX(19 英寸液晶)
机箱	金河田 飓风Ⅱ 8197 B(带电源)
键盘、鼠标	罗技 光电高手 800 套装
音箱	漫步者 E3100

1.1.3　实验 3　组装多媒体计算机

1. 实验目的

通过本实验掌握组装计算机的过程,提高动手能力。

2. 实验步骤

(1) 准备机箱。打开机箱的外包装,取下机箱的外壳,会看见用来安装电源、硬盘、光驱、软驱的固定架,还有一些附件(螺丝包、连接线等)。打开螺丝包把里面的螺丝、柱子分类放好,如图 1-22 所示。

(2) 安装主板。打开主板的外包装,把附带的挡板、CPU 固定架和驱动光盘放好。现把主板后面各种接口的挡板安装在机箱的安装挡板位置,然后根据主板上的固定孔,在机箱底板上安装螺丝柱,最后将主板放到主机箱底板上的螺丝柱子上,对应螺丝孔拧好螺丝,如图 1-23、图 1-24 所示。

(3) 安装 CPU。首先打开主板上的 CPU 插座手柄并仔细调整 CPU 角度,对准 CPU 与插座上的缺脚插入,然后用左手食指按住 CPU 中央,用右手把手柄按下至卡住为止。并且安装散热风扇,接上风扇电源,如图 1-25 所示。

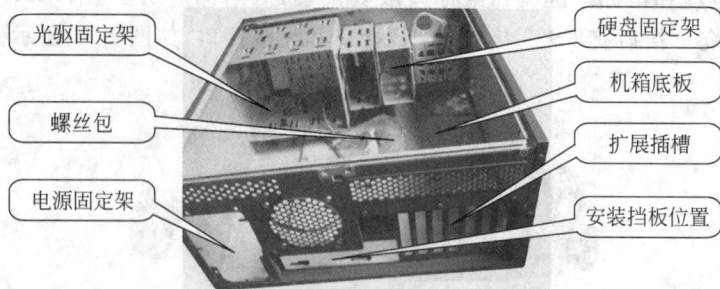

图 1-22　机箱的固定架

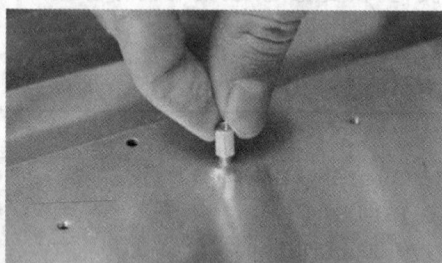

图 1-23　主板上的螺丝孔

图 1-24　机箱底板上安装螺丝柱子

图 1-25　CPU 的安装过程

（4）安装内存。首先将主板上的内存插槽两侧的塑胶保险栓往外侧扳动，使内存条能够插入，然后按照内存条金手指上标示的编号 1 对准内存插槽上标示的编号 1，稍微用点力，垂直地将内存条插到内存插槽并压紧，直到内存插槽两头的保险栓卡住内存条两侧的缺口为止，如图 1-26、图 1-27 所示。

图 1-26　内存插槽保险栓

图 1-27　主板上插好内存条

（5）安装硬盘、光驱和电源。硬盘、光驱和电源的安装比较简单,只需要将它们放入机箱的指定固定架上,拧紧螺丝使其固定好,如图 1-28 所示。

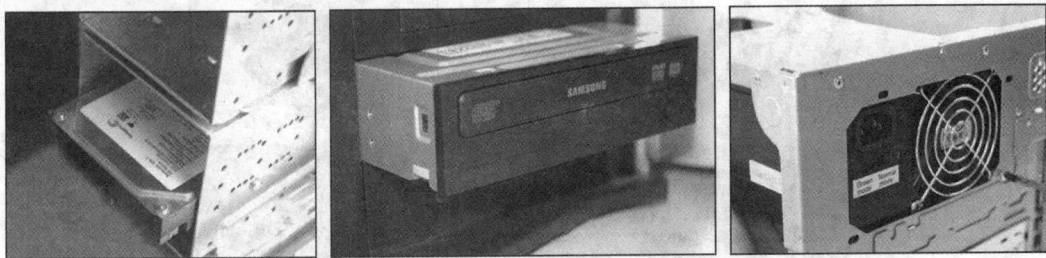

图 1-28　安装硬盘、光驱和电源

（6）安装显卡。显卡的金手指对准主板上的显卡插槽,向下轻压,使插槽一端的保险栓卡住显卡一侧的缺口为止,再用螺丝固定好,如图 1-29 所示。

图 1-29　安装显卡

（7）安装线缆插头。电源输出插头分别连接到主板、CPU、硬盘和光驱电源插口,如图 1-30 所示。

图 1-30　主板、CPU、硬盘和光驱供电接口

（8）硬盘和光驱的数据线连接在主板 IDE 或 SATA 接口上,其他主机箱面板上的电源开关 POWER-SW、电源指示灯 POWER-LED、硬盘指示灯 H.D.D.LED 线缆连接在主板上对应的插针上,如图 1-31 所示。

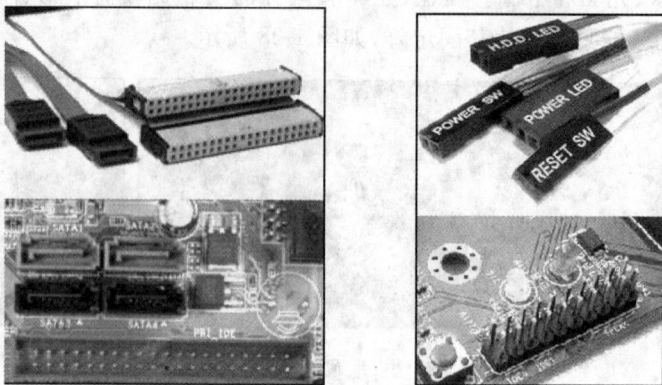

图 1-31　硬盘和光驱数据线和机箱面板连接线

3. 实验结论

组装计算机的顺序通常为准备机箱、安装主板、安装 CPU 和风扇、安装内存、安装硬盘、光驱和电源、安装显卡,最后连接各部件的线缆。

1.1.4　实验 4　启动多媒体计算机

1. 实验目的

通过本实验了解计算机启动过程,并测试新组装的多媒体各部件是否正常运行。

2. 实验步骤

(1) 连接基本外部设备。先把新组装的多媒体计算机的主机、显示器和键盘连接起来,然后再连接电源插头,如图 1-32 所示。

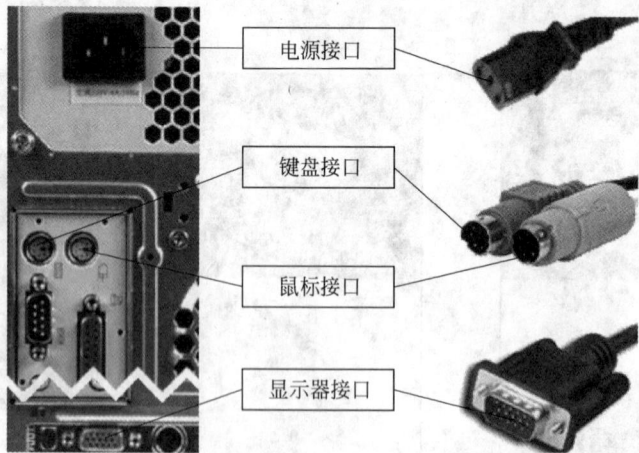

图 1-32　显示器、键盘、鼠标和电源接口

(2) 计算机通电测试。先按一下显示器电源开关,使显示器接通电源,然后按一下主机电源开关,并观察显示器上的显示信息,同时听主机报警声音。如果各部件没有任何问题,BIOS 程序发出一个短音,同时屏幕上显示各硬件信息,而不显示任何出错信息,如图 1-33 所示。

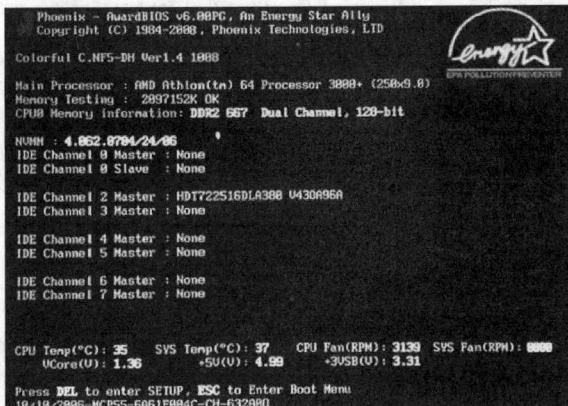

1．显示BIOS程序的厂商和版本信息。

2．显示主板厂商和型号。

3．显示CPU类型和运行频率。

4．显示内存类型和容量。

5．显示硬盘型号。

6．显示光驱型号。

7．显示提示信息，进入BIOS设置程序启动键和系统引导菜单启动键。

图 1-33　计算机启动信息

（3）最后停止运行，屏幕上显示信息"硬盘无引导系统"，如图 1-34 所示。

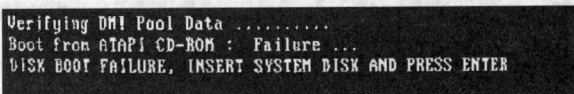

图 1-34　提示硬盘无引导系统

（4）关闭计算机。先按主机电源开关，等计算机关闭后，再按显示器电源开关。

3. 实验结论

计算机开机顺序为先开外部设备后开主机；计算机关机顺序为先关主机后关外部设备。

1.1.5　实验 5　BIOS 基本设置

BIOS 的英文全称是 Basic Input Output System，即基本输入输出系统。它是一组固化到计算机主板上一个 ROM 芯片上的程序，它保存着计算机最重要的基本输入输出程序、系统设置信息、开机后自检程序和系统自启动程序，其主要功能是为计算机提供最底层的、最直接的硬件设置和控制。

1. 实验目的

通过本实验了解 BIOS 程序，并掌握 BIOS 程序的基本设置过程。

2. 实验步骤

（1）启动计算机，根据屏幕下方的提示信息，按一下键盘上对应的"进入 BIOS 设置程序启动键"进入 BIOS 设置程序界面，如图 1-35 所示。图中，菜单项 Main 是首页，显示系统基本信息以及时间和日期、Advanced 设置高级 BIOS 功能、Power 设置电源、Boot 设置引导计算机的默认驱动器；Security 设置安全功能；Exit 退出 BIOS 设置程序。操作键提示信息有："← →"移动指针向左或向右，选择菜单对应的界面选项；"↑↓"移动指针向上或向下，选择项目；Tab 移动指针选定子项目；＋－更改选定项目的参数；F1 显示帮助信息；F10保存更改并推出 BIOS 设置程序；Esc 退出当前界面或退出 BIOS 设置程序。

（2）设置计算机系统时间和日期。按上下方向键把指针移动到 System Time，再按 Tab 键把指针移动到"时：分：秒"，然后按"－"或"＋"键增加或减少对应的数字，更改系统时间；按上下方向键把指针移动到 System Date，再按 Tab 键把指针移动到"月/日/年"，然后按"一"或"＋"键增加或减少对应的数字，更改系统日期，如图 1-35 所示。

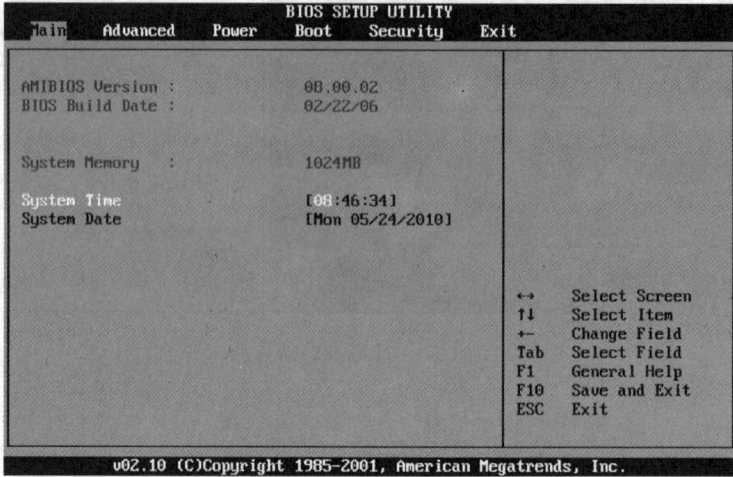

```
                        BIOS SETUP UTILITY
 Main    Advanced    Power    Boot    Security    Exit

 AMIBIOS Version :        08.00.02
 BIOS Build Date :        02/22/06

 System Memory   :        1024MB

 System Time              [08:46:34]
 System Date              [Mon 05/24/2010]


                                        ↔    Select Screen
                                        ↑↓   Select Item
                                        ←    Change Field
                                        Tab  Select Field
                                        F1   General Help
                                        F10  Save and Exit
                                        ESC  Exit


     v02.10 (C)Copyright 1985-2001, American Megatrends, Inc.
```

图 1-35　American BIOS 设置程序界面

（3）设置计算机启动顺序。按左右方向键把指针移动到 Boot 菜单项便打开"设置引导计算机的默认驱动器"界面，如图 1-36 所示。

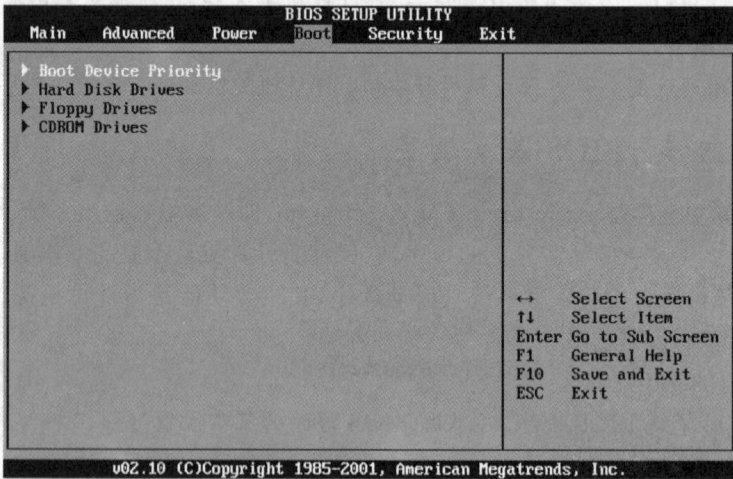

```
                        BIOS SETUP UTILITY
 Main    Advanced    Power    Boot    Security    Exit

 ▶ Boot Device Priority
 ▶ Hard Disk Drives
 ▶ Floppy Drives
 ▶ CDROM Drives




                                        ↔    Select Screen
                                        ↑↓   Select Item
                                        Enter Go to Sub Screen
                                        F1   General Help
                                        F10  Save and Exit
                                        ESC  Exit


     v02.10 (C)Copyright 1985-2001, American Megatrends, Inc.
```

图 1-36　设置引导计算机的默认驱动器界面

（4）按上下方向键把指针移动到 Boot Device Priority 项，再按 Enter 键弹出选择驱动器窗口，然后按上下方向键移动指针到需要选择的驱动器上再按 Enter 键，如图 1-37 所示，最后按 Esc 键返回主界面。

（5）退出 BIOS 设置程序。按左右方向键把指针移动到 Exit 菜单项便打开"退出 BIOS 设置程序"界面，按上下方向键把指针移动到 Exit Saveing Changes 选项，再按 Enter 键，弹出确认窗口，如图 1-38 所示，然后按左右方向键移动指针到 Ok 按钮再按 Enter 键，最后保存更改并退出 BIOS 设置程序便重新启动计算机。

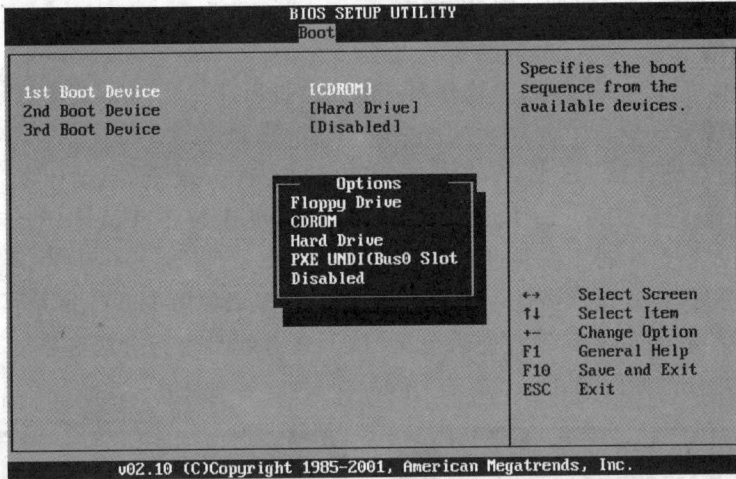

图 1-37　选择驱动器

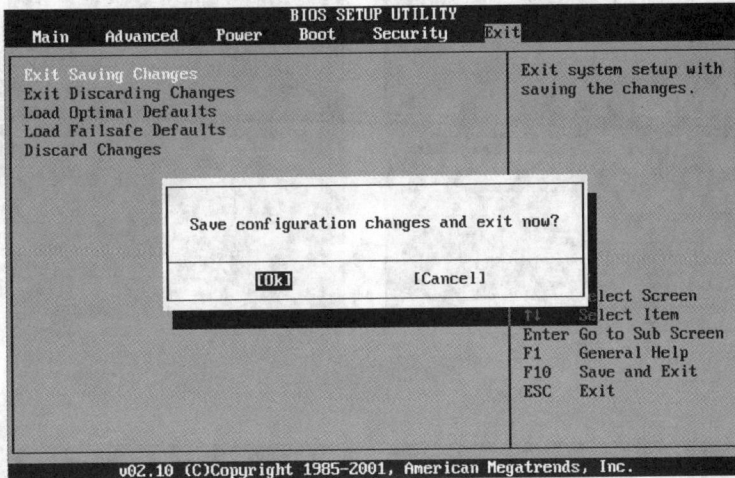

图 1-38　退出 BIOS 设置程序界面

3. 实验结论

目前 BIOS 程序主要有 AMI 和 Award 以及 Phoenix,这些 BIOS 程序的启动方式有所不同,AMI BIOS 是按 F2 键启动；Award BIOS 和 Phoenix BIOS 是按 Del 键启动。

1.1.6　实验 6　安装 Windows XP 操作系统

新组装的计算机要在安装操作系统之前对硬盘进行分区格式化。硬盘分区是指把物理硬盘根据存储不同数据的需要划分成几个逻辑硬盘,第一个分区安装操作系统、第二个分区安装常用软件、第三个分区存储各种资料、第四个分区备份文件等。硬盘格式化是指根据操作系统的安装格式需求对硬盘分区进行初始化处理,这样操作系统才能访问硬盘分区。硬盘分区一般使用 MS-DOS 系统命令 Fdisk 和 Format 来分区和格式化,或者在安装 Windows XP 操作系统时进行分区和格式化,还可以使用硬盘分区管理工具 Partition

Magic、DM 等软件来进行硬盘分区、格式化。

1. 实验目的

通过本实验了解 Windows XP 操作系统的安装过程,同时了解硬盘分区、格式化过程。

2. 实验步骤

(1) 用光盘启动计算机。将 Windows XP 安装光盘放入光驱,启动计算机,当屏幕上出现提示信息 Press any key to boot from CD… 时快速按下 Enter 键,光盘启动进入 Windows XP 安装程序,否则就跳过光盘启动。

(2) 硬盘分区、格式化。经过一系列启动过程后,显示如图 1-39(左)所示界面。图为全中文操作提示信息,可以看到硬盘尚未分区,接下来对硬盘进行分区和格式化操作。按 C 键进入创建磁盘分区界面,如图 1-39(右)所示。

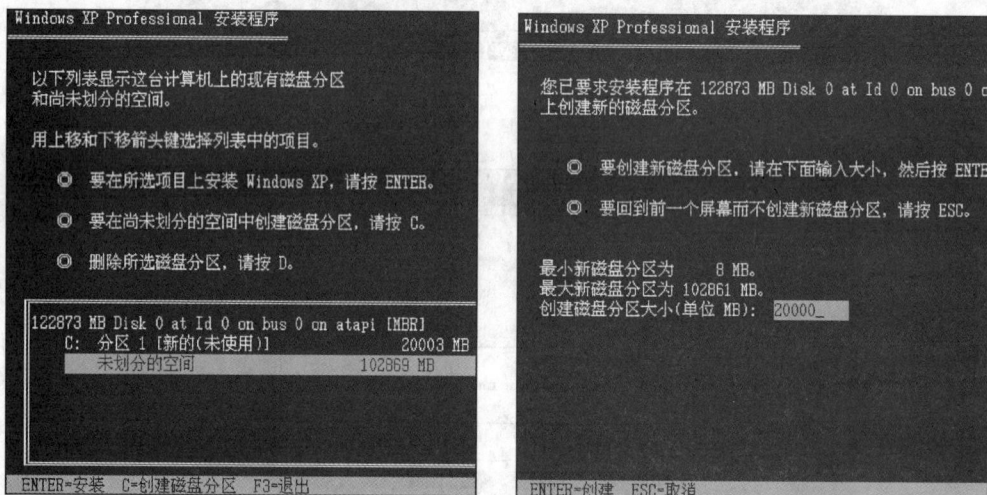

图 1-39 硬盘分区

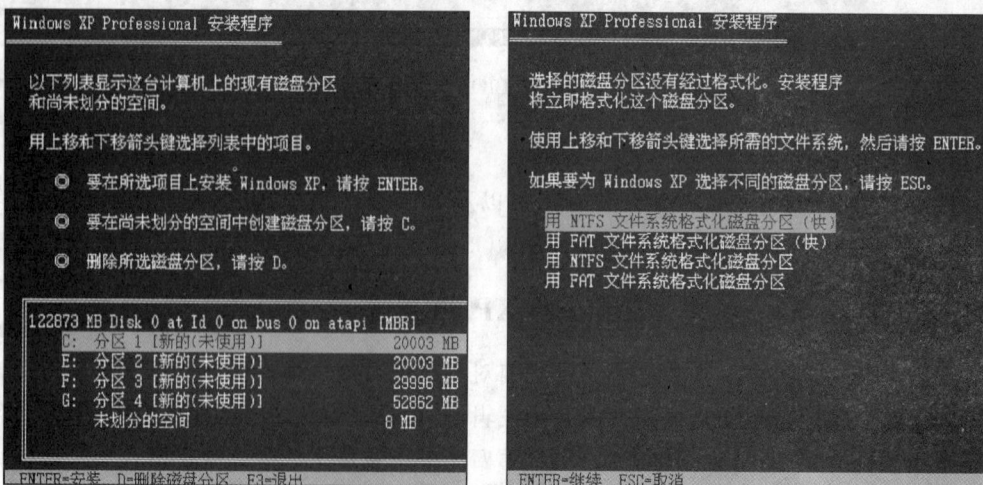

图 1-40 硬盘格式化

输入创建分区大小后按 Enter 键创建第一个分区并返回，接着进行同样的操作，创建第二个、第三个、第四个分区，全部划分完毕后，还剩余 8MB 的空间用于基本磁盘转换为动态磁盘，如图 1-40（左）所示。这里用"上移和下移"方向键选择安装系统所用的分区，按 Enter 键进入磁盘格式化界面，如图 1-40（右）所示。

这里选择"用 NTFS 文件系统格式化磁盘分区（快）"，NTFS 格式可节约磁盘空间，提高安全性和减少磁盘碎片，按 Enter 键进行格式化，格式化完毕，Windows XP 安装程序就接着复制文件了，如图 1-41 所示。

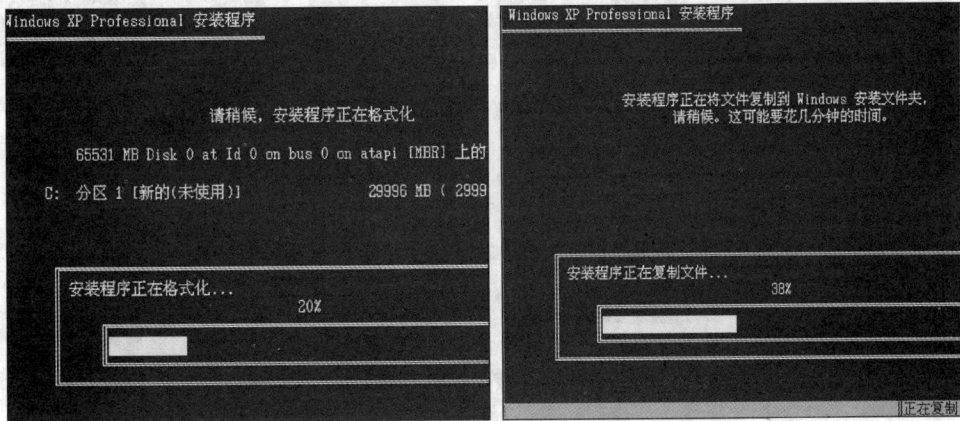

图 1-41　硬盘格式化和复制文件过程

（3）安装 Windows XP。文件复制完毕，计算机会重新启动，并进入安装程序界面，如图 1-42（左）所示。出现区域和语言设置、姓名和单位输入等窗口时，输入姓名后单击"下一步"按钮，出现输入产品密钥的窗口，如图 1-42（右）所示。

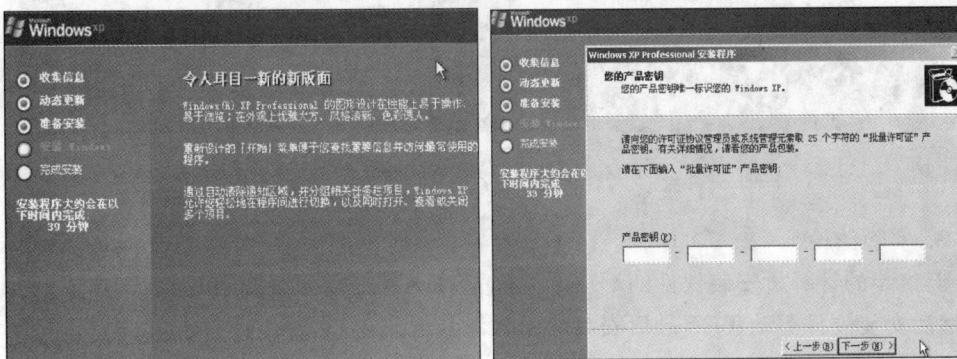

图 1-42　Windows XP 安装过程

这里输入安装程序自带的产品序列号，单击"下一步"按钮，接着出现几个窗口，连续单击"下一步"按钮完成 Windows XP 的安装，最后计算机自动重新启动，如图 1-43 所示。

第一次启动 Windows XP 操作系统，会弹出新型的"开始"菜单和漫游 Windows XP 提示按钮，如图 1-44 所示。

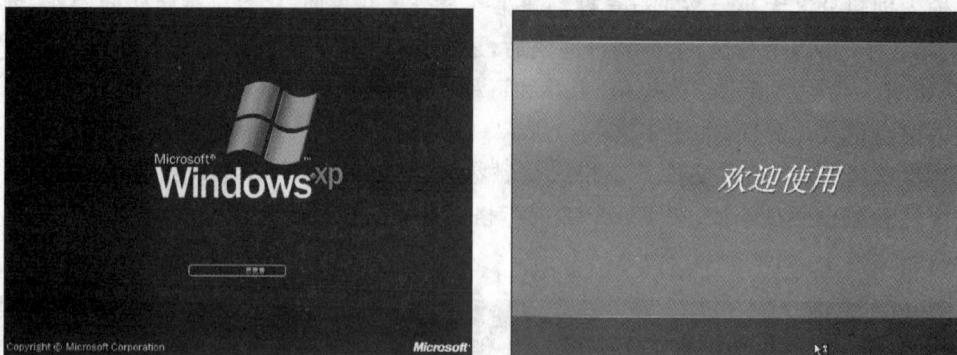

图 1-43 Windows XP 启动界面

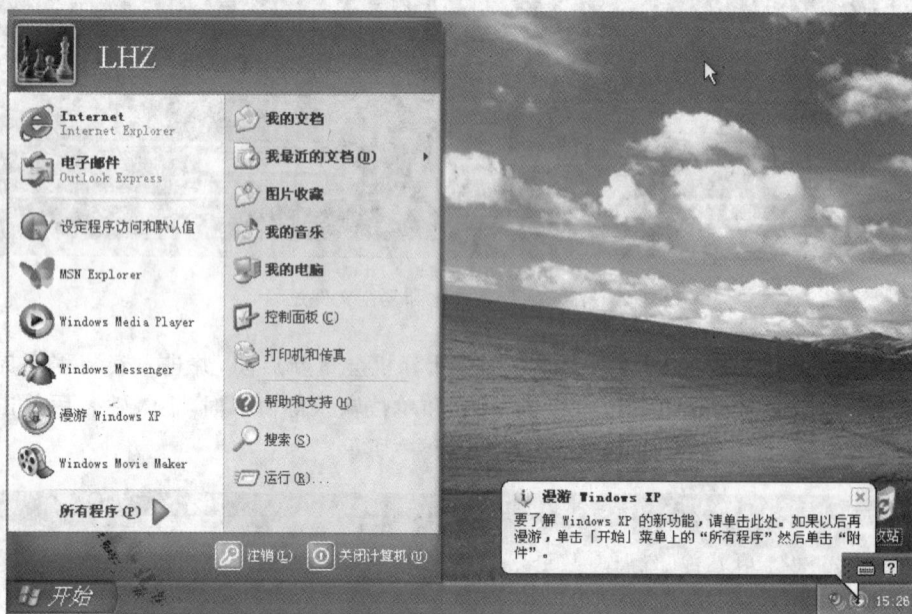

图 1-44 第一次启动 Windows XP 桌面

3. 实验结论

新组装的计算机安装软件的顺序为：首先对硬盘进行分区和格式化，其次安装操作系统，然后安装硬件驱动程序，最后安装应用软件。

1.1.7 实验 7 安装硬件驱动程序

驱动程序是硬件厂商编写的使硬件设备和操作系统通信的特殊程序，没有驱动程序，操作系统就无法控制硬件设备的工作，硬件设备也无法正常工作。新安装的 Windows XP 操作系统，需要安装主板、显卡、声卡、网卡等一系列驱动程序，其他多媒体设备也都需要安装各自的驱动程序。

1. 实验目的

通过本实验了解硬件设备驱动程序的安装过程，进一步了解多媒体计算机各部件。

2. 实验步骤

(1) 安装主板驱动程序。主板驱动程序主要包括芯片组驱动程序、集成声卡驱动程序、集成网卡驱动程序和其他接口驱动程序等。将主板自带的光盘放入光盘驱动器，安装程序会自动运行，弹出一个供用户选择硬件驱动项的窗口，如图 1-45 所示。这里分别单击 intel Chipset Driver(芯片组驱动程序)、Onboard Sound Driver(声卡驱动程序)、Onboard Lan Driver(网卡驱动程序)，按照提示连续单击"下一步"按钮完成主板驱动程序安装，最后重新启动计算机。

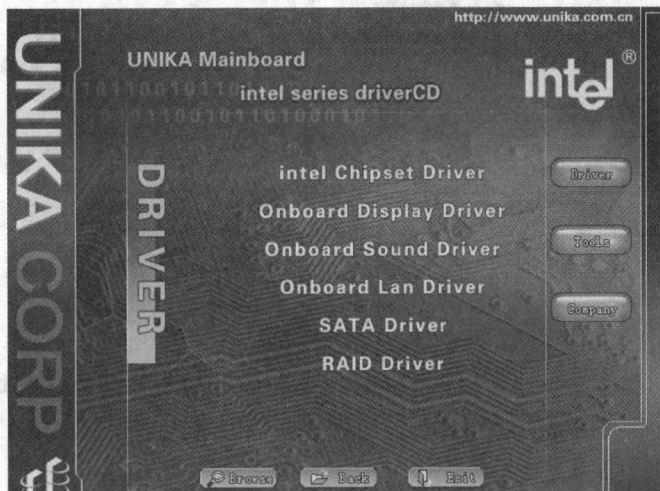

图 1-45　主板驱动程序安装界面

(2) 安装显卡驱动程序。将显卡自带的光盘放入光盘驱动器，安装程序会自动运行，弹出显卡驱动程序安装界面，如图 1-46 所示。这里单击 GeForce9600GT(当前显卡驱动程序)，按照提示连续单击"下一步"按钮完成显卡驱动程序安装，最后重新启动计算机。

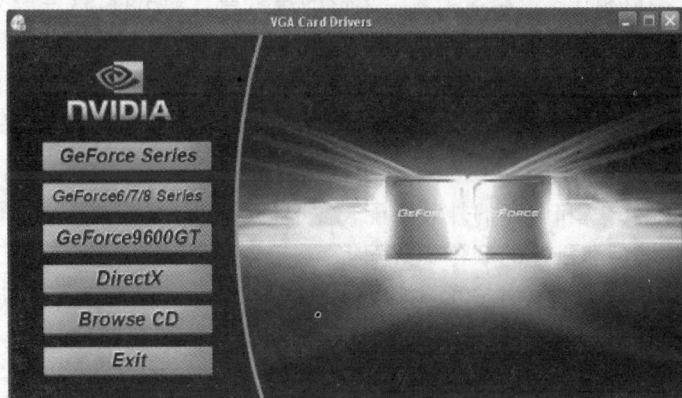

图 1-46　显卡驱动程序安装界面

(3) 计算机重新启动后，在桌面上单击鼠标右键，在弹出的快捷菜单中选择"属性"选项，弹出"显示 属性"对话框，在对话框中单击"设置"选项卡，根据显示器屏幕尺寸设置分辨率和颜色质量，单击"确定"按钮保存设置并关闭对话框，如图 1-47 所示。

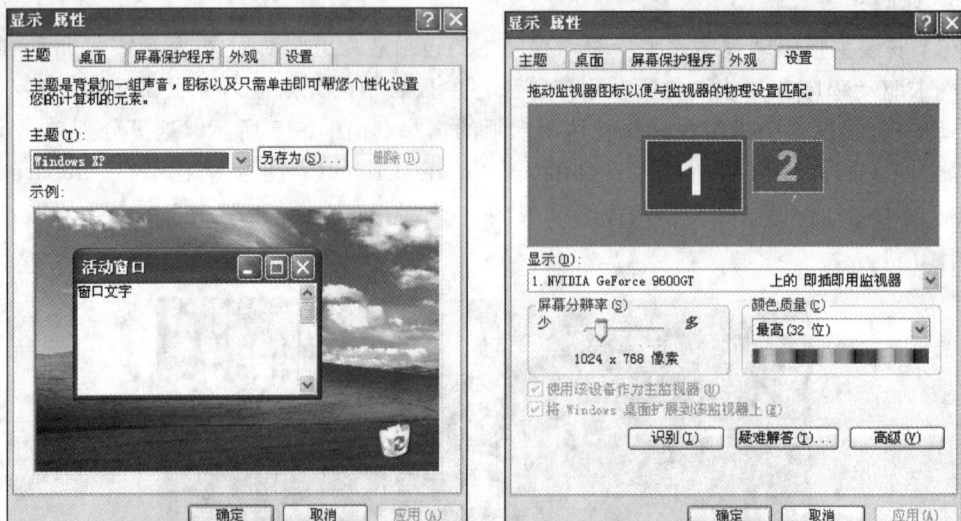

图 1-47 "显示 属性"对话框

3. 实验结论

安装硬件驱动程序有两种方法：一种是硬件厂商专门为驱动程序制作的安装程序，运行这个程序按提示操作完成；另一种是通过硬件安装向导自动搜索或指定路径完成。

1.1.8 问题与解答

1. 问题 1 多媒体计算机从外观上看，有哪些部件？

多媒体计算机从外观上看，有机箱、显示器、键盘、鼠标、音箱以及其他输入设备和输出设备。

2. 问题 2 各部件与机箱是如何连接的？

显示器与显卡背板上的 15 针 VGA 接口相连；键盘与主板背板上的 5 针 PS/2 接口相连；鼠标与 USB 接口相连；音箱与主板上集成的声卡声音输出接口（一般为绿色）相连。

3. 问题 3 机箱内部有哪些部件？

机箱内部有 CPU、主板（集成网卡、声卡）、内存、显卡、硬盘、光驱、软驱、电源以及一些连接线缆。

4. 问题 4 选择多媒体计算机部件应注意哪些问题？

首先注意主板、CPU 和内存的外频匹配；各部件的接口类型要匹配；电源的功率要匹配；机箱、显示器、键盘和鼠标的颜色要搭配等。

5. 问题 5 组装计算机应注意哪些问题？

首先注意人体静电，为防止人体静电损坏计算机各部件的元器件，组装之前必须把手接触到大的金属物上放静电；连接各接口时对准各针脚轻插到位。

1.2 多媒体计算机外部设备的选择与连接

多媒体计算机的外部设备很多。输入设备除键盘、鼠标外还有手写绘图板、扫描仪、摄像头、麦克风等，输出设备除显示器外还有音箱、打印机等。

1.2.1 实验1 选择手写绘图板并连接多媒体计算机

1. 实验目的

通过本实验了解手写绘图板的基本功能和重要参数。

2. 实验步骤

（1）选择手写绘图板。目前手写绘图板的品牌不多，有 WACOM、汉王、精灵、友基等。手写绘图板的主要参数有压感级别、分辨率、读取速度和面板大小。压感现在有三个等级，分别为 512、1024 和 2048 等；分辨率常见的有 2540、3048、4000 和 5080 等；读取速度有 100、133、150、200 和 220 等；板面大小（以英寸为单位）有 4×6、5×8 和 9×12 等，如图 1-48、图 1-49 所示。

图 1-48　WACOM 影拓 3 代 PTZ-930　　　　　图 1-49　汉王创艺大师 0806＋

（2）连接手写绘图板。目前手写绘图板主要有 USB 和无线连接两种接口，手写绘图板和计算机连接后需要安装附带光盘上的驱动程序和应用软件。

（3）安装驱动程序和应用软件。将手写绘图板自带的光盘放入光盘驱动器，安装程序会自动运行，弹出安装界面，按界面上的提示分别单击"安装驱动程序"和"安装应用软件"菜单项，接着单击"下一步"按钮，完成安装。

3. 实验结论

手写绘图板按功能可分为手写板和绘图板。手写板的功能是手写文字输入；绘图板有压感、有速度反应，所以能画图输入。

1.2.2 实验2 选择图像扫描仪并连接多媒体计算机

1. 实验目的

通过本实验了解图像扫描仪的基本功能和重要参数。

2. 实验步骤

（1）选择图像扫描仪。图像扫描仪的品牌很多，主要有爱普生、佳能、清华紫光、明基、惠普、汉王、方正等。扫描仪的主要参数有分辨率、灰度级、色彩数、扫描速度和扫描幅面。目前大多数扫描仪的分辨率在 1200dpi 到 4800dpi 之间；灰度级表示图像的亮度层次范围，目前多数扫描仪的灰度为 256 级；色彩数表示彩色扫描仪所能产生颜色的范围，如 16 比特、24 比特等；扫描速度用指定的分辨率和图像尺寸下的扫描时间来表示；扫描幅面表示扫描图稿尺寸的大小，常见的有 A4、A3 幅面等。如图 1-50、图 1-51 所示是两款扫描仪的外观。

图 1-50　佳能 LiDE 100

图 1-51　清华紫光 A688

（2）连接扫描仪。目前扫描仪主要由 USB 接口连接，扫描仪和计算机连接后需要安装附带光盘上的驱动程序和应用软件。

（3）安装驱动程序和应用软件。将图像扫描仪自带的光盘放入光盘驱动器，安装程序会自动运行，弹出安装界面。按界面上的提示分别单击"安装驱动程序"和"安装应用软件"菜单项，接着单击"下一步"按钮，完成安装。

3. 实验结论

图像扫描仪根据扫描功能分为反射和透射两种。一般的扫描仪都是扫描反射稿，如报纸、照片等；能扫描透射稿的扫描仪，不仅能扫描报纸、照片等反射稿件，而且能扫描各种照相底片。

1.2.3　实验3　选择音箱并连接多媒体计算机

1. 实验目的

通过本实验了解计算机音箱的基本功能和技术指标。

2. 实验步骤

（1）选择音箱。目前音箱品牌特别多，有漫步者、麦博、惠威、三诺、慧海、山水、雅兰仕、轻骑兵、奋达、乐天下、飞利浦、索威、朗琴、纳伟仕、多彩、冲击波等；音箱的技术指标主要有功率大小、灵敏度、失真度、信噪比等；音箱还分低音炮音箱和全频音箱，如图 1-52、图 1-53 所示。

图 1-52　低音炮音箱

图 1-53　全频音箱

（2）连接音箱。音箱的连接比较简单，只要把音频输入线连接到声卡的音频输出接口即可。

（3）设置音量控制。双击 Windows XP 任务栏右侧的小喇叭，弹出"主音量"对话框，如

图 1-54 所示。这里分别单击"主音量"、"波形"、"软件合成器"等对应的滑块,上下移动设置音量。

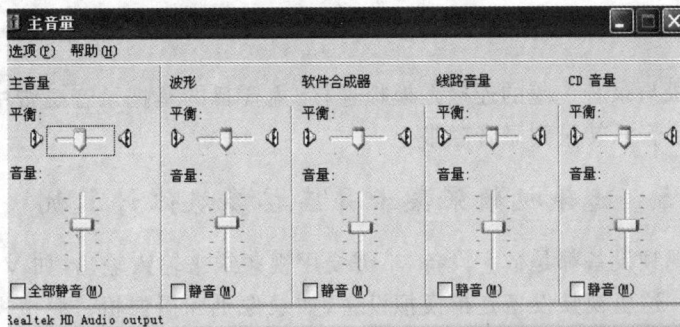

图 1-54 音量控制

3. 实验结论

用计算机听音乐或玩游戏时,低音炮音箱效果比全频音箱好,但由于低音单元从两个声道中独立出来,在两个小音箱中几乎听不到低音,用计算机编辑声音视频时,还是全频音箱好。

1.2.4 实验 4 选择录音卡座并连接多媒体计算机

音频设备很多,不过目前常用的音频设备都是数字设备,不需要用音频线来输入输出,如 CD 光盘直接用计算机光驱读取。这里音频设备是指模拟设备,如录音卡座。模拟音频设备只能通过计算机的声卡或专业音频卡输入输出音频信息。

1. 实验目的

通过本实验了解录音卡座的基本功能及技术指标。

2. 实验步骤

(1) 选择一台录音卡座。常见的录音卡座品牌有索尼、松下、夏普和 JVC 等。录音卡座的主要功能和技术指标有双卡录音、自动返带、计算机选曲、耳机插孔、灵敏度、输入阻抗、频率颤动等,如图 1-55 所示。

(2) 从录音卡座输入到计算机。把音频线的红色和白色莲花头分别插入录音卡座 AUDIO-OUT 插孔的红色和白色插孔,另一端 3.5 音频插头插入计算机声卡的青色音频输入插孔,如图 1-56 所示。

图 1-55 JVC 录音卡座

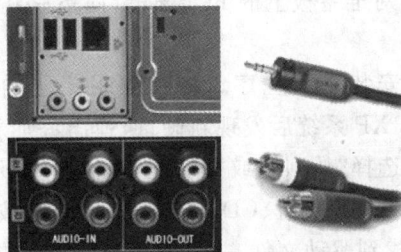

图 1-56 录音卡座和计算机连接

21

（3）从计算机输出到录音卡座。把音频线的红色和白色莲花头分别插入录音卡座AUDIO-IN插孔的红色和白色插孔，另一端3.5音频插头插入计算机声卡的绿色音频输出插孔，如图1-56所示。

3. 实验结论

多媒体计算机与录音卡座的连接是模拟连接，主要目的是把录音磁带中的音乐转换成数字音乐或把数字音乐转录到录音磁带上。

1.2.5　实验5　选择视频采集卡并连接多媒体计算机

目前常用的视频设备都是数字设备，不需要用视频线来输入输出，如VCD光盘直接用计算机光驱读取。这里视频设备是指模拟设备，如录像机和摄像机。模拟视频设备只能通过视频采集卡输入输出视频信息，所以计算机还要安装一个视频采集卡。

1. 实验目的

通过本实验了解常用视频采集卡的品牌、基本功能及主要参数。

2. 实验步骤

（1）选择视频采集卡。视频采集卡的品牌有天敏、友立、品尼高、好莱坞、康能普视和百老汇等；视频采集卡的接口有DV-IN（数字视频输入）接口、SV-IN（S端子视频输入）接口、VIDEO-IN（复合视频输入）接口和AUDIO-IN（音频左右声道输入）接口等，如图1-57所示。

图1-57　友立HD3000视频采集卡

（2）安装视频采集卡。视频采集卡的安装和显卡的安装过程基本相同，即视频采集卡的金手指对准主板上的PCI插槽，向下轻压使视频采集卡金手指完全插入插槽，再拧紧螺丝固定好。

（3）安装驱动程序。将视频采集卡自带的光盘放入光盘驱动器，启动计算机进入Windows XP系统后发现新硬件，弹出添加新硬件向导，如图1-58所示。

（4）选择"从列表或指定位置安装（高级）"单选按钮，单击"下一步"按钮，接着选择"搜索可移动媒体（软盘、CD-ROM…）"单选按钮，单击"下一步"按钮后，安装向导会从CD-ROM中找到驱动文件，并复制到系统文件夹中完成安装，如图1-59所示。

3. 实验结论

视频采集卡按照用途或压缩级别可分为广播级视频采集卡、专业级视频采集卡、民用级

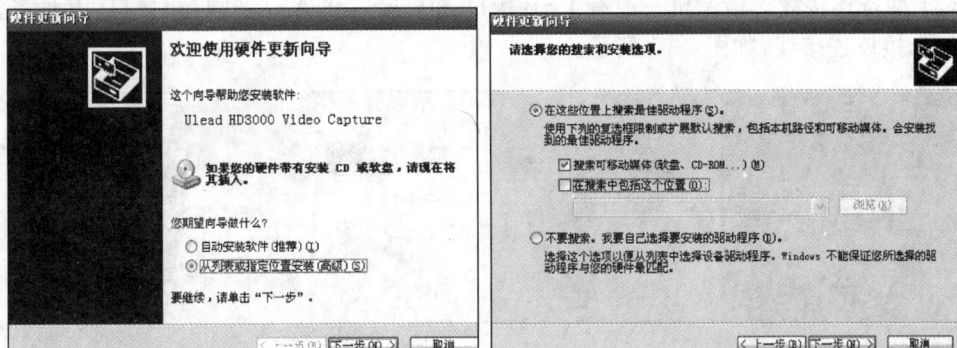

图 1-58　安装驱动向导

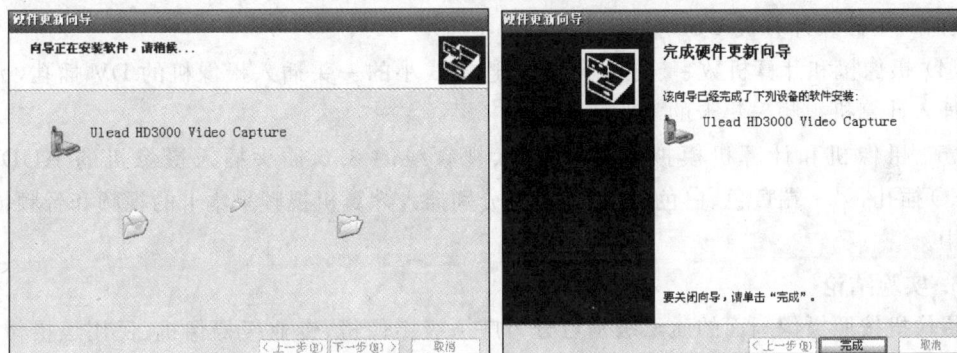

图 1-59　完成驱动安装

视频采集卡,它们的主要区别是采集图像的质量不同。

1.2.6　实验6　选择一部摄像机并连接多媒体计算机

1.实验目的

通过本实验了解常用摄像机的品牌、基本功能及技术指标。

2.实验步骤

(1)选择摄像机。摄像机的品牌特别多,常见的有索尼、松下、佳能、JVC和三星等。摄像机根据存储类型分为磁带式、闪存式、光盘式和硬盘式,后三种不需要通过视频采集卡输入输出视频信息,计算机直接能读取,磁带式摄像机需要通过视频采集卡采集视频信息。如图1-60所示是索尼的几款摄像机。

图 1-60　索尼几款摄像机(从左到右磁带式、光盘式和硬盘式)

（2）准备连接线。摄像机一般有 USB 接口、DV 接口和 AV（音视频）接口，因此需要准备这三个接口连接线，如图 1-61 所示。

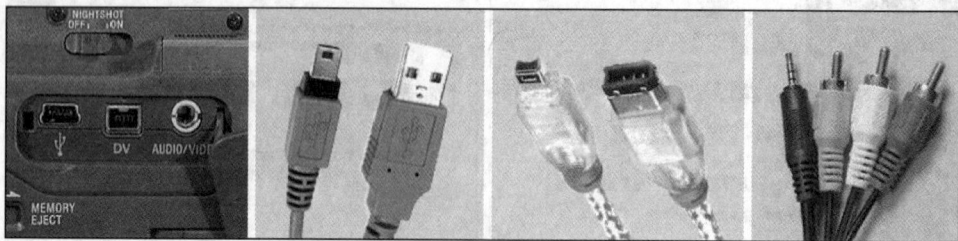

图 1-61　摄像机接口及连接线

（3）摄像机和计算机文件传输连接。将 USB 连接线小的一头插入摄像机的 USB 插孔，大的一头插入计算机 USB 插孔。

（4）摄像机和计算机数字连接。将 DV 连接线小的一头插入摄像机的 DV 插孔，大的一头插入计算机视频采集卡的 DV 插孔。

（5）摄像机和计算机模拟连接。将音、视频线的 3.5 插头插入摄像机的 AUDIO/VIDEO 插孔，另一端黄色、白色、红色莲花头分别插入计算机视频采集卡的视频和音频输入插孔中。

3. 实验结论

摄像机按照摄像画面的质量级别可分为广播级摄像机、专业级摄像机、民用级摄像机。它们和计算机连接时也要和视频采集卡的级别匹配。

1.2.7　问题与解答

1. 问题 1　多媒体计算机外部设备有哪几种分类？

多媒体计算机外部设备主要分为图像设备、音频设备、视频设备等。

2. 问题 2　多媒体计算机外部设备有哪几种接口方式？

多媒体计算机外部设备接口方式有串行接口、USB 接口、DV 接口，还有其他音、视频专用接口。

1.3　维护多媒体计算机系统

多媒体计算机系统的维护有软件维护和硬件维护两种。软件维护主要包括注册表维护、垃圾文件清理、启动故障排除、系统备份与还原等；硬件维护主要包括机箱内部除尘和一般硬件故障的诊断与排除等。

1.3.1　实验 1　Windows XP 操作系统注册表的备份与还原

注册表是存储 Windows 系统配置信息的一个数据库，该数据库包含计算机系统中安装硬件信息、安装应用软件的属性设置和用户配置文件，Windows 系统在运行时不断地引用这些信息。

1. 实验目的

通过本实验了解 Windows XP 操作系统注册表。

2. 实验步骤

（1）打开注册表编辑器。选择"开始"菜单中的"运行"命令，在弹出对话框的"打开"文本框中输入 regedit，单击"确定"按钮打开"注册表编辑器"窗口，如图 1-62 所示。

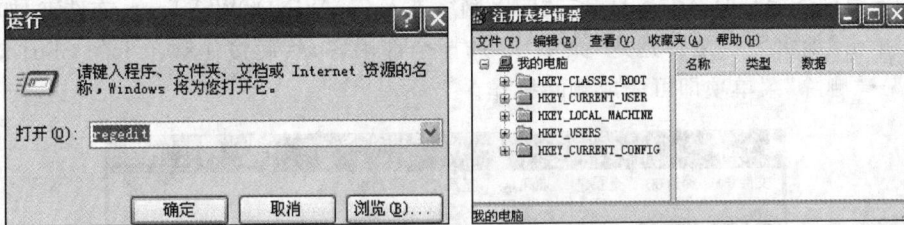

图 1-62　注册表编辑器

（2）备份注册表。在注册表编辑器窗口中右击选择需要备份的那一项，在弹出的快捷菜单中选择"导出"命令，然后选择保存文件位置、输入文件名，单击"保存"按钮，如图 1-63所示。

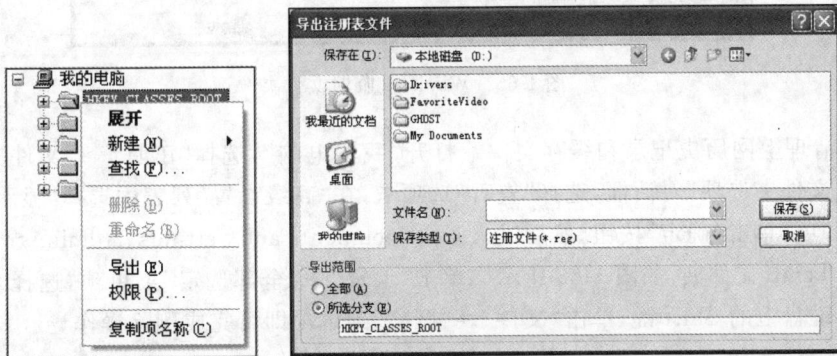

图 1-63　导出注册表

（3）还原注册表。在备份的注册表文件图标上双击鼠标左键直接运行，在弹出的对话框中单击"是"按钮便导入到注册表，如图 1-64 所示。

3. 实验结论

Windows XP 操作系统的注册表中，HKEY_CLASSES_ROOT 用于定义系统中所有已经注册的文件扩展名、文件类型、文件图标等；HKEY_CURRENT_USER 用于定义当前用户的所有权限；HKEY_LOCAL_MACHINE 用于定义相对网络环境而言的本地计算机软硬件的全部信息；HKEY_USERS 用于定义所有用户的信息，大部分设置都可以通过控制面板来修改；HKEY_CURRENT_CONFIG 用于定义计算机的当前配置情况。

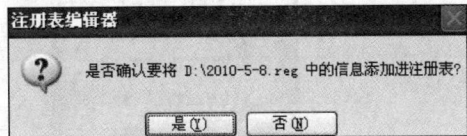

图 1-64　导入注册表文件

第1章

1.3.2 实验2 Windows XP 操作系统垃圾文件清理

1. 实验目的

通过本实验了解 Windows XP 操作系统垃圾文件及垃圾文件的清理。

2. 实验步骤

（1）清理系统临时文件。打开"我的电脑"，进入 C:\WINDOWS\Temp 文件夹，如图 1-65 所示。单击"编辑"→"全部选定"菜单项，选择全部内容，然后按住键盘上的 Shift 键，单击"文件"→"删除"菜单项即可完成删除操作。

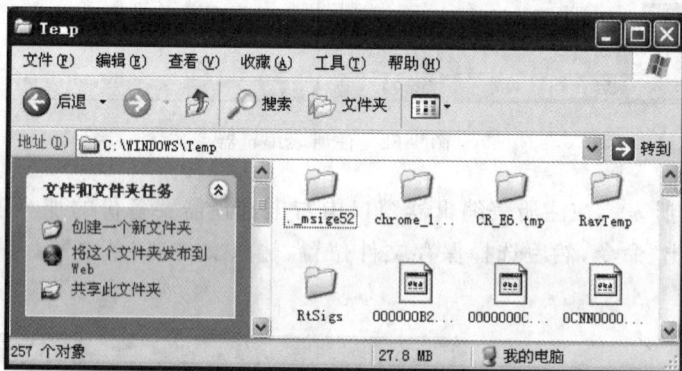

图 1-65　Windows 临时文件夹

（2）清理上网历史记录和缓存文件。打开"我的电脑"，选择"工具"→"文件夹选项"命令，打开"文件夹选项"对话框，选择"查看"选项卡，在"高级设置"列表中选择"显示所有文件和文件夹"项，单击"确定"按钮，然后进入 C:\Documents and Settings\Administrator\Local Settings\Temp 文件夹，如图 1-66 所示。单击"编辑"→"全部选定"菜单项，选择全部内容，然后按住键盘上的 Shift 键，单击"文件"→"删除"菜单项即可完成删除操作。

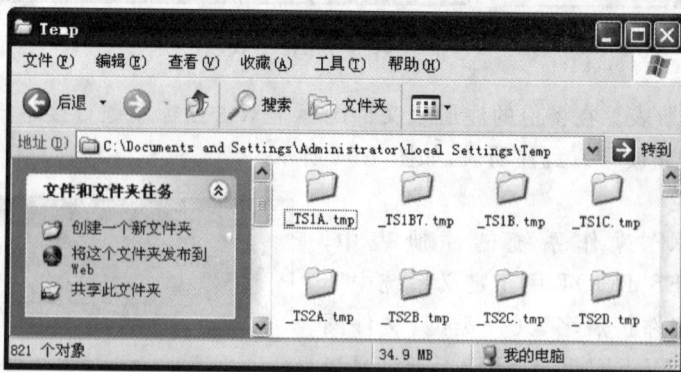

图 1-66　上网历史记录和缓存文件夹

3. 实验结论

Windows XP 操作系统在使用过程中，因为安装、删除软件，创建、修改、删除文件等操作，硬盘中会产生各种各样的垃圾文件，系统运行速度会随着时间的推移越来越慢，所以要经常清理垃圾文件。

1.3.3　实验 3　Windows XP 操作系统无法正常启动故障排除

1. 实验目的

通过本实验了解 Windows XP 操作系统启动故障及故障排除方法。

2. 实验步骤

(1) 启动计算机,看到"选择启动操作系统"消息后,按 F8 键进入 Windows 启动高级选项菜单,如图 1-67 所示。

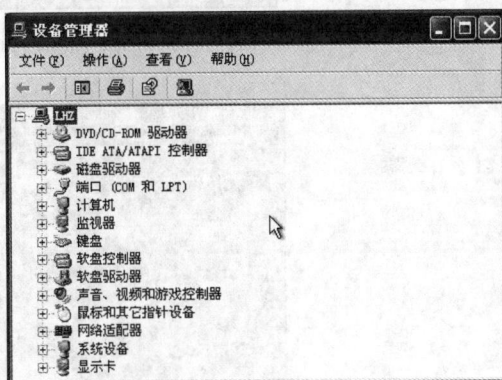

(2) 一般启动故障排除。用上下方向键选择"最后一次正确的配置"选项,按 Enter 键。

(3) 硬件冲突无法启动故障排除。用上下方向键选择"安全模式"选项,按 Enter 键,安全模式成功启动后,在设备管理器中把冲突的硬件移除,如图 1-68 所示。

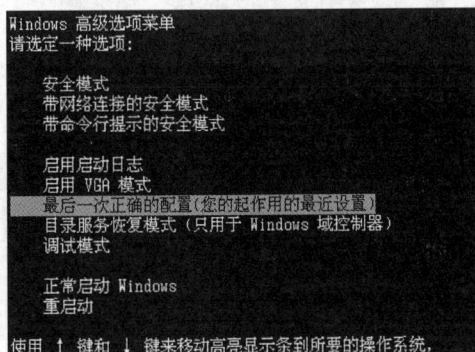

图 1-67　Windows 启动高级选项菜单　　　　图 1-68　Windows 设备管理器

3. 实验结论

Windows XP 操作系统在使用过程中,因死机或突然断电等原因,导致系统不能正常退出无法启动时,可以用"最后一次正确的配置"启动计算机,修复故障。

1.3.4　实验 4　Windows XP 操作系统的备份

1. 实验目的

通过本实验了解用 GHOST 软件如何备份 Windows XP 系统。

2. 实验步骤

(1) 在 D 盘下建立一个新文件夹并重命名为 GHOST,把备份工具 GHOST.EXE 复制到此文件夹中。

(2) DOS 启动盘放入光盘驱动器,重新启动计算机。在 DOC 命令行提示符 C:\> 后边输入 D: 按 Enter 键转到 D 盘,输入 CD GHOST 按 Enter 键打开 D:\GHOST 目录,然后在 D:\GHOST> 提示符后边输入 GHOST 按 Enter 键启动 GHOST 备份工具,如图 1-69 所示。

(3) 用方向键依次选择 Local→Partition→To Image 菜单项,屏幕显示硬盘选择画面,这里只有一个硬盘(见图 1-70(a)),所以直接按 Enter 键,硬盘分区选择画面如图 1-70(b)所示。

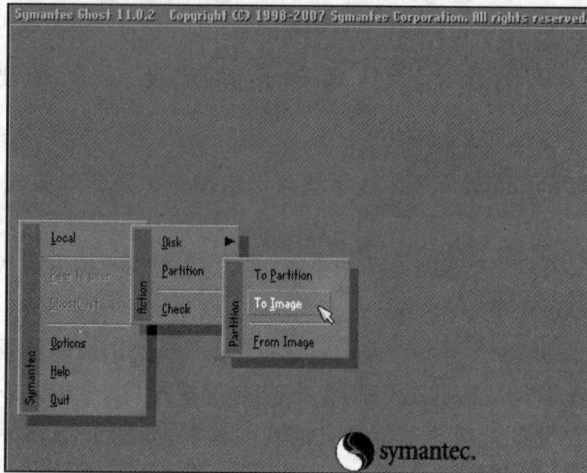

图 1-69 GHOST 启动界面

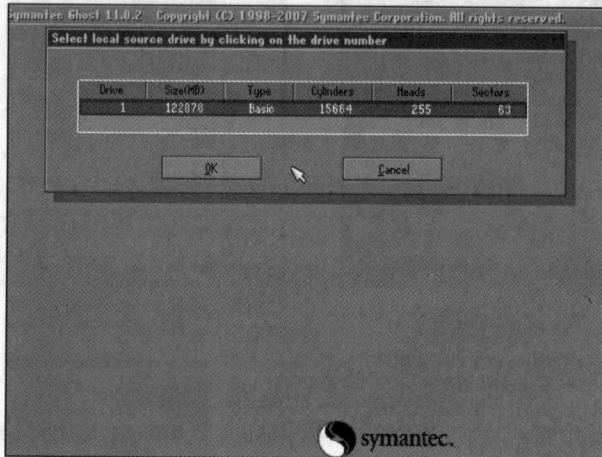

(a)

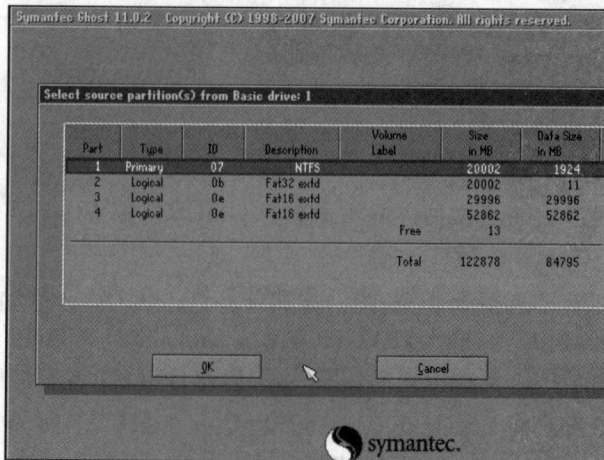

(b)

图 1-70 选择硬盘分区

（4）选择第 1 个分区后按 Enter 键，显示备份文件保存对话框（如图 1-71(a)所示）。这里选择保存文件目录，输入文件名后按 Enter 键，弹出是否需要压缩备份文件的提示框（这里有不压缩、小比例压缩和高比例压缩三个可选按钮），用左右方向键选择 Fast 按钮，按 Enter 键，如图 1-71(b)所示。

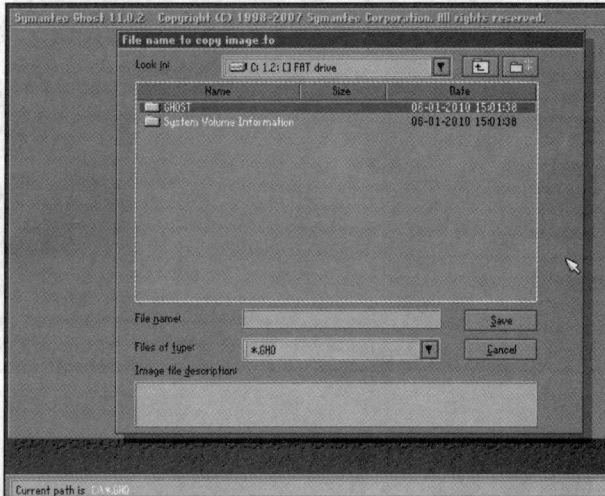

(a)

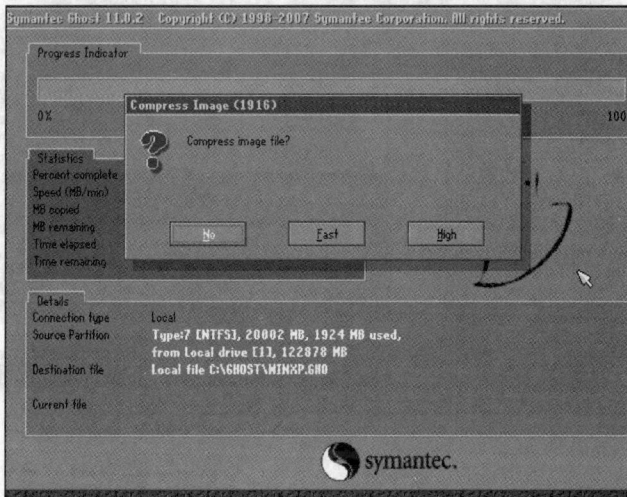

(b)

图 1-71　设置备份文件并选择压缩比例

（5）最后 GHOST 提示确认操作，单击 Yes 按钮（见图 1-72(a)），按 Enter 键开始进行备份，如图 1-72(b)所示。

3. 实验结论

用 GHOST 做系统备份时有三种压缩比例，不压缩的速度快，但备份的文件大；而高比例压缩的文件小，但速度慢，所以一般使用小比例压缩方式。

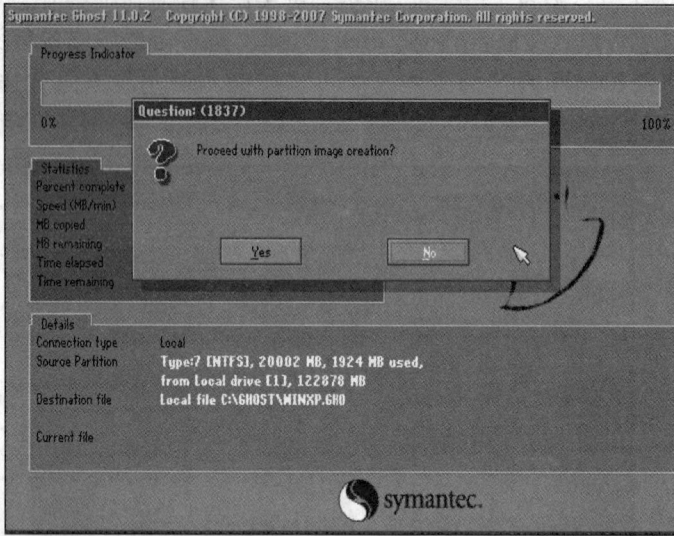

(a)

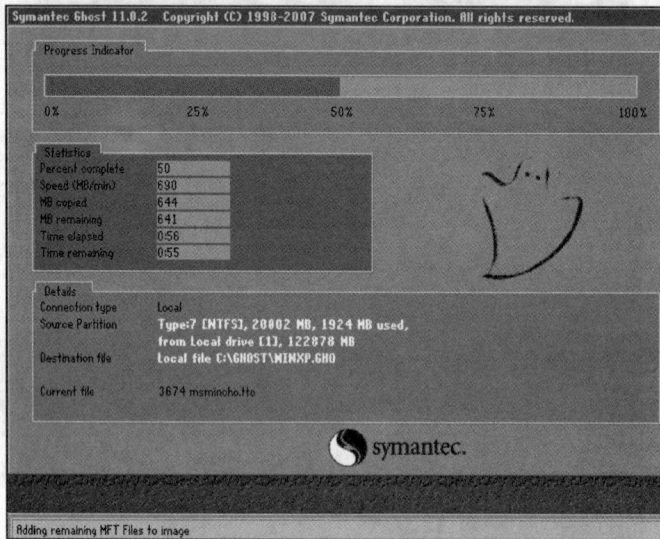

(b)

图 1-72 保存备份文件

1.3.5 实验 5 Windows XP 操作系统的还原

1. 实验目的

通过本实验掌握使用 GHOST 软件如何还原 Windows XP 系统。

2. 实验步骤

（1）启动 GHOST 后，依次选择 Local→Partition→From Image 菜单项，显示打开已备份文件对话框，这里选择已备份的文件，按 Enter 键后显示备份文件的属性，如图 1-73 所示。

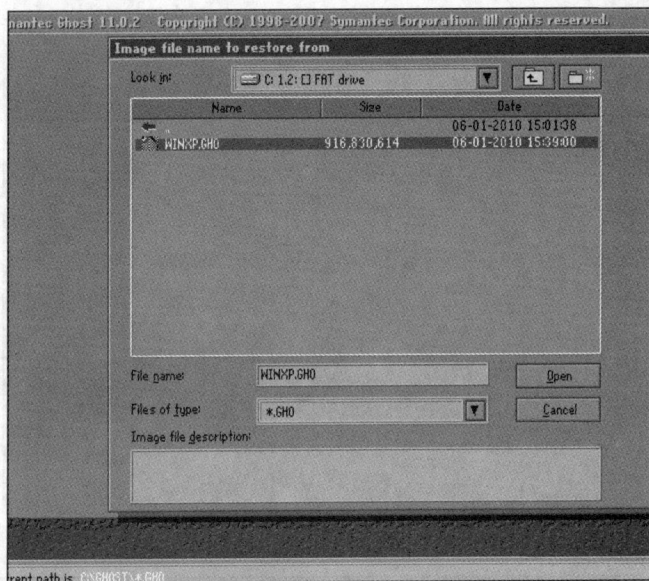

(a)

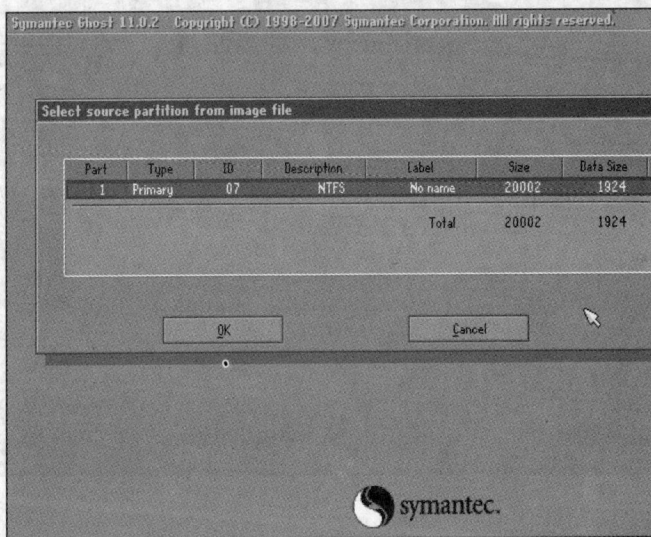

(b)

图 1-73　选择还原文件及文件属性

（2）接着选择硬盘、分区，最后确认操作进行还原，如图 1-74 所示。

3. 实验结论

使用 GHOST 还原系统会覆盖 C 盘所有文件，因此在还原前把 C 盘中保存的个人文件全部复制或移动到其他盘中。

1.3.6　实验 6　多媒体计算机除尘

计算机使用一段时间后，显示器内部、机箱内部都会积聚尘埃，这不仅会影响计算机的正常工作，甚至引起潜在故障增多，降低正常使用寿命；元器件之间结有尘垢，还会因受潮

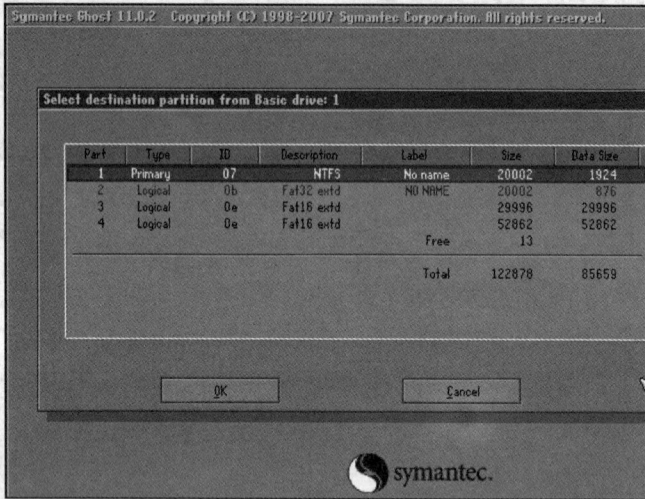

(a)

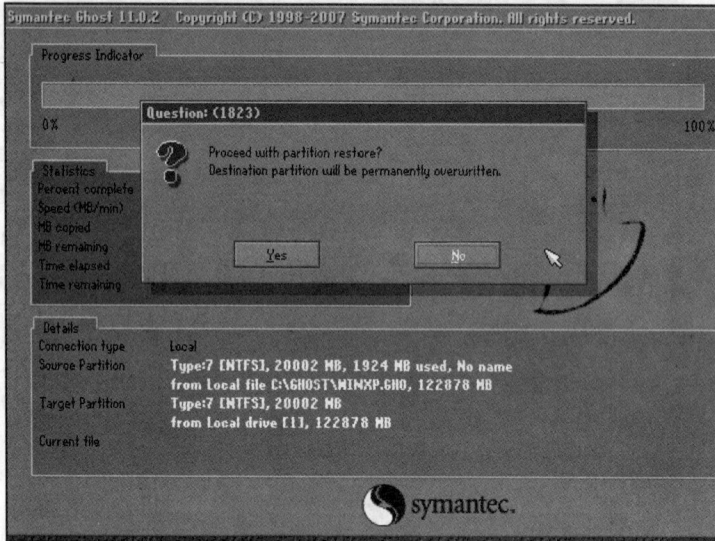

(b)

图 1-74　选择硬盘、分区及确认还原

而引起短路故障。因此有必要定期对计算机进行除尘。

1. 实验目的

通过本实验了解计算机各部件的除尘方法。

2. 实验步骤

（1）准备一个除尘吸吹风机，这种吹风机是专为电子设备除尘用的，具有吹尘、吸尘和吸吹能力特别大等特点，如图 1-75 所示。

（2）主机除尘。关闭计算机，拔下电源线等所有连接线。取下机箱左侧面板，把机箱拿到一个通风的地

图 1-75　除尘吸吹风机

方,用除尘吸吹风机吹或吸。注意不要把吹风机的长嘴碰到元器件上。

（3）显示器除尘。打开显示器后盖,显示器的螺丝比较多,注意放好。后面的工序和机箱除尘过程相同。

（4）除尘完毕后检查各部件接口是否有松动的地方,可以取下来重新安装,最后把侧板或后盖按原位安装好,再把所有连接线连接好。

3. 实验结论

计算机在使用过程中,根据使用环境要定期除尘。

1.3.7 实验 7 多媒体计算机开机无显示故障诊断与排除

1. 实验目的

通过本实验了解计算机开机无显示故障诊断与排除方法。

2. 实验步骤

（1）观察显示器和主机的电源指示灯（绿色）是否亮,观察硬盘指示灯（红色）是否闪烁,听主机有无报警声音。

（2）检查显示器数据线是否接好,把显示器数据线重新插一遍。

（3）关闭计算机,打开机箱查看显卡是否松动。把显卡取下来启动计算机,听有无报警声音。

（4）关闭计算机,把显卡重新插一遍,启动计算机,看故障是否排除。

（5）关闭计算机,把内存条取下来再启动计算机,听有无报警声音。

（6）关闭计算机,把 CPU 风扇取下来,用手指摸 CPU 是否发热。

（7）如果显卡、内存、CPU 等设备正常,把主机电源线拔下,取下主板电池给 CMOS 放电。

3. 实验结论

排除计算机开机无显示故障,首先检查显示设备,然后再检查其他相关的部件。

1.3.8 实验 8 多媒体计算机无法开机故障诊断与排除

1. 实验目的

通过本实验了解计算机无法开机故障诊断与排除方法。

2. 实验步骤

（1）检查主机电源线是否接好,观察电源风扇是否转动,按下主机电源开关后是否弹回。

（2）打开机箱,把电源开关连接线从主板上拔下,尝试用螺丝刀短路主板上的电源开关针脚,看计算机能否启动。

（3）主板供电插头拔下,用一根导线将主板供电插头的绿色线孔和旁边的黑色线孔连接短路,观察电源的风扇是否转动,如果风扇不转动则电源损坏,更换电源。

（4）如果电源正常,观察主板上有无短路的地方。

3. 实验结论

排除计算机无法开机故障,首先检查电源,再检查主板和其他相关部件。

1.3.9 问题与解答

1. 问题 1 计算机常见的故障有哪些？

计算机常见的故障有 Windows 系统无法正常启动、开机后显示器无显示、不能开机等。

2. 问题 2 计算机常见的故障排除方法有哪些？

计算机常见的故障排除方法有：看看出错信息、听听报警声音、检查电缆有无插好、观察硬件有无松动、重装系统、更换硬件等。

第2章 Windows 7 多媒体操作系统上机实践

知识点：

- Windows 7 升级顾问的作用
- 安装 Windows 7 的要点
- 如何设置 Windows 7 个性化主题环境
- Windows 7 桌面小工具的使用
- Windows 7 自带"画图"、"写字板"程序的使用
- Windows 7"剪贴板"的使用
- 使用 Windows 7 资源管理器管理文件资源
- Windows 7 媒体中心的多媒体功能
- 建立和还原 Windows 7 系统备份
- 通过系统映像恢复发生问题的 Windows 7 系统
- 磁盘检查与整理的作用
- 管理 Windows 7 用户帐户

本章导读：

Windows 7 是 Windows 家族的新成员，是继 Windows XP 操作系统之后 Microsoft 推出的又一款操作系统的成功典范。Windows 7 功能强大，尤其是在多媒体功能上更是集中体现了计算机媒体技术在生活娱乐、工作学习、现代办公等方面的优势。本章通过 12 个应用实例，介绍了 Windows 7 在安装、应用、维护方面的操作实践，是学习和掌握 Windows 7 操作系统的重要环节。

2.1 Windows 7 多媒体操作系统的安装

Windows 7 操作系统的安装对计算机的硬件配置有一定的要求，可以通过 Windows 7 升级顾问检查计算机是否能够安装 Windows 7。Windows 7 的安装过程简单容易，安装界面简洁明了，秉承了 Windows 家族一贯的清新、友好的人机交互风格。

2.1.1 实验 1 使用 Windows 7 升级顾问

1. 实验目的

学习通过 Windows 7 升级顾问，以查看所用计算机是否能够运行 Windows 7。

2. 实验步骤

(1) 从 www.microsoft.com 网站下载 Windows 7 Upgrade Advisor(Windows 7 升级

顾问)程序并安装。

（2）开启与计算机相连的所有设备，包括 USB 设备和其他设备，如打印机、外部硬盘和扫描仪等。

（3）从"开始"菜单或桌面快捷方式运行 Windows 7 升级顾问程序，开始检查计算机系统。

（4）检查完计算机系统后，Windows 7 升级顾问程序给出详细的检查报告，如图 2-1 所示。

图 2-1　升级顾问给出的检查报告

3. 实验结论

Windows 7 升级顾问程序通过扫描计算机的硬件、设备和已安装的程序，能够检查出是否存在已知的兼容性问题，并获得关于如何解决潜在问题的指导，依据给出的建议，完成安装（升级）Windows 7 之前的事项。

2.1.2　实验2　安装 Windows 7 操作系统

1. 实验目的

通过实验学习 BIOS 程序的启动设置，通过光盘引导计算机；通过 DVD 安装光盘在计算机中安装 Windows 7 操作系统。

2. 实验步骤

（1）开启计算机，进入 BIOS 设置程序，把计算机启动模式设置成光盘启动，在 AMI BIOS 中设置光盘启动如图 2-2 所示，在 Phoenix-AwardBIOS 中设置光盘启动如图 2-3 所示；某些计算机在启动时也可以手动选择启动设备。

（2）把 Windows 7 操作系统 DVD 安装光盘插入计算机 DVD 光驱中；重新启动计算机，使计算机通过 DVD-ROM 引导启动。

（3）打开 Windows 7 的图形安装界面后，首先需要设定安装语言（选择简体中文）、时间和货币格式（选择简体中文、中国）、键盘和输入方法（选择简体中文、美式键盘），然后单击

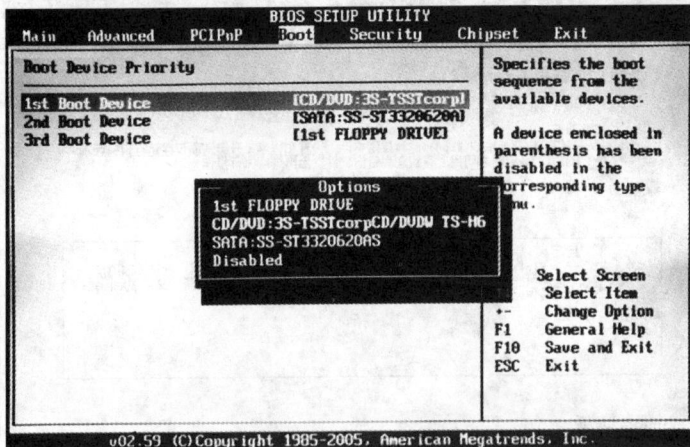

图 2-2 在 AMI BIOS 中设置光盘启动

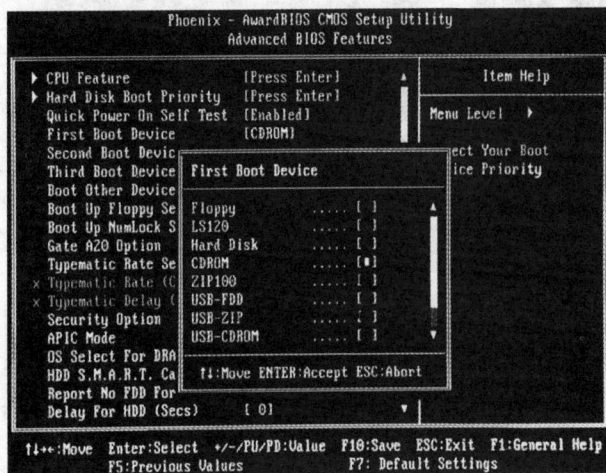

图 2-3 在 Phoenix-AwardBIOS 中设置光盘启动

"下一步"按钮,再单击"现在安装"按钮进入安装程序。

(4) 阅读并接受许可条款,单击"下一步"按钮。

(5) 选择"自定义(高级)"安装类型,如图 2-4 所示;确定 Windows 7 的安装位置,这里选择本地 C 盘,单击"下一步"按钮开始安装 Windows 7;安装完毕后,计算机重新启动。

(6) Windows 7 全新安装启动后,在第一次使用时需要进行用户的设置,在"输入用户名"文本框内输入一个用户名,单击"下一步"按钮。

(7) 在"为帐户设置密码"界面中设置密码,注意密码要保证一定的复杂程度,以保证用户的安全,如图 2-5 所示。

(8) 单击"下一步"按钮,把正确的 Windows 产品密钥输入到空白栏内;单击"下一步"按钮,选择"使用推荐设置"项目。

(9) 单击"下一步"按钮,在"查看时间和日期设置"界面设置系统的时间和日期,如图 2-6 所示,单击"下一步"按钮。

Windows 7 多媒体操作系统上机实践

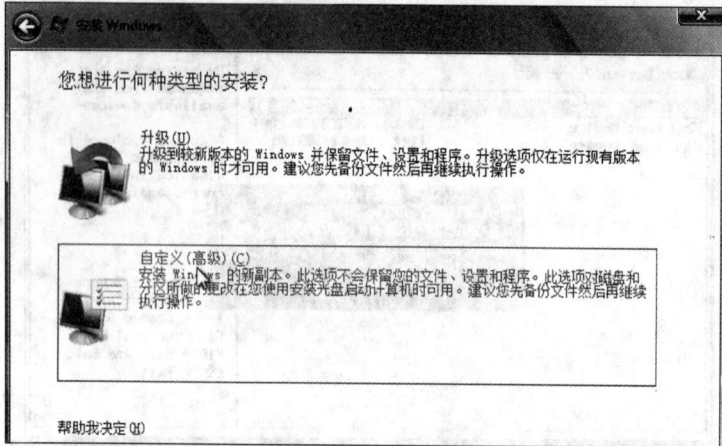

图 2-4　选择安装类型

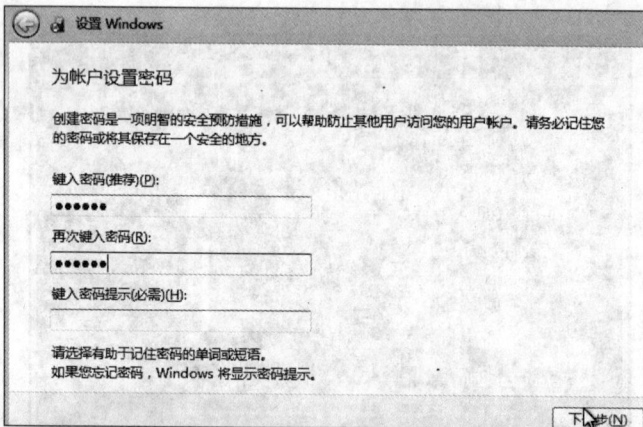

图 2-5　输入用户密码

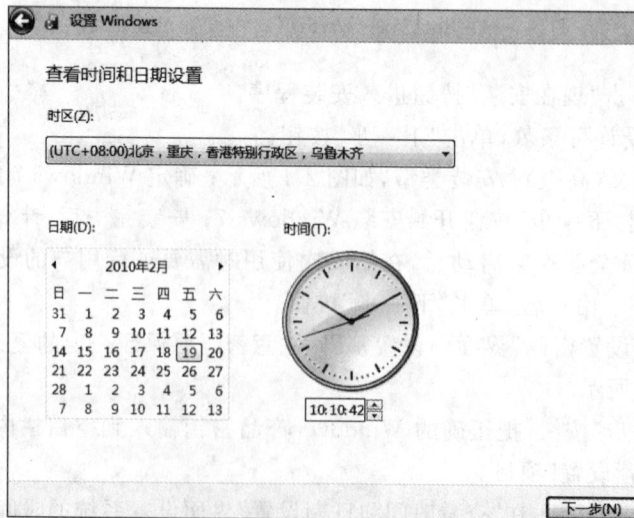

图 2-6　设置系统时间和日期

（10）在"请选择计算机当前的位置"界面设置联网方式，在"家庭网络"、"工作网络"、"公用网络"中选择单击任一项，如图 2-7 所示。

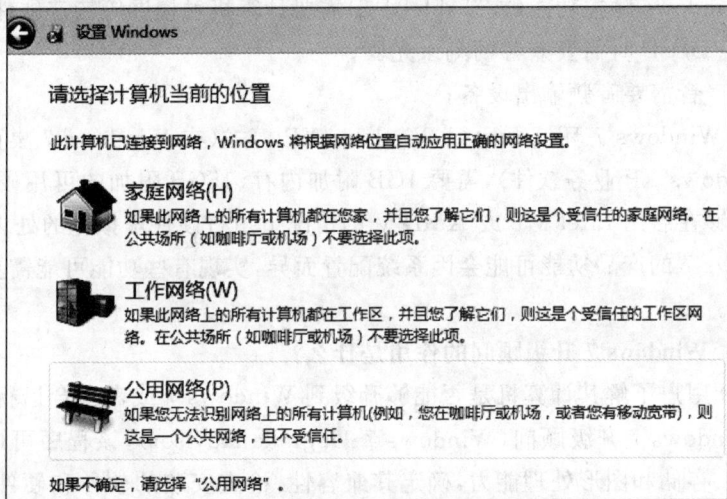

图 2-7　确定联网方式

（11）以上各项设置完毕后，Windows 7 进入"正在完成您的设置…"的最后阶段；安装完成后进入漂亮的图形桌面。

3. 实验结论

BIOS(Basic Input Output System，基本输入输出系统)固化存储在计算机主板上一个 ROM 芯片中。它保存着计算机最重要的一些信息：基本输入输出程序、系统设置参数、开机自检程序和系统自启动程序。由于 BIOS 程序主要功能是为计算机提供最底层的硬件设置和控制，因此 BIOS 的设置往往会影响到计算机的性能。

Windows 操作系统的安装基本都通过图形界面进行，因此安装过程非常简便，关键之处是根据自己的需要进行相关参数的设置。

2.1.3　问题与解答

1. 问题 1　运行 Windows 7 操作系统的硬件要求有哪些？

微软(Microsoft)公司官方发布运行 Windows 7 操作系统要求计算机具有以下的基本配置：

- 1GHz 32 位或 64 位处理器；
- 1GB 内存(基于 32 位)或 2GB 内存(基于 64 位)；
- 16GB 可用硬盘空间(基于 32 位)或 20GB 可用硬盘空间(基于 64 位)；
- 带有 WDDM 1.0 或更高版本的驱动程序的 DirectX 9 图形设备。

若要使用某些特定功能，还需要满足下面一些附加要求：

- 依据分辨率的需要，播放视频时可能需要更多的内存和高级图形设备；
- 运行某些游戏和程序可能需要图形卡与 DirectX 10(或更高版本)相兼容，以获得最佳性能；

- 对于一些 Windows 媒体中心（Windows Media Center）的功能，可能需要电视调谐器以及其他硬件支持；
- 使用 Windows 触控功能（或 Tablet PC）需要计算机触摸屏等特定硬件；
- 制作 DVD/CD 时需要兼容的刻录光驱；
- 音乐和声音需要音频输出设备；
- 如果在 Windows 7 环境下运行 Windows XP 模式（在 Windows 7 桌面上运行旧版的 Windows XP 业务软件），需要 1GB 附加内存、15GB 附加的可用硬盘空间，以及一个能够在启用 Intel VT 或 AMD-V 的情况下执行硬件虚拟化的处理器；
- Windows 7 的产品功能可能会因系统配置而异，实现有些功能可能需要附加其他硬件设备。

2. 问题 2　Windows 7 升级顾问的作用是什么？

为了能够让用户了解其计算机是否能够升级到 Windows 7 或者适合运行 Windows 7，微软推出了 Windows 7 升级顾问（Windows 7 Upgrade Advisor），该程序可以检查计算机的处理器、内存、存储和图形处理能力，确定其兼容性，检查安装的软件和硬件设备，然后给出一份检测报告，在报告中详细列出软硬件情况、兼容性问题，并对如何解决出现问题给出相应的指导建议。

3. 问题 3　Windows 7 操作系统有什么特点？针对多媒体有什么功能？

Windows 7 以强大的功能、便捷的操作和安全稳定的性能已经成为 PC 用户首选的主流操作系统之一；尤其在多媒体功能方面，Windows 7 更是突出了生活化、娱乐性、易用性、趣味性等特点。

4. 问题 4　Windows 7 操作系统有多少版本？各有什么特点？

Windows 7 操作系统有四个版本，分别是家庭普通版、家庭高级版、企业版和旗舰版。每个版本各有特色，以下内容引自微软官方网站对 Windows 7 各版本的介绍：

Windows 7 家庭普通版可以帮助您更快、更简单地找到和打开最常使用的应用程序和文档，为您带来更便捷的计算机使用体验。

使用 Windows 7 家庭高级版可以轻松地创建家庭网络和共享您收藏的所有照片、视频及音乐。您甚至还可以观看、暂停、倒回和录制电视节目。通过 Windows 7 家庭高级版实现最佳娱乐体验。

有了 Windows 7 专业版，离成功将更近一步。您可以在 Windows XP 模式下运行许多 Windows XP 工作效率程序，并且可以使用自动备份将数据轻松还原到您的家庭网络或企业网络中。通过域加入，还可以轻松连接到公司网络，而且更加安全。但是 Windows 7 专业版并不是只包括业务功能。它还包括 Windows 7 家庭高级版中令人惊喜不断的娱乐功能。

Windows 7 旗舰版是 Windows 7 各版本中最为灵活、强大的一个版本。它在家庭高级版的娱乐功能和专业版的业务功能基础上结合了显著的易用特性，其功能包括 Windows XP 模式下运行许多 Windows XP 工作效率程序。因为有了增强的安全性，您可以使用 BitLocker 和 BitLocker To Go 进行数据加密。而额外提升的灵活性，又使得您能够在 35 种语言中进行任意选择。所有这些功能都可利用 Windows 7 旗舰版来实现。

2.2 Windows 7 多媒体操作系统的使用

Windows 7 功能强大、操作界面友好,是一款优秀的图形界面操作系统。本节主要对 Windows 7 的界面设置、系统功能、工具应用、多媒体操作进行实例讲解。

2.2.1 实验 1 个性化主题环境

1. 实验目的

通过实验学习建立符合个性操作风格的桌面环境,包括更改桌面背景、窗口颜色、声音和屏幕保护程序。

2. 实验步骤

(1) 选择"开始"→"入门"→"个性化 Windows"菜单项,也可通过单击鼠标右键,在弹出的快捷菜单中选择"个性化"菜单项(如图 2-8 所示),打开"更改计算机上的视觉效果和声音"窗口,列表显示 Windows 7 自带的 Aero 主题,选择其中任何一个主题图标都可预览(更换)该主题的效果,包括桌面背景、窗口颜色、声音、屏幕保护程序等,如图 2-9 所示。

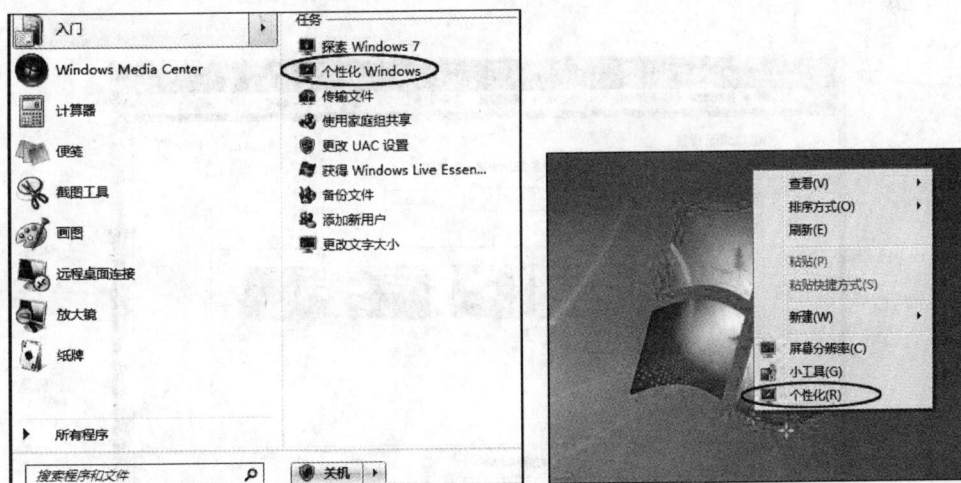

图 2-8 打开个性化 Windows

(2) 如果需要更多的主题,通过单击"我的主题"栏内的"联机获取更多主题"链接,即可从 Windows 7 的官方网站下载更多精彩主题,所下载的主题都会显示在"我的主题"中。

(3) 当选中一个主题后,单击窗口底部的"桌面背景"图标,打开"选择桌面背景"窗口,列出该主题所包含的所有桌面背景图。在此,可以选择显示哪些背景图、设置"图片位置"以及"更改图片时间间隔"等。例如:把背景图片变幻频率设置为较小的数值(如 10 分钟),那么一个小时内就可以变换 6 张不同的桌面背景图了。选择"无序播放"单选按钮可以使图片打乱先后顺序而随机播放,如图 2-10 所示,设置完毕后,单击"保存修改"按钮。

(4) 单击"更改计算机上的视觉效果和声音"窗口底部的"窗口颜色"图标,打开"更改窗口边框、 开始 菜单和任务栏的颜色"窗口,如图 2-11 所示。根据需要选择各种不同的颜色

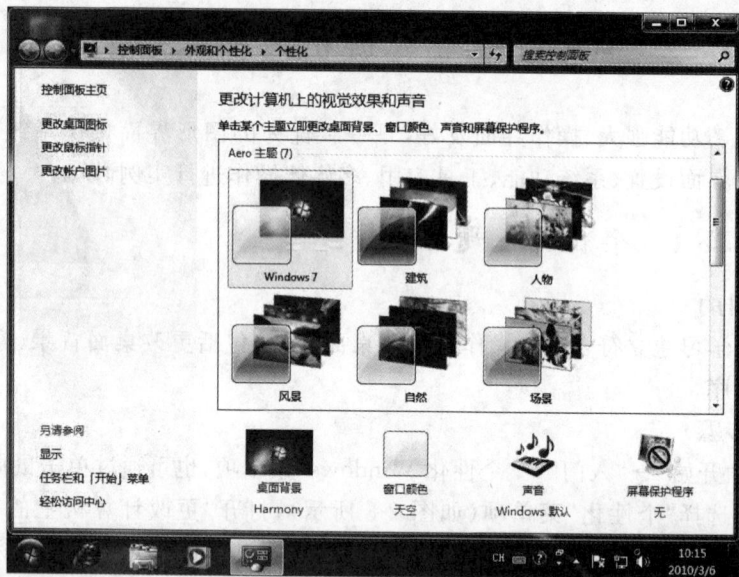

图 2-9 "更改计算机上的视觉效果和声音"窗口

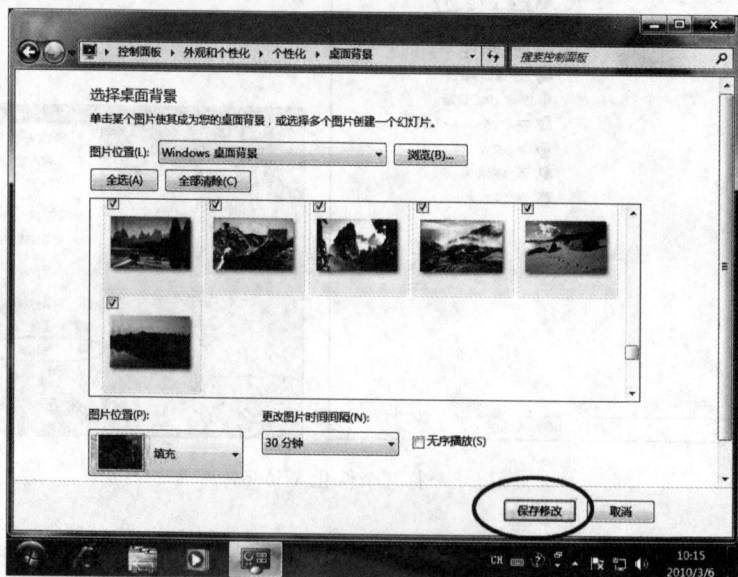

图 2-10 "选择桌面背景"窗口

组合、调节颜色浓度,所有的调节设置都可以实时看到预览效果。

(5)单击图 2-11 中的"显示颜色混合器"选项,打开由"色调"、"饱和度"、"亮度"3 根滑尺组成的颜色混合器面板,通过对色调、饱和度和亮度的调节来混合出新的窗口颜色效果组合,如图 2-12 所示。

(6)单击图 2-12 中的"高级外观设置"项,打开"窗口颜色和外观"对话框,选择不同的项目(边框填充、标题按钮、菜单、超链接、窗口等),能够对各项目外观进行颜色、字体、大小等参数的设置,如图 2-13 所示。

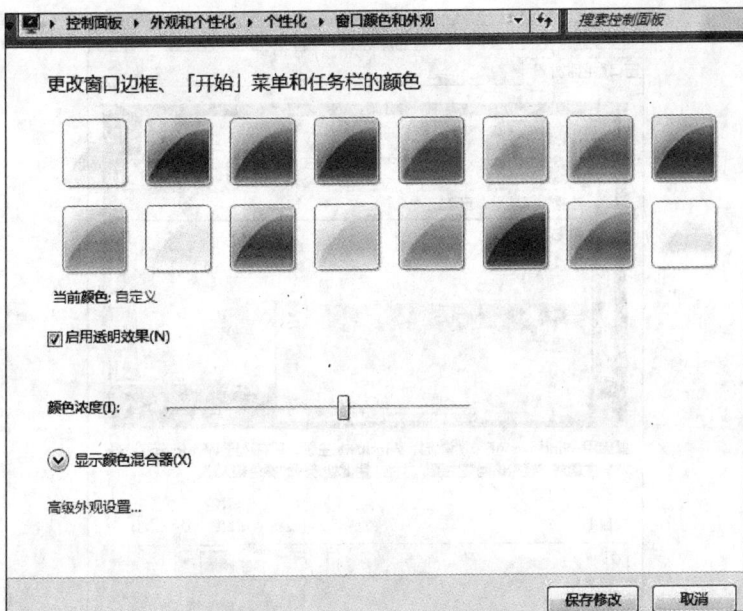

图 2-11 "更改窗口边框、[开始]菜单和任务栏的颜色"窗口

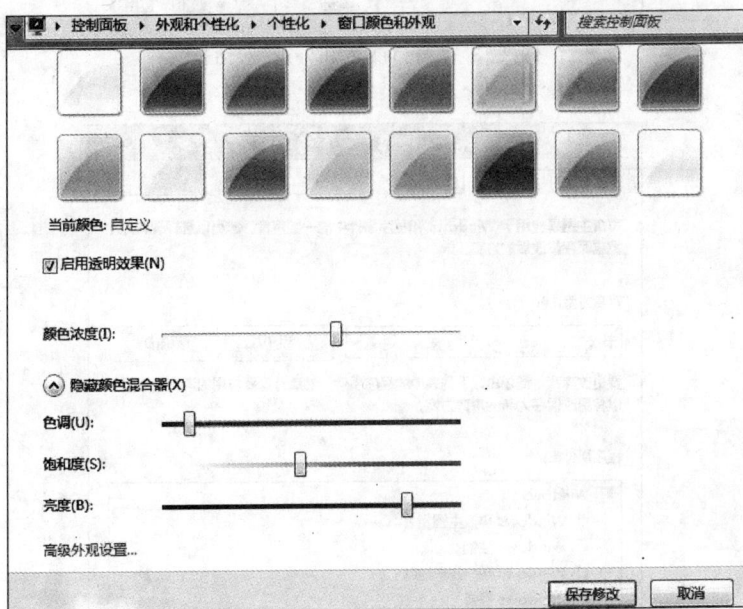

图 2-12 颜色混合器

(7) 单击"更改计算机上的视觉效果和声音"窗口底部的"声音"图标,可以打开"声音"对话框,能够设置和改变 Windows 7 系统的声音方案、声音的播放、录制的配置以及使用 PC 进行语音通信时的声音效果,如图 2-14 所示。

(8) 单击"更改计算机上的视觉效果和声音"窗口底部的"屏幕保护程序"图标,打开"屏幕保护程序"对话框,设置屏幕保护的参数。

43

第 2 章

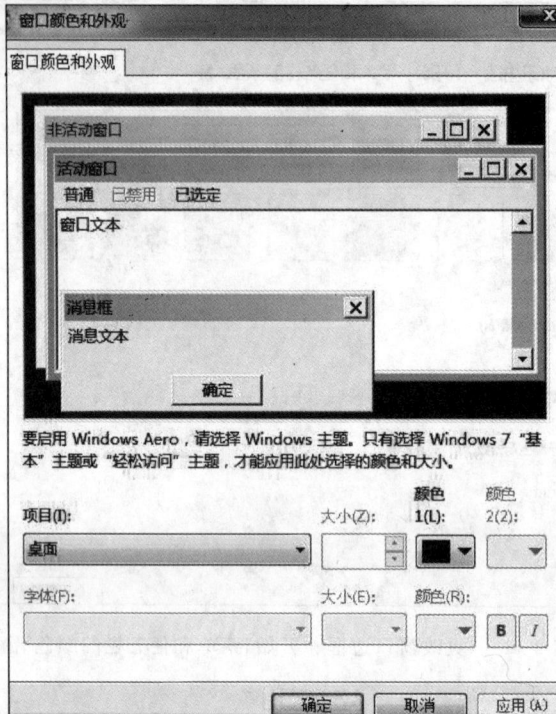

图 2-13 "窗口颜色和外观"对话框

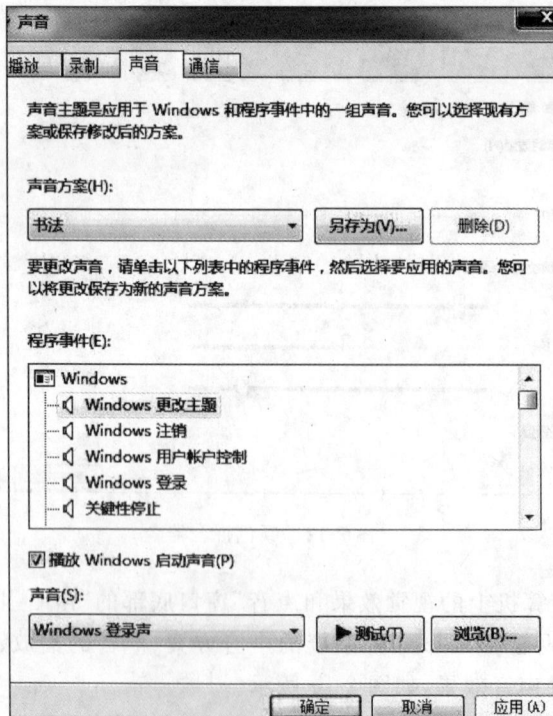

图 2-14 "声音"对话框

（9）任何选定的主题经过"桌面背景"、"窗口颜色"、"声音"、"屏幕保护程序"的设置后都会在"我的主题"栏中产生一个名称为"未保存的主题"的新主题，单击"保存主题"项，打开"将主题另存为"对话框，在"主题名称"文本框内输入一个主题名称，单击"保存"按钮就可以保存该主题。

3. 实验结论

Windows 7 提供了丰富的个性化界面设置功能，通过个性化设置，用户能够把自己的个性特点和偏好充分展现出来，使得操作计算机不再枯燥乏味，而是一种"情感上"的交流与沟通。个性化界面设置功能是操作人性化方面的重要体现。

2.2.2　实验2　桌面小工具的使用

1. 实验目的

通过实验了解 Windows 7 桌面小工具的功能，学习 Windows 7 桌面小工具的管理和使用。

2. 实验步骤

（1）在 Windows 7 桌面上单击鼠标右键，在弹出的快捷菜单中选择"小工具"菜单项，即可打开小工具的管理窗口。

（2）在小工具窗口中，选中某个小工具后，单击"显示详细信息"可以显示出该工具的用途、版本、版权等详细信息，如图 2-15 所示。

图 2-15　小工具窗口

（3）单击"联机获取更多小工具"按钮，可以打开 Windows 7 官方网站，在"桌面小工具"选项卡中，能够下载更多的小工具程序。

（4）用鼠标双击某个小工具，该小工具就可以被放置在桌面上运行，也可以通过单击右键,选择"添加"菜单项,把小工具放置在桌面上;运行在桌面上的小工具可以通过单击其右上角的"×"按钮关闭,也可以通过鼠标右键单击该工具,在弹出的菜单中选择"关闭小工具"菜单项关闭该工具。

(5) 小工具可以改变其透明度,使其很好地与桌面背景配合,小工具也可以在桌面上随意拖动,放置在任意的地方。

(6) 对于一些小工具,还可以设置外观显示、调整配置参数等,鼠标右键单击日历小工具,在弹出的快捷菜单中选择"大小→大尺寸"项,则日历外观发生了变化,不仅显示了"日期"信息,还显示了"月份"信息;鼠标右键单击时钟小工具,在弹出的快捷菜单中选择"选项"菜单项,弹出钟表的选项面板,在"选项"面板中,可以为时钟选择外观样式、时钟名称、时区设置等,如图 2-16 所示。

图 2-16 调整小工具的外观和运行参数

(7) 小工具管理窗中的小工具可以被卸载,鼠标右键单击某个小工具图标,在弹出的快捷菜单中选择"卸载",弹出卸载对话框,单击"卸载"按钮就可以把该小工具卸载掉。被卸载的小工具放到了"回收站"中。

3. 实验结论

Windows 7 提供的桌面小工具不仅能够实时获取来自于网络的信息,例如:最新的金融行情、新闻条目、天气情况等,也可以实施监控和管理系统资源信息,为用户的日常工作、生活和娱乐带来各种各样的便利和乐趣。

2.2.3 实验3 Windows 7 经典附件"画图"程序的使用

1. 实验目的

通过实验了解 Windows 7 经典附件"画图"程序的功能。学习通过 Windows 7 画图软件绘制图像。掌握 Windows 程序的基本操作方法。熟悉 Windows 程序的基本界面。

2. 实验步骤

（1）在任务栏中单击"开始"→"所有程序"→"附件"菜单项，可以打开"附件"程序列表。

（2）在附件列表中选择"画图"项，运行画图程序，打开画图窗口，单击"画图"菜单，在菜单列表中选择"属性"菜单项，如图 2-17 所示，弹出"映像属性"窗口，设置图像的宽度和高度，建立一张 640×480 的空白图像，单击"确定"按钮。

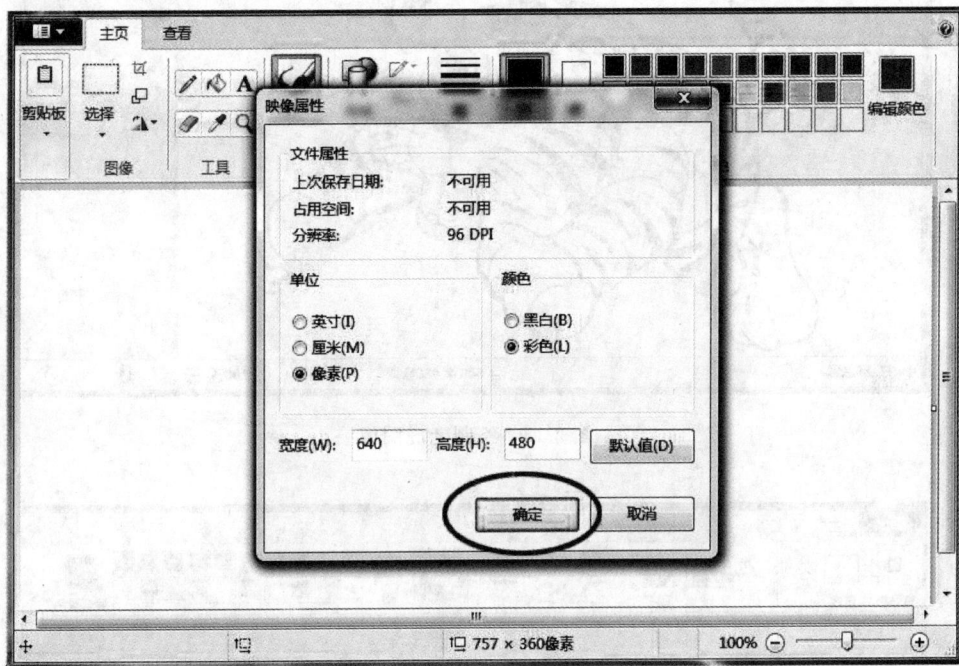

图 2-17　设置图像的参数

（3）分别选择"铅笔"、"橡皮擦"等绘画工具，使用粗细不同的笔触线条，在画面中绘出老虎图像，如图 2-18 所示。

（4）选择"刷子"中的"颜料刷"工具，在笔触的"粗细"中选择合适的线宽，把"颜色 1"设置成棕黄色，为老虎皮毛上色，再把"颜色 1"设置成深棕色，给老虎斑纹上色，也可结合"颜料桶"工具在画面上一定的颜色封闭区域大面积上色。

（5）使用"选择"工具把老虎选择上，用鼠标把老虎拖动到画面的左侧；选择"形状"工具中的"六角星形"；"形状填充"和"形状轮廓"都设置成"纯色"，"颜色 1"设置成为棕色，在画面上绘制出六角星形图形；把"颜色 1"设置成红色，再绘制一个六角星形，覆盖在棕色的六角星形之斜上方，使棕色的六角星形成为红色的六角星形的"阴影"；选择"文字"工具，设置合适的"字体"和"字号"，"颜色 1"设置成黄色，在红色六角星形中输入"虎年吉祥"，把"颜色 2"设置成浅蓝色，单击"调整大小和扭曲"工具，在弹出的对话框中把水平方向的倾斜（角度）设置成 15 度，单击"确定"按钮，完成绘画作品，如图 2-19 所示。

（6）单击"保存"按钮，弹出"保存为"对话框，如图 2-20 所示，选择合适的文件夹（文件存储的位置），键入文件名"虎年吉祥"，选择"JPEG"文件格式，单击"保存"按钮，保存作品。

（7）完成的作品也可以通过"在电子邮件中发送"菜单项以电子邮件的形式发送到别人

Windows 7 多媒体操作系统上机实践

图 2-18　绘制老虎图像

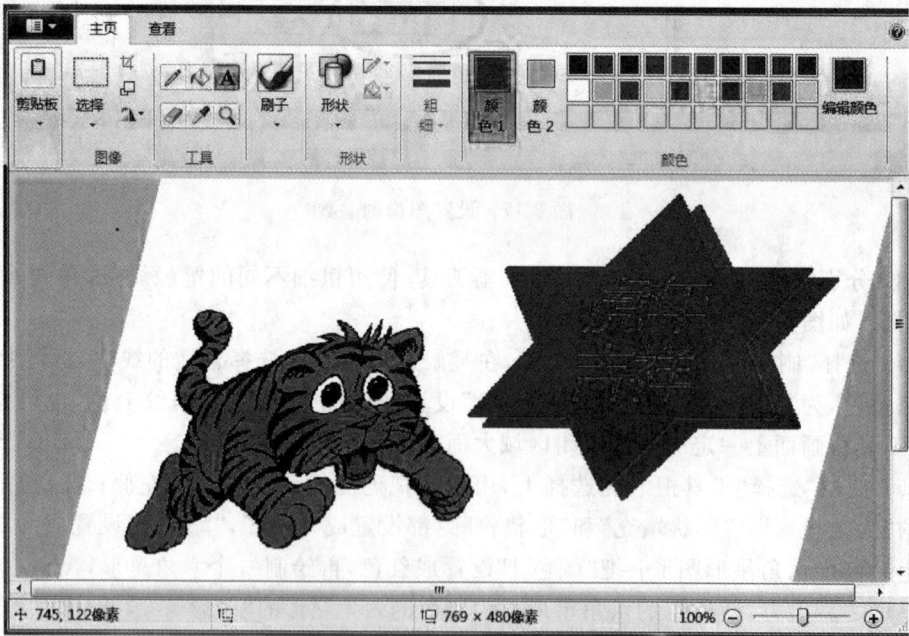

图 2-19　进一步绘制图像

的邮箱,也可以通过"打印"菜单项进行打印输出,也可以设置为桌面背景。设置为桌面背景的操作如图 2-21 所示,在下拉菜单列表中,鼠标选择"设置为桌面背景"菜单项,然后选择"填充"、"平铺"、"居中"任一形式来完成桌面背景的设置。

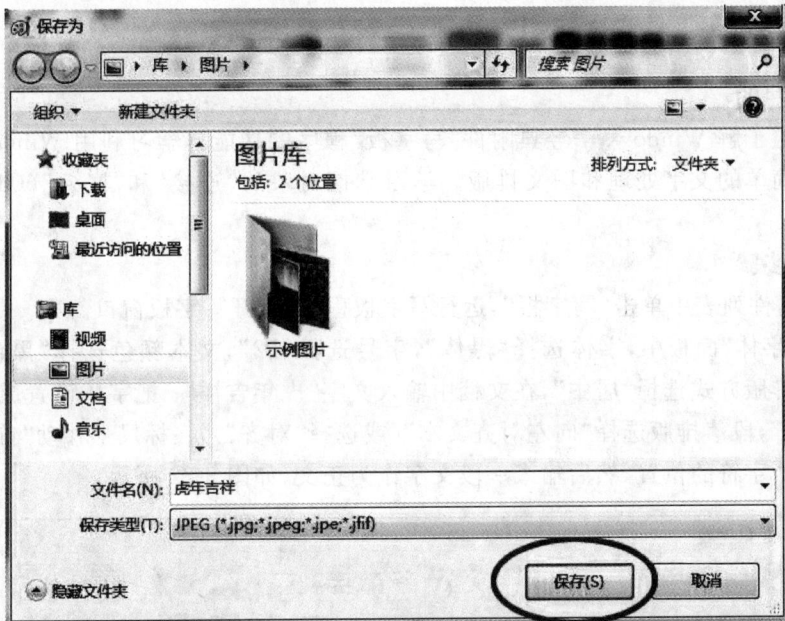

图 2-20　存储图像文件

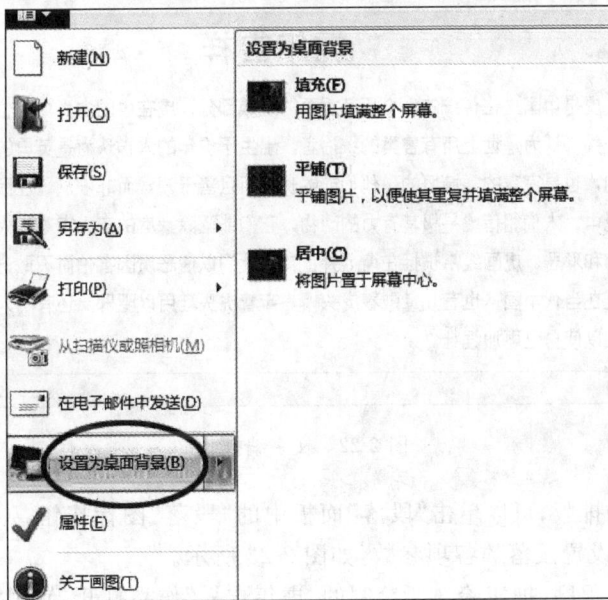

图 2-21　设置为桌面背景

3. 实验结论

　　"画图"程序是 Windows 系列操作系统自带的一款经典的数字图像绘制和处理程序,虽然在功能上"画图"显得还比较"简陋",但进行简单的图像绘制和处理基本上可以满足一般的使用需求。

Windows 7 多媒体操作系统上机实践

2.2.4　实验 4　Windows 7 经典附件"写字板"程序的使用

1. 实验目的

通过实验了解 Windows 7 经典附件"写字板"程序的功能。学习利用 Windows 7 写字板软件进行简单的文字处理和图文排版。学习掌握对象的"连接"和"嵌入"(OLE)的操作技巧。

2. 实验步骤

(1) 在附件列表中单击"写字板",运行写字板程序,打开写字板窗口。

(2) 在"字体"面板中,字体选择"黑体",字号选择"22",文本颜色选择"黑色";在"段落"面板中,排版方式选择"居中",在文档中输入文字"虎年吉祥";把字体设置成"宋体",字号设置为"12",段落排版选择"向左对齐文本"(或选择"对齐"),在标尺上移动"首行缩进"滑块到缩进两个字符的位置,然后输入一段文字作为正文,如图 2-22 所示。

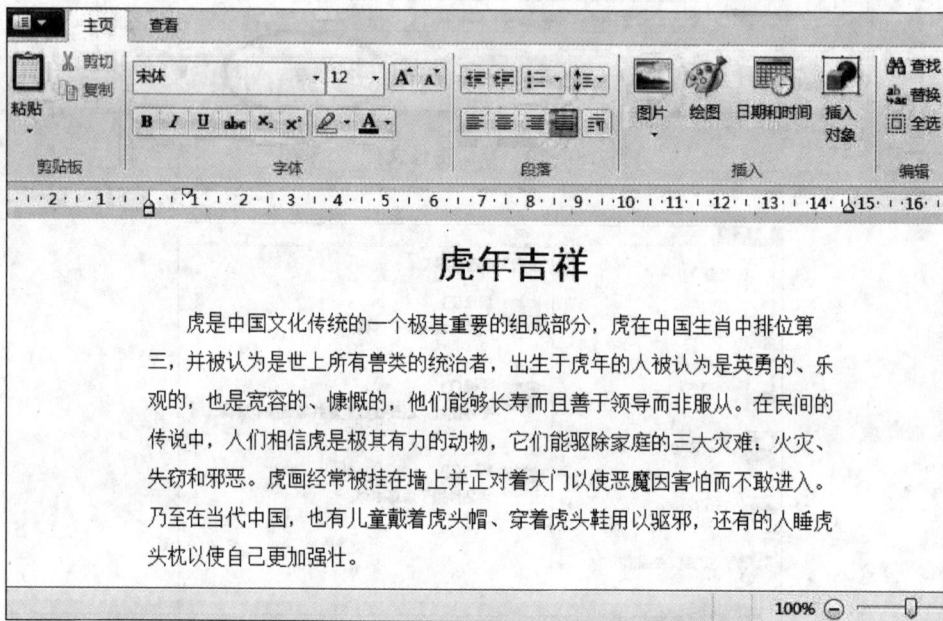

图 2-22　文字编排

(3) 对于段落的排版,可以单击"段落"面板中的"段落"图标按钮,弹出"段落"对话框,在该对话框中,详细设置段落的各项参数,如图 2-23 所示。

(4) 打开"绘图"程序,把实验 3 所绘制的"虎年吉祥"作品打开,使用"选择/自由图形选择"工具把老虎选择上,然后在"剪贴板"面板中选择"复制"菜单命令,把老虎图像复制到剪贴板。

(5) 切换到"写字板",把光标移动到正文下行,在工具栏面板的"剪贴板"区域,选择"粘贴/粘贴"菜单命令,则老虎图像被粘贴到了光标位置,这种粘贴是一种"静态"的"剪贴板"数据传递方式,粘贴来的图片只能改变大小、位置等,不能再更改图片的内容。

(6) 在"剪贴板"面板中选择"粘贴/选择性粘贴"菜单命令,弹出"选择性粘贴"对话框,如图 2-24 所示。

（7）在"选择性粘贴"对话框中，如果选择"图片（元文件）"作为粘贴内容，其效果如同直接从剪贴板粘贴画面，和步骤 5 粘贴方式相同，属于"静态粘贴"；如果选择"画笔图片"作为粘贴内容，则意味着采取了"嵌入"式粘贴方式，粘贴上来的图片内容不仅可以进行缩放、移动等操作，还可以通过鼠标双击该对象打开"画图"程序对其进行修改。

（8）"连接"传递数据：在"插入"面板中，选择"插入对象"命令，弹出"插入对象"对话框，如图 2-25 所示。

（9）在"对象类型"中选择"画笔图片"，如图 2-26 所示，可以把"画图"程序同时打开，连接到当前的写字板文档中，通过画图程序可以绘制处理当前文档所需的图片内容。

（10）单击"保存"按钮，弹出"保存为"对话框，选择合适的文件夹（文件存储的位置），输入文件名"虎年吉祥"，选择"RTF"文件格式，单击"保存"按钮；完成的文档也可以通过"在电子邮件中发送"菜单项以电子邮件的形式发送到别人的邮箱，也可以通过"打印"菜单项进行打印输出。

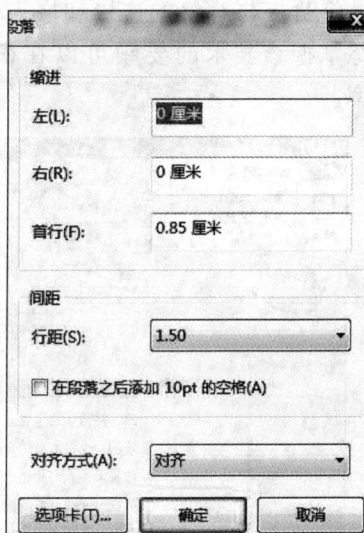

图 2-23　设置段落

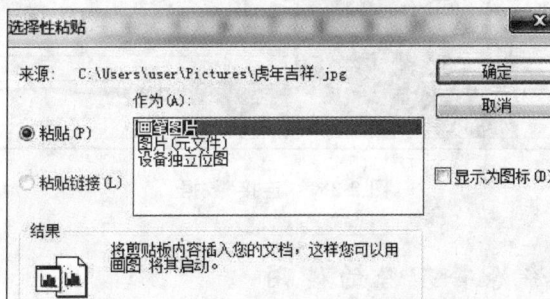

图 2-24　"选择性粘贴"对话框

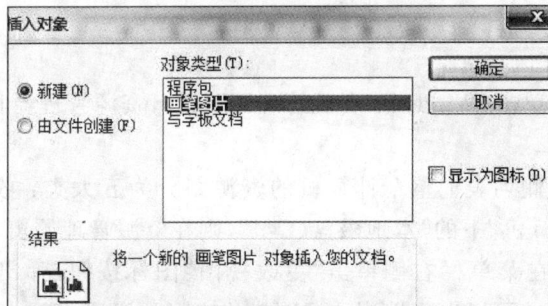

图 2-25　"插入对象"对话框

51

3. 实验结论

写字板是 Windows 7 中进行文档处理的主要工具，通过写字板可以解决工作中一般的

Windows 7 多媒体操作系统上机实践Windows 7 多媒体操作系统上机实践

第 2 章

文字处理、文书编辑、图文排版等工作。写字板程序简便易用,是经常用到的文书工具。

剪贴板与对象的连接和嵌入(OLE)技术是 Windows 系统中数据交换的重要方法,熟练掌握该技术的要领可以在很大程度上提高 Windows 系统的操作能力,提高工作效率。

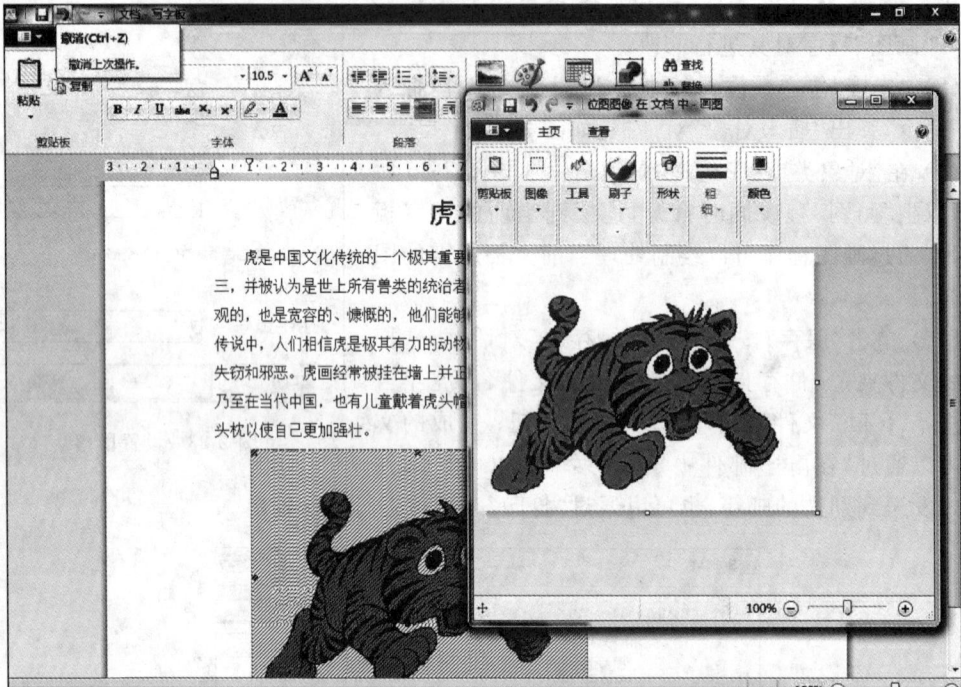

图 2-26 "连接"数据

2.2.5 实验5 资源管理器的使用

1. 实验目的

通过实验学习资源管理器的使用。掌握文件、文件夹的复制、粘贴、删除、更名和属性的修改等操作。掌握如何共享文件夹。掌握资源的搜索操作。

2. 实验步骤

(1) 在附件列表中单击"Windows 资源管理器",运行资源管理器程序,打开资源管理器窗口。

(2) 资源管理器左侧列表把整个计算机的资源划分为五大类:收藏夹、库、家庭组、计算机和网络。单击"计算机"下的"本地磁盘(C:)",则在资源管理器窗口的右侧显示出 C 盘的文件和文件夹资源,在菜单栏右侧单击"更改视图"图标按钮,弹出"视图模式"列表,如图 2-27 所示。在列表中,可以选择恰当的视图模式来显示资源。

(3) 在菜单栏右侧单击"显示预览窗格"图标按钮,则把资源管理器窗口分为三部分,最右侧部分就是"预览窗格",该窗口可以显示文件的预览信息,不仅仅可以预览图片,还可以预览文本文件、字体文件等,这些预览效果可以方便用户快速了解其内容,如图 2-28 所示预览图片文件内容。单击"隐藏预览窗格"图标按钮,又可以把预览窗格隐藏起来。

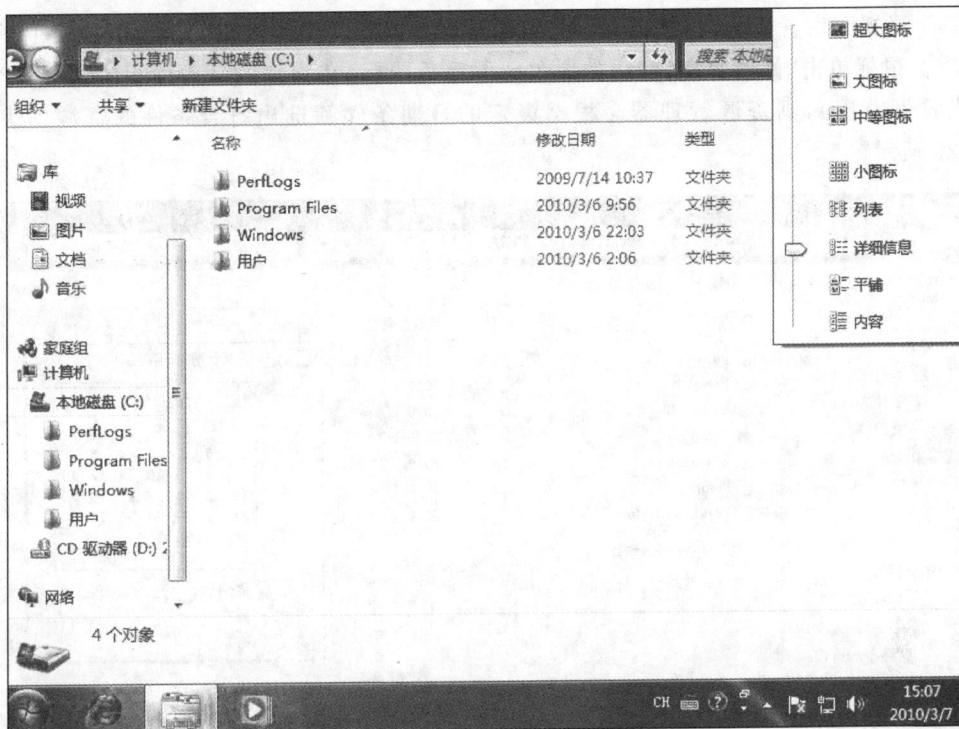

图 2-27 "视图模式"列表

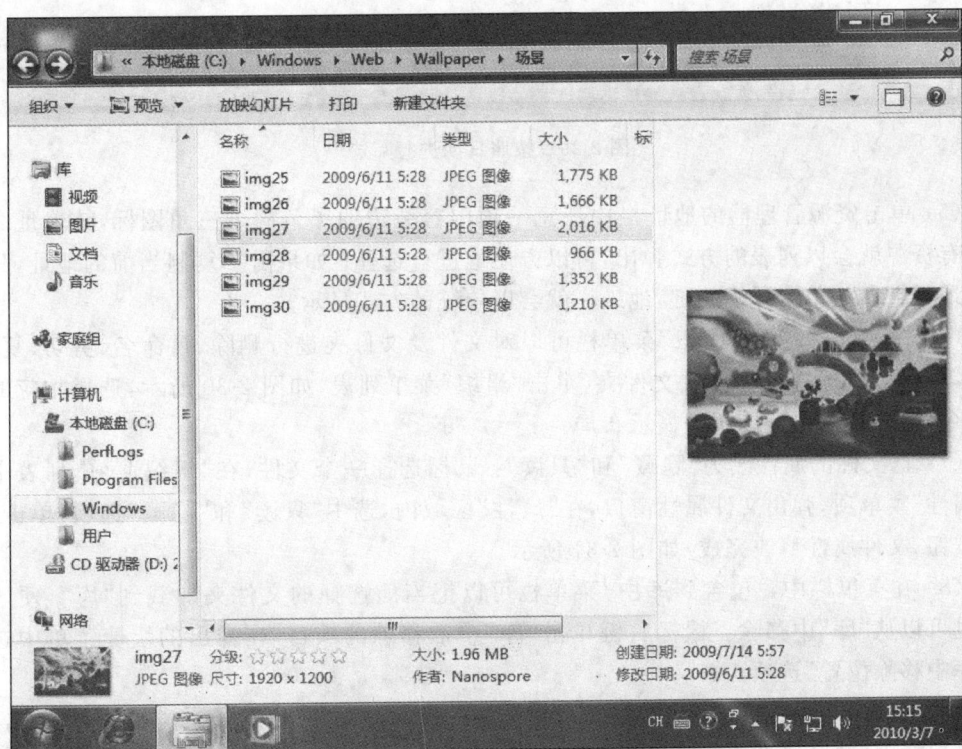

图 2-28 "预览窗格"预览文件信息

Windows 7 多媒体操作系统上机实践

（4）当视图设置成为"详细信息"时，可以根据"名称"、"修改日期"、"类型"、"大小"等进行筛选。鼠标单击"修改日期"旁边的黑色向下三角图标，在弹出的日历面板中选择一个日期（或日期范围），则资源管理器会根据设定的日期条件筛选出符合条件的资源列表，如图 2-29 所示。

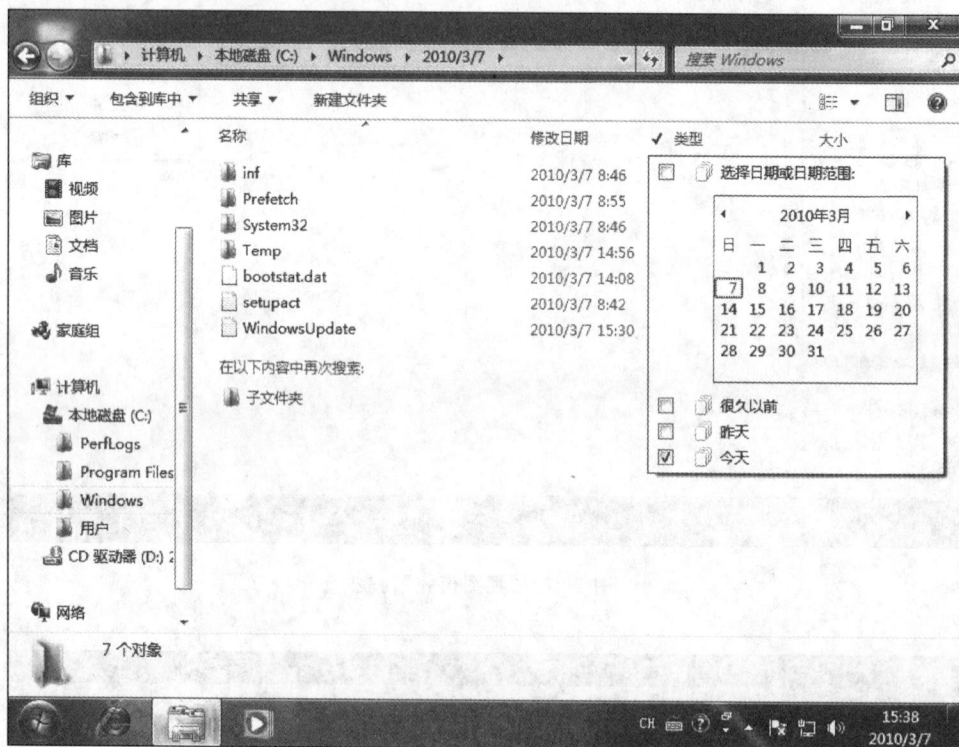

图 2-29　按照日期进行筛选

（5）单击资源管理器的地址栏中任意一项内容旁边的黑色向下三角图标，该地址之下的所有资源就会以列表的方式弹出，可以方便地进行选择；如果需要复制当前的地址，只要在地址栏空白处单击鼠标左键，地址栏就会以传统的方式显示。

（6）在菜单栏左侧，"组织"菜单栏可以对文件及文件夹进行删除、重命名、剪切、复制、粘贴等操作，鼠标选择文件或文件夹，单击"组织"菜单列表，如图 2-30 所示，选择相应的操作命令菜单即可，也可以调整显示布局。

（7）把文件的属性改为"隐藏"和"只读"：鼠标选择一个文件，在"组织"菜单列表中选择"属性"菜单项，弹出文件属性窗口，在"属性"区域内，选中"只读"和"隐藏"选项，单击"确定"按钮，文件属性修改完成，如图 2-31 所示。

（8）在菜单栏中，"包含到库中"菜单栏可以把当前选择的文件夹加载到"库"，便于管理，也可以从"库"中移除。鼠标右键单击"库"中欲移除的项目，在弹出的快捷菜单中选择"从库中移除位置"选项。

（9）在菜单栏中，"共享"菜单栏可以对选择的资源建立共享，选择一个文件夹，单击"共享"菜单栏下的"高级共享"项，弹出"风景属性"的"共享"选项卡，如图 2-32 所示；再单击"高级共享"按钮，弹出"高级共享"对话框，如图 2-33 所示，选中"共享此文件夹"，在"共享名"栏内输入共享名称,单击"确定"按钮完成共享。解除共享只要取消选中"共享此文件夹"
选项即可。

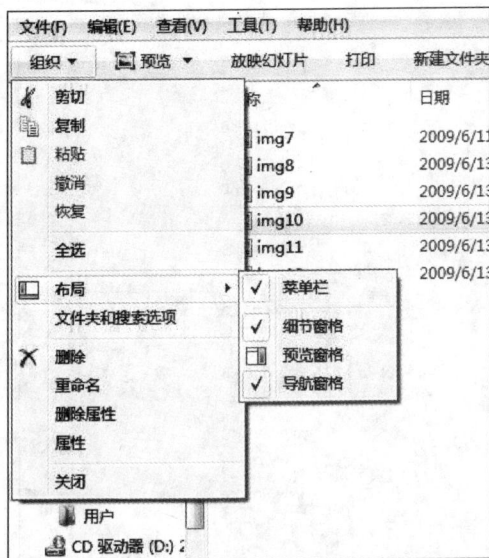

图 2-30 调整显示布局

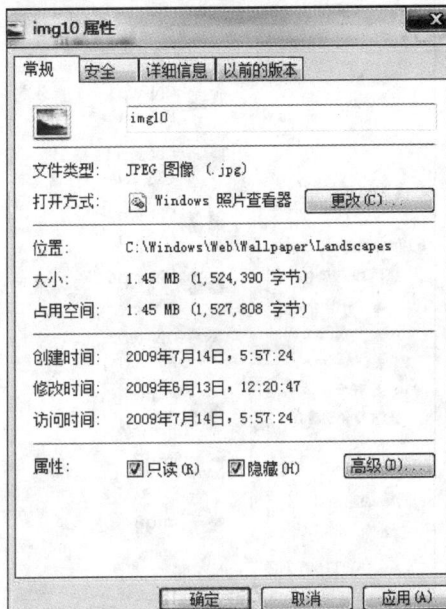

图 2-31 把文件的属性改为"隐藏"和"只读"

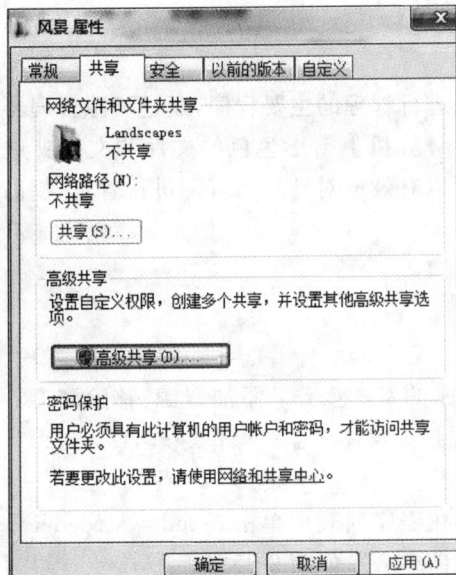

图 2-32 共享属性

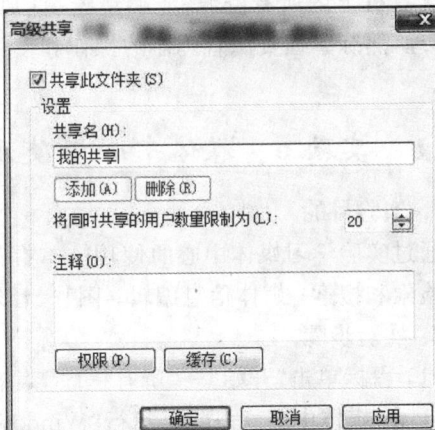

图 2-33 建立共享

(10) 在地址栏的右侧,是资源管理器的搜索框。在搜索框中输入搜索关键词并按
Enter 键,资源管理器会实时完成搜索并显示出结果。例如,在搜索栏中输入". jpg",如
图 2-34 所示,对.jpg 图像进行搜索。搜索还可以附加两种搜索过滤条件,修改日期和大小,
鼠标单击该链接即可进行设置。

Windows 7 多媒体操作系统上机实践

图 2-34 搜索".jpg"文件

3. 实验结论

"资源管理器"是 Windows 操作系统对资源进行管理的主要程序,通过资源管理器可以查看计算机上的所有资源,能够清晰、直观地对计算机上形形色色的文件和文件夹进行操作、管理,熟练掌握资源管理器的操作和使用,可以有效地对计算机资源进行管理,提高工作效率。

2.2.6 实验 6 媒体中心的使用

1. 实验目的

通过实验学习媒体中心的使用。掌握媒体库的基本操作:添加资源、移除资源;媒体资源检索和搜索;媒体信息编辑;图片、音乐、视频等媒体的播放操作等。

2. 实验步骤

(1)鼠标单击"开始"→"所有程序"菜单项,在程序列表中单击 Windows Media Center(Windows 媒体中心)程序项,运行"Windows 媒体中心",如图 2-35 所示。

(2)首次使用界面,在"Windows 媒体中心"窗口,逐次单击居于窗口两侧的"<"、">"图标,可以顺序浏览 Windows 媒体中心的各项功能:"欣赏您喜欢的照片"、"您的 PC 就是您的 DVR"、"欣赏电影"、"在电视上"和"所有内容归于一处"。

(3)在 Windows Media Center 窗口单击"继续"按钮,可进入媒体中心的"入门"界面。

(4)单击界面中的"快速"按钮,进入 Windows 媒体中心主界面,如图 2-36 所示。"Windows 媒体中心"由垂直和水平相交叉的动感菜单组成梦幻般的界面效果,垂直菜单有

"图片＋视频"、"音乐"、"电影"、"电视"、"任务"等选项，可以通过单击"∧"和"∨"图标切换；

水平菜单根据垂直选项的不同有所变化，例如：对于"任务"选项，水平菜单有"关闭"、"设置"、"了解详细信息"、"刻录 CD/DVD"、"同步"、"添加扩展器"、"锁定媒体"等选项，各项间可以通过单击"＞"和"＜"图标切换。

（5）在主界面中选择"附加程序"并单击"附加程序库"进入开启附加程序管理界面，单击"管理附加程序"进入"设置"界面，在该界面中可以设置 Windows 媒体中心开始页面显示的项目、Windows 媒体中心中启用的附加程序、附加程序选项等内容。

（6）在主界面中选择"图片＋视频"，选择"图片库"进入，可以对图片库进行浏览和播放；选择"播放收藏夹"可以对"收藏夹"的文件进行幻灯片播放；选择"视频库"可以对视频库文件进行浏览和播放。

图 2-35　从开始菜单运行"Windows 媒体中心"

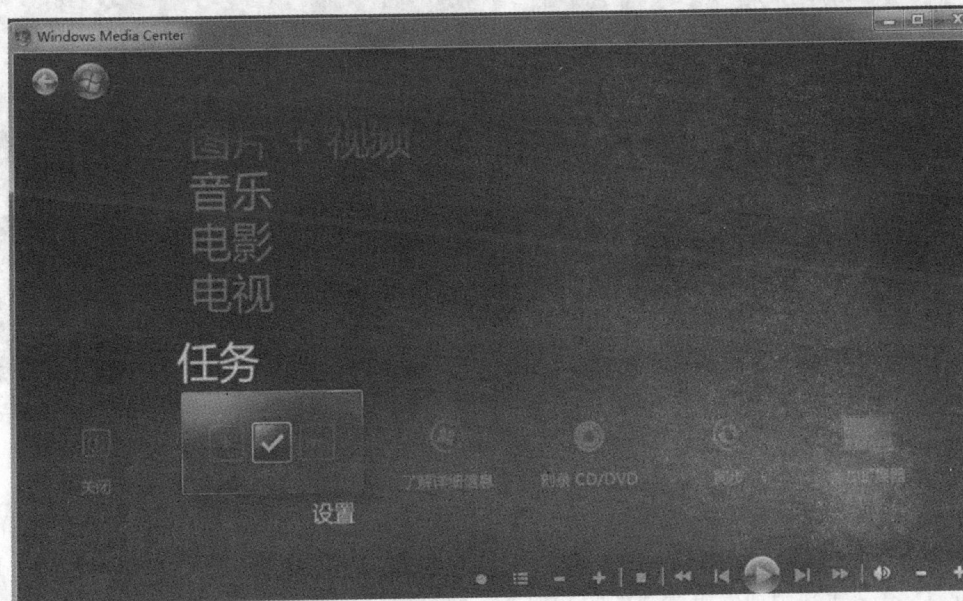

（7）在主界面中选择"音乐"，选择"音乐库"进入音乐库管理界面，在该界面中，可以对音乐库中的资源通过"唱片集"、"艺术家"、"流派"等进行筛选，也可以通过关键词进行搜索，选择任何一个音乐作品，都可以通过窗口底部的播放控制按钮进行播放，如图 2-37 所示。若要删除某项音乐资源，鼠标右键单击该音乐作品，在弹出的菜单中单击"删除"命令项，如图 2-38 所示，可以把该作品从媒体库中移除。

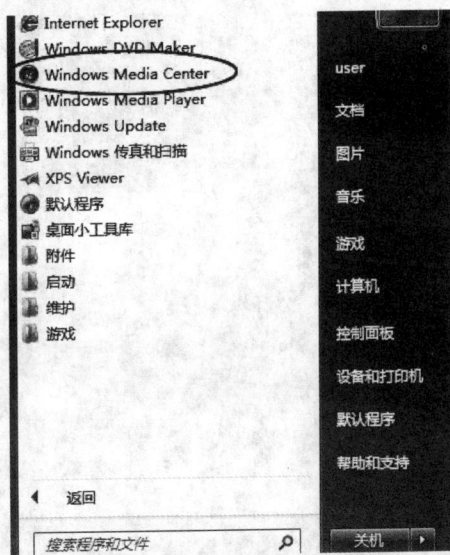

图 2-36　Windows 媒体中心主界面

57

第 2 章

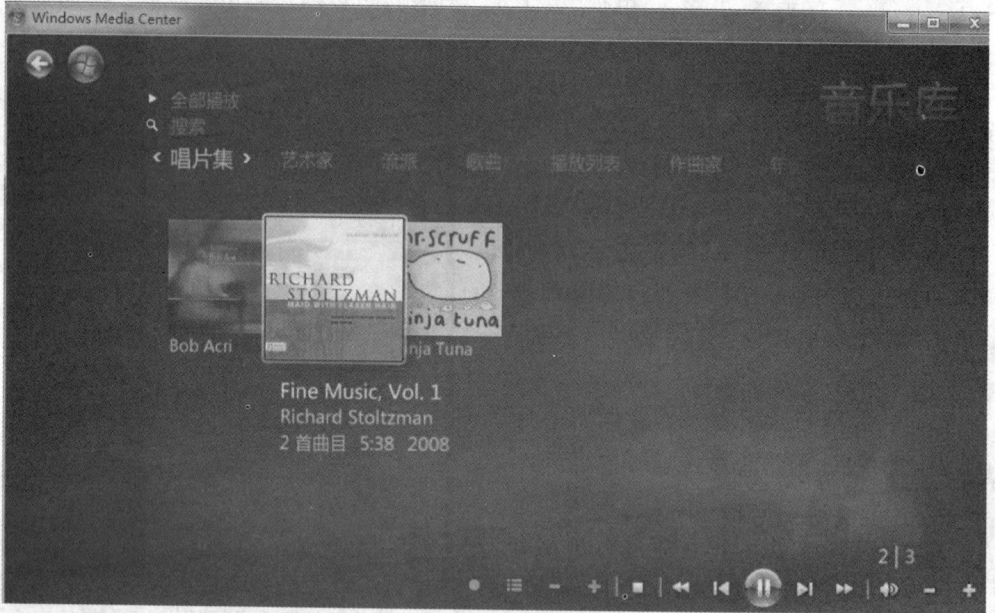

图 2-37　音乐库

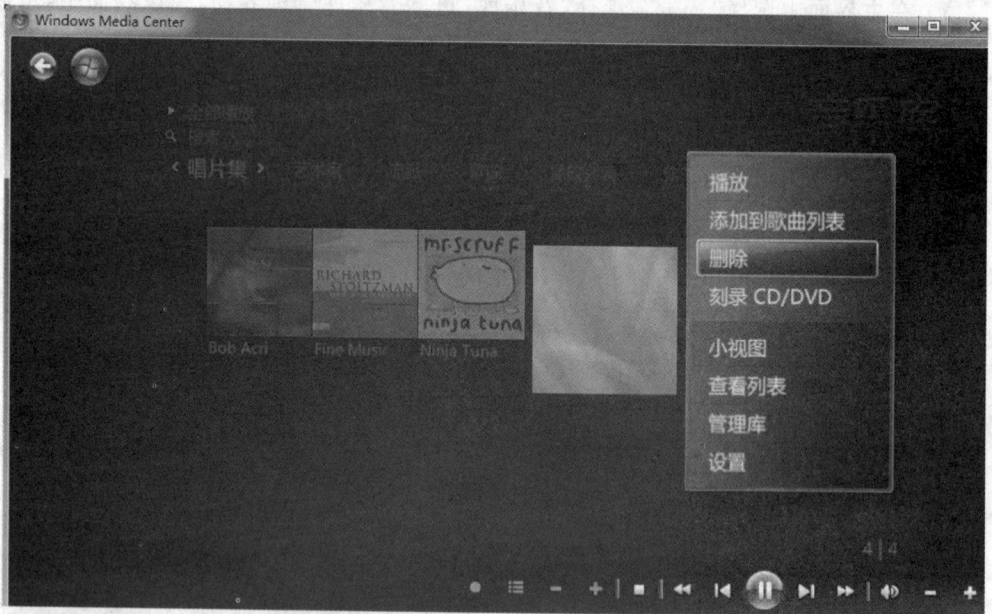

图 2-38　删除作品

（8）若要向媒体库中添加资源，在空白处单击鼠标右键，在弹出的快捷菜单中选择"管理库"菜单项，如图 2-39 所示，在弹出的窗口中根据提示"您可以添加或删除 Windows Media Center 在其中搜索媒体文件的文件夹。您希望做什么？"信息下，选择"向媒体库中添加文件夹"项，单击"下一步"按钮，进入下一个界面；在提示"要添加的文件夹在哪？"信息下，从"在此计算机上"、"在其他计算机上"或者"手动添加共享文件夹"中选择一项，单击"下一步"按钮,进入下一个界面;根据提示"选择包含音乐的文件夹"的信息,在列表项中选择项目,单击"下一步"按钮,进入下一个界面;在提示信息"是否完成了更改?"信息下,选择"是,使用这些设置",单击"完成"按钮,完成音乐资源的添加。

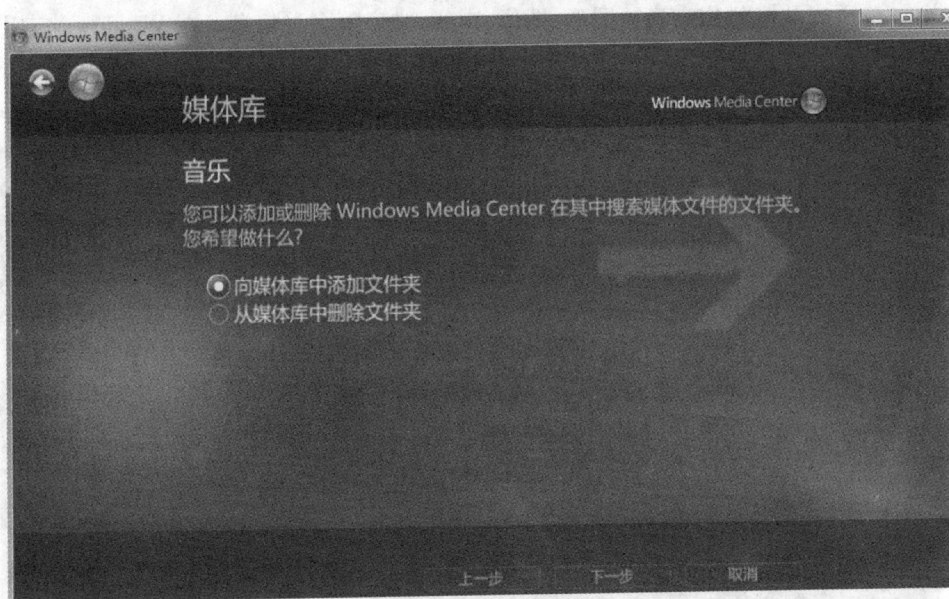

图 2-39   向媒体库中添加资源

(9)"电影库"的操作和"音乐库"的操作类似,添加、移除、播放等媒体资源的操作方式与"音乐库"的操作方式一致,可参照上一步骤操作;关于"收音机"的操作、"电视"的操作,需要配置专门的信号"调谐器"硬件设备,否则无法实现媒体的播放。

(10)"任务"功能中的"设置"项是对 Windows 媒体中心各运行参数的设置及系统资源的管理。例如,要实现家长对学生电视节目观看的控制,则进行如下操作:在 Windows 媒体中心主界面中,选择"任务"→"设置",进入"设置"界面;选择"常规"进入常规设置界面。在常规设置界面选择"家长控制"菜单项;在"创建访问代码"界面,根据提示创建一个 4 位数的访问代码,如图 2-40 所示。在接下来的界面中选择"电视分级"菜单项,在"电视分级"设置界面,选中"启用电视阻止"和"阻止未分级的电视节目",在"允许的最高电视分级为"中设置合适的参数,单击"保存"按钮,完成"家长控制"的设置,如图 2-41 所示。

3. 实验结论

Windows 媒体中心充分体现了 Windows 7 作为优秀的多媒体操作系统的强大功能,无论是图片、音频、视频还是媒体信息交流都可以在 Windows 媒体中心这个多媒体平台上实现便捷的操作、高效的管理。人性化的操作设计和梦幻般的界面效果使得在操作计算机的同时有一种艺术般的享受,也使人们对于数字媒体技术有了一种新的体验。

2.2.7 问题与解答

1. 问题 1   什么是 Windows 剪贴板?剪贴板的作用是什么?

剪贴板是 Windows 应用程序之间进行信息传递的重要途径,是信息交换与共享的重要

Windows 7 多媒体操作系统上机实践

媒介。剪贴板是 Windows 在内存中开辟的一块临时存放交换信息的区域。剪贴板始终处于工作状态,随时提供数据的存储和交换。在不同的 Windows 应用程序之间,在同一个 Windows 应用程序之内,在不同的文档之间,在同一个文档之内,剪贴板都可以支持提供信息交换。传递或共享的信息涵盖图形、图像、声音、文字等多种信息。在 Windows 应用程序中,剪贴板一般通过"复制"、"剪切"、"粘贴"来使用。

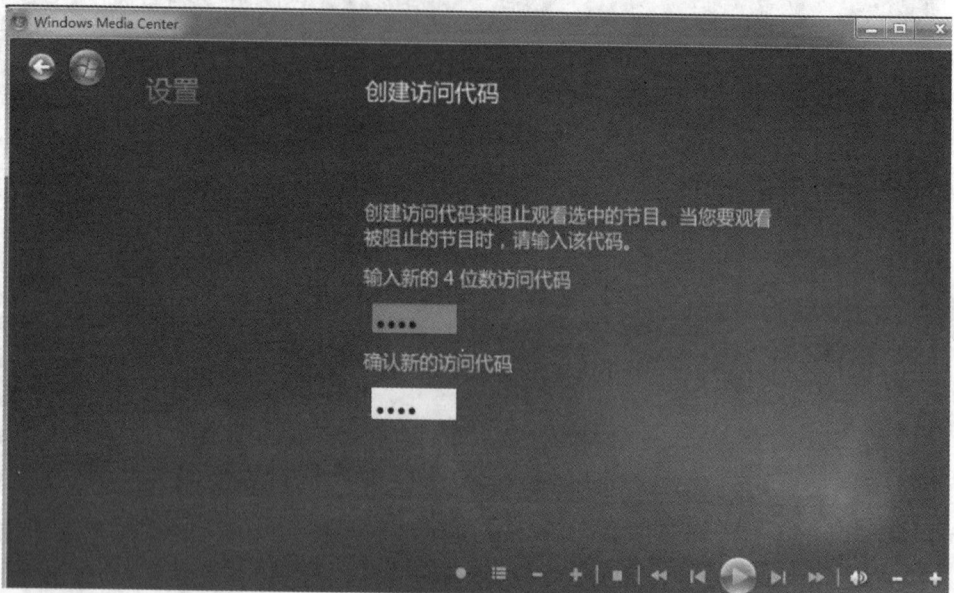

图 2-40 创建访问代码

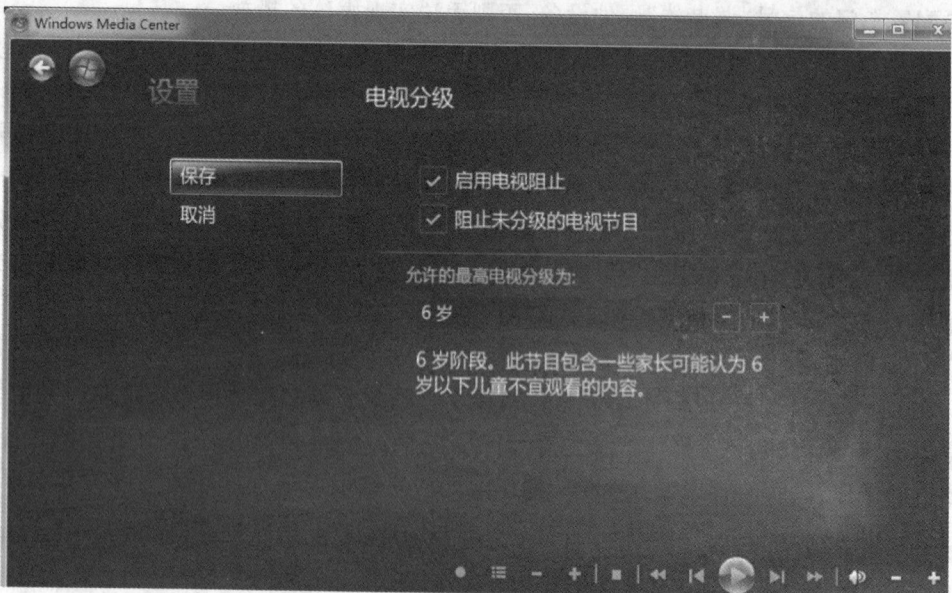

图 2-41 保存"家长控制"的设置

2. 问题2　什么是对象的连接与嵌入？

相对于通过剪贴板传递数据的"静态"数据交换方式而言，对象的连接与嵌入技术就是"动态"数据交换方式。

静态数据交换是一种无返回策略设计的数据交换形式，当"源"的数据被复制到"目标"后，原始数据就和目标数据无任何联系了，即对原始数据的修改不会影响到目标数据。

嵌入方式的数据交换是指在某个应用程序中创建的"源"数据，嵌入在其他应用程序所创建的"目标文档"中时，系统记录下创建该数据的原始程序，当在目标程序中要修改这些数据时，只要通过调用"对象"（很多情况下，鼠标"双击"这些数据对象），创建该数据的原始程序就会被启动，用来编辑修改该数据，修改后的数据又实时传递并保存在目标文件中。

连接方式的数据交换是指在某个应用程序中创建的"源文件"中的数据，被连接到其他应用程序所创建的一个或多个"目标文件"中时，这些"原始数据"事实上并未保存在目标文件中，系统只是记录下了"目标文件"与"源文件"之间的联系，但在目标文件中能够打开"原始数据"。当对"源文件"的"原始数据"进行了修改时，修改结果能够在目标文件中直接反映出来。

3. 问题3　什么是"库"？"库"的作用是什么？

Windows 7为了使用户对资源进行有效、便捷的管理，创建了"库"（资源库）的概念，它把各个不同位置的文件资源集中组织在了这样一个虚拟的"资源库"中，统一管理，集中操作，这样就极大地提高了用户的使用效率。无论搜索资源还是检索信息，都不需要打开多个"资源管理器"来回切换。

Windows 7的"资源库"其实是一个虚拟的、特殊的文件夹，在硬盘上的任意文件夹都可以被添加到这个虚拟的文件夹中。但这种添加只是在逻辑上建立了一个"连接"关系，真实的文件夹及其中的文件实际上还是保存在原来的位置，并没有在物理意义上被移动或复制到"资源库"中。"资源库"对于库中资源的管理是一种逻辑上的管理，可以对存储在硬盘中各个位置的图形、图像、声音、文档、视频等多媒体资源进行统一管理。

4. 问题4　Windows 媒体中心能否和录音机、电视机、DVD 等家用音频、视频设备进行连接？

如果计算机中安装了相应的硬件设备，例如：收音机调谐器、电视调谐器、视频卡等设备，Windows 媒体中心就可以接收 DVD、录像机、录音机、收音广播、电视天线信号、有线电视、卫星电视的节目，还能够把节目录制到计算机的存储设备上；同时也可以把节目内容输出到录像（录音）机上、还可以显示到电视机屏幕上。

2.3　Windows 7 多媒体操作系统的维护

Windows 7的用户管理是 Windows 7重要的安全机制，通过对不同的用户进行不同的权限设置可以帮助用户更好、更安全地使用计算机。Windows 7 提供了完善的系统维护工具：可以通过磁盘碎片的整理、磁盘的检查与修复维护磁盘，可以通过系统备份、系统映像恢复发生问题的操作系统。

2.3.1 实验1 系统备份与还原

1. 实验目的

通过实验掌握如何设置系统的还原点。如何通过还原点把系统还原到一个特定的环境状态。

2. 实验步骤

(1) 首先开启系统保护。选择"开始"→"计算机"命令,打开"计算机"窗口,单击"系统属性",打开"控制面板"→"系统和安全"→"系统"窗口,在窗口左侧导航连接中单击"系统保护"连接项,如图2-42所示,弹出"系统属性"对话框,打开"系统保护"选项卡,看到"保护设置"栏内的本地C盘的保护为"关闭"状态。

(2) 单击图2-42中的"配置"按钮,打开"系统保护本地磁盘(C:)"对话框,如图2-43所示,在"还原设置"栏内,选择"还原系统设置和以前版本的文件",然后单击"应用"按钮,再单击"确定"按钮。此时会看到"系统属性"对话框中原来"保护设置"栏内的本地C盘的保护更改为"开启"状态。

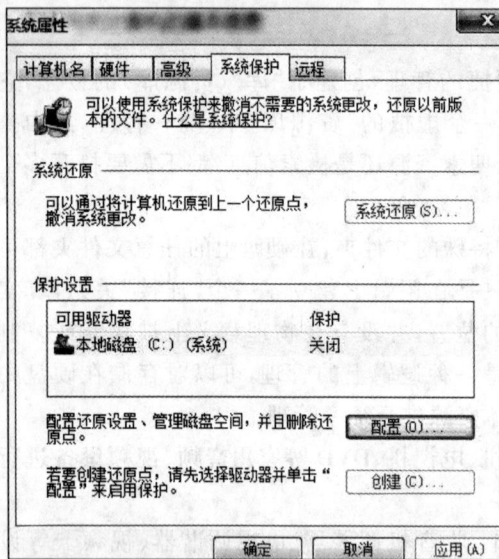

图2-42 "系统保护"状态   图2-43 打开"系统保护"

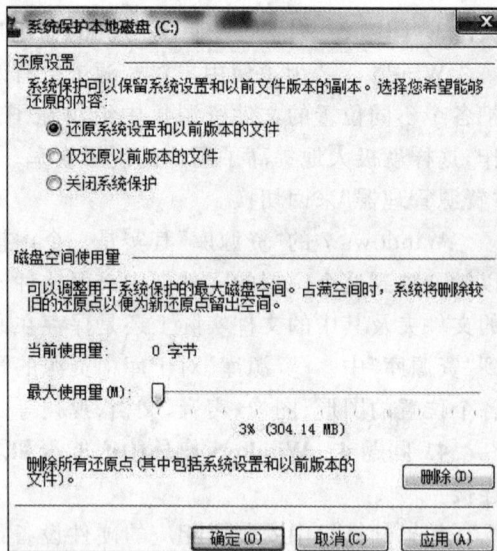

(3) 当某个磁盘分区开启了保护功能后,Windows 7就会自动创建还原点。也可以手动创建还原点:在"系统属性"对话框中,单击"创建"按钮,弹出"系统保护"对话框,在"创建还原点"栏内输入识别还原点的描述信息,例如:"第一个还原点",单击"创建"按钮,随后系统开始创建还原点,完毕后,系统给出"已成功创建还原点"信息。

(4) 选择"开始"→"所有程序"→"附件"命令,在附件程序列表中选择"系统工具",然后选择"系统还原"程序项,打开"系统还原"窗口,在"还原系统文件和设置"窗口中,Windows 7的系统还原功能会默认选择系统所推荐的还原点,并显示该还原点的创建时间、说明等信息,单击"下一步"按钮,在窗口中列表显示出系统所创建的还原点信息,其中就列有上一步骤所创建的还原点。

（5）在上一步的"系统还原"窗口中,选择一个还原点并单击"扫描受影响的程序",系统可以检测出该还原点所涉及的相关程序和驱动。选择一个还原点,单击"下一步"按钮,在"确认还原点"窗口中,单击"完成"按钮系统就可以自动进行还原,如图 2-44 所示。

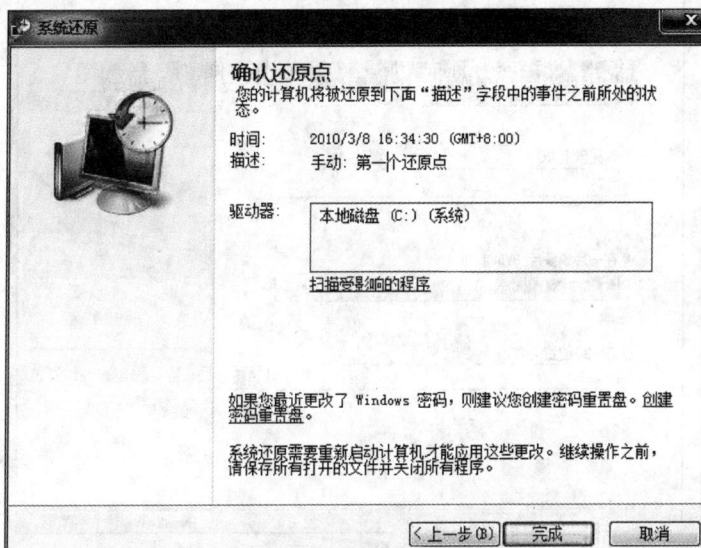

图 2-44　系统还原

（6）还原完毕后,计算机重新启动系统。

3. 实验结论

Windows 7 的"系统还原"功能是系统维护的常用功能,系统还原过程操作简便,安全快捷。还原过程对用户建立的任何数据文件不会产生影响。熟练掌握"系统还原"操作是有效维护计算机系统的重要保障。

2.3.2　实验 2　建立系统映像与系统恢复

1. 实验目的

通过实验掌握系统映像文件的建立方法,掌握如何通过系统映像恢复操作系统的知识和技能。

2. 实验步骤

（1）鼠标单击"开始"→"所有程序"→"维护",在程序列表中单击"备份和还原"程序项,打开"控制面板"→"系统和安全"→"备份和还原"窗口,单击左侧导航连接区域的"创建系统映像"连接项,弹出"创建系统映像"对话框,在该对话框中可以设置在什么位置保存系统映像文件。选择保存备份的位置,可以是硬盘分区、DVD 盘片或网络位置,另外需要注意只有NTFS 文件系统的磁盘分区才可以保存备份文件,如图 2-45 所示。

（2）接着单击"下一步"按钮后,提示"确认您的备份位置",确定无误后,单击"开始备份"按钮进行备份。

（3）在"控制面板"→"系统和安全"→"备份和还原"窗口,单击左侧导航连接区域的"创建系统修复光盘"连接项,弹出"创建系统修复光盘"对话框,在该对话框中单击"创建光盘"

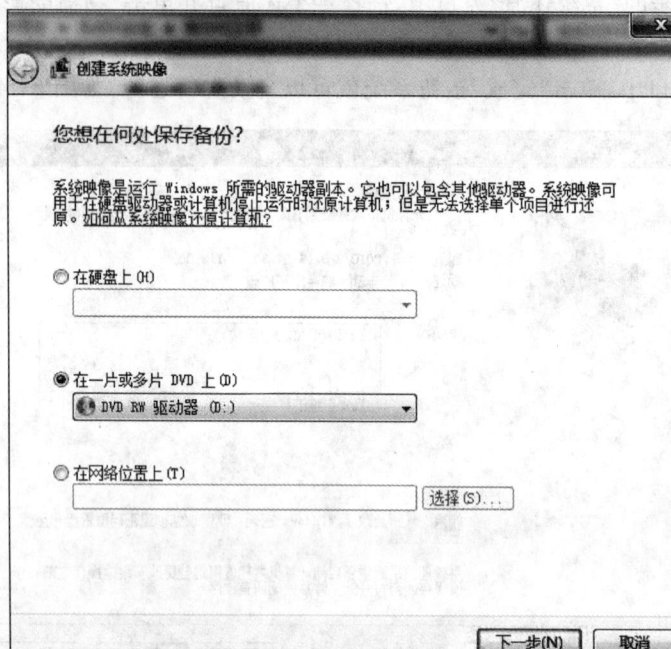

图 2-45 "创建系统映像"对话框

按钮可以刻录一张系统修复时使用的 DVD 光盘,如图 2-46 所示。

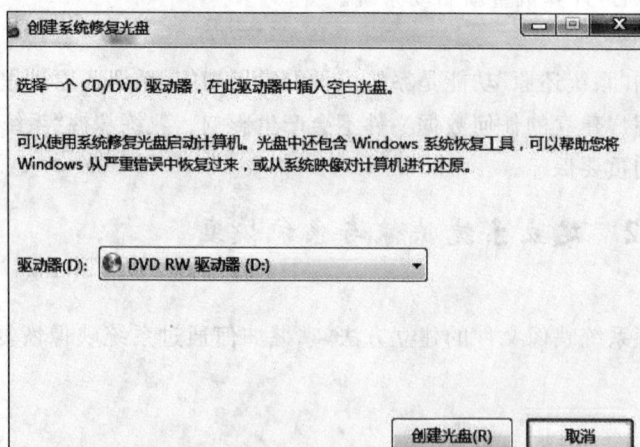

图 2-46 "创建系统修复光盘"对话框

（4）可以通过建立的系统映像还原计算机,在"控制面板"→"系统和安全"→"备份和还原"窗口,单击"恢复系统设置或计算机"连接项,在接下来出现的"将此计算机还原到一个较早的时间点"的界面中,单击"高级恢复方法"连接,如图 2-47 所示,打开"控制面板"→"所有控制面板项"→"选择一个高级恢复方法"窗口,选择"使用之前创建的系统映像恢复计算机"。

（5）在恢复之前,计算机弹出"您是否要备份文件?"的提示信息,单击"立即备份"按钮,备份重要的文件,以免恢复时被覆盖或删除。

（6）在接下来的界面中,根据"重新启动计算机并继续恢复"提示,单击"重新启动"按钮

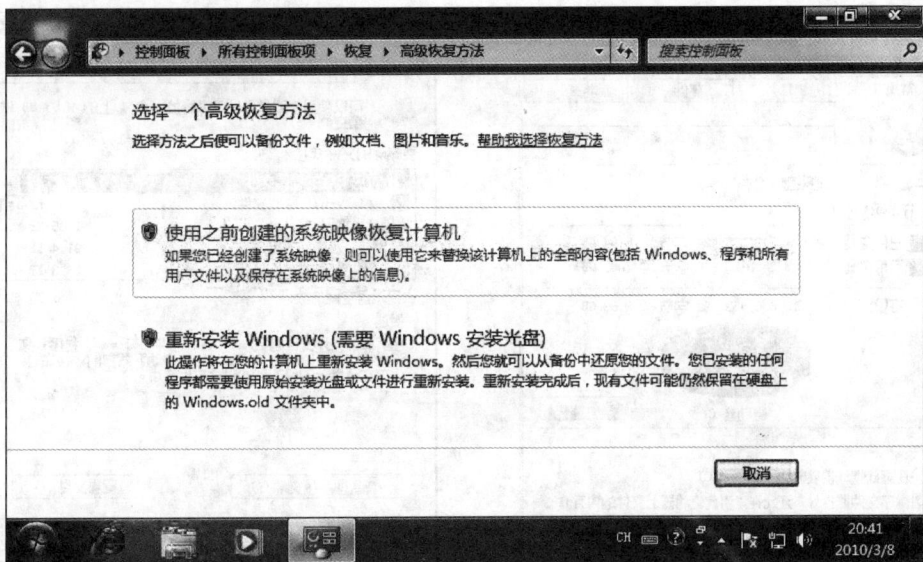

图 2-47　通过系统映像恢复计算机

重新启动计算机,计算机重启后,系统自动完成恢复过程。

3. 实验结论

通过创建的"系统映像"来恢复系统是拯救系统崩溃的重要手段,对于像 Windows 7 这样庞大的操作系统来说,当系统出现重大故障甚至系统崩溃而无法引导时,往往需要重新安装操作系统,然而重新安装系统却是件十分繁杂的工作,既费时又费力,操作不好还容易丢失重要的用户数据。而通过利用"系统映像"来修复计算机就可以比较容易地使系统恢复到备份的状态。

2.3.3　实验 3　磁盘检查与整理

1. 实验目的

通过实验掌握磁盘"检查"和"整理"的操作技术,清除磁盘中不需要的文件,以减少信息垃圾、节省磁盘空间、加快系统运行速度。

2. 实验步骤

(1) 单击"开始"→"计算机",打开"计算机"窗口,在"本地磁盘(C：)"(或其他想要进行检查整理的磁盘分区)上单击鼠标右键,在弹出的快捷菜单中选择"属性"菜单项,打开"本地磁盘(C：)属性"对话框,如图 2-48 所示,在"常规"选项卡中,单击"磁盘清理"按钮,磁盘清理工作自动开始,根据具体情况,整个扫描、计算、分析过程需要一些时间。

(2) 随后弹出"(C：)的磁盘清理"对话框,在"要删除的文件"列表中选中要清除的文件,界面中会实时显示可释放的磁盘空间总数,如图 2-49 所示。

(3) 单击"确定"按钮,弹出"确实要永久删除这些文件吗?"提示信息,单击"删除文件"按钮,则开始进行磁盘清理。

(4) 在"本地磁盘(C：)属性"对话框中,打开"工具"选项卡,可以对磁盘进行"查错"、"碎片整理"和"备份"等维护操作。

Windows 7 多媒体操作系统上机实践

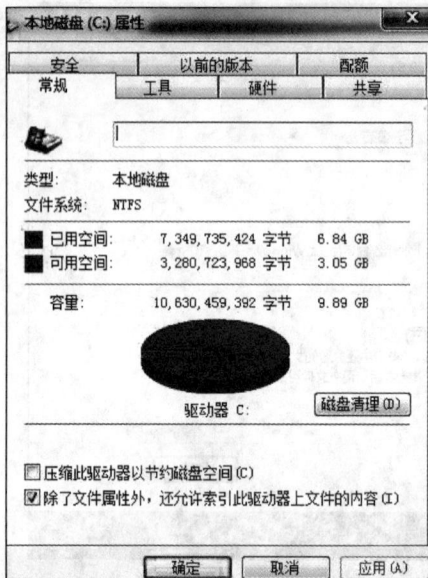

图 2-48 "本地磁盘(C:)属性"窗口

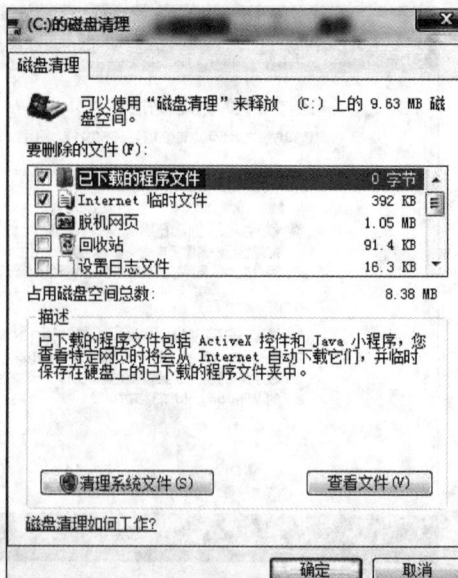

图 2-49 可进行清理的信息

（5）在"查错"栏内，单击"开始检查"按钮，弹出"检查磁盘"对话框，在"磁盘检查选项"栏内，选中"自动修复文件系统错误"和"扫描并尝试修复坏扇区"，单击"开始"按钮，系统自动进行磁盘的扫描和修复工作。

（6）在"碎片整理"栏内，单击"立即进行碎片整理"按钮，打开"磁盘碎片整理程序"对话框，选择要整理的磁盘分区，单击"分析磁盘"按钮，对磁盘进行分析，然后单击"磁盘碎片整理"按钮，系统开始进行磁盘碎片整理工作，如图 2-50 所示。

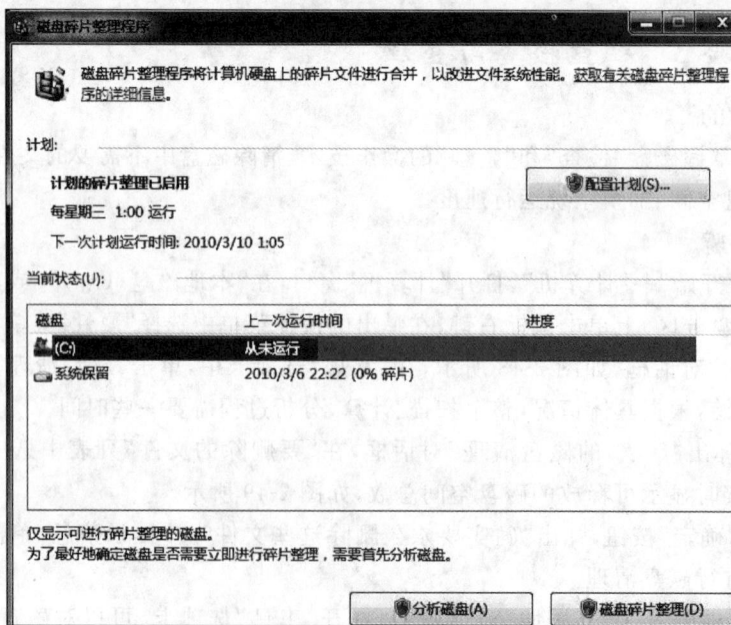

图 2-50 "磁盘碎片整理程序"对话框

（7）在"磁盘碎片整理程序"对话框中，单击"配置计划"按钮，即可对磁盘碎片整理计划进行设置。在弹出的"磁盘碎片整理程序：修改计划"对话框中，可以设置为每月或每周的固定日期和时间对选定的磁盘分区进行整理，配置好后，系统会按照配置好的计划自动进行磁盘碎片的整理而无需自己动手去整理磁盘碎片。

3. 实验结论

Windows 7 的磁盘检查和整理程序是系统的重要维护工具。在系统的使用中，往往会产生大量的数据垃圾，导致系统资源消耗巨大，运行速度降低，严重的话还会导致系统崩溃。尤其是硬盘在使用过度频繁的情况下还会造成存储错误甚至损坏，及时地对磁盘进行检查和清理是保障系统良好运行的有效方法。

2.3.4 实验4 用户帐户与管理

1. 实验目的

通过实验了解 Windows 7 用户的概念和作用，掌握用户的建立、删除、管理和配置的方法。

2. 实验步骤

（1）鼠标单击"开始"→"控制面板"，打开"控制面板"窗口，如图 2-51 所示。

图 2-51 "控制面板"窗口

（2）在"用户帐户和家庭安全"项中单击"添加或删除用户帐户"，打开"控制面板"→"用户帐户和家庭安全"→"用户帐户"→"管理帐户"界面，如图 2-52 所示。

（3）单击"创建一个新帐户"，进入"创建帐户"窗口。在命名帐户并选择帐户类型中，把帐户名设置为 test，类型设置为"标准用户"，单击"创建帐户"按钮，新帐户建立。

（4）在"控制面板"→"用户帐户和家庭安全"→"用户帐户"→"管理帐户"面板中，单击步骤 3 建立的 test 帐户图标，进入该帐户管理界面（"更改帐户"界面），可以对该帐户进行：更改帐户名称、创建密码、更改图片、设置家长控制、更改帐户类型、删除帐户等操作。

（5）单击"创建密码"项，进入"创建密码"界面，在"新密码"和"确认新密码"栏内分别输入相同的密码字符，然后单击"创建密码"按钮。

Windows 7 多媒体操作系统上机实践

图 2-52　帐户管理界面

（6）单击"设置家长控制"项，在开启的"家长控制"界面中，单击 test 帐户图标，打开"用户控制"窗口，在该界面中，可以设置 test 帐户使用计算机的方式。在"家长控制"栏下，鼠标选中"启用，应用当前设置"，如图 2-53 所示。

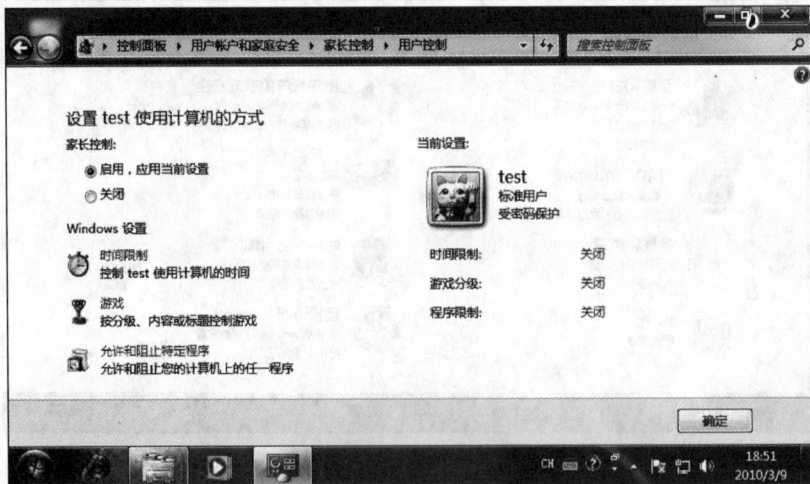

图 2-53　设置家长控制

（7）在"Windows 设置"栏下，单击"时间限制"项，进入"时间设置"界面，设置允许使用计算机的时间为：星期六早 8:00 至 11:00、下午 2:00 至 5:00、晚上 8:00 至 10:00，星期日早 8:00 至 11:00、下午 2:00 至 5:00，其余时间不允许使用计算机。然后单击"确定"按钮完成设置，如图 2-54 所示。

（8）在"控制面板"→"用户帐户和家庭安全"→"用户帐户"→"管理帐户"→"更改帐户"界面中，单击"删除"帐户，进入"删除帐户"界面，计算机提示"是否保留 test 文件？"，如果不保留，单击"删除文件"按钮，然后计算机给出删除 test 帐户的确认信息："确实要删除 test

帐户吗?",单击"删除帐户"按钮完成帐户的删除。

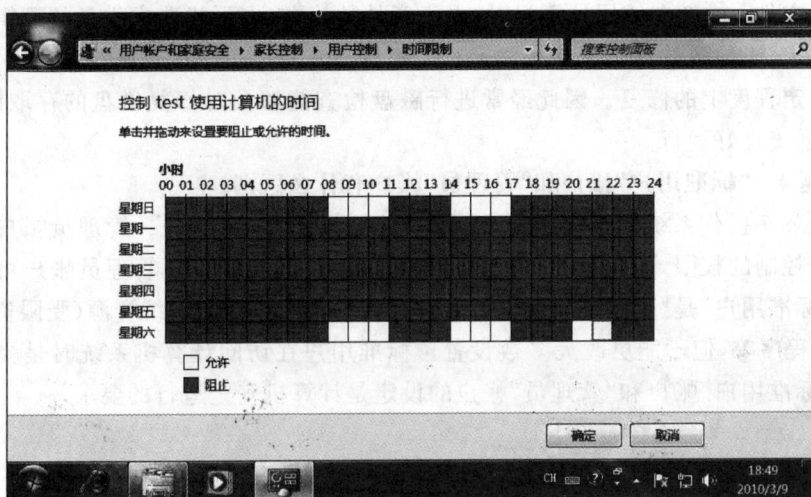

图 2-54 设置时间限制

3. 实验结论

Windows 7 操作系统允许设定多个用户使用同一台计算机,每一个用户都可以有自己独立的运行环境和运行权限。在计算机的管理中,如何对用户进行有效的管理是保证计算机安全、稳定运行的关键。

2.3.5 问题与解答

1. 问题 1　Windows 7 操作系统设置"还原点"的作用是什么?

Windows 7 操作系统内置了"系统还原"的功能,该功能可以通过对"还原点"的设置,记录系统在某个状态所做的更改,当系统出现故障时(往往是由于设备驱动变更、系统运行参数变更等软件因素产生的软故障),用户可以在不需要重新安装操作系统的情况下,使用系统还原功能将系统恢复到"还原点"所记录的系统更改之前的状态,继续正常使用。通过"还原点"恢复计算机的操作不会影响(删除或修改)到用户已经建立的数据文件,如文档文件、电子邮件等。

2. 问题 2　什么是"磁盘碎片"? 为什么要进行磁盘碎片整理?

在使用计算机过程中,经常需要存储、删除磁盘文件,在存储小文件时,一般可以存储在磁盘的某连续空间内,而在存储字节数较大的文件时,由于磁盘的连续空间不足,常常被分散存储在磁盘的不同位置(不同磁道,不同扇区)。磁盘在反复地经过存储、删除等操作后,很多文件都不能连续存储而是被分散到磁盘的各处,于是形成了文件存储的"碎片"。碎片增多后,会严重影响磁盘的存取操作,增加存取时间,导致系统运行速度下降。因此及时进行磁盘的碎片整理,重新安排文件在磁盘中的存储位置,使文件尽可能存储在连续的磁盘空间内,使得磁盘也能为存储新的文件安排连续的自由空间,从而提升磁盘的存取速度,可以极大地提高系统的运行效率。

3. 问题 3　为什么要经常进行磁盘检查?

系统在经过了一段时间运行后,由于磁盘的反复存取操作,不仅导致了磁盘碎片的剧

Windows 7 多媒体操作系统上机实践

增,还会产生一些文件存储的逻辑错误,例如,文件链信息的交叉或丢失等,使得磁盘中充斥着很多垃圾文件;或者在使用计算机时,由于意外的掉电,也可能造成磁盘的逻辑错误甚至物理错误,以至于导致计算机无法正常运行。磁盘检查程序可以检查磁盘的错误,并且可以自动进行一定程度上的修复。因此经常进行磁盘检查能够及时修复磁盘的存取问题,排除故障,保证系统良好运行。

4. 问题 4 "标准用户"帐户和"管理员"帐户有什么区别?

Windows 7 操作系统的帐户有"标准用户"帐户和"管理员"帐户,管理员帐户有对计算机进行完全控制的权限,可以对计算机进行全系统的访问和操作。管理员帐户可以管理其他帐户。"标准用户"是"受限制权限"的用户,标准用户可以访问系统资源(受限资源除外),例如:运行程序等,但不能更改大多数设置。标准用户在访问计算机系统时是受到约束和限制的。"标准用户"帐户和"管理员"帐户的设定是计算机安全运行的要求。

第3章 数字办公系统上机实践

知识点：
- Microsoft Office Word 文字处理软件的录入与排版
- Microsoft Office Excel 电子表格处理软件的数据统计与图表生成
- Microsoft Office PowerPoint 多媒体演示制作软件的制作与编排

本章导读：

数字办公系统又称集成办公系统或无纸化办公系统，是以计算机技术为核心，以计算机设备、网络设备以及数字办公设备为平台的现代化综合办公环境。数字办公环境高度集成了计算机技术、网络技术、通信技术等现代信息技术，融系统科学、管理科学于一体，是信息社会中全面替代传统办公环境、最大限度地提高办公效率和提升办公质量的新型办公系统。

Microsoft Office 是美国微软公司推出的一套大型集成办公组合，主要包括：Microsoft Office Word（文字处理软件）、Microsoft Office Excel（电子表格处理软件）、Microsoft Office PowerPoint（多媒体演示制作软件）等多个模块，本章主要以 Word 2007、Excel 2007、PowerPoint 2007 为例，进行上机实践指导。

3.1 Microsoft Office Word 上机实践

Word 2007 是微软 Office 2007 办公系列组件中的核心组件之一。它是集文字处理、表格制作、公式编辑、图形处理、图像插入、图表生成等功能于一体的大型集成办公软件，是国内最流行的文字处理软件。

3.1.1 实验1 特殊字符的录入

1. 实验目的

通过本实验学习如何在一个 Word 文档中录入特殊字符。

需录入的文字信息，如图 3-1 所示。

2. 实验步骤

（1）在桌面上建立一个用自己学号与姓名命名的文件夹，如"00955006 杨晓明"。

（2）启动 Word。选择"开始"→"程序"→Microsoft Office→Microsoft Office Word 2007 命令，或者双击桌面上的 Microsoft Office Word 2007 快捷方式图标也可以启动 Word。

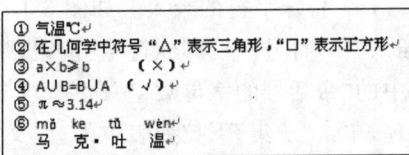

① 气温℃
② 在几何学中符号 "△" 表示三角形，"口" 表示正方形
③ a×b≥b   （×）
④ A∪B=B∪A   （√）
⑤ π≈3.14
⑥ mǎ kè tǔ wēn
马 克·吐 温

图 3-1 需录入的文字信息

（3）新建 Word 文档。启动 Word 2007 时会自动建立一个新的空白文档："文档 1"。

（4）在新建文档中录入如图 3-1 所示的文字内容，并将其保存在自己名字的文件夹下，文件名为"特殊字符录入.docx"。

提示：若已在 Word 应用程序中，则单击 Office 按钮，在弹出的下拉列表中选择"新建"命令或按 Ctrl＋N 快捷键，也可以新建一个空白文档。

（5）选择一种自己熟悉的中文输入法，如："智能 ABC 输入法"、"微软拼音输入法"等，在文档中录入文字信息。

提示：在录入文字过程中，如果在任一位置按下键盘上的 Enter 键，则表示该段落结束，段落末尾就会显示出灰色箭头（↵）的段落标记，同时光标停在下一段的段首。

说明：显示段落标记有利于识别段落，也可以不显示段落标记。单击 Office→Word 选项按钮命令，弹出"Word 选项"对话框，如图 3-2 所示。选择"显示"命令，在其右侧栏中单击"始终在屏幕上显示这些格式标记"→"段落标记"复选框，选中"段落标记"复选框即可显示。

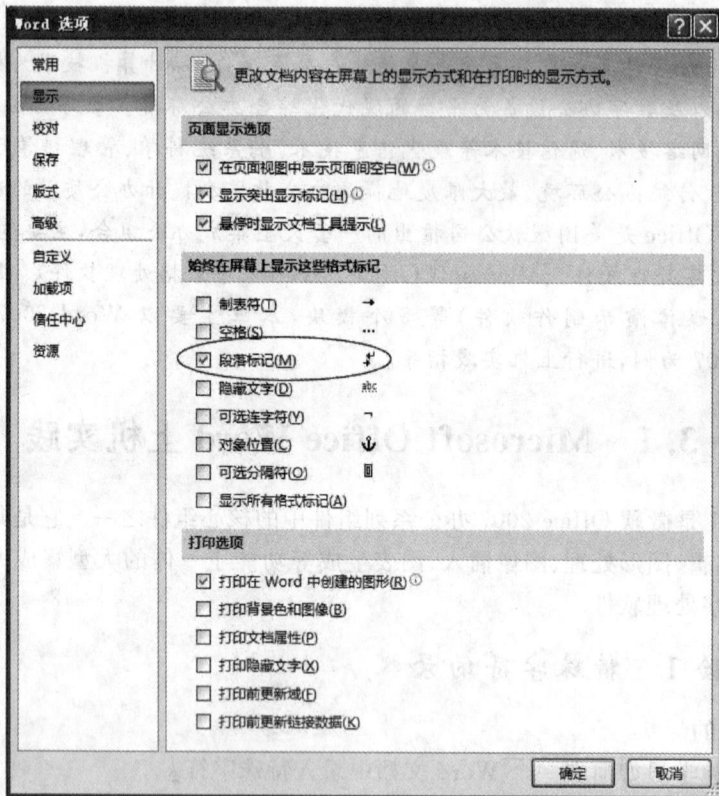

图 3-2 "Word 选项"对话框

（6）特殊字符的录入。如图 3-1 中的第一行文字中"①"与"℃"属于特殊字符，需单击"插入"→"符号"→"其他符号"按钮，弹出"符号"对话框，如图 3-3 所示。单击"子集"下拉列表中的"带括号的字母数字"命令，双击"①"字符，即可在当前光标所在位置输入"①"字符。同理，单击"子集"下拉列表中的"广义标点"命令，双击"℃"字符，即可输入"℃"字符。

提示：使用"中文输入法"提供的"软键盘"也可以输入特殊字符。以"智能 ABC 输入

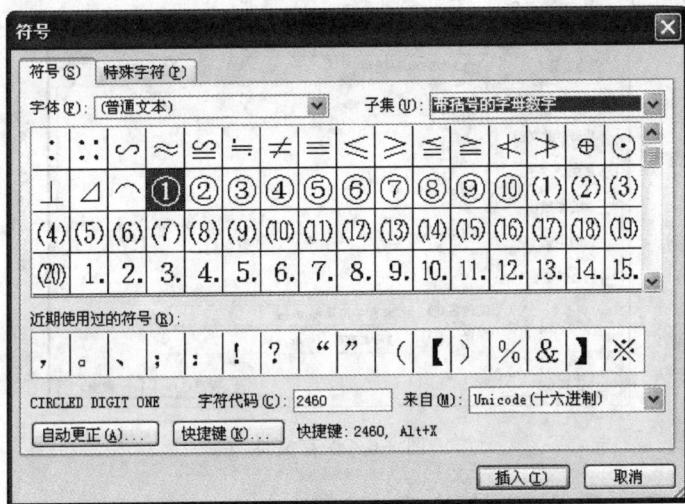

图 3-3 "符号"对话框

法"为例,输入如图 3-1 中第二行的"②"字符。鼠标右键单击输入法状态栏"标准"中的软键盘按钮,弹出如图 3-4 所示的菜单。单击"数字序号",打开如图 3-5 所示的软键盘,单击软键盘上的 Shift 键,再单击 S 键输入字符"②"。同理,输入字符"③、④、⑤、⑥"。其他特殊字符均可以在"屏幕小键盘"右键菜单中选择相应的字符集输入,如:单击"特殊符号"即可输入"℃、△、□"字符;"×、≥、∪、√、≈"等属于"数学符号";"π"属于"希腊字母";"拼音"可以加拼音;"·"属于"标点符号"。

✔ PC键盘	标点符号
希腊字母	数字序号
俄文字母	数学符号
注音符号	单位符号
拼　音	制表符
日文平假名	特殊符号
日文片假名	

图 3-4 "软键盘"右键菜单　　　　图 3-5 "数字序号"软键盘

(7) 保存文件。以"00955006 杨晓明"为例,单击 Office 按钮,在弹出的下拉列表中选择"保存"命令,弹出"另存为"对话框,在"保存位置"中选择"桌面"()→"00955006 杨晓明"文件夹,在"文件名"文本框中输入"特殊字符录入.docx",单击"保存"按钮即可,如图 3-6 所示。

提示:文档编辑完成后一定要注意保存,以便于以后可以继续打开、编辑、修改,Word 2007 默认的文件格式为.docx。

3. 实验结论

在 Word 2007 中,通过"插入"选项卡的"符号"按钮与"中文输入法"的"软键盘"均可以在文档中插入特殊字符。

数字办公系统上机实践

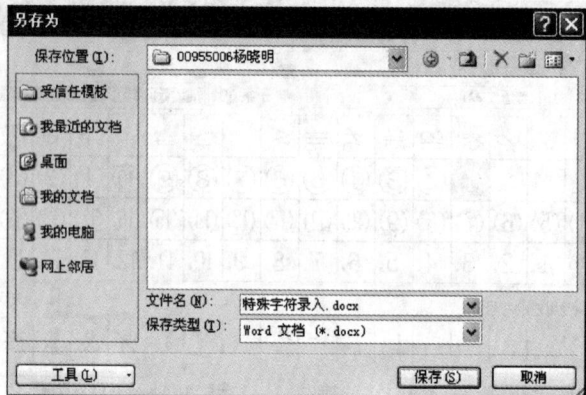

图 3-6 保存文件

3.1.2 实验 2 图文混排练习

1. 实验目的

通过本实验,学习 Word 2007 中文字、段落排版的基本过程;学习"查找"、"替换"功能的使用;学习页眉、页码的插入;学习使用分栏排版;学习如何在 Word 2007 中插入图片和艺术字以及对所插入的外部对象如何进行文字环绕格式的设置。

原文样式,如图 3-7 所示。

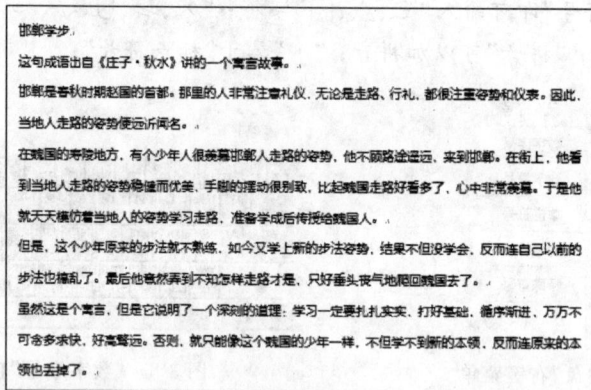

图 3-7 原文样式

设计成功的样式,如图 3-8 所示。

2. 实验步骤

1) 打开原文。单击 Office 按钮,在弹出的下拉列表中选择"打开"命令,弹出"打开"对话框,打开教学资料中的"\素材\第 3 章\邯郸学步.docx"文件,原文样式如图 3-7 所示。

2) 标题居中。选中标题"邯郸学步"四个字,单击"开始"→"段落"→"居中"(≡)按钮,将标题居中。

3) 设置艺术字效果。选中标题文字,单击"插入"→"文本"→"艺术字"(A)按钮,弹出"艺术字库"面板,如图 3-9 所示,选中第 3 行第 1 列样式,在随后弹出的"编辑'艺术字'文字"对话框中选择黑体 36 号字即可,如图 3-10 所示。

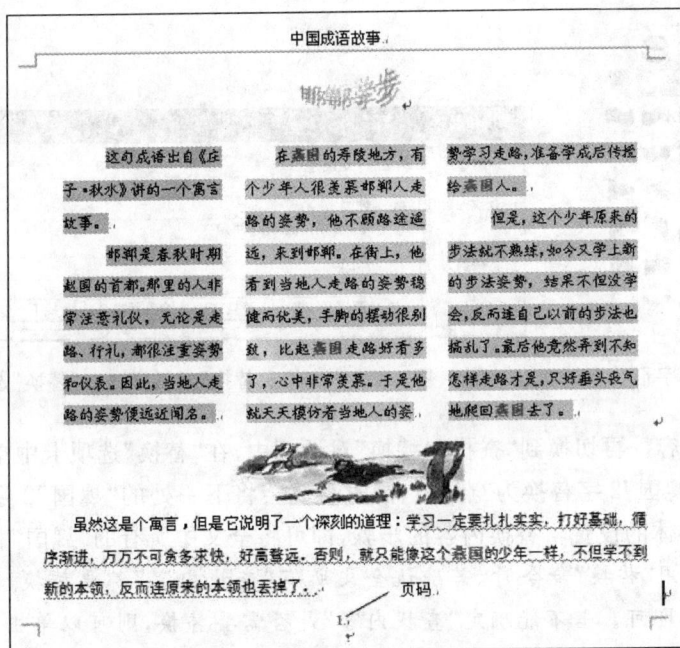

图 3-8　设计成功的样式

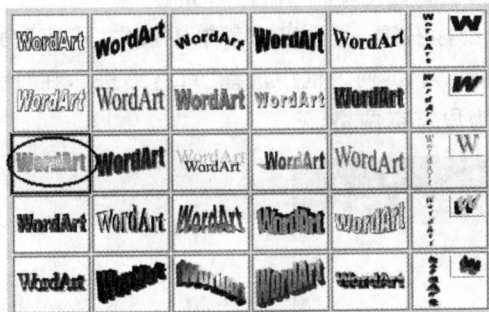

图 3-9　艺术字库

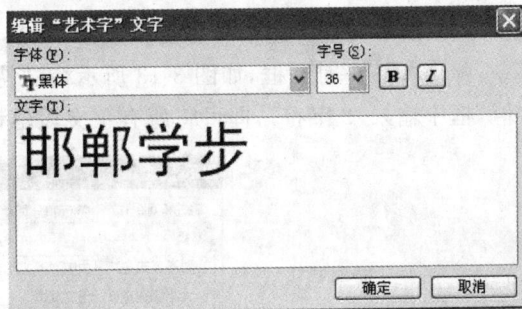

图 3-10　"编辑'艺术字'文字"对话框

4）设置艺术字形状。双击标题艺术字"邯郸学步"，激活"艺术字工具"→"格式"选项卡，单击"艺术字样式"功能区中的"更改形状"按钮（Ａ更改形状▾），打开"艺术字形状库"，如图 3-11 所示，单击"弯曲"中的"左牛角形"（◣）按钮即可。

5）查找和替换

（1）查找内容。将光标停在文章开头，单击"开始"→"编辑"→"替换"按钮ab，弹出"查找和替换"对话框，在"查找内容"文本框中输入"魏国"，在"替换为"文本框中输入"燕国"，如图 3-12 所示，单击"查找下一处"按钮开始查找。

（2）粗体红色字体的设置。系统将找到的"魏国"2 字突出显示，此时单击"开始"→"字体"→"加粗"按钮 **B**，将所找到的"魏国"2 字设置为粗体字；再单击"开始"→"字体"→"字体颜色"按钮 **A**▾右侧的下箭头，在弹出的颜色库中单击"红色"按钮，将所找到的"魏国"两个字的颜色设置为红色。

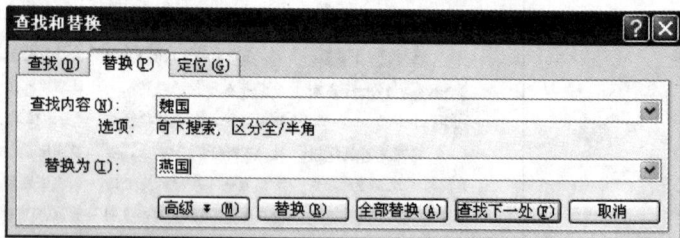

图 3-11　艺术字形状库　　　　　图 3-12　"查找和替换"对话框——"替换"选项卡

（3）替换内容。再切换到"查找和替换"对话框中，在"替换"选项卡中单击"替换"按钮，即可将找到的"魏国"2 字替换为"燕国"，同时系统会将下一处的"魏国"2 字突出显示出来，重复粗体红色字体的设置与替换内容的步骤，即可将全文中所有的"魏国"替换为"燕国"。

提示：在使用"替换"命令时，若确认全文所有"查找内容"都要替换，则可以直接单击"全部替换"按钮即可。若不能确定"查找内容"是否需要替换，则可以单击"查找下一处"按钮，当系统突出显示已找到的内容时，若需要替换则单击"替换"按钮，不需要替换则单击"查找下一处"按钮即可。

技巧：若在"替换为"文本框中不输入任何字符，则可以删除找到的内容。

6）段落设置。选中所有正文段落，然后单击鼠标右键，在弹出的菜单中选中"段落"命令，弹出"段落"对话框，如图 3-13 所示，在"特殊格式"下拉列表框中选择"首行缩进"，在"磅值"框中输入"2 字符"，即可将所有正文段落设置为段首空两格。

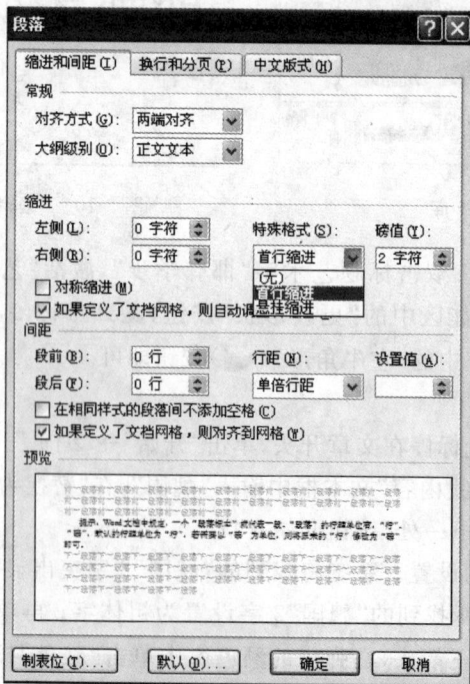

图 3-13　"段落"对话框

提示： Word 文档中规定，一个"段落标志"就代表一段。"段落"的行距单位有"行"、"磅"。默认的行距单位为"行"，若需要以"磅"为单位，则将原来的"行"修改为"磅"即可。

7）插入页眉和页码

（1）插入页眉。单击"插入"→"页眉和页脚"→"页眉"按钮，在弹出的下拉菜单中选中"编辑页眉"，光标停在页面顶端，输入"中国成语故事"六个字。

提示： 页眉文字编辑完成后，双击页面正文部分，即可返回正文编辑状态。

（2）插入页码。单击"插入"→"页眉和页脚"→"页码"按钮，在弹出的下拉菜单中选中"页面底端"，在页面底端即可插入页码，如图 3-8 所示设计成功的样式。

8）字体设置。选中文档中除标题及最后一段外的所有文字，单击"开始"→"字体"→"更改字体"（Times New Romar）右侧的下拉箭头，在弹出的下拉菜单中选择"楷体"即可。

9）分栏排版。选中文档中除标题及最后一段外的所有文字，单击"页面布局"→"页面设置"→"分栏"按钮（≡≡≡），在弹出的下拉列表中选择"两栏"即可。

技巧： 如果想在文档中显示栏线，可以单击"页面布局"→"页面设置"→"分栏"按钮，在弹出的下拉列表中选中"更多分栏"选项，弹出如图 3-14 所示的"分栏"对话框，选中"分隔线"复选框即可。

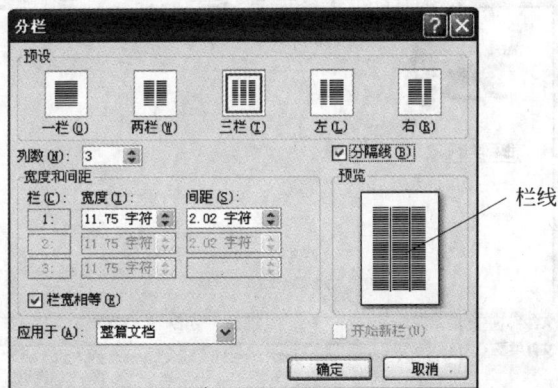

图 3-14　"分栏"对话框

10）设置底纹颜色。选中第一栏的所有文字，单击"页面布局"→"页面背景"→"页面边框"按钮（▢），弹出"边框和底纹"对话框，如图 3-15 所示，选中"底纹"选项卡，单击"填充"下拉列表中的"橄榄色"颜色按钮，再单击"应用于"下拉列表中的"文字"命令，单击"确定"按钮即可。重复以上的步骤，将其他两栏的底纹颜色分别设置为橙色、水绿色。

提示： 在 Word 中，如："分栏"、"边框和底纹"、"页面设置"等对话框中都有"应用于"选项，是用于限定所设置的效果在文档中的适用范围。用户在排版过程中选择不同的范围，就会出现不同的效果。以本例第二栏设置为例，若在底纹颜色设置中指定应用于"段落"，则会发现第二栏及第三栏的上半部分均被设置为橙色，原因是第二栏与第三栏的上半部分属于同一个段落。

11）插入图片。单击"插入"→"插图"→"图片"按钮，打开"插入图片"对话框，选中教学资料中的"\素材\第 3 章\邯郸学步.jpg"文件，单击"插入"按钮即将图片插入，如图 3-16 所示。

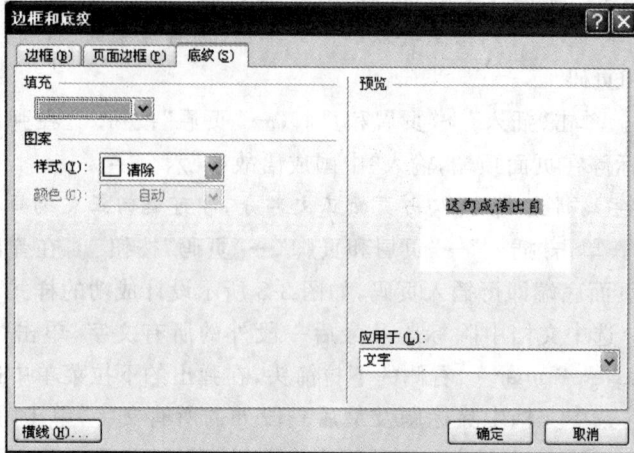

图 3-15　"边框和底纹"对话框

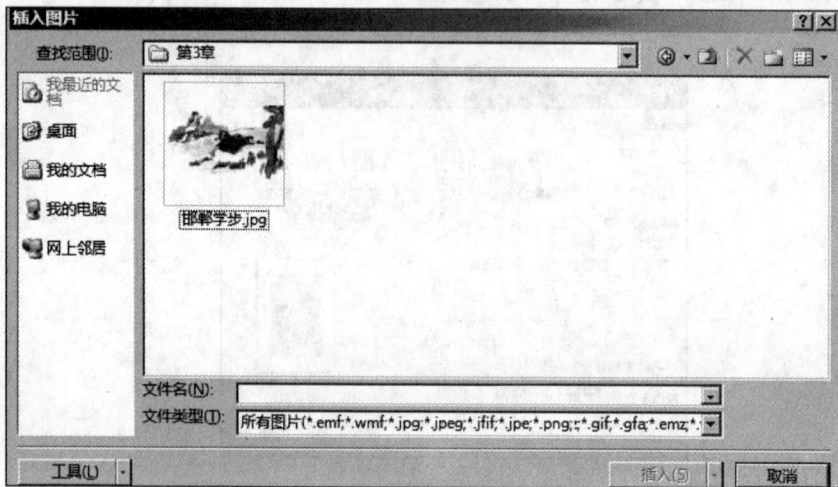

图 3-16　"插入图片"对话框

12）设置文字环绕格式。双击插入的图片，打开"图片工具"→"格式"选项卡，单击"文字环绕"按钮，在弹出的下拉列表中选择"上下型环绕"，并且参照图 3-8 所示设计成功的样式，将图片插入到指定的位置。

提示：Word 2007 中"图片工具"→"格式"选项卡的"调整"功能区，如图 3-17 所示，可以用来调整图片的亮度、对比度，甚至对图片进行重新着色。

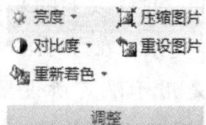

图 3-17　"调整"功能区图

技巧：针对于"四周型"、"紧密型"、"穿越型"和"上下型"文字环绕格式的图片，在"文字环绕"下拉列表框中选择"其他布局选项"，打开"高级版式"对话框，如图 3-18 所示，在"距正文"的"上"、"下"、"左"、"右"栏中输入合适的数值，即可改变图片与正文文字的距离。

13）字体设置。选中正文最后一段中冒号"："后面的所有文字，单击"开始"→"字体"→

"字体"按钮(宋体 ▾)右侧的下三角按钮,在弹出的下拉菜单中选择"黑体";单击"开始"→"字体"→"下划线"(**U** ▾)按钮右侧的下三角按钮,在弹出的线型库中选择"波浪线",再单击"下划线"按钮右侧的下三角按钮,选择"下划线颜色"→"红色"即可。

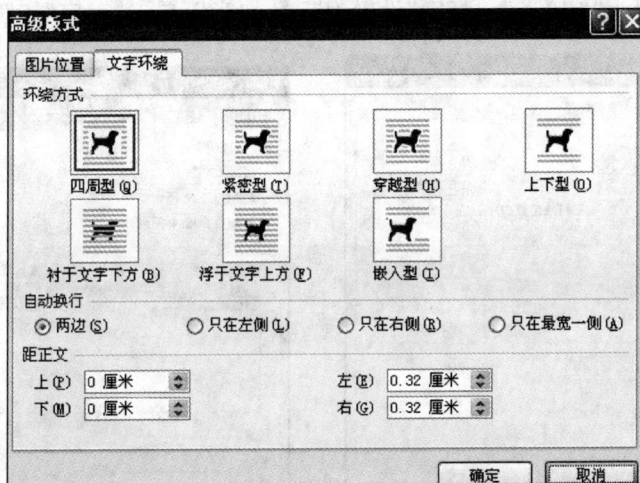

图 3-18 "高级版式"对话框——"文字环绕"选项卡

14) 保存文件。单击 Office 按钮,在弹出的下拉列表中选择"另存为"命令,弹出"另存为"对话框,将文件以"邯郸学步.docx"文件名保存起来。

3. 实验结论

Word 文档排版的基本过程包括:打开、保存文件;文字、段落的排版;"查找"、"替换"功能的使用;页眉、页码的插入;分栏排版的使用;图片、艺术字等外部对象的插入与编辑。

3.1.3 实验 3 制作一张名片

1. 实验目的

通过本实验学习如何制作一张简单的名片。

设计成功的名片样式,如图 3-19 所示。

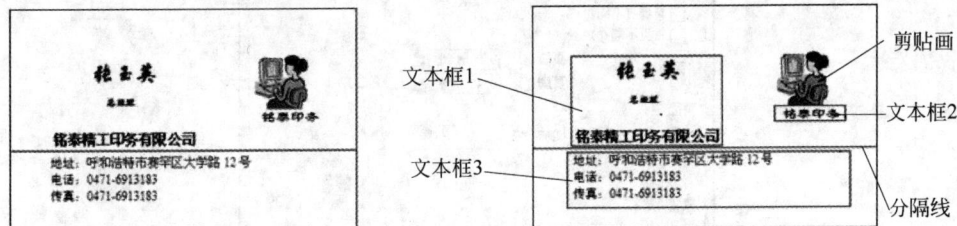

图 3-19 设计成功的名片样式

2. 实验步骤

1) 单击 Office 按钮新建一个空白文档。

2) 单击"页面布局"→"页面设置"功能区右下角的"页面设置"按钮(▣),弹出"页面设置"对话框。

（1）单击"页边距"选项卡，如图 3-20 所示，将上、下、左、右页边距均设置为"0.5 厘米"，"纸张方向"选择"横向"。

（2）单击"纸张"选项卡，如图 3-21 所示，在"纸张大小"下拉列表框中选择"自定义大小"，将"宽度"设置为"9 厘米"，"高度"设置为"5.4 厘米"，单击"确定"按钮。

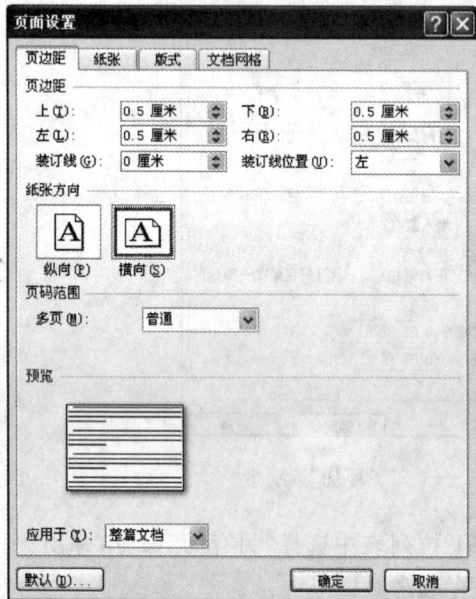

图 3-20 "页面设置"对话框——"页边距"选项卡　　图 3-21 "页面设置"对话框——"纸张"选项卡

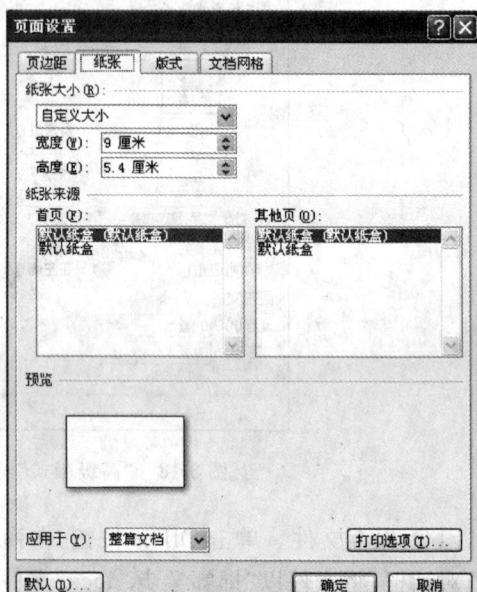

（3）单击"版式"选项卡，如图 3-22 所示，在"距边界：页眉"文本框中输入"0.2 厘米"，在"距边界：页脚"文本框中输入"0.45 厘米"。

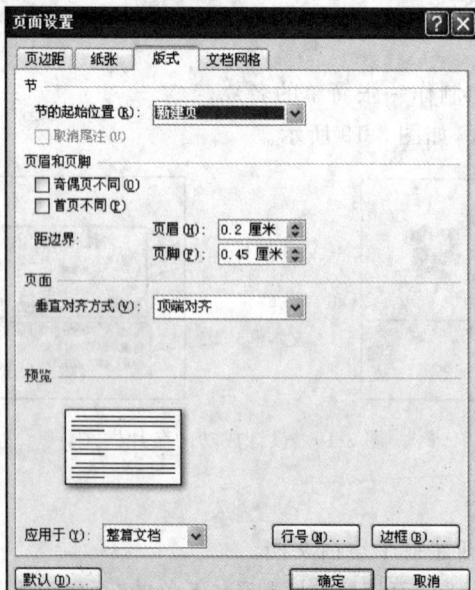

图 3-22 "页面设置"对话框——"版式"选项卡

3）插入分隔线。单击"插入"→"形状"→"直线"按钮，在如图 3-19 所示位置插入一条水平线。

4）插入剪贴画

（1）将插入点定位在页面首行位置。

（2）单击"插入"→"插图"→"剪贴画"按钮 ，弹出"剪贴画"任务窗格。在"搜索文字"文本框中输入图片的关键字，例如："生日"、"动物"、"运动"等，这里输入"科技"。

（3）单击"搜索"按钮，即可在结果列表框中显示出主题中包含该关键字的剪贴画。

（4）拖动结果列表框右侧的滚动条，浏览想要插入的图片，找到后单击该图片，即可将图片插入到当前光标位置，如图 3-23 所示。

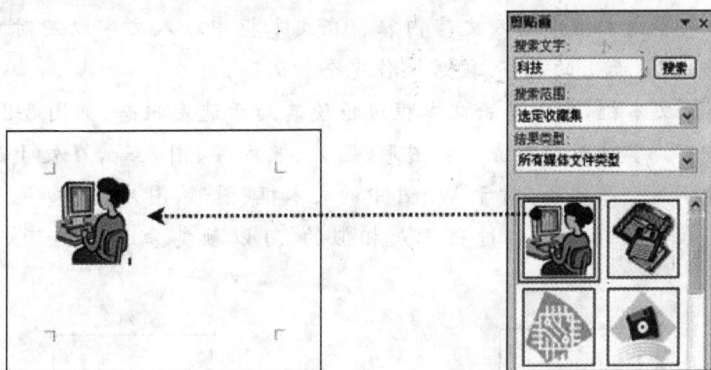

图 3-23　插入剪贴画

提示：单击"剪贴画"任务窗格中的"管理剪辑"，弹出"Office 收藏集-Microsoft 剪辑管理器"对话框，单击"收藏集列表"→"Office 收藏集"左侧的加号"＋"按钮，即可展开剪贴画分类列表，可以直接浏览，找到指定的剪贴画，如图 3-24 所示。

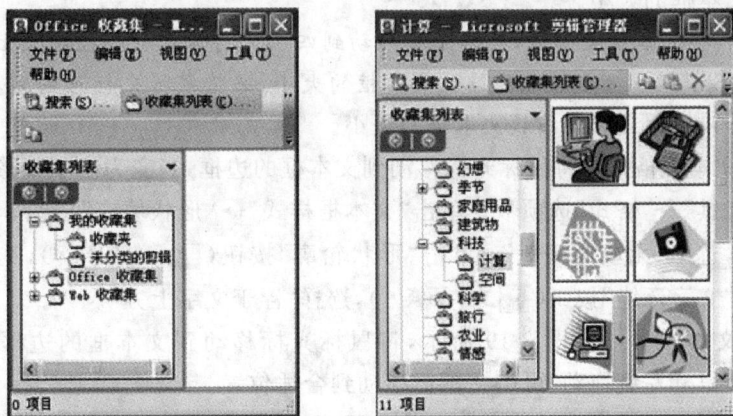

图 3-24　"Office 收藏集-Microsoft 剪辑管理器"对话框

5）参照图 3-19 所示，插入"文本框 1"的内容。

（1）单击"插入"→"文本"→"文本框"按钮 ，在弹出的下拉列表中选中"绘制文本框"命令，光标变为"十"形，按住鼠标左键拖动即可绘制出一个文本框。

数字办公系统上机实践

（2）文本框中输入文字。将光标定位在文本框中，输入相关文字，如图 3-25 所示。

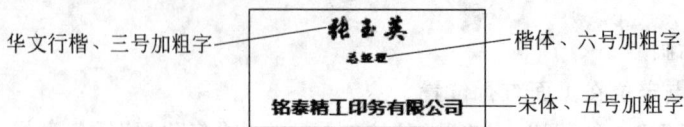

华文行楷、三号加粗字 —— 张玉英 —— 楷体、六号加粗字
总经理
铭泰精工印务有限公司 —— 宋体、五号加粗

图 3-25　插入文本框并输入文字

（3）字体设置。选中文本框中的"张玉英"三个字，通过"开始"选项卡设置为华文行楷、三号加粗字。设置该文本框中的其他两行文字的格式，效果如图 3-25 所示。

提示：双击文本框边框，可以使文本框处于编辑状态。当文本框处于编辑状态时，如图 3-26 所示，即可在文本框中输入文字内容。在文本框中输入文字以及对文字格式、段落格式的设置操作，同页面上的文字、段落操作完全相同。

技巧：要删除文本框，可以单击文本框边框使其处于选定状态，如图 3-27 所示，按下键盘上的 Del 键即可。其他外部对象如：图形、图片、艺术字、图表等，在处于选定状态下，同样可以按 Del 键删除。事实上，对于 Word 中的文本框、图形、图片、艺术字、图表等的选定、删除、缩放大小、位置移动等操作过程都是相似的，可以触类旁通，举一反三，以后就不再赘述。

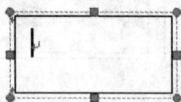

图 3-26　处于编辑状态的文本框　　　　图 3-27　处于选定状态的文本框

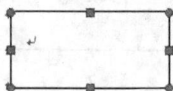

（4）调整文本框的大小。当文本框处于选定状态时，文本框边框上会出现 8 个小方块（尺寸控制点），将鼠标光标移动到任意一个控制点上，当鼠标光标变为双向箭头"↔"后拖动，即可缩放文本框的大小。

提示：在调整文本框大小时，鼠标光标移动到四个角的任意一个控制点上拖动的同时，按下键盘上的 Shift 键，可以等比例缩放文本框的大小，若将鼠标光标移动到其余四个控制点上拖动，则可以横向或纵向缩放文本框的大小。

（5）设置文本框格式。将鼠标光标移动到文本框的边框，当变为十字架形"✛"时双击，激活"文本框工具"→"格式"选项卡。单击"文本框样式"→"形状填充"按钮（🖌形状填充▾），弹出下拉菜单，选中"无填充颜色"；单击"形状轮廓"按钮（🖊形状轮廓▾），选择"无轮廓"；单击"排列"→"文字环绕"按钮（🖼文字环绕▾），选择"浮于文字上方"。

（6）移动文本框。参照图 3-19 所示，将鼠标光标移动到文本框的边框，当光标变为"✛"形时，按住鼠标左键拖动，可将文本框移动到合适位置。

技巧：当文本框处于选定状态时，如图 3-27 所示，按下键盘上的"上"、"下"、"左"、"右"键，可以对文本框的位置进行轻微移动。

6）参照图 3-19 所示，插入"文本框 2"的内容。

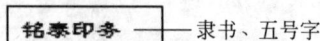

（1）按上述插入文本框的方法再插入一个文本框，输入"铭泰印务"四个字并设置字体格式，如图 3-28 所示。

铭泰印务 —— 隶书、五号字

图 3-28　"文本框 2"的文字内容及
字体格式

（2）将文本框的"形状填充"设置为"无填充颜色"；"形状轮廓"设置为"无轮廓"；"文字环绕"设置为"浮于文字上方"，参照图 3-19 所示，将文本框移动到合适位置。

7）参照图 3-19 所示，插入"文本框 3"的内容。

（1）重复上面的步骤，插入如图 3-29 所示的文本框，输入相关文字，分别选中"地址"、"电话"、"传真"等文字，设置为黑体小五号字。其他文字均设置为宋体小五号字。

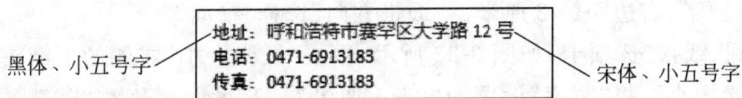

图 3-29 "文本框 3"的文字内容及字体格式

（2）文本框的格式同样设置为"无填充颜色"、"无轮廓"；"文字环绕"设置为"浮于文字上方"，并参照图 3-19 所示，将文本框移动到合适位置。

8）保存文件。单击 Office 按钮，在弹出的下拉列表中选择"保存"命令，弹出"另存为"对话框，将文件以"名片.docx"文件名保存起来。

3. 实验结论

使用 Word 2007 制作名片的关键在于：(a)纸张大小的设置。一般宽为 5.4 厘米，高为 9 厘米；(b)图片、剪贴画的插入与文字环绕格式的设置；(c)文本框的插入与格式设置，以及文本框中文字格式、段落格式的美化。

3.1.4　实验 4　制作一份试卷

1. 实验目的

通过本实验学习如何制作一份完整的试卷。

设计成功的样式，如图 3-30 所示。

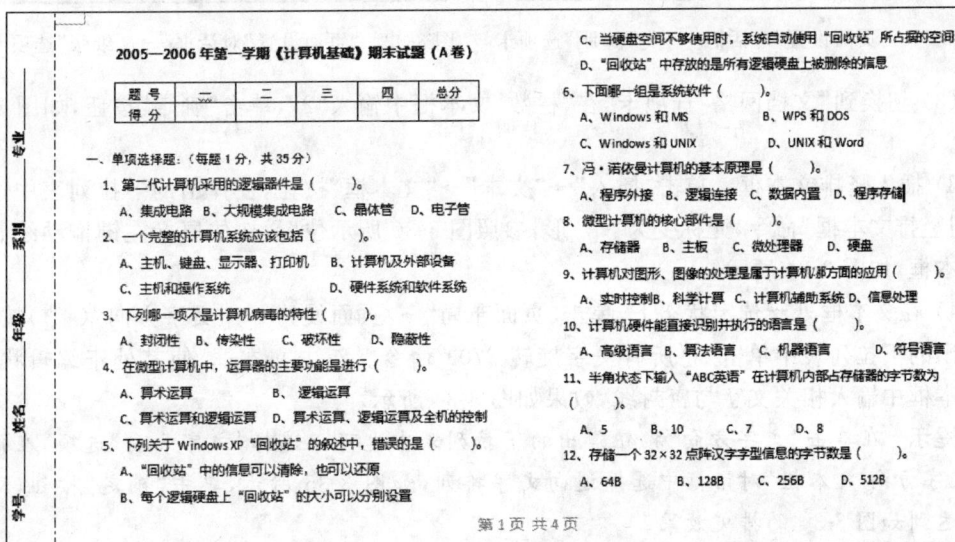

图 3-30　设计成功的试卷样式

数字办公系统上机实践

2. 实验步骤

1) 单击 Office 按钮新建一个空白文档。

2) 页面设置

(1) 单击"页面布局"→"页面设置"功能区右下角的"页面设置"按钮 ，弹出"页面设置"对话框。如图 3-31 所示，单击"页边距"选项卡，设置上边距为 2.5 厘米，下边距为 2 厘米，左边距为 4 厘米、右边距为 2 厘米。"纸张方向"选择"横向"。

(2) 切换到"纸张"选项卡，如图 3-32 所示，单击"纸张大小"右侧的下箭头，弹出下拉列表，选择"自定义大小"，将"宽度"设置为"36.4 厘米"，"高度"设置为"25.7 厘米"，单击"确定"按钮。

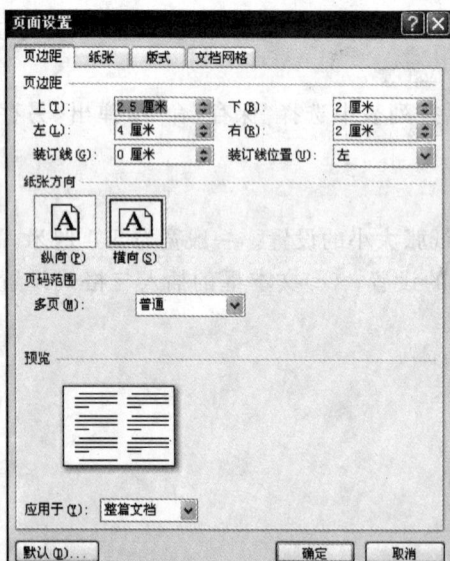

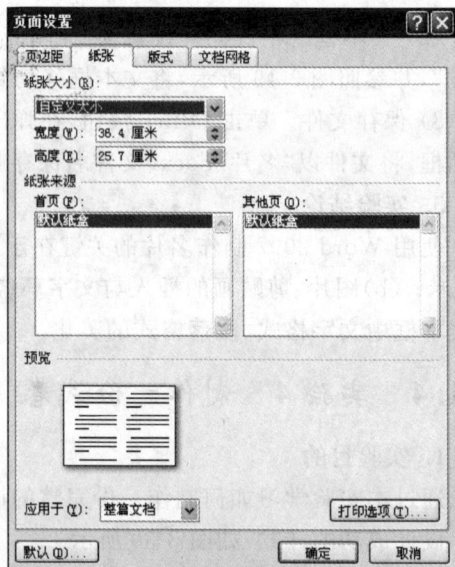

图 3-31 "页面设置"对话框——"页边距"选项卡　　图 3-32 "页面设置"对话框——"纸张"选项卡

(3) 切换到"文档网格"选项卡，在"栏数"文本框中输入"2"，单击"确定"按钮，如图 3-33 所示。

3) 插入竖排文本框。单击"插入"→"文本"→"文本框"按钮，在弹出的下拉列表中选中"绘制竖排文本框"命令，光标变为"十"形，参照图 3-30 所示位置，按住鼠标左键拖动绘制一个文本框，如图 3-34 所示。

4) 在文本框处于选定状态下，单击"页面布局"→"页面设置"→"文字方向"（ ）按钮，在弹出的下拉列表中单击"将所有文字旋转 270°"命令。双击文本框，使其处于编辑状态，在文本框中输入相关文字与密封线，效果如图 3-34 所示。

提示：在单击"文字方向"按钮弹出的下拉列表中也可以选择"文字方向"选项，在弹出的"文字方向-文本框"对话框中选择逆向文字排列，如图 3-35 所示，单击"确定"按钮，同样可以达到如图 3-34 的排文效果。

说明：图 3-34 中所示文字均为宋体五号加粗字，文字之间的线条是带"下划线"的空格，密封线是带"点-短线下划线"的空格。"下划线"与"点-短线下划线"的样式如图 3-36、图 3-37 所示。

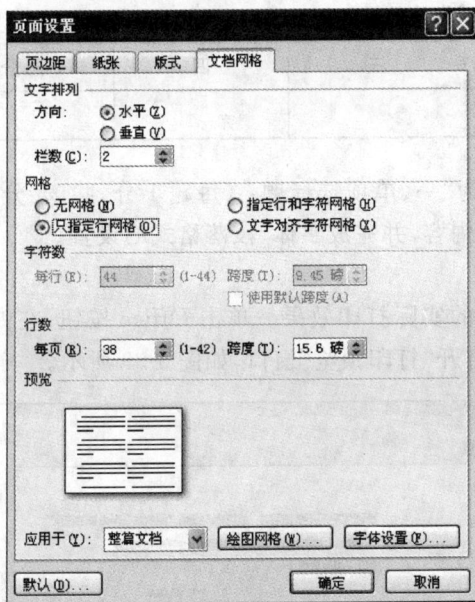

图 3-33 "页面设置"对话框——"文档网格"选项卡

图 3-34 文本框中的文字效果

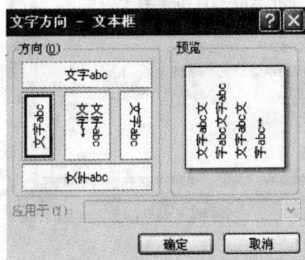

图 3-35 "文字方向-文本框"对话框

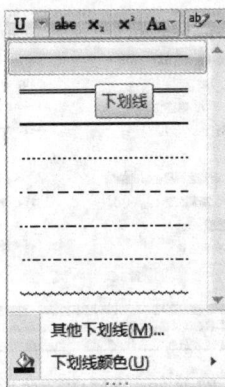

图 3-36 "下划线"样式

图 3-37 "点-短线下划线"样式

5) 文档的首行输入试卷标题文字"2005—2006 年第一学期《计算机基础》期末试题（A卷）"，并设置为宋体二号加粗字，单击"开始"→"段落"→"居中"按钮，使标题文字居中。

6) 将光标定位在试卷标题行中，单击鼠标右键，在弹出的菜单中选择"段落"命令，设置段前 0.5 行，段后 0.5 行，效果如图 3-38 所示。

2005—2006 年第一学期《计算机基础》期末试题（A卷）

图 3-38 试卷标题样式

7) 按 Enter 键换行，制作表格并输入相关的内容，表格文字设置为黑体五号字体，效果如表 3-1 所示。

表 3-1 试卷头效果

题号	一	二	三	四	总分
得分					

8) 按 Enter 键换行,输入第一题的题目为"一、单项选择题:(每题 1 分,共 35 分)",设置为黑体小三号字。录入试卷中其他部分的内容,并完成字体、段落格式的设置。

9) 打印文档

(1) 打印预览。打印预览可以显示文档的实际打印效果。单击 Office 按钮,在弹出的下拉列表中选择"打印"→"打印预览"命令,打开"打印预览"窗口,如图 3-39 所示。

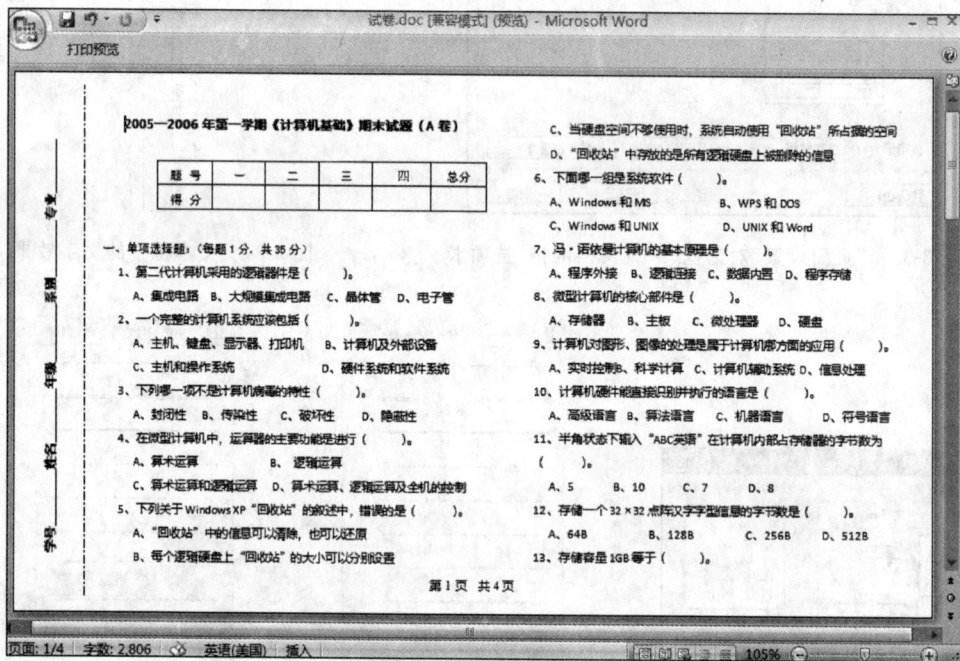

图 3-39 "打印预览"窗口

提示:在"打印预览"中可以单击"显示比例"按钮,弹出"显示比例"对话框,选中"多页"单选按钮,即可一次查看多个页面,也可以选择"显示比例"中的其他选项,来放大、缩小文档的显示效果。

(2) 打印输出。单击 Office 按钮,在弹出的下拉列表中选择"打印"→"打印"命令,将弹出"打印"对话框,如图 3-40 所示,在"打印机"→"名称"下拉列表框中选择合适的打印机,在"页面范围"中选中"全部"单选按钮,在"副本"→"份数"下拉列表框中输入数字"1",单击"确定"按钮,即可将文档内容打印输出 1 份。

提示:若在"打印"对话框中选中"页面范围"中的"当前页"单选按钮,则只打印输出当前光标所在的那一页;若选中"页码范围",则可以根据在其后的文本框中所输入的页码范围来确定打印输出的页码范围,如:输入 1,3,5—12,则只打印输出第 1 页、第 3 页以及第 5 页到第 12 页的文档内容。

10) 保存文件。单击 Office 按钮,在弹出的下拉列表中选择"保存"命令,弹出"另存为"

对话框,文件名为"试卷.docx"。

3. 实验结论

使用 Word 2007 制作试卷,应着重注意以下几个方面:(a)纸张大小的确定。通用的横向打印试卷为 B4 纸,用户可以自定义纸张的宽度为 36.4 厘米,高度为 25.7 厘米;(b)分栏排版,栏数为 2;(c)可以应用 Word 提供的竖排文本框插入试卷的"密封线";(d)"试卷标题"、"试卷头"以及其他各级标题的排版应遵循层次清晰、醒目大方的原则;(e)试卷的打印输出。

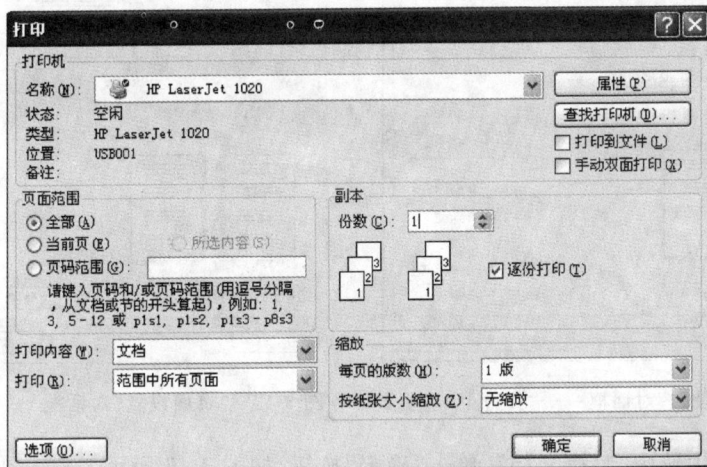

图 3-40 "打印"对话框

3.1.5 实验 5 Word 长篇文档的排版

1. 实验目的

以本章节的部分内容为例,学习 Word 长篇文档的排版过程,以便于更加专业、高效地完成诸如:书籍、学术论文、企业项目计划书等长篇文档的排版。

2. 实验步骤

1)打开原文。单击 Office 按钮,打开教学资料中的"\素材\第 3 章\第 3 章.docx"文件。

2)页面设置

(1)单击"页面布局"→"页面设置"功能区右下角的"页面设置"按钮,弹出"页面设置"对话框。单击"页边距"选项卡,"页码范围"→"多页"下拉列表框中选中"对称页边距";上、下页边距均设置为 2.54 厘米,内侧、外侧页边距均设置为 3.17 厘米;"装订线"设置为 1.5 厘米;"纸张方向"选择"纵向";"预览"→"应用于"下拉列表框中选中"整篇文档",如图 3-41 所示。

(2)切换到"版式"选项卡,在"节"→"节的起始位置"下拉列表中选中"奇数页";选中"奇偶页不同"、"首页不同"复选框;在"预览"→"应用于"下拉列表框中选中"整篇文档",如图 3-42 所示。

(3)切换到"文档网格"选项卡,选中"网格"→"指定行和字符网格"单选按钮,在"字符数"→"每行"文本框中输入"39";在"行数"→"每页"文本框中输入"39";在"预览"→"应用

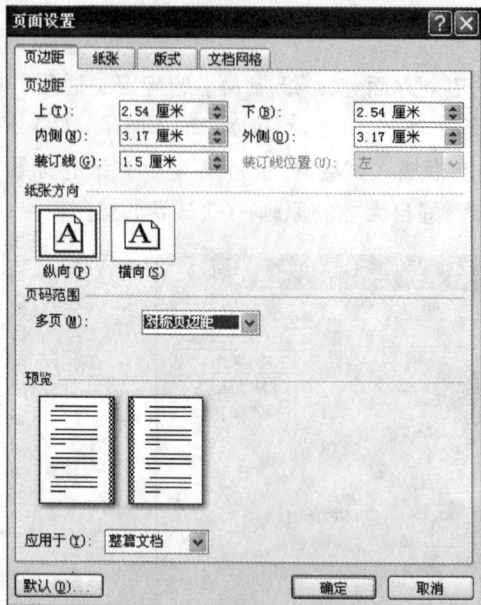

图 3-41 "页面设置"对话框——"页边距"选项卡

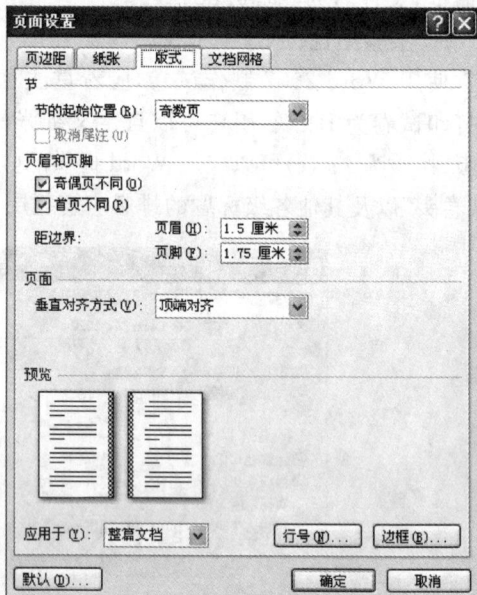

图 3-42 "页面设置"对话框——"版式"选项卡

于"下拉列表框中选中"整篇文档",单击"确定"按钮,如图 3-43 所示。

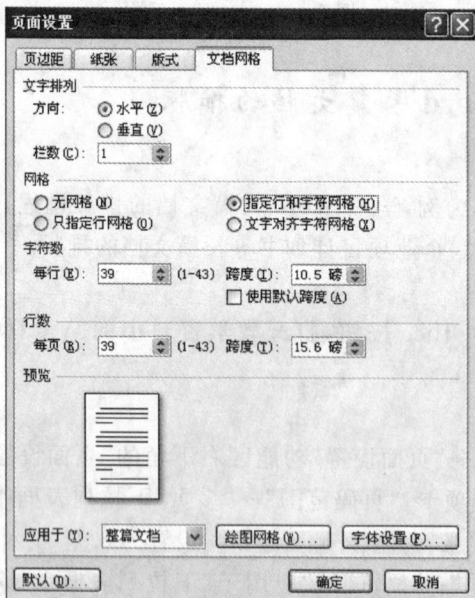

图 3-43 "页面设置"对话框——"文档网格"选项卡

3) 文字格式设置。选中文字"第 3 章 数字办公系统上机实践",在开始菜单中设置为:(中文)黑体、三号、加粗字。

4) 段落格式设置

(1) 选中文字"第 3 章 数字办公系统上机实践",单击鼠标右键,在弹出的菜单中选择

"段落"命令,弹出"段落"对话框,单击"缩进和间距"选项卡进行设置:"常规"→"对齐方式"下拉列表框中选择"居中";"大纲级别"下拉列表框中选择"1级";"间距"→"段后"文本框中输入"12磅";"行距"下拉列表框中选择"1.5倍行距",如图3-44所示。

（2）切换到"换行和分页"选项卡,选中"分页"中的"与下段同页"以及"段中不分页",如图3-45所示。

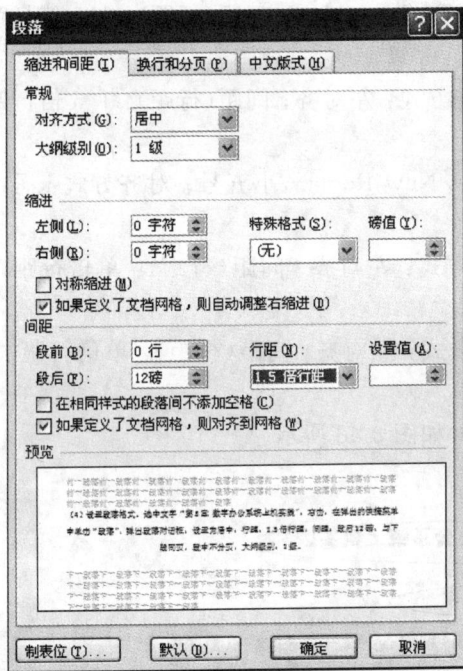

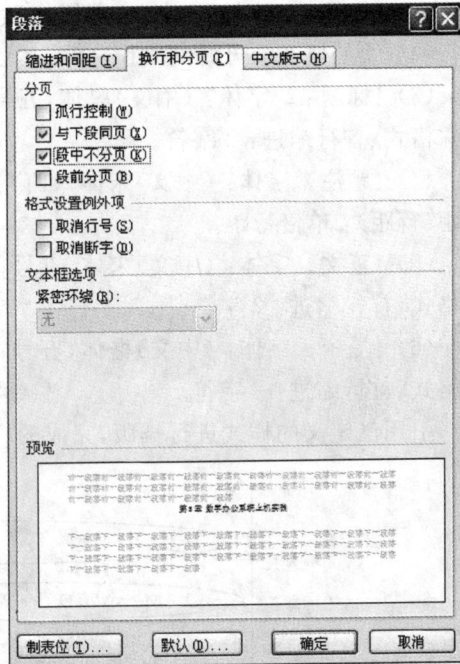

图 3-44　"段落"对话框——"缩进和间距"选项卡　　图 3-45　"段落"对话框——"换行和分页"选项卡

5）定义样式。选中文字"第3章 数字办公系统上机实践",单击鼠标右键,在弹出的菜单中选择"样式"→"将所选内容保存为新快速样式"命令,弹出如图3-46所示对话框,在"名称"文本框中输入"! 标题1",单击"确定"按钮即可。

6）引用样式。以文档中第二行文字"3.1 Microsoft Office Word上机实践"为例。选中第二行文字"3.1 Microsoft Office Word上机实践",单击"开始"→"样式"功能区右下角的"样式"（ ）按钮,弹出"样式"任务窗格,选中"! 标题2"样式,如图3-47所示。

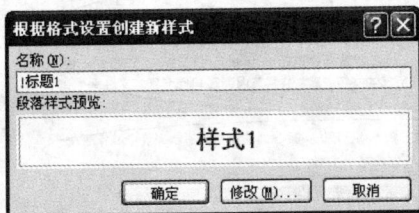

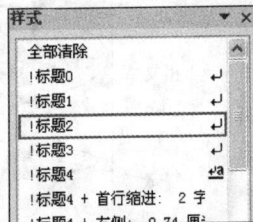

图 3-46　"根据格式设置创建新样式"对话框　　图 3-47　"样式"任务窗格

技巧：选中部分已定义样式的文字,单击"格式刷"（ ）按钮,此时鼠标变为格式设定样式,选中指定的文字段落,即可将该样式赋予选中的文字段落。如果需要重复引用样式,

数字办公系统上机实践

则需要双击"格式刷"（ ）按钮，然后再进行引用。

7) 采用同样的方式定义"!标题2"、"!标题3"、"!标题4"、"! 题注"、"!正文"、"!提示"等样式，其他各级标题和正文的文字段落格式定义如下。

（1）!标题2。字体：（中文）黑体，小三号；对齐方式：左对齐；间距（行距）：1.5 倍行距，段前：6 磅，段后：6 磅；换行和分页：与下段同页，段中不分页；大纲级别：2 级。

（2）!标题3。字体：（中文）楷体，四号；对齐方式：左对齐；间距（行距）：1.5 倍行距；换行和分页：与下段同页，段中不分页；大纲级别：3 级。

（3）!标题4。字体：（中文）黑体，五号；对齐方式：左对齐；间距（行距）：1.5 倍行距；特殊格式\首行缩进：2 字符。

（4）!题注。字体：（中文）宋体，（西文）Times New Roman，小五号；对齐方式：居中；间距（行距）：单倍行距。

（5）!正文。字体：（中文）宋体，五号；对齐方式：左对齐；间距（行距）：单倍行距，特殊格式\首行缩进：2 字符。

（6）!提示。字体：（中文）楷体，五号；对齐方式：左对齐；间距（行距）：单倍行距；特殊格式\首行缩进：2 字符。

引用已定义的样式进行排版，完成的样式文件如图 3-48 所示。

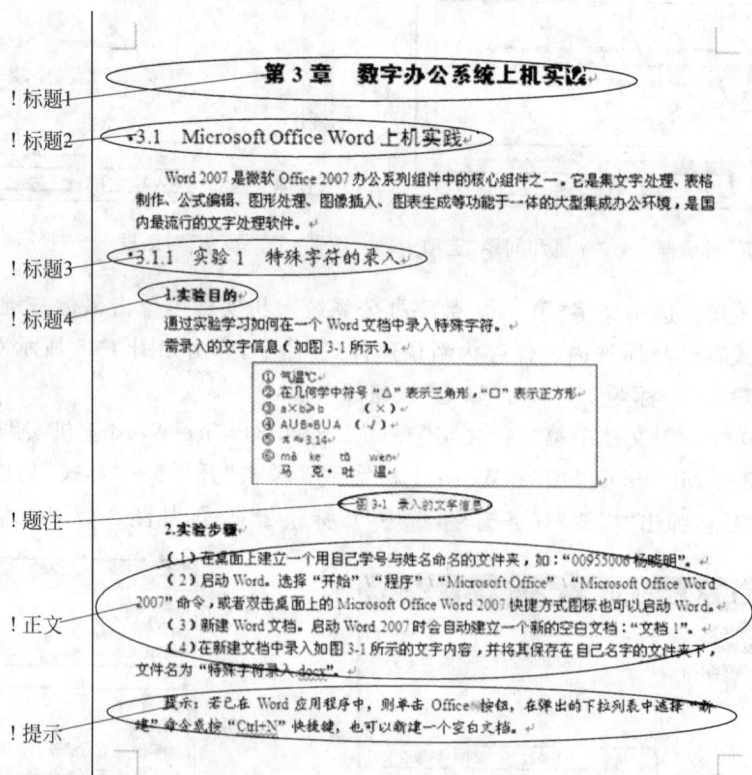

图 3-48　样式的定义与引用的效果

8) 索引和目录。将光标定位在文档的开始，单击"引用"选项卡，单击"目录"→"目录"（ ）按钮，在弹出的下拉列表中单击"插入目录"，弹出"目录"对话框，如图 3-49 所示，单击

"选项"按钮,打开如图 3-50 所示的"目录选项"对话框,在"目录建自"栏中选中"样式",单击"确定"按钮,即可在当前光标位置处生成如图 3-51 所示的目录样式。

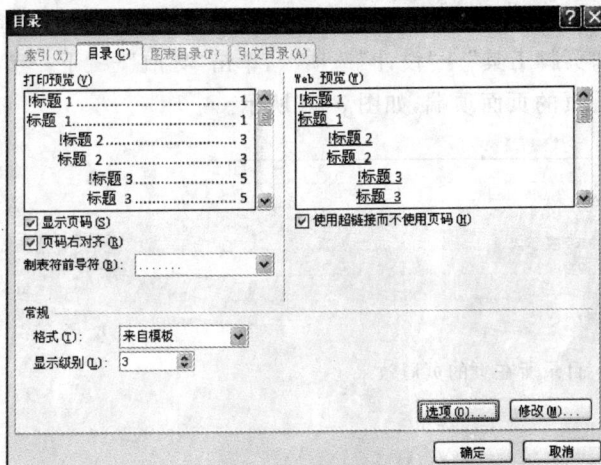

图 3-49　"目录"对话框　　　　　　　　图 3-50　"目录选项"对话框

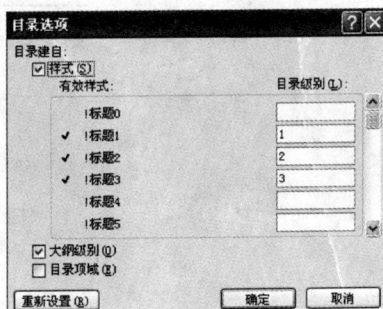

第 3 章　　数字办公系统上机实践 1
　3.1　Microsoft Office Word 上机实践 1
　　3.1.1　实验 1　特殊字符的录入 2
　　3.1.2　实验 2　图文混排练习 4
　　3.1.3　实验 3　制作一张名片 10
　　3.1.4　实验 4　制作一份试卷 14
　　3.1.5　实验 5　Word 长篇文档的排版 19
　　3.1.6　实验 6　制作一份个人简历 28
　　3.1.7　问题与解答 32
　3.2　Microsoft Office Excel 上机实践 33
　　3.2.1　实验 1　制作一份成绩单 33
　　3.2.2　实验 2　求总成绩、平均成绩 36
　　3.2.3　实验 3　按总成绩从大到小排列 40
　　3.2.4　实验 4　筛选出不及格学生的名单 41
　　3.2.5　实验 5　按专业分类汇总,生成总成绩饼形图 42
　　3.2.6　问题与解答 44
　3.3　Microsoft Office PowerPoint 上机实践 46
　　3.3.1　实验 1　制作"丫丫画册"演示文稿 46
　　3.3.2　实验 2　设置"丫丫画册"演示文稿的动画效果 52
　　3.3.3　实验 3　设置幻灯片放映 54
　　3.3.4　问题与解答 55

图 3-51　提取成功的目录样式

　9）插入分隔符。将光标定位在新生成目录的最后一个文字之后,单击"页面布局"选项卡,单击"页面设置"→"分隔符"按钮(　),在弹出的下拉列表中单击"分节符"→"下一页",即可将目录与正文内容分隔在不同的页面中,同时将目录设定为"第 1 节",正文设定为"第 2 节"。

　　提示:单击"开始"→"段落"功能区中的"显示/隐藏编辑标记"按钮 ,可以将插入的分节符显示出来。由于本例中目录最后一行文字太多,虽然已经单击了"显示/隐藏编辑标记"按钮,可在界面中却看不到分节符,此时可将光标停在目录最后一个文字后面,按两次Enter 键,即可在文档的下一行显示分节符。

91

第 3 章

数字办公系统上机实践

10）插入页眉

（1）第 1 节首页页眉的设置。将光标定位在新生成的目录之前，单击"插入"→"页眉和页脚"→"页眉"按钮▤，在弹出的下拉菜单中选中"编辑页眉"，光标停在目录所在页的页面顶端，如图 3-52 所示，同时激活"页眉和页脚工具"→"设计"选项卡，单击"导航"→"下一节"按钮▤，光标将停在下一节文档正文首页的页面顶端，如图 3-53 所示。

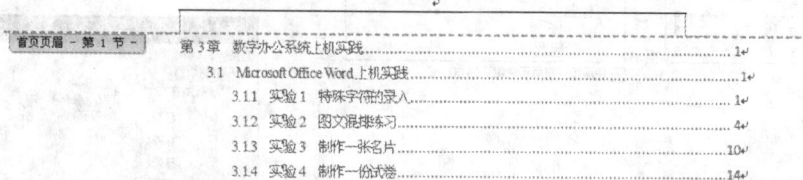

首页页眉 - 第 1 节 -   第 3 章 数字办公系统上机实践 1
　　　　3.1 Microsoft Office Word 上机实践 1
　　　　　3.1.1 实验 1 特殊字符的录入 1
　　　　　3.1.2 实验 2 图文混排练习 4
　　　　　3.1.3 实验 3 制作一张名片 10
　　　　　3.1.4 实验 4 制作一份试卷 14

图 3-52　目录所在页的页眉效果

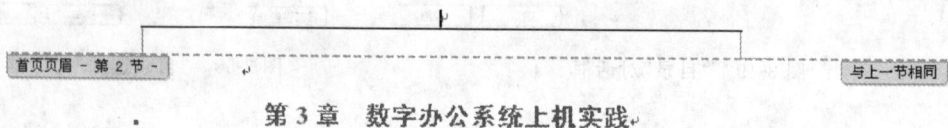

首页页眉 - 第 2 节 -　　　　　　　　　　　　　　　　　　　　　　与上一节相同

第 3 章　数字办公系统上机实践

图 3-53　文档正文首页的页眉效果

（2）第 2 节首页页眉的设置。单击"页眉和页脚工具"→"设计"→"导航"→"链接到前一条页眉"按钮▥；单击"导航"→"下一节"按钮，光标又将停在文档正文偶数页的页面顶端。

（3）第 2 节偶数页页眉的设置。单击"链接到前一条页眉"按钮；在光标所在位置处输入文字"第 3 章　数字办公系统上机实践"，并设定为左对齐，如图 3-54 所示，单击"导航"→"下一节"按钮，光标又将停在文档正文奇数页的页面顶端。

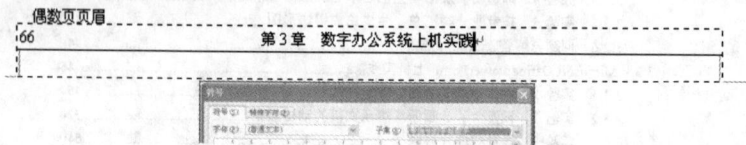

偶数页页眉
66　　　　　　　　　　　第 3 章　数字办公系统上机实践

图 3-54　文档正文偶数页页眉的效果

（4）第 2 节奇数页页眉的设置。单击"链接到前一条页眉"按钮；在光标所在位置处输入文字"新编信息技术上机与实验指导"，并设定为居中，效果如图 3-55 所示。

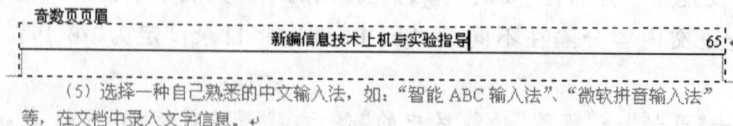

奇数页页眉
　　　　　　　　新编信息技术上机与实验指导　　　　　　65

（5）选择一种自己熟悉的中文输入法，如："智能 ABC 输入法"、"微软拼音输入法"等，在文档中录入文字信息。

图 3-55　文档正文奇数页页眉的效果

11）插入页码。参照步骤 10）进行。

（1）第 1 节首页页脚的设置。将光标定位在新生成的目录之前，单击"插入"→"页眉和页脚"→"页脚"按钮▤,在弹出的下拉菜单中选中"编辑页脚"命令,光标停在目录所在页的页面底端。单击"页眉和页脚工具"→"设计"→"页眉和页脚"→"页码"按钮▤,在弹出的下拉菜单中选择"设置页码格式"命令,弹出"页码格式"对话框,在"编号格式"列表框中选中"Ⅰ,Ⅱ,Ⅲ…",选中"页码编号"→"起始页码"单选按钮,单击"确定"按钮即可,如图 3-56 所示。单击"导航"→"下一节"按钮,将光标定位在文档正文首页的页面底端。

（2）第 2 节首页页脚的设置。单击"页眉和页脚工具"→"设计"→"导航"→"链接到前一条页眉"按钮；单击"页眉和页脚"→"页码"按钮选择"设置页码格式"命令,在弹出的"页码格式"对话框中将"编号格式"设置为"1,2,3 …",选中"页码编号"→"起始页码"单选按钮,单击"确定"按钮即可,如图 3-57 所示。单击"导航"→"下一节"按钮,光标又将停在文档正文奇数页的页面底端。

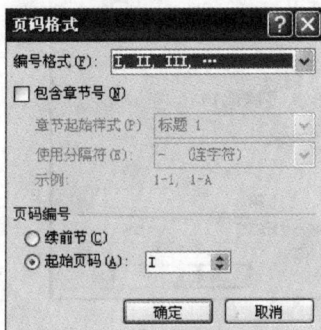

图 3-56　"编号格式"为"Ⅰ,Ⅱ,Ⅲ,…"的　　　图 3-57　"编号格式"为"1,2,3,…"的
　　　　　"页码格式"对话框　　　　　　　　　　　　"页码格式"对话框

（3）第 2 节偶数页页脚的设置。单击"页眉和页脚工具"→"设计"→"导航"→"链接到前一条页眉"按钮；单击"页眉和页脚"→"页脚"按钮,在弹出的下拉菜单中单击"飞越型（偶数页）"命令,即可在当前光标所在位置插入指定的页码,如图 3-58 所示；单击"导航"→"下一节"按钮,光标又将停在文档正文奇数页的页面底端。

图 3-58　文档正文偶数页页脚的效果

（4）第 2 节奇数页页脚的设置。重复步骤（3）,单击"链接到前一条页眉"按钮；单击"页眉和页脚"→"页脚"按钮,在弹出的下拉菜单中单击"飞越型（奇数页）"命令即可,如图 3-59 所示。

图 3-59　文档正文奇数页页脚的效果

12）双面打印

（1）逆向打印。首先在打印机中准备好打印纸,然后单击 Office 按钮,在弹出的下拉列

表中选择"打印"→"打印"命令,将弹出"打印"对话框,如图 3-60 所示,在"打印机"→"名称"列表框中选择合适的打印机;在"页面范围"列表框中选中"全部"单选按钮;在"副本"→"份数"列表框中输入数字"1";在"打印"列表框中选择"偶数页";再单击"选项"按钮,弹出"Word 选项"对话框,如图 3-61 所示,单击左侧栏中的"高级"按钮,在右侧栏中"打印"选项中选中"逆页打印页面"复选框,单击"确定"按钮,返回到"打印"对话框,再单击"确定"按钮即可开始打印偶数页。

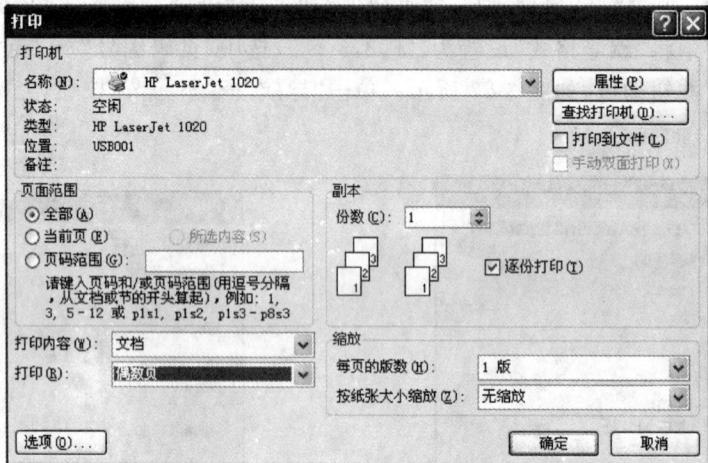

图 3-60 "打印"对话框

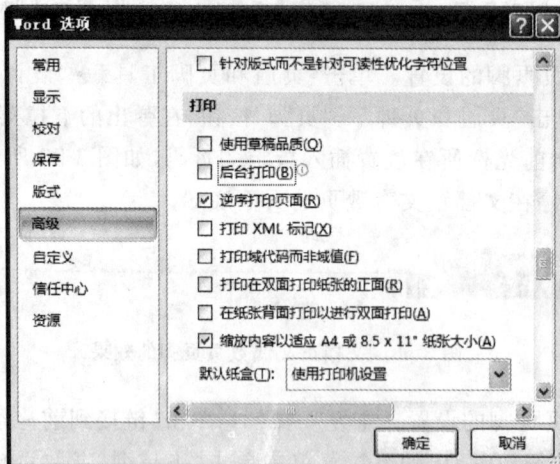

图 3-61 "Word 选项"对话框

(2) 正向打印。在逆向打印完成之后,将打印完成的纸张反过来,重新放入打印机中,然后单击 Office 按钮打开"打印"对话框,将"打印"列表框中的"偶数页"改为"奇数页";再单击"选项"按钮,在弹出的"Word 选项"对话框中取消"逆序打印页面"的选择,再单击"确定"按钮,返回到"打印"对话框,再单击"确定"按钮,即可在背面打印出奇数页的内容。

13) 保存文件。单击 Office 按钮,在弹出的下拉列表中选择"另存为"命令,将文件保存为"第 3 章_模板.docx"。

3. 实验结论

书籍、学术论文、企业项目计划书等长篇文档的标题层次一般比较多,为了便于文档的编辑,需要定义"样式"并引用到各级标题中,提高文档编排的效率;通过样式还可以迅速地提取目录并插入文档中去;利用 Word 2007 中的页眉和页脚功能,完成长篇文档的页眉、页码的设置;利用 Word 2007 中的"逆序打印页面"功能完成文档的双面打印。

3.1.6 实验 6 制作一份个人简历

1. 实验目的

通过本实验制作个人简历,学习如何在 Word 2007 中插入表格。如何设置表格属性格式。以及如何设置表格文字的字体、段落格式。

设计成功的表格样式,如图 3-62 所示。

图 3-62 设计成功的"个人简历"表格样式

2. 实验步骤

(1) 单击 Office 按钮新建一个空白文档。

(2) 插入表格。将光标定位在需要创建表格的位置,单击"插入"→"表格"→"表格"按钮,选中"插入表格"命令,弹出"插入表格"对话框,如图 3-63 所示,分别设置列数 7,行数 14,插入 7 列 14 行的表格,如图 3-64 所示。

(3) 合并单元格。将光标定位在表格第 1 行第 1 列所在的单元格,单击鼠标左键并拖动,选中表格第 1 行的所有单元格,如图 3-65 所示,单击鼠标右键,在弹出的快捷菜单中选择"合并单元格"命令,将所选单元格合并为一个单元格,如图 3-66 所示。选中第 4 行第 3 列与第 4 行第 4 列两个单元格,单击鼠标右键,在弹出的快捷菜单中选择"合并单元格"命令,即可将这两个单元格合并成一个单元格。采用同样的方法,将表格中其他需要合并的单元格进行合并,合并完成后的表格样式如图 3-67 所示。

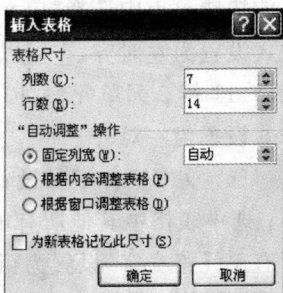

图 3-63 "插入表格"对话框

数字办公系统上机实践

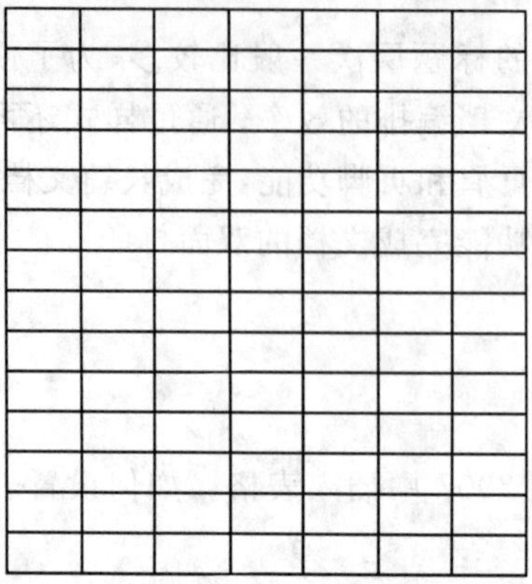

图 3-64　插入的 7 列 14 行表格样式 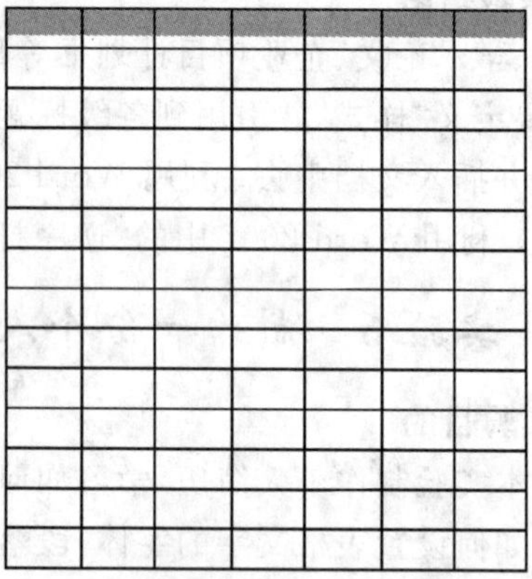　　　　　图 3-65　选中表格第 1 行的所有

单元格的效果

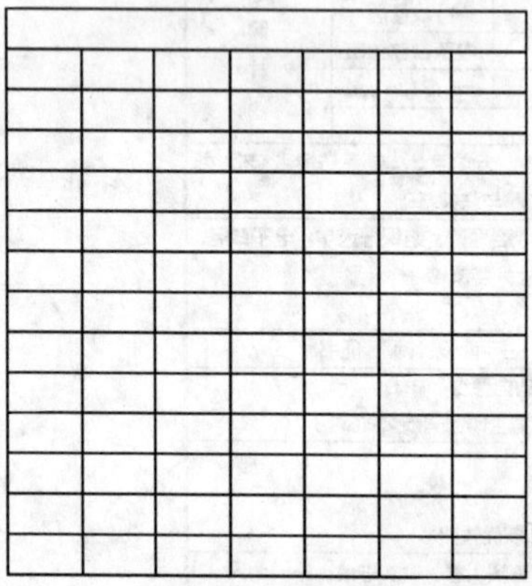

图 3-66　表格第 1 行的所有单元格　　　　　图 3-67　合并完成后的表格样式

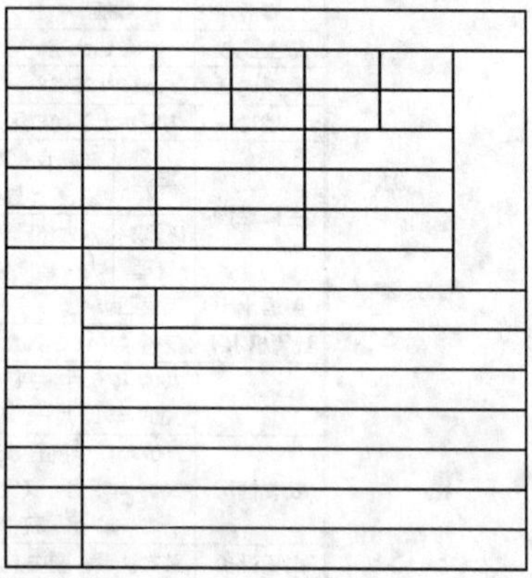

合并的效果

（4）录入文字。参照图 3-62 所示，在表格单元格中录入相关文字内容。

（5）设置文字对齐方式。单击表格左上角的"移动"（⊞）按钮，选中整个表格，单击鼠标右键，在弹出的快捷菜单中选择"单元格对齐方式"为"水平居中"（☰），将表格中所有单元格的对齐方式设置为水平居中对齐。选中 7 行 2 列单元格中的文字，单击鼠标右键，在弹出的快捷菜单中选择"单元格对齐方式"为"中部两端对齐"（☰），将 7 行 2 列单元格的对齐方式设置为左对齐，重复以上的步骤，分别将 8 行 3 列单元格、9 行 3 列单元格、10 行 2 列单元格、11 行 2 列单元格、12 行 2 列单元格、13 行 2 列单元格、14 行 2 列单元格中的文字对齐方式设置为左对齐。

（6）文字字体字号设置。参照图 3-62 所示，选中表格第 1 行文字，设置为隶书二号加粗字；选中表格中其他所有单元格文字，设置为宋体四号字；再选中表格第 1 列除第 1 行外的所有单元格文字，设置为粗体字；再将单元格中"性别"、"民族"、"政治面貌"、"学历"、"第二专业"、"籍贯"、"电子邮件"等文字设置为粗体字。

（7）调整单元格的宽度。将鼠标光标移动到第 6 列与第 7 列的分隔线上，当鼠标光标变为"双向箭头"形状时,如图 3-68 所示,按住鼠标左键不放向左拖动,使第 7 列的宽度变宽,大致为一张二寸照片的宽度,松开鼠标即可,如图 3-69 所示。参照同样的方法,将表格其他单元格的宽度进行适当的调整,调整完成后的样式如图 3-62 所示。

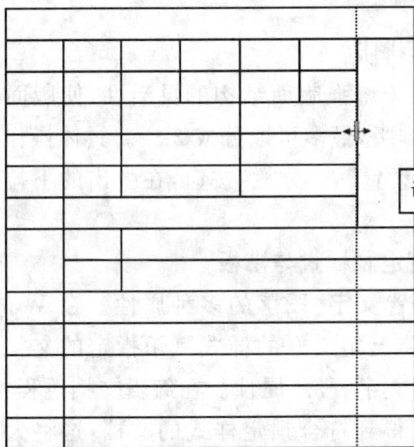

图 3-68 调整列宽时的表格效果   图 3-69 调整列宽后的表格效果

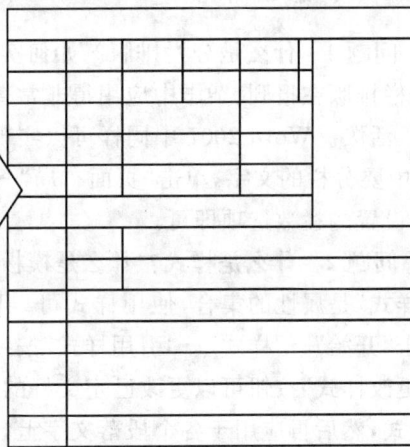

提示:插入表格后激活"表格工具"→"布局"选项卡,在其中可以对插入表格的布局做进一步的编辑。包括对表格属性的设置、绘制斜线表头、删除表格、插入行或列、合并与拆分单元格、自动调整单元格的大小、表格文字的对齐方式、文字方向、单元格的边距设置等。

(8)添加表格边框。双击表格"移动"按钮,弹出"表格工具"→"设计"选项卡,单击"表格样式"→"边框"(□ 边框 ▾)按钮,在弹出的下拉列表中选择"底纹和边框",弹出"边框和底纹"对话框,打开"边框"选项卡,在"样式"列表框中单击双线形按钮,如图 3-70 所示。

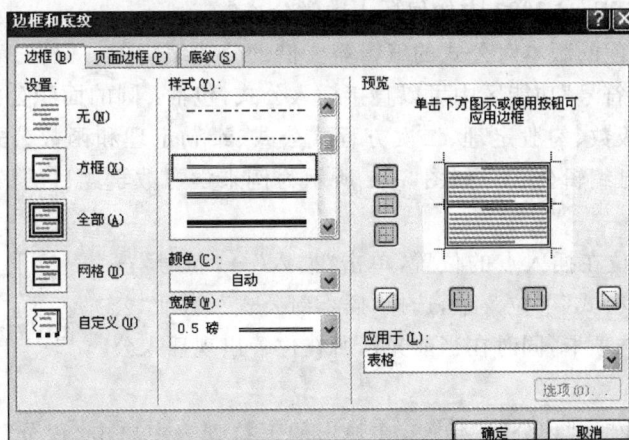

图 3-70 "边框和底纹"对话框——"边框"选项卡

(9)保存文件。单击 Office 按钮,在弹出的下拉列表中选择"保存"命令,将文件保存为"个人简历.docx"。

3. 实验结论

可以通过 Word 2007 中的插入选项卡插入表格,对表格的边框、底纹效果进行美化设计，可以打开表格属性对话框完成；表格文字的字体、段落格式设置可参照正文的文字、段落进行设置。

3.1.7　问题与解答

1. 问题 1　什么是分栏排版？如何实现分栏排版？

分栏排版在报刊、杂志中应用得非常普遍，用于增强版面结构的灵活性，使版面效果更加生动、活泼。Word 2007 中同样可以实现分栏排版，最多可以分成 3 栏。具体操作步骤如下：选中要分栏的文字，单击"页面布局"→"页面设置"→"分栏"按钮，在弹出的下拉列表中单击要设置的栏数选项即可。

2. 问题 2　什么是样式？什么是模板？如何定制样式与模板？

"样式"是属性的集合，使用样式可以同时设置文字、段落的多种属性。在 Word 2007 中，单击"开始"→"样式"→"引用样式"按钮可以将已定义好的样式赋予指定的文字、段落；单击"更改样式"按钮可以更改已定义好的样式的文字、段落属性。在编辑文档过程中，通过设置样式，然后再应用于各个段落文字上，就可以得到符合预定样式的文档，这将大大提高文档编排的效率。

一个样式定义完成后，就可以另存为"模板"，以便于其他文件可以直接套用。Word 2007 的模板格式为.dotx，也可以选择.dot 模板格式，支持 Word 2007 以下的版本。具体操作步骤如下：单击 Office 按钮，选择"另存为"→"Word 模板"即可。

3. 问题 3　什么是目录？如何提取目录？

目录是文档中标题的列表。可以通过目录来浏览文档中的主题内容。在 Word 2007 中，通过样式可以迅速地提取目录并插入到文档中去，目录的更新也很方便。提取目录的具体操作方法参照"实验 5 Word 长篇文档的排版"。

4. 问题 4　在 Word 2007 中如何插入数学公式？

Word 2007 以前的版本对公式的编辑需要借助公式编辑器。但在 Word 2007 中，单击"插入"选项卡，在"符号"功能区中可以直接插入公式，包括：圆的面积公式、二项式定理、和的展开式、傅里叶级数、勾股定理、二次方程式公式、泰勒定理和函数公式等。也可以选择"插入新公式"，自己编辑公式。如图 3-71 所示为例来学习数学题目的编辑过程，具体操作步骤如下。

（1）将光标定位在插入点的位置，单击"插入"→"符号"→"公式"按钮，弹出"公式"下拉菜单，选择"插入新公式"，激活"公式工具"→"设计"选项卡，同时在当前光标所在位置出现插入公式提示框 在此处键入公式。 。

$$\int \frac{dx}{x^2(\sqrt{1+x^2})}$$

图 3-71　设计成功的数学题目样文

（2）单击"结构"→"积分"按钮，在弹出的下拉列表中单击"积分"按钮 $\int_\square$，在光标所在位置插入积分符号，如图 3-72 所示。

（3）单击图 3-72 中的小方框，单击"结构"→"分数"按钮，在弹出的下拉列表框中单击"分数（竖式）"按钮，在光标所在位置插入分数符号，如图 3-73 所示。

（4）单击分数线上面的小方框，输入"dx"，如图 3-74 所示。

（5）同理，单击分数下面的小方框，单击"上下标"按钮（e^x），在弹出的下拉列表框中单击"上下标"按钮（x^2），在光标所在位置插入 x^2。

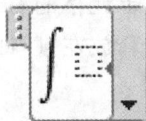

图 3-72 屏幕录入过程 1　　　图 3-73 屏幕录入过程 2　　　图 3-74 屏幕录入过程 3

(6) 参照图 3-72 所示，在 x^2 后面输入"()"，再将光标停在"()"中间，单击"结构"→"根式"按钮(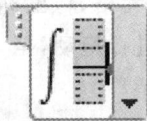)，在弹出的下拉列表框中单击"平方根"按钮($\sqrt{\square}$)，在光标所在位置插入平方根符号。

(7) 单击平方根中的小方框，输入"1＋"，再单击"上下标"按钮(e^x)，在弹出的下拉列表框中单击"上下标"按钮(x^2)，在光标所在位置插入 x^2。到此为止，公式编辑的过程完成，完成后的效果如图 3-72 所示。

3.2　Microsoft Office Excel 上机实践

Excel 2007 是 Microsoft Office 的重要组成部分，是一个功能强大的电子表格管理系统。不仅可以创建电子表格，还可以对表格中的数据进行编辑和处理，包括进行复杂的计算、统计分析、图表生成等。

3.2.1　实验 1　制作一份成绩单

1. 实验目的

通过本实验学习 Excel 数据表格的创建与编辑修改。表格数据的录入，特别是可以自动填充的数据的录入方法。表格边框、底纹的美化设计。表格文字、段落的格式设置。

设计成功的表格样式，如图 3-75 所示。

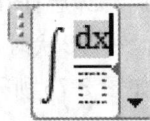

图 3-75　设计成功的表格样式

2. 实验步骤

1) 启动 Excel 新建文档。

2) 输入数据。参照图 3-75 所示，在成绩表中输入相应数据。

(1) 输入"编号"时，可以使用自动填充功能。具体操作如下：分别在 A3、A4 单元格中输入数字"1"、"2"后,同时选中这两个单元格,将鼠标光标移动到 A4 单元格的右下角,当鼠标光标变为"十"形状时,按住鼠标左键进行拖动,至 A17 单元格位置释放左键,即可完成编号的输入,如图 3-76 所示。

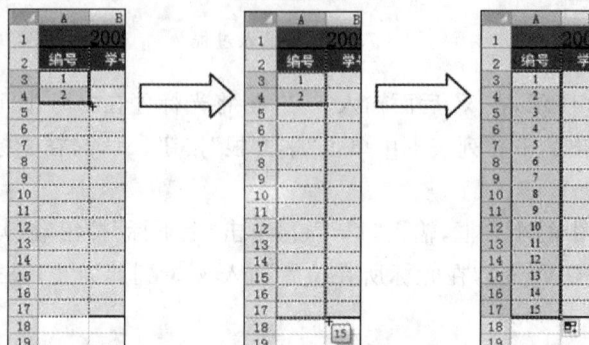

图 3-76　自动填充编号示意图

(2) 同样的,分别在 B3、B4 单元格中输入学号"00935167"、"00935168"后,使用自动填充功能完成学号的输入。

技巧：为保留学号前面的两个"0",输入学号如"00935167"的正确方法是在单元格中输入"'00935167",完成后按 Enter 键。

3) 设置单元格格式

(1) 标题格式的设置。选中 A1：H1 单元格区域,单击"开始"→"对齐方式"→"合并后居中"(　)按钮,将标题合并后居中;设置 A1：H1 单元格中文字为隶书 18 点黑色字体;单击"开始"→"字体"→"填充颜色"按钮 　 右侧的下箭头,在弹出的下拉列表中选择底纹颜色为"蓝色"。

(2) 选中 A2：H2 单元格区域,单击鼠标右键,在弹出的菜单中选择"设置单元格格式"命令,弹出"设置单元格格式"对话框,如图 3-77 所示,在"对齐"选项卡中分别设置"水平对

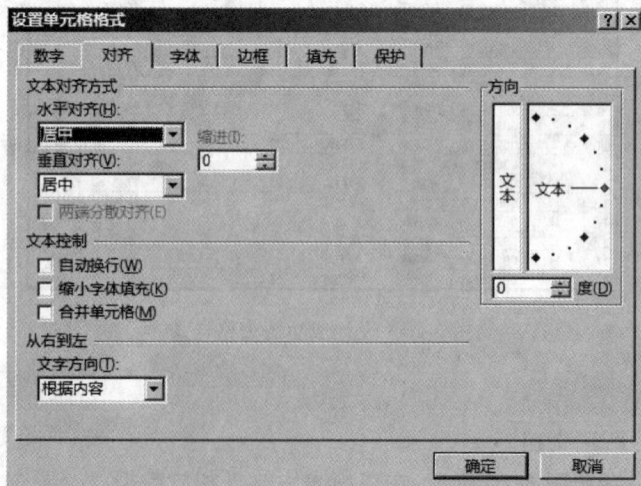

图 3-77　"设置单元格格式"对话框——"对齐"选项卡

齐：居中"、"垂直对齐：居中"；切换到"字体"选项卡中，分别在"字体"、"字号"与"颜色"下拉列表中设置字体为黑体 12 点黄色字，如图 3-78 所示；切换到"填充"选项卡中，在"背景色"颜色列表中单击"深红色"，如图 3-79 所示。

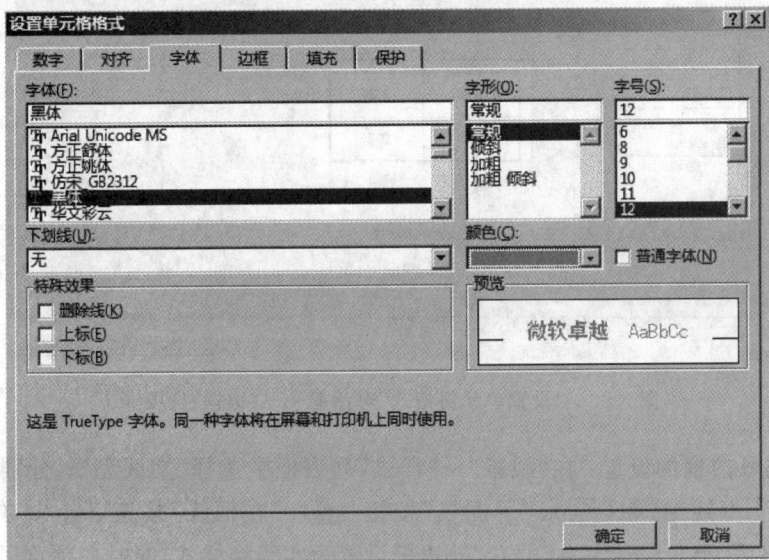

图 3-78　"设置单元格格式"对话框——"字体"选项卡

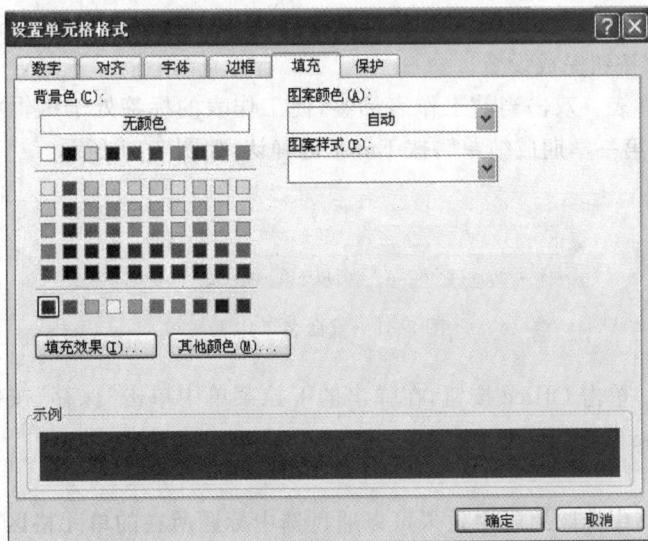

图 3-79　"设置单元格格式"对话框——"填充"选项卡

（3）选中 A3：H17 单元格区域，重复上一步操作，分别设置对齐方式为"水平居中"、"垂直居中"，底纹颜色为"淡橙色"。

4）设置表格的边框线。选中 A2：H17 单元格区域，单击鼠标右键，在弹出的菜单中选择"设置单元格格式"命令，弹出"设置单元格格式"对话框，如图 3-80 所示，在"边框"选项卡中设置上、下、左、右外边框为黑色粗实线，内边框为黑色虚线。具体设置过程如下。

第3章

数字办公系统上机实践

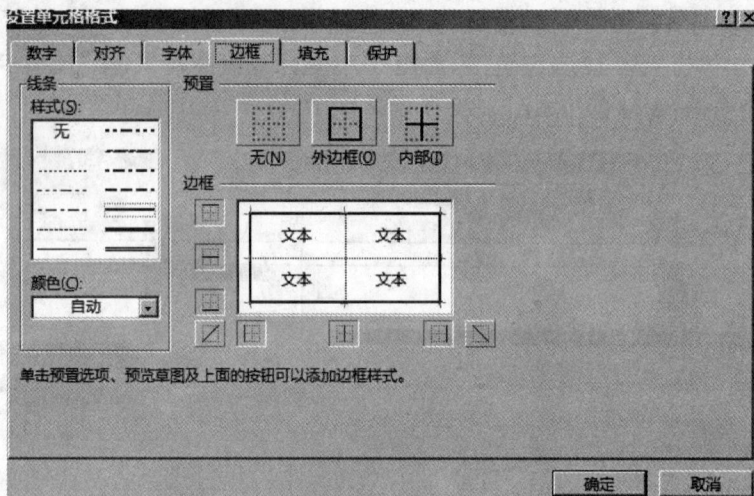

图 3-80 "设置单元格格式"对话框——"边框"选项卡

（1）表格外边框的设置：在"线条"→"样式"列表框中选择"实线型"；分别双击"边框"预览区中的"上框线"按钮（▥）、"下框线"按钮（▥）、"左框线"按钮（▥）、"右框线"按钮（▥），将表格的"上"、"下"、"左"、"右"外边框设置为实线型样式，同时在预览区中可以实时观察到引用的效果。

（2）表格内边框的设置：在"线条"→"样式"列表框中选择"虚线型"；分别双击"边框"预览区中的"内部横框线"按钮（━）、"内部竖框线"按钮（▥），将表格的内部框线设为指定线型。单击"确定"按钮完成设置。

5）重命名工作表。双击当前工作表标签，使工作表的标签处于编辑状态，直接输入文字"2009—2010 年第一学期成绩单"，按 Enter 键确认，如图 3-81 所示。

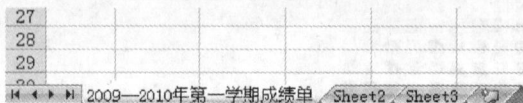

图 3-81 重命名工作表

6）保存文件。单击 Office 按钮，在弹出的下拉菜单中单击"保存"按钮，将文件保存为"学生成绩表 1. xlsx"。

3. 实验结论

Excel 数据表格中标题的居中效果可以通过选中标题所在的单元格区域，单击"开始"→"对齐方式"→"合并后居中"按钮完成；对于如："编号"、"学号"等具有规律变化的数据可以采用自动填充方式录入；表格边框、底纹的美化设计可以通过"设置单元格格式"对话框实现。

3.2.2 实验 2 求总成绩、平均成绩

1. 实验目的

通过本实验学习 Excel 中求和、求平均值的运算，以及公式复制的使用。

设计成功的表格样式，如图 3-82 所示。

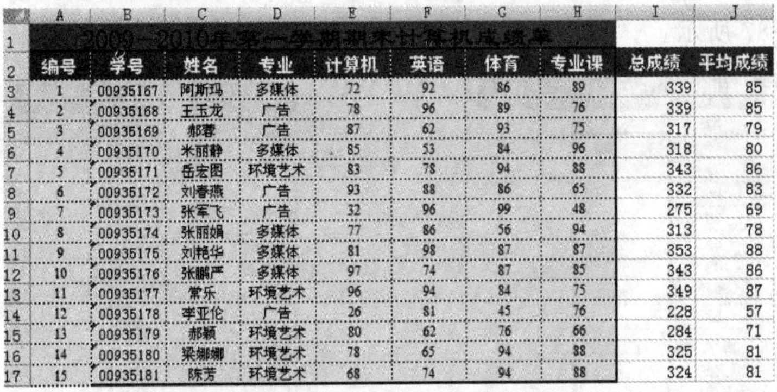

2009—2010年第一学期期末计算机成绩单

编号	学号	姓名	专业	计算机	英语	体育	专业课	总成绩	平均成绩
1	00935167	阿斯玛	多媒体	72	92	86	89	339	85
2	00935168	王玉龙	广告	78	96	89	76	339	85
3	00935169	郝蓉	广告	87	62	93	75	317	79
4	00935170	米丽静	多媒体	85	53	84	96	318	80
5	00935171	岳宏图	环境艺术	83	78	94	88	343	86
6	00935172	刘春燕	广告	93	88	86	65	332	83
7	00935173	张军飞	广告	32	96	99	48	275	69
8	00935174	张丽娟	多媒体	77	86	56	94	313	78
9	00935175	刘艳华	多媒体	81	98	87	87	353	88
10	00935176	张鹏严	多媒体	97	74	87	85	343	86
11	00935177	常乐	环境艺术	96	94	84	75	349	87
12	00935178	李亚伦	广告	26	81	45	76	228	57
13	00935179	郝颖	环境艺术	80	62	76	66	284	71
14	00935180	梁娜娜	环境艺术	78	65	94	88	325	81
15	00935181	陈芳	环境艺术	68	74	94	88	324	81

图 3-82　设计成功的表格样式

2. 实验步骤

(1) 打开原文。单击 Office 按钮，在弹出的下拉列表中选择“打开”命令，弹出“打开”对话框，打开教学资料中的“\素材\第 3 章\学生成绩表. xlsx”文件，或者打开自己编辑好的“学生成绩表 1. xlsx”文件，参照图 3-82 进行编辑。

(2) 求总成绩。依次选中 E3：I3 单元格区域，如图 3-83 所示，单击“开始”→“编辑”→“求和”按钮，即可在 I3 单元格中求出“总成绩”，如图 3-84 所示。

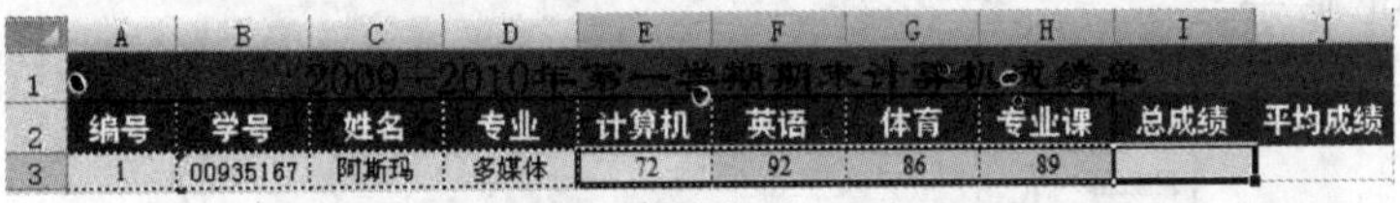

2009—2010年第一学期期末计算机成绩单

编号	学号	姓名	专业	计算机	英语	体育	专业课	总成绩	平均成绩
1	00935167	阿斯玛	多媒体	72	92	86	89		

图 3-83　选中 E3:I3 单元格区域

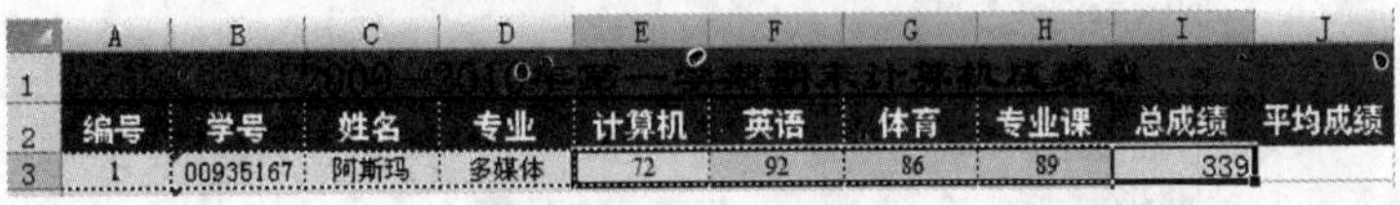

2009—2010年第一学期期末计算机成绩单

编号	学号	姓名	专业	计算机	英语	体育	专业课	总成绩	平均成绩
1	00935167	阿斯玛	多媒体	72	92	86	89	339	

图 3-84　求出总成绩

(3) 公式复制。选中已得出结果的 I3 单元格，将鼠标光标移至其右下角“黑色小方块”(■)控制柄处，如图 3-85 所示，此时鼠标光标将变成为“十”形状，按住鼠标左键不放进行拖动，如图 3-86 所示，至 I17 单元格释放鼠标左键，系统将自动套用公式，计算出所有学生的

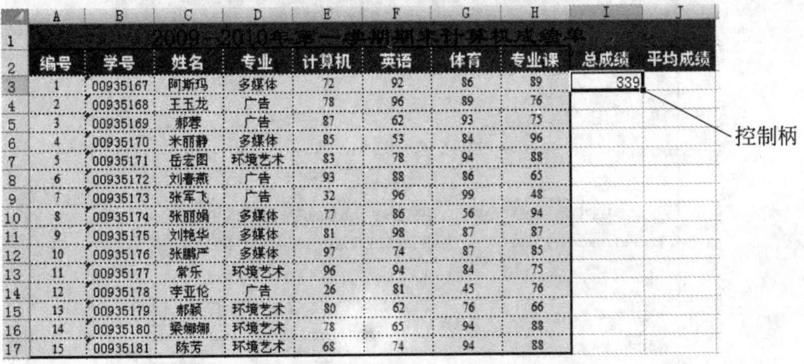

2009—2010年第一学期期末计算机成绩单

编号	学号	姓名	专业	计算机	英语	体育	专业课	总成绩	平均成绩
1	00935167	阿斯玛	多媒体	72	92	86	89	339	
2	00935168	王玉龙	广告	78	96	89	76		
3	00935169	郝蓉	广告	87	62	93	75		
4	00935170	米丽静	多媒体	85	53	84	96		
5	00935171	岳宏图	环境艺术	83	78	94	88		
6	00935172	刘春燕	广告	93	88	86	65		
7	00935173	张军飞	广告	32	96	99	48		
8	00935174	张丽娟	多媒体	77	86	56	94		
9	00935175	刘艳华	多媒体	81	98	87	87		
10	00935176	张鹏严	多媒体	97	74	87	85		
11	00935177	常乐	环境艺术	96	94	84	75		
12	00935178	李亚伦	广告	26	81	45	76		
13	00935179	郝颖	环境艺术	80	62	76	66		
14	00935180	梁娜娜	环境艺术	78	65	94	88		
15	00935181	陈芳	环境艺术	68	74	94	88		

图 3-85　选中 I3 单元格

总成绩，如图 3-87 所示。

专业课	总成绩	平均成绩
89	339	
76		
75		
96		
88		
65		
48		
94		
87		
85		
75		
76		
66		
88		
88		

图 3-86 拖动鼠标

专业课	总成绩	平均成绩
89	339	
76	339	
75	317	
96	318	
88	343	
65	332	
48	275	
94	313	
87	353	
85	343	
75	349	
76	228	
66	284	
88	325	
88	324	

图 3-87 复制公式

（4）求平均成绩。选中 J3 单元格，将光标停在"数据编辑栏"的"编辑栏"中，输入"＝"，单击"插入函数"按钮，打开"插入函数"对话框，如图 3-88 所示，选中"选择函数"中的 AVERAGE，单击"确定"按钮，弹出"函数参数"对话框，在 Number1 中输入 E3：H3，如图 3-89 所示，单击"确定"按钮，即可在 J3 单元格中求出"平均成绩"，此时"数据编辑栏"中的效果如图 3-90 所示。

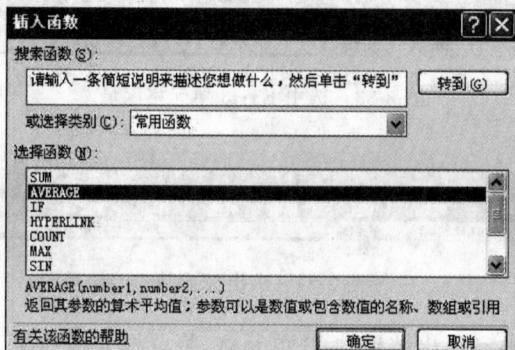

图 3-88 "插入函数"对话框

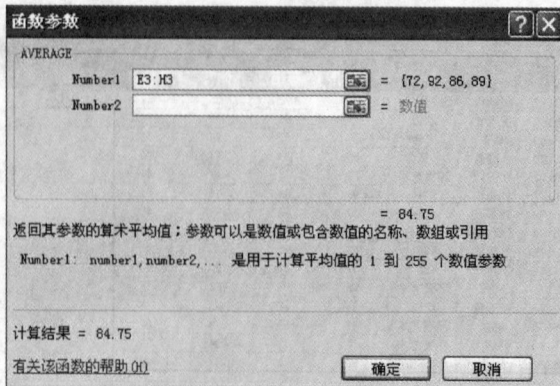

图 3-89 "函数参数"对话框

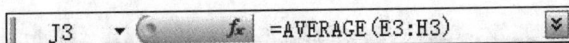

| J3 | ▼ | f_x | =AVERAGE(E3:H3) | ▼ |

图 3-90　数据编辑栏

(5) 公式复制。选中 J3 单元格,重复步骤(3),计算出其他学生的平均成绩。

(6) 将平均成绩取整。选中 J3:J17 单元格区域,单击鼠标右键,在弹出的快捷菜单中单击"设置单元格格式"命令,弹出"设置单元格格式"对话框。打开"数字"选项卡,选中"分类"列表框中的"数值"选项,在其右侧的"小数位数"中输入"0",即可将平均成绩取整,如图 3-91 所示。

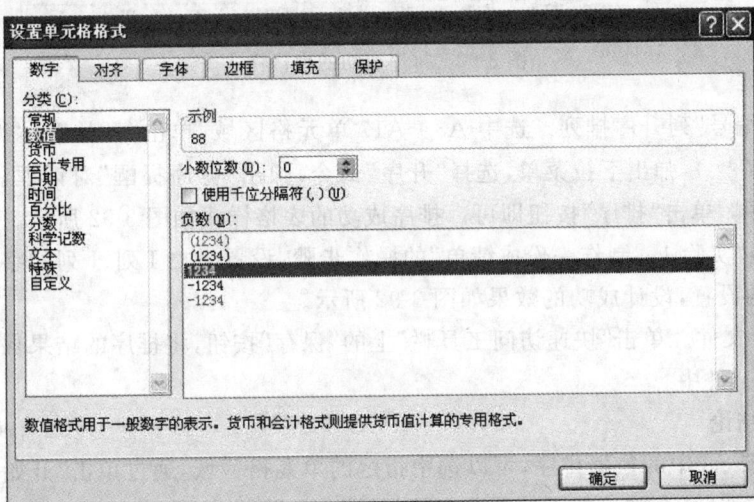

图 3-91　"设置单元格格式"对话框——"数字"选项卡

(7) 保存文件。单击 Office 按钮,在弹出的下拉菜单中选择"另存为"命令,将文件以"学生成绩表 2.xlsx"文件名保存。

3. 实验结论

可以利用 Excel 提供的函数(如 SUM、AVERAGE 等)进行统计运算,还可以利用公式复制功能快速实现批量数据的统计运算。

3.2.3　实验 3　按总成绩从大到小排列

1. 实验目的

通过本实验学习 Excel 中的数据排序。

排序成功的表格样式,如图 3-92 所示。

2. 实验步骤

(1) 打开原文。单击 Office 按钮,打开自己编辑好的"学生成绩表 2.xlsx"文件。

(2) 按"总成绩"降序排列。选中 I 列的从第 3 行到第 17 行的所有单元格,单击"开始"→"编辑"→"排序和筛选"按钮(　),在弹出的下拉菜单中选择"降序"命令,弹出"排序提醒"对话框,选中"扩展选定区域",如图 3-93 所示,单击"排序"按钮即可。排序成功的表格样式如图 3-92 所示。

图 3-92　排序成功的表格样式

（3）将"编号"列升序排列。选中 A3：A17 单元格区域，单击"开始"→"编辑"→"排序和筛选"按钮（ ），弹出下拉菜单，选择"升序"命令，弹出"排序提醒"对话框，选中"以当前选定区域排序"，单击"排序"按钮即可。排序成功的表格样式如图 3-92 所示。

（4）参照"实验 1　制作一份成绩单"的操作步骤，设置表格Ⅰ列、J 列的字体格式、边框和底纹样式的设置，设计成功的效果如图 3-92 所示。

（5）保存文件。单击"快速访问工具栏"上的"保存"按钮，将排序的结果保存到"学生成绩表 2．xlsx"文件中。

3. 实验结论

要实现 Excel 中的数据排序，可以选中指定的单元格区域，通过单击"开始"→"编辑"→"排序和筛选"按钮，在弹出的下拉菜单中选择"降序"或"升序"命令即可。需要注意的是，在弹出的"排序提醒"对话框中，如图 3-93 所示，"扩展选定区域"排序是指在排序过程中，随着当前选定区域中数据位置的调整，其他所有区域中的数据位置也会作相应的调整。如按学生的总成绩降序排序后，学生的学号、姓名等数据也必须作相应的调整。"以当前选定区域排序"是指只调整当前选定区域中的数据位置，而其他区域的数据位置不变。

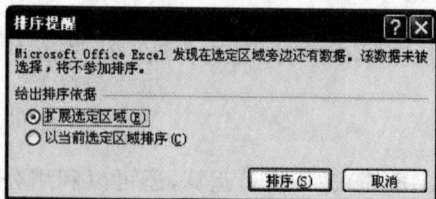

图 3-93　"排序提醒"对话框

3.2.4　实验 4　筛选出不及格学生的名单

1. 实验目的

通过本实验学习 Excel 中数据的筛选。

2. 实验步骤

1）打开原文。单击 Office 按钮，再次打开自己编辑好的"学生成绩表 2．xlsx"文件。

2）在表格中筛选出计算机成绩小于 60 的记录

（1）选中表格中的任一单元格，单击"开始"→"编辑"→"排序和筛选"按钮，弹出下拉菜单，选择"筛选"命令，在工作表列标题名的右侧出现"筛选箭头"按钮 ，如图 3-94 所示。

图 3-94 带"筛选箭头"的工作表标题名

（2）单击计算机"筛选箭头"按钮，弹出下拉菜单，选择"数字筛选"命令，在弹出的下拉菜单中选择"小于"命令，打开"自定义自动筛选方式"对话框，在左侧"计算机"下拉列表框中选择"小于"，在右侧文本框中输入 60，如图 3-95 所示。筛选结果如图 3-96 所示。

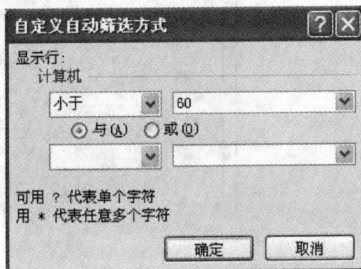

图 3-95 "自定义自动筛选方式"对话框

3）保存文件。单击 Office 按钮，在弹出的下拉菜单中选择"另存为"命令，将文件以"计算机不及格成绩表.xlsx"文件名保存。

3. 实验结论

要实现 Excel 中的数据筛选，可以通过单击"开始"→"编辑"→"排序和筛选"按钮，在弹出的下拉菜单中选择"筛选"命令来完成。

图 3-96 计算机成绩不及格的学生名单

3.2.5 实验5 按专业分类汇总，生成总成绩饼形图

1. 实验目的

通过本实验学习 Excel 中数据汇总、图表生成等功能。

2. 实验步骤

1）打开原文。单击 Office 按钮，再次打开自己编辑好的"学生成绩表2.xlsx"文件。

图 3-97 "分类汇总"对话框

2）按"专业"分类汇总

（1）参照操作步骤"实验3 按总成绩从大到小排列"的方法，完成对"专业"的升序排列操作。

（2）单击表格中的任一单元格，单击"数据"→"分级显示"→"分类汇总"按钮 ▦，弹出"分类汇总"对话框，如图 3-97 所示。"分类字段"选择"专业"，"汇总方式"选择"平均值"，"选定汇总项"中选中"计算机、英语、体育、专业课"，其他项默认，单击"确定"按钮即可。分类汇总结果如图 3-98 所示。

3）再次执行分类汇总命令，在弹出的"分类汇总"对话框中单击"全部删除"按钮，将数据表中的分类汇总删除掉。

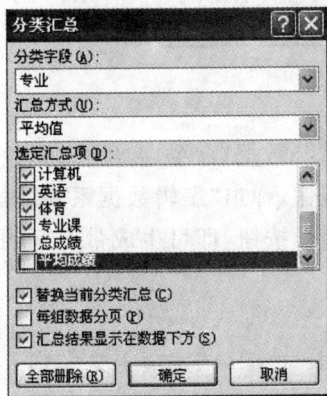

数字办公系统上机实践

图 3-98　分类汇总结果

4）图表生成

（1）选中"姓名"所在列的所有数据单元格,同时按住 Ctrl 键加选"总成绩"列,单击"插入"→"图表"→"饼图"按钮( ),在弹出的下拉菜单中选择"饼图"中的"三维饼图"按钮,如图 3-99 所示,即可生成如图 3-100 所示的三维饼图图表。

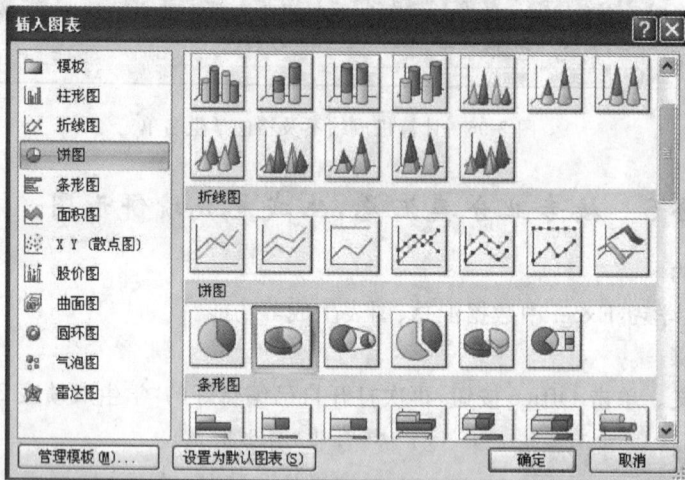

图 3-99　"插入图表"对话框

（2）鼠标右键单击图 3-100,在弹出的快捷菜单中选择"选择数据"命令,弹出"选择数据源"对话框,如图 3-101 所示,在左侧"图例项"中单击"编辑"按钮,弹出"编辑数据系列"对话框,如图 3-102 所示,在"系列名称"中输入"总成绩",单击"确定"按钮,即可生成带有标题的图表,如图 3-103 所示。

3. 实验结论

Excel 中数据汇总与图表生成功能可以通过"数据"选项卡与"插入"选项卡来实现。需要注意的是,分类汇总要求将分类字段内容相同的字段集中放置,否则得不到汇总结果。因此,本例首先对"专业"字段进行排序。

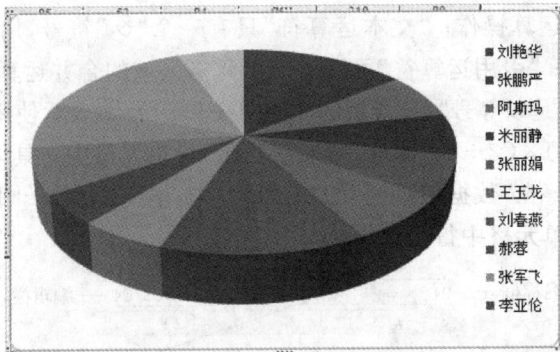

图 3-100　按"姓名"生成关于"成绩"的三维饼图图表

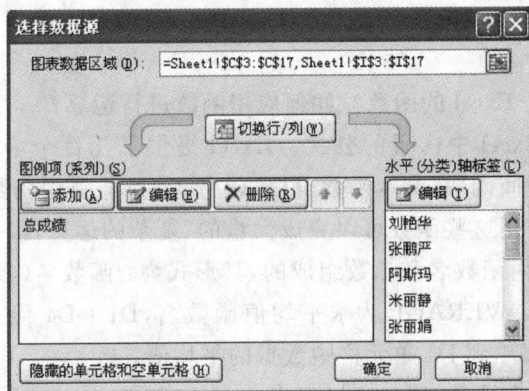

图 3-101　"选择数据源"对话框

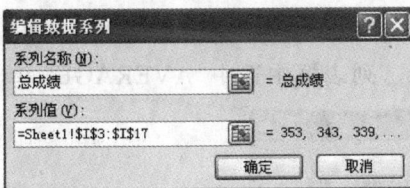

图 3-102　"编辑数据系列"对话框

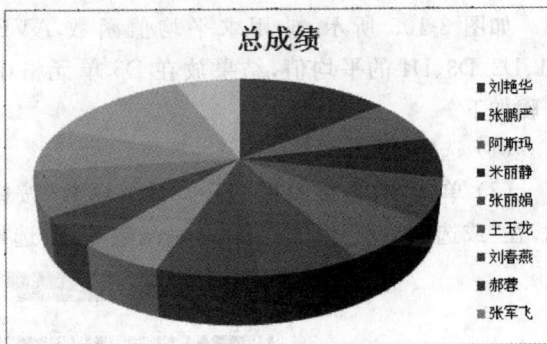

图 3-103　按"成绩"生成关于"姓名"的三维饼图图表

3.2.6　问题与解答

1. 问题 1　什么是 Excel 的公式？如何录入和编辑公式？

公式是 Excel 中执行各种运算的等式。Excel 中主要包括 4 种运算符，分别是"算术运算符"、"比较运算符"、"文本运算符"和"引用运算符"。"算术运算符"用于对公式中的各个元素进行加、减、乘、除、乘方等运算操作；"比较运算符"用于对算式中的各个元素进行大

数字办公系统上机实践

于、等于、小于等比较运算操作；"文本运算符"只有一个"&"符号，用于将两个字符串连接起来形成一个字符串；"引用运算符"可以实现单元格区域的合并运算。

Excel 中公式输入是以等号"＝"开始的。如图 3-104 所示，表示使用"数据编辑栏"计算数学算式"(B2+B3−B4)×C3÷C4"的值，结果存放在 D4 单元格中。具体的操作步骤如下：选中 D4 单元格，将光标停在"数据编辑栏"的"编辑栏"中，输入"＝(B2+B3−B4)＊C3/C4"，按Enter 键，即可在 D4 单元格中得出结果。

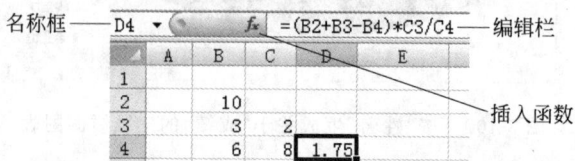

图 3-104　数据编辑栏

2. 问题 2　什么是 Excel 的函数？如何应用函数进行运算？

函数可以看作是 Excel 中内置的公式。Excel 提供了几百个函数，包括数学与三角函数、统计函数、日期与时间函数、文本函数、财务函数、查找与引用函数、数据库函数、逻辑函数以及信息函数等。使用这些函数可以完成大量的、复杂的运算，极大地提高工作效率。

Excel 中的函数是由函数名和参数组成的，其形式为：函数名(参数 1,参数 2,…)。如：AVERAGE(D1：D4)，AVERAGE 为求平均值函数名，D1：D4 代表 D1、D2、D3、D4 四个单元格的值，用于计算 D1 到 D4 单元格中数据的平均值。

由于 Excel 有几百个函数，用户记忆起来非常困难，为此，Excel 提供了粘贴函数的方法，方便用户使用。下面通过一个例子介绍有关函数的使用方法。

如图 3-105 所示，使用求平均值函数 AVERAGE 计算D1、D2、D3、D4 的平均值，结果放在 D5 单元格中。具体操作步骤如下。

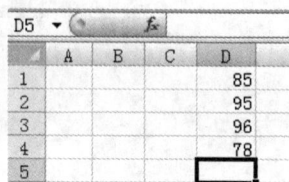

图 3-105　求平均值运算举例

(1) 选定 D5 单元格。

(2) 单击"数据编辑栏"上的"插入函数"按钮，弹出"插入函数"对话框，如图 3-106 所示，在"或选择类别"栏中选择"常用函数"，在"选择函数"列表框中选中"AVERAGE"，单击

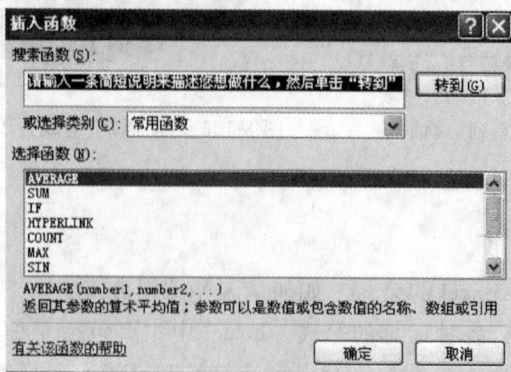

图 3-106　"插入函数"对话框

"确定"按钮,弹出"函数参数"对话框,如图 3-107 所示,在"Number1"中输入 D1：D4,单击"确定"按钮,即可在 D5 单元格中得出平均值,如图 3-108 所示。

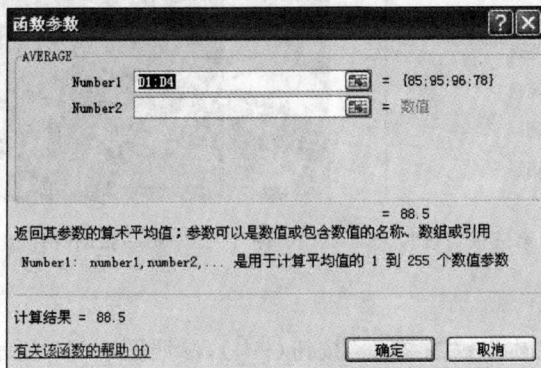

图 3-107 "函数参数"对话框

图 3-108 计算结果

3.3 Microsoft Office PowerPoint 上机实践

Microsoft Office PowerPoint 2007 主要用于设计制作各种报告、产品展示、广告宣传、教师课件等演示文档的软件,是 Microsoft Office 2007 的常用组件之一。

3.3.1 实验 1 制作"丫丫画册"演示文稿

1. 实验目的

通过本实验学习 PowerPoint 2007 中如何定制幻灯片主题样式。如何录入文字、插入图片。如何对幻灯片中各种对象进行美化设计。

2. 实验步骤

1) 新建空白演示文档。选择"开始"→"程序"→Microsoft Office→Microsoft Office PowerPoint 2007 命令打开 PowerPoint 2007,新建空白演示文稿。

2) 选择幻灯片的主题。单击"设计"→"主题"→"华丽"主题样式 ▇。

3) 第一张幻灯片中输入文字内容。在"单击此处添加标题"处单击,输入"丫丫画册",在"单击此处添加副标题"处单击,输入"2009 年 12 月 9 日",如图 3-109 所示。

4) 第二、第三张幻灯片中输入文字内容。单击"开始"→"幻灯片"→"新建幻灯片"按钮 ▧,新建一张幻灯片。在"单击此处添加标题"处单击,输入"送给丫丫 12 岁的生日礼物",在"单击此处添加文本"处单击,输入"祝你努力学习、快乐生活、健康成长!",如图 3-110 所示。按照同样的方法新建第三张幻灯片,并在幻灯片中输入如图 3-111 所示的文字。

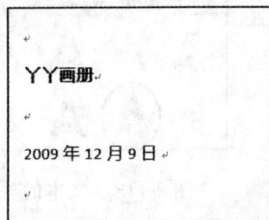

5) 第一张幻灯片的设计。设计成功的效果如图 3-112 所示。

图 3-109 第一张幻灯片

(1) 文字格式设计。选中标题文字"丫丫画册",在"开始"→"字体"功能区中设置为华文新魏 80 点加粗字,选中副标题文字"2009 年 12 月 9 日",设置为华文新魏 28 点白色字,

数字办公系统上机实践

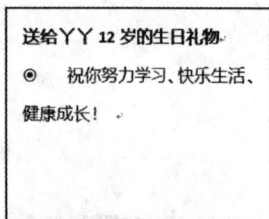

图 3-110　第二张幻灯片　　　　图 3-111　第三张幻灯片　　　　图 3-112　第一张幻灯片

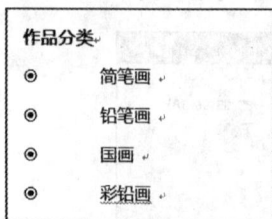

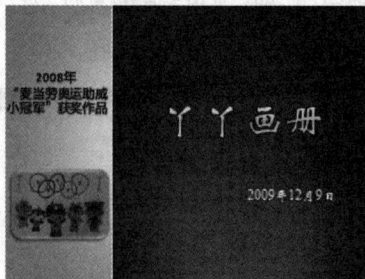

如图 3-112 所示。

（2）插入文本框。单击"插入"→"文本"→"文本框"按钮（⬛），参照图 3-112 所示，在幻灯片左侧插入一个文本框，输入文字"2008 年'麦当劳奥运助威小冠军'获奖作品"。

（3）文本框内文字效果的设置。双击该文本框，激活"绘图工具"→"格式"选项卡，选中文字"2008 年'麦当劳奥运助威小冠军'获奖作品"，单击"艺术字样式"→"文本的外观样式"右侧的"其他"按钮（▾），在弹出的"文本外观样式"列表中单击"填充-强调文字颜色 6，暖色粗糙棱台"（Ａ）按钮即可，如图 3-113 所示。

（4）插入图片。参照图 3-112 所示，单击"插入"→"插图"→"图片"按钮（🖼），弹出"插入图片"对话框，打开教学资料中的"\素材\第 3 章\福娃.jpg"文件。

（5）插图效果的设置。双击该图片，激活"图片工具"→"格式"选项卡，单击"图片样式"右侧的"其他"按钮，在弹出的"图片的总体外观样式"列表中单击"棱台矩形"按钮（🖼）即可，如图 3-114 所示。

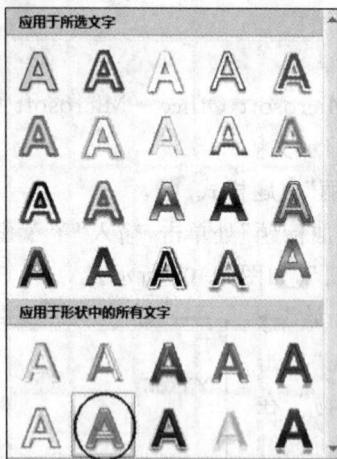

图 3-113　文本的外观样式

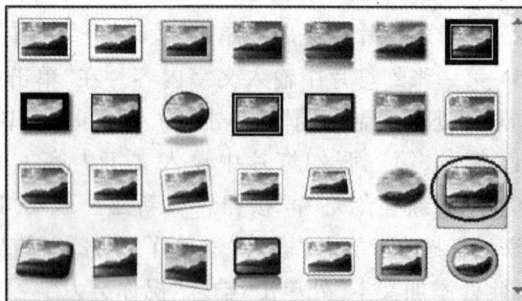

图 3-114　图片的总体外观样式

6）幻灯片母版设置。单击"视图"→"演示文稿视图"→"幻灯片母版"按钮（🗔），进入幻灯片母版视图模式。如图 3-115 所示，选中左侧栏中的第 1 张幻灯片，在右侧编辑栏中选中"单击此处编辑母版标题样式"文字，设置为 48 点字。单击"幻灯片母版"→"关闭母版视图"按钮（❎），返回到幻灯片编辑模式。

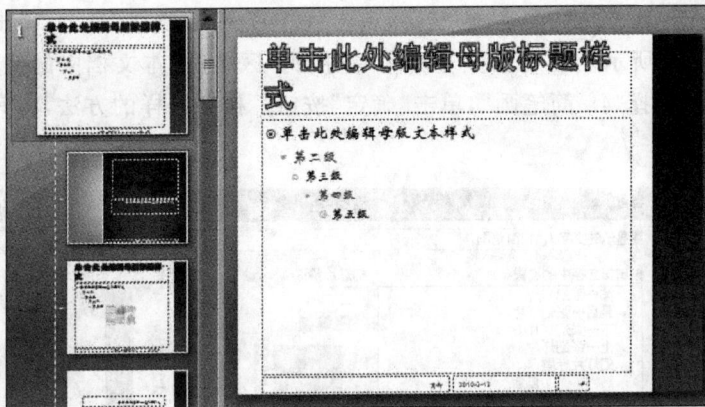

图 3-115　幻灯片母版视图模式

7）第二张幻灯片的设计。设计成功的效果如图 3-116 所示。选中文字"祝你努力学习、快乐生活、健康成长!"，通过"开始"→"字体"功能区设置为华文行楷 72 点字。

8）第三张幻灯片的设计。设计成功的效果如图 3-117 所示。

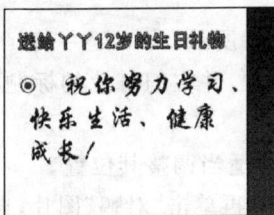

图 3-116　第二张幻灯片

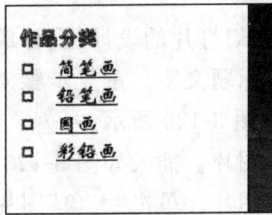

图 3-117　第三张幻灯片

（1）文字格式设置。选中文本内容，设置为华文新魏 54 点黑色字。

（2）项目符号的设置。选中文本内容，单击"开始"→"段落"→"项目符号"按钮（▤▾）右侧的下箭头，弹出"项目符号"列表框，单击"项目符号和编号"命令，弹出如图 3-118 所示的"项目符号和编号"对话框，选中如图 3-118 所示的方框形符号按钮即可。

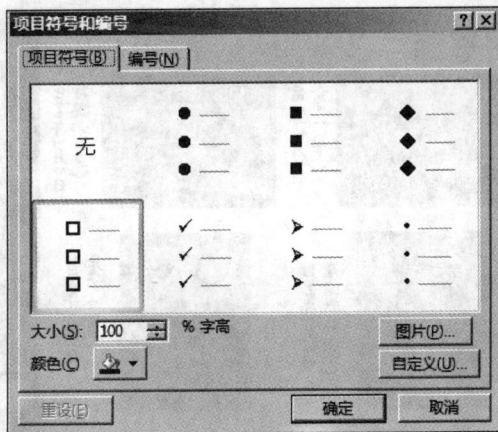

图 3-118　"项目符号和编号"——"项目符号"选项卡

（3）设置超链接。选中"简笔画"三字，单击"插入"→"超链接"命令，弹出"插入超链接"对话框，如图 3-119 所示。在对话框左侧的"链接到"区单击"本文档中的位置"，在"请选择文档中的位置"区选择"4. 简笔画"，单击"确定"按钮。按照同样的方法，将其他三行文字均设置对应的超链接。

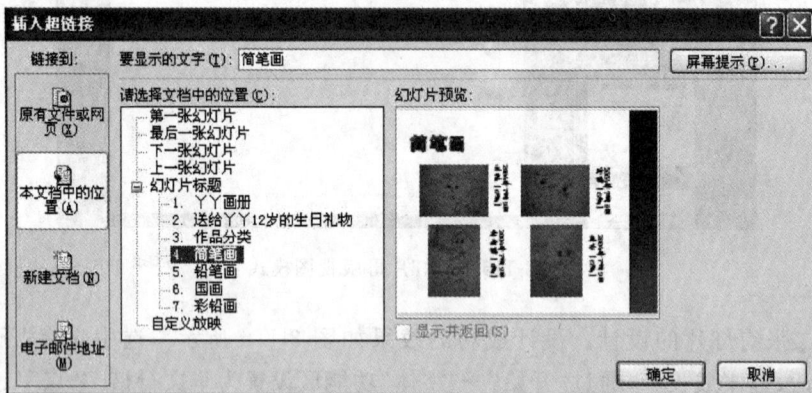

图 3-119　"插入超链接"对话框

9）第四张幻灯片的设计（设计成功的效果如图 3-120 所示）。

（1）单击标题文字。重复步骤 4），新建第四张幻灯片，并在幻灯片的标题栏中输入"简笔画"三字，如图 3-120 所示。

（2）插入图片。插入如图 3-120 所示的四张图片，并适当调整其位置。

（3）对齐图片。单击"大象"图片，按下 Shift 键，同时再单击"对鸭"图片，选中这两张图片，单击"开始"→"绘图"→"排列"按钮（　），在弹出的下拉列表中选择"对齐"→"顶端对齐"命令。按照同样的操作，将"唐老鸭"和"兔子"两张图片也进行"顶端对齐"。

（4）插入文本框。分别插入四个文本框，文字内容参照图 3-120 所示，并将文字设置为楷体 20 点加粗字。

（5）插入"返回"按钮。单击"插入"→"插图"→"形状"按钮，在弹出的下拉列表框中单击"左箭头"按钮（　），参照图 3-120 所示位置，插入一个宽为 1.59 厘米、高为 2.45 厘米的左

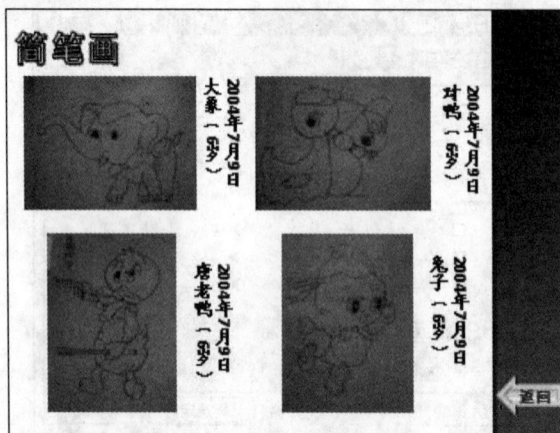

图 3-120　第四张幻灯片

箭头。

（6）为"返回"按钮添加文字。鼠标右键单击该"返回"按钮图形,在弹出的菜单中选择"编辑文字"命令,光标将停在左箭头图形中,输入文字"返回"即可。

（7）设置"返回"按钮的形状样式。双击该左箭头图形,激活"绘图工具"→"格式"选项卡,在"形状样式"功能区中单击"形状填充"按钮,在弹出的颜色列表中选择颜色为"金色,强调文字颜色 4,淡色 40%",如图 3-121 所示。单击"形状轮廓"按钮,在弹出的下拉列表中单击"无轮廓"命令。单击"形状效果"按钮,在弹出的下拉列表中单击"棱台"→"硬边缘"按钮。

（8）为按钮设置超链接。参照步骤 8)中超链接的插入方法,将左箭头按钮的超链接设置为本文档中的"3. 作品分类"幻灯片。

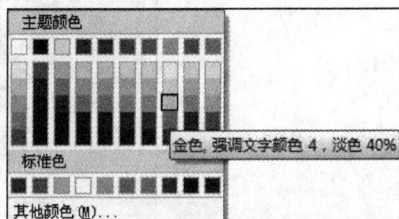

图 3-121　形状填充颜色列表

10）第五、第六、第七张幻灯片的设计。重复步骤 9),完成第五、第六、第七张幻灯片的设计,设计成功的效果如图 3-122～图 3-124 所示。

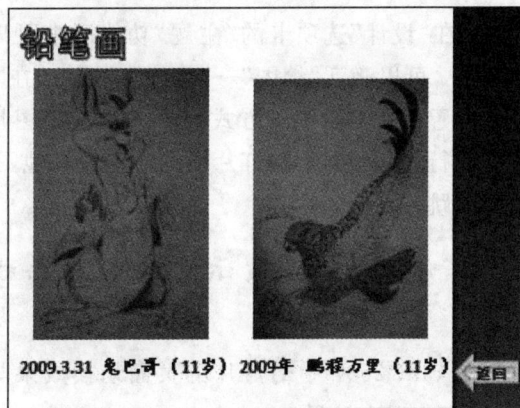

图 3-122　第五张幻灯片的效果

图 3-123　第六张幻灯片的效果

数字办公系统上机实践

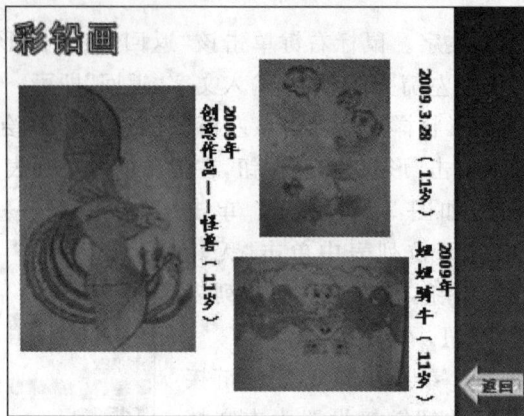

图 3-124　第七张幻灯片的效果

11) 保存文件。单击 Office 按钮保存文件,将文件以"丫丫画册.pptx"文件名保存。

3. 实验结论

在 PowerPoint 2007 中,在"设计"选项卡的"主题"功能区中可以选择幻灯片的主题样式;双击幻灯片中的文字对象,可以激活"绘图"→"格式"选项卡,在"形状样式"、"艺术字效果"中可以对文字进行美化设置;采用同样的方式,也可以激活"图片"→"格式"选项卡,对"图片样式"、"图片效果"等进行美化设计;幻灯片中的文字或其他图形、图像对象均可以设置超链接,实现幻灯片的灵活跳转。

3.3.2　实验2　设置"丫丫画册"演示文稿的动画效果

1. 实验目的

通过本实验学习 PowerPoint 2007 中幻灯片的页面切换效果与自定义动画效果的设置,使页面具有更加丰富的进入、退出效果。

2. 实验步骤

1) 打开原文。单击 Office 按钮,打开教学资料中的"\素材\第 3 章\丫丫画册.pptx"文件。

2) 页面切换效果的设计

第一张幻灯片设计。选中第一张幻灯片,单击"动画"→"切换到此幻灯片"→"顺时针回旋,3 根轮辐"按钮(　)。详细效果设置如下。

(1)"切换声音"(　切换声音:):"风铃"。

(2)"切换速度"(　切换速度):"快速"。

(3)"换片方式":"单击鼠标时"。

(4) 单击"全部应用"(　全部应用)按钮。

其他幻灯片设计。按照同样的方法,分别设置第二张到第七张幻灯片的切换效果为"纵向棋盘格"、"向右擦除"、"新闻快报"、"圆形"、"纵向梳理"、"条纹右下展开"效果。

3) 自定义动画效果设置

第一张幻灯片设计。单击"动画"→"自定义动画"按钮(　自定义动画),弹出"自定义动画"任务窗格。

(1) 标题添加"进入"效果。选中标题文字"丫丫画册"所在的文本框,在"自定义动画"任务窗格中单击"添加效果"按钮(☆ 添加效果 ▼),弹出下拉菜单,选择"进入"命令,在弹出的级联菜单中选择"其他＋效果"命令,打开"添加进入效果"对话框,如图3-125所示,选中"华丽型"中的"螺旋飞入",单击"确定"按钮即可。

(2) 副标题添加"进入"效果。同理,选中副标题文字"2009年12月9日"所在的文本框,设置其动画效果为"华丽型:折叠",单击"确定"按钮即可。

(3) 插入的文本添加"强调"效果。选中"2008年'麦当劳奥运助威小冠军'获奖作品"所在的文本框,在"自定义动画"任务窗格中单击"添加效果"按钮,在弹出的下拉菜单中单击"强调"命令,在弹出的级联菜单中单击"其他效果"命令,打开"添加强调效果"对话框,如图3-126所示,选中"温和型"中的"彩色延伸",单击"确定"按钮即可。

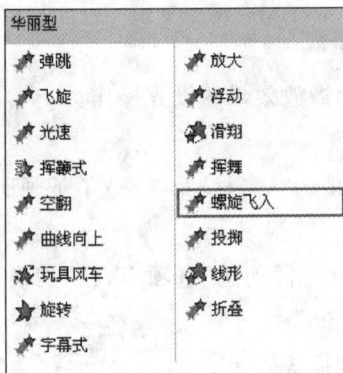

图 3-125　"添加进入效果"对话框　　　　图 3-126　"添加强调效果"对话框

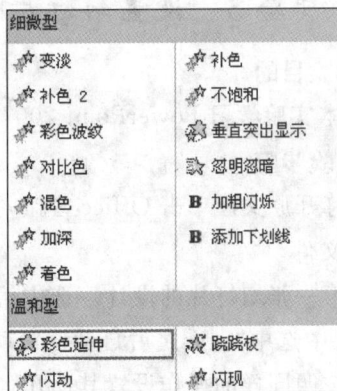

(4) 插入的图片添加"动作路径"效果。选中"福娃"图片,将其向右下方拖动到幻灯片之外,在"自定义动画"任务窗格中单击"添加效果"按钮,在弹出的下拉菜单中选择"动作路径:对角线向右上",得到如图3-127所示的路径动画效果。再适当调整动画结束点的位置,得到满意的路径动画效果。

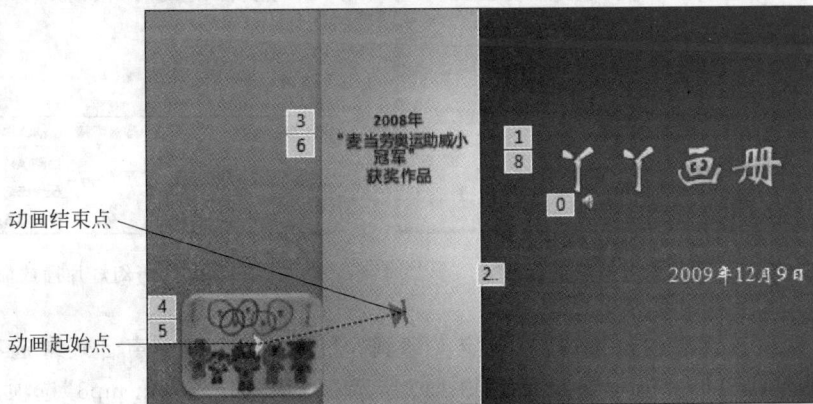

图 3-127　设置路径动画效果

数字办公系统上机实践

（5）添加"退出"效果。选中"福娃"图片，在"自定义动画"任务窗格中单击"添加效果"按钮，在弹出的下拉菜单中选择"退出"命令，在弹出的级联菜单中选择"其他效果"命令，打开"添加退出效果"对话框，选中"温和型"中的"回旋"，单击"确定"按钮即可。参照同样的方式，依次为"插入文本"、"副标题"与"标题"添加"渐出"、"下沉"与"玩具风车"等"退出"效果。

参照以上步骤，设置其他几张幻灯片的自定义动画效果，设计完成后将文件以"丫丫画册_动画效果.pptx"文件名保存。

3. 实验结论

通过幻灯片页面切换效果与自定义动画效果的设置，丰富页面的进入、退出效果，增强幻灯片的视觉冲击力，提高观赏性。

3.3.3 实验3 设置幻灯片放映

1. 实验目的

通过本实验学习 PowerPoint 2007 中幻灯片自动播放效果的设置操作。

2. 实验步骤

（1）打开原文。单击 Office 按钮，打开教学资料中的"\素材\第3章\丫丫画册_动画效果.pptx"文件。

（2）第一张幻灯片的设计。选中第一张幻灯片，单击"动画"选项卡，在"切换到此幻灯片"功能区中选中"在此之后自动设置动画效果：00：08"。

（3）按照同样的操作设置其他几张幻灯片的自动播放效果。

（4）插入声音文件。选中第一张幻灯片，单击"插入"→"媒体剪辑"→"声音"按钮，在弹出的下拉菜单中选择"文件中的声音"命令，弹出"插入声音"对话框，选中教学资料中的"\素材\第4章\背景音乐.mp3"文件，单击"确定"按钮。系统会弹出如图 3-128 所示的对话框，单击"自动"按钮即可。

（5）背景音乐的设置。单击"声音图标"，激活"声音工具"→"选项"选项卡，如图 3-129 所示，选择"声音选项"→"放映时隐藏"选项；"播放声音"选择"跨幻灯片播放"命令。

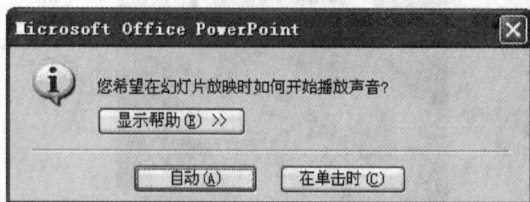

图 3-128 播放声音选项对话框

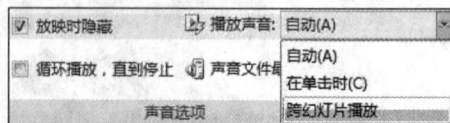

图 3-129 跨幻灯片播放命令

（6）调整声音效果的位置。在"自定义动画"任务窗格中选中声音效果选项"背景音乐.mp3"，将"开始"设置为"之前"，如图 3-130 所示；选中"背景音乐.mp3"选项，向上拖动到"标题1"之前释放鼠标左键，调整其位置到"标题1"之前，如图 3-131 所示。

（7）设计完成后，将文件以"丫丫画册_自动播放效果.pptx"文件名保存。

开始:	之前	▼
属性:		▼
速度:		▼

1	🖐	⚡	标题 1
2	🖐	⚡	2009年12月9日
3	🖐	⚡	Text Box 2: 2008年 "…
4	🖐	╱	Picture 3
5	🖐	⚡	Picture 3
6	🖐	⚡	Text Box 2: 2008年 "…
7	🖐	⚡	2009年12月9日
8	🖐	⚡	标题 1: ＹＹ画册
	▷ 背景音乐.mp3		▼

图 3-130　声音效果设置

开始:	之前	▼
属性:		▼
速度:		▼

0		▷	背景音乐.mp3	▼
1	🖐	⚡	标题 1
2	🖐	⚡	2009年12月9日
3	🖐	⚡	Text Box 2: 2008年 "…
4	🖐	╱	Picture 3
5	🖐	⚡	Picture 3
6	🖐	⚡	Text Box 2: 2008年 "…
7	🖐	⚡	2009年12月9日
8	🖐	⚡	标题 1: ＹＹ画册

图 3-131　声音效果调整后的位置

3. 实验结论

设置自动播放效果的可以用时间来控制幻灯片的播放进度。

3.3.4　问题与解答

1. 问题 1　什么是幻灯片的母版？

幻灯片母版是为演示文档中所有幻灯片定制的统一样式，包括字体、段落、占位符大小和位置、背景与主题样式，以及配色方案等。

2. 问题 2　什么是超链接？

超链接是为幻灯片中的对象，如文字、图形、图像、艺术字等设置的跳转方式，在幻灯片放映时，可以按照观众所希望的结构和次序，通过单击超链接跳转到指定的幻灯片，或者启动另一个应用程序。

第4章 图形图像上机实践

知识点：
- 熟练掌握图像获取的方法
- 熟练掌握图像处理软件 Photoshop 的使用
- 掌握图形创作软件 CorelDRAW 的使用
- 掌握图形图像管理软件 ACDSee 的使用

本章导读：

图形图像在平面广告设计、数码照片处理、网页图形制作、艺术图形创作和印刷出版等诸多领域应用广泛。本章主要通过一些实训案例来介绍知识点，注重于图形图像的基本操作和用法。

4.1 数字图像扫描与获取上机实践

在进行图形图像处理时，有时候需要通过扫描仪、数码相机、网络等获取一些原始素材，这就涉及到图形图像输入问题。

4.1.1 实验1 通过扫描仪获取图像

1. 实验目的

通过本实验掌握利用扫描仪获取图像的方法。

2. 实验步骤

(1) 连接计算机与扫描仪，在计算机中安装扫描仪的驱动程序和 Photoshop 软件。

(2) 打开扫描仪和计算机的电源开关，计算机在启动的同时对扫描仪进行自检，然后启动 Photoshop 应用程序。

(3) 打开扫描仪的上盖，放入将要进行扫描的图像原稿，注意调整图稿在扫描仪中的位置和方向。

(4) 在 Photoshop 应用程序中，选择"文件"→"导入"→"扫描仪类型（驱动程序名）"，启动扫描程序命令。

(5) 启动扫描程序后，单击"预扫"按钮，先预览扫描仪中的图像内容（并不是真正输入图像至计算机中），出现预览图后，在其中选取要扫描的图像范围。

(6) 对扫描图像的参数进行设置，如设置扫描图像的色彩模式、尺寸和分辨率，调整扫描图像的亮度、对比度和曝光度等参数，这些设置标准根据不同的扫描仪型号来定，可以参阅购买扫描仪时提供的说明书。

（7）一切设置好后，单击"扫描"按钮开始扫描，出现扫描进度提示，此时扫描仪的指示灯不断闪烁。

（8）扫描完成后，单击"结束"按钮回到 Photoshop 中，在 Photoshop 中对图像进行基本编辑。

（9）编辑完成后，选择"文件"菜单下的"存储为"命令，将扫描图像保存。

3. 实验结论

扫描仪是一种数字化输入设备，通过扫描仪可以将各种图像信息录入到计算机中，这样就可以对图像信息进行编辑、存储和输出等操作。使用扫描仪时，常常会出现扫描效果并不理想的情况，这主要与扫描仪的设置和使用技巧有关系。

4.1.2 实验 2 用 Snagit 软件获取图像

1. 实验目的

通过本实验掌握利用 Snagit 抓图软件获取图像的方法。

2. 实验步骤

（1）在计算机中安装 Snagit 抓图软件并打开 Snagit 程序，如图 4-1 所示。

图 4-1　Snagit 的工作界面

（2）选择图 4-1 页面右侧的基础捕获方案中"范围"按钮，选择捕获图像。

（3）选择"文件"菜单中"输出"命令，将捕获的图像保存成图像文件。

（4）选择"捕获"菜单中的"屏幕"选项，确定捕获屏幕上的图像。

（5）选择"捕获"启动按钮，这时屏幕上将出现一个手的形状。

（6）使用鼠标左键,把选好的区域框住后松开鼠标,图形就被抓取下来。

（7）单击"完成"按钮,在弹出的文件保存对话框中,选择要保存的路径,输入要保存的文件名,即可将捕获的屏幕图像保存成文件。

3. 实验结论

如果想获取当前屏幕图像,可以使用屏幕捕获软件。屏幕捕获软件 Snagit 的主要功能包括图像的任意区域截取、文本抓取、影片中的影像抓取,同时它还可以对抓取后的图像进行编辑或做一些特效处理。

4.1.3　问题与解答

使用扫描仪扫描图片时,为什么会偏色?

一幅彩色的图片由红、绿、蓝三种颜色混合而成。扫描仪在扫描图像时同样也是采集图像的红、绿、蓝三种颜色的值,并通过红、绿、蓝三种颜色输出。如果其中的一个或多个颜色值出现问题,就会造成输出值或多或少有变化,从而使扫描出的图片出现色偏现象。严格来讲,每一台扫描仪都会有一点色偏的现象,这样的色偏是可以通过驱动程序或者第三方软件来调节的。

4.2　Adobe Photoshop 上机实践

Photoshop 是美国 Adobe 公司推出的图形图像处理和设计工具,Photoshop 应用领域广泛,是一款大众性的软件。本节主要介绍 Photoshop 的使用方法。

4.2.1　实验1　合成照片

1. 实验目的

通过本实验掌握图像文件的基本操作。

2. 实验步骤

（1）选择"文件"菜单下的"新建"命令,或者按 Ctrl＋N 快捷键,打开"新建"对话框,设置如图 4-2 所示的参数,然后单击"好"按钮,新建一个空白文档。

（2）选择"文件"菜单下的"打开"命令,打开本书素材"chap4"文件夹中的素材图片"1.jpg"文件,如图 4-3 所示。

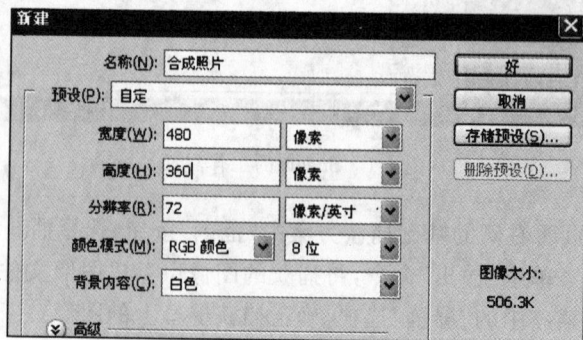

图 4-2　"新建"对话框

（3）在"1.jpg"文件窗口中单击,将其设为当前窗口。按 Ctrl＋A 快捷键全选图像,此时图像周围会出现虚线边框,然后按 Ctrl＋C 快捷键复制图像。

（4）在新建的"合成照片"文件窗口中单击,使其成为当前窗口。按 Ctrl＋V 快捷键将风景粘贴到窗口中,如图 4-4 所示。

图 4-3 素材图片

图 4-4 复制图像

（5）打开本书素材"chap4"文件夹中的素材图片"2.psd"和"3.psd"文件,文件中灰白相间的小方格表示透明背景,如图 4-5 所示。

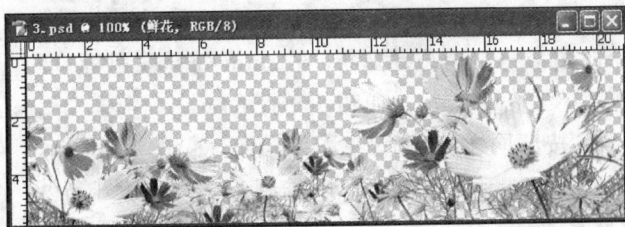

图 4-5 素材图片

（6）参照步骤(3)和步骤(4)的操作方法,将"2.psd"文件中的人物复制到"合成照片"文件中,用"移动工具"调整位置,打开"编辑"→"自由变换"命令调整人物大小,得到如图 4-6 所示的合成效果。

（7）参照步骤(3)和步骤(4)的操作方法,将"3.psd"文件中的花朵复制到"合成照片"文件中,用"移动工具"调整位置,用"自由变换"命令调整花朵大小,得到如图 4-7 所示的最终合成效果。

（8）选择"文件"菜单下的"存储为"命令,或者按 Ctrl＋S 快捷键,打开"存储为"对话框,选择存储文件的文件夹,然后单击"保存"按钮保存文件。

图 4-6　复制照片

图 4-7　最终合成效果

3. 实验结论

本实验介绍 Photoshop 的基本操作,主要介绍了如何新建、打开、复制和存储图像文件,这些知识虽然简单,但对全面掌握 Photoshop 有很大的帮助,所以要用心领会。

4.2.2　实验 2　制作杂志封面

1. 实验目的

通过本实验掌握参考线、标尺、网格的使用方法及设置前景色和背景色的方法。

2. 实验步骤

(1) 打开本书素材"chap4"文件夹中的素材图片"4.psd"文件,选择"视图"菜单下的"标尺"命令,或者按 Ctrl＋R 快捷键,此时在图像的顶部及左侧显示出标尺。

(2) 按 Ctrl＋ ＋快捷键,将标尺上的刻度放大到能看清毫米刻度为止。单击图像左侧标尺,向图像窗口内拖动鼠标,在 3mm 处释放鼠标,即可创建一条垂直参考线,如图 4-8 所示。

(3) 按照同样的方法,在图像横向标尺的 21.3cm、22.8cm、43.8cm 处各创建一条垂直参考线,在图像纵向标尺的 3mm、28.5cm 处各创建一条水平参考线来设定封面、封底、书脊及出血(是为装订裁切时预留的)的位置,如图 4-9 所示。

(4) 打开本书素材"chap4"文件夹中的素材图片"5.psd"文件,单击前景色设置工具,打开"拾色器"对话框,如图 4-10 所示,将前景色设置为红色(♯E4122B),使用"油漆桶"工具为"VISION"字样上色。

(5) 打开本书素材"chap4"文件夹中的素材图片

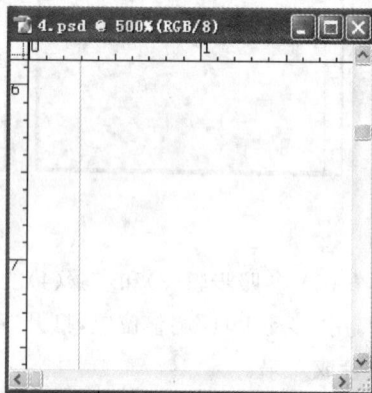

图 4-8　创建参考线

"6.psd"文件,如图 4-11 所示,单击"颜色"和"色板"调板设置前景色和背景色,使用"渐变"工具填充背景。

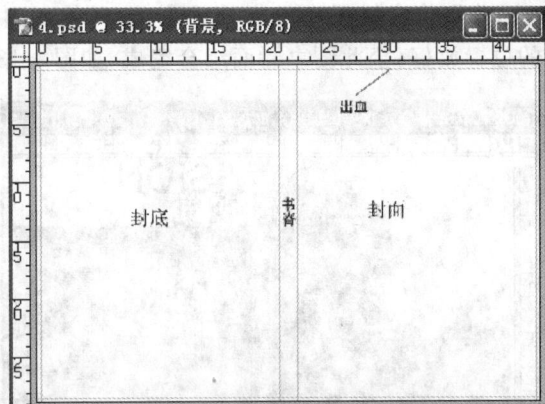

图 4-9   创建好的参考线

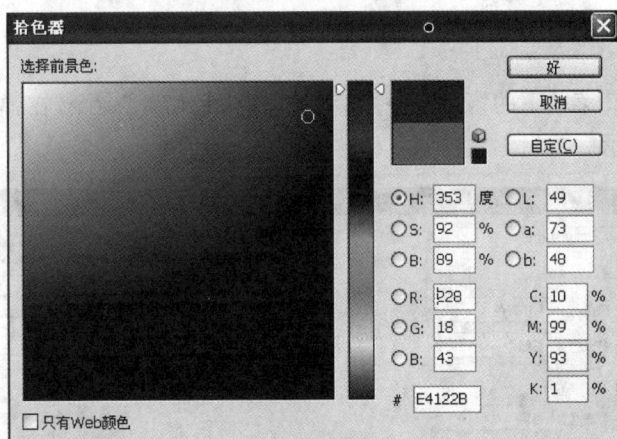

图 4-10   "拾色器"对话框

(6) 利用"移动工具"将素材图片"5.psd"拖入"4.psd"图像窗口右侧,并按参考线的位置调整大小放好,如图 4-12 所示。

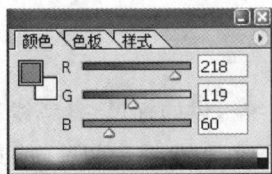

图 4-11   "颜色"和"色板"调板

图 4-12   放入素材图像

（7）按照同样的方法，分别将素材图片"6.psd"和"7.psd"拖入到"4.psd"图像窗口的中间和右侧，并按参考线的位置放好，至此图书封面组合完成，如图 4-13 所示。

图 4-13　素材组合

（8）选择"编辑"菜单下的"预置"→"参考线、网格和切片"命令，在弹出的对话框中设置参数，如图 4-14 所示。

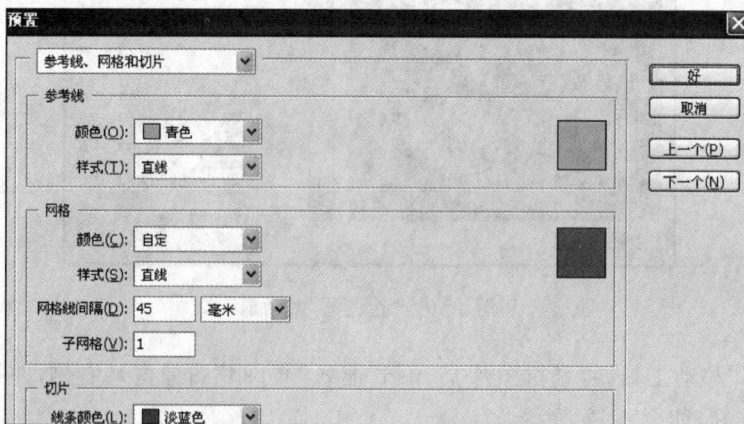

图 4-14　"预置"对话框

（9）选择"视图"菜单下的"显示"→"网格"命令，显示网格。选择"单列选框工具"在网格线上单击即可添加多条选框。

（10）设置前景色为＃F2D19E，选择"编辑"菜单下的"填充"命令，得到的最终效果如图 4-15 所示。

（11）最后按 Ctrl＋S 快捷键保存制作好的图像文件。

3. 实验结论

在需要精确设置对象位置和尺寸时，借助 Photoshop 系统提供的标尺、参考线和网格等辅助工具是很不错的选择；Photoshop 的颜色设置分为前景色和背景色两种，前景色相当于实际绘画时的颜色，背景色相当于画布的颜色；此外，Photoshop 提供了大量的快捷键，这对提高工作效率有很大帮助，要逐渐养成使用快捷键的习惯。

图 4-15 最终效果

4.2.3 实验 3 制作手机广告

1. 实验目的

通过本实验掌握创建和编辑选区的各种方法。

2. 实验步骤

(1) 打开本书素材"chap4"文件夹中的"背景.jpg"、"手机.jpg"、"屏幕.jpg"、"文字.psd"和
"彩条.psd"图片文件。

(2) 在"背景.jpg"图像窗口中单击,将其设置为当前窗口。选择"椭圆选框工具",在其
工具属性栏中设置羽化为"20px",设置好后在图像窗口中绘制椭圆形选区,如图 4-16 所示。

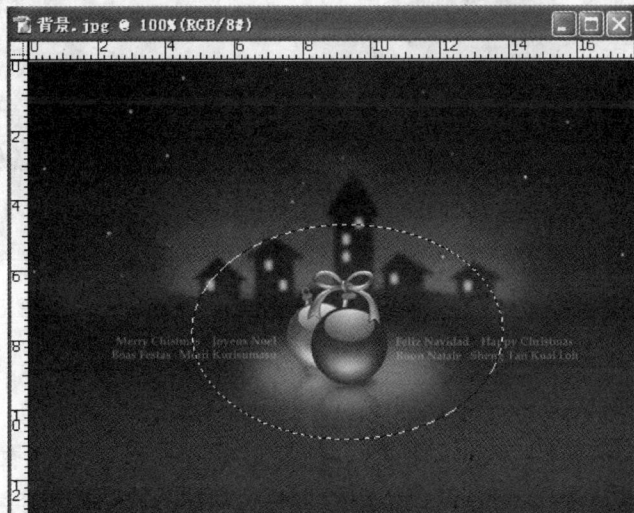

图 4-16 绘制选区

（3）设置前景色为蓝灰色（♯7A61C2），背景色为紫灰色（♯E09FF8），选择"渐变工具"，在其工具属性栏中单击"菱形渐变"按钮，然后从选区中心向旁边拖动鼠标，为选区填充渐变效果。填充完后按 Ctrl＋D 快捷键取消选区，如图 4-17 所示。

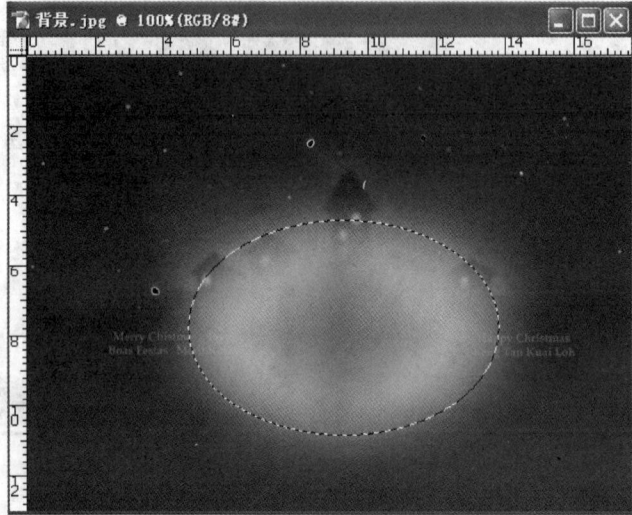

图 4-17　填充渐变

（4）在"手机.jpg"图像窗口中单击，将其设置为当前窗口。在工具箱中选择"多边形套索"工具，利用该工具将手机屏幕制作成选区，如图 4-18 所示。

（5）将选区移动到"屏幕.jpg"图像窗口中，位置如图 4-19 所示。

图 4-18　绘制选区

图 4-19　移动选区

（6）用"移动"工具将"屏幕.jpg"图像选区内的图像移动到"手机.jpg"文件窗口中，放置在手机的屏幕位置，如图 4-20 所示。

（7）按住 Ctrl 键，在图层面板中单击"图层 1"手机层和"图层 2"屏幕层，使两个图层同时被选中，单击鼠标右键，在弹出的菜单中选择"合并图层"命令，这样手机层和屏幕层就合并为一个图层了。

（8）在工具箱中选择"快速选择"工具，在其属性栏中设置画笔"直径"为"5px"。设置好后，在"手机.jpg"图像窗口中选择手机以外的黄色布面背景，如图4-21所示。

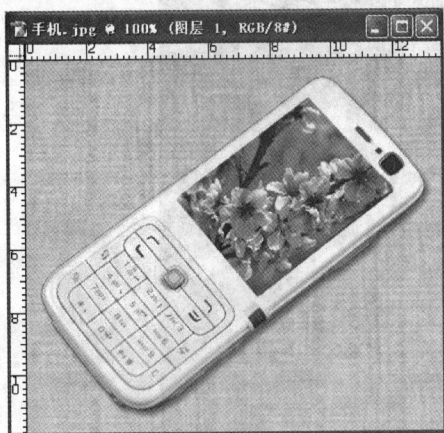

图4-20 移动选区内图像 　　　　　　图4-21 选择手机以外背景

（9）反选选区，并用"移动"工具将选好的手机移动到"背景.jpg"图像窗口中，按Ctrl＋T快捷键，显示变换框，然后按住Shift键拖动四角控制柄，调整手机大小并放置在如图4-22所示的位置。

（10）在"文字.psd"图像窗口单击，将其设置为当前窗口。在工具箱中选择"魔棒"工具，并在其属性栏中设置"容差"为20，然后使用该工具选取图中黑色文字，并为选区填充"色谱"渐变，如图4-23所示。

图4-22 移动并变换图像 　　　　　　图4-23 选取文字并填充渐变

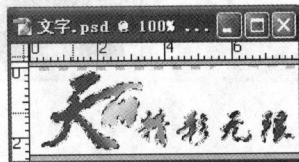

（11）用"移动"工具将文字移动到"背景.jpg"图像窗口中，按住Ctrl键，单击图层面板中文字层的缩览图，可将该图层图像创建为选区。

（12）选择"编辑"菜单下的"描边"命令，打开"描边"对话框，设置"宽度"为"1px"，颜色为白色，单击"居外"单选按钮，其余参数保持不变。设置完毕单击"确定"按钮，此时文字被描上了白边，如图4-24所示。

图 4-24　移动文字并描边

（13）按 Ctrl＋A 快捷键，全选"彩条.psd"图片文件，移动到"背景.jpg"图像窗口中并调整位置，手机广告制作完成，最终效果如图 4-25 所示。

图 4-25　最终效果

3. 实验结论

若想对图像的局部进行编辑，制作选区是一个非常重要的手段。在 Photoshop 中创建选区有多种方法，其中，利用"选框工具组"和"套索工具组"，可以制作各种规则选区及不规则选区；利用"魔棒工具组"及"色彩范围"命令，可以按照颜色范围制作选区；利用"快速蒙版"和"抽出滤镜"，可以帮助读者快速将图像从复杂的背景中抠取出来。选区制作好后，还可使用多种工具对其进行编辑，如移动、复制、填充与描边等，其中要重点掌握羽化选区和填充选区的应用。

4.2.4　实验4　制作化妆品广告

1. 实验目的

通过本实验掌握各种修饰工具的使用方法和属性设置。

2. 实验步骤

(1) 打开本书素材"chap4"文件夹中的"老人.jpg"和"背景4.jpg"图片文件,如图 4-26 所示,切换"老人.jpg"为当前窗口。

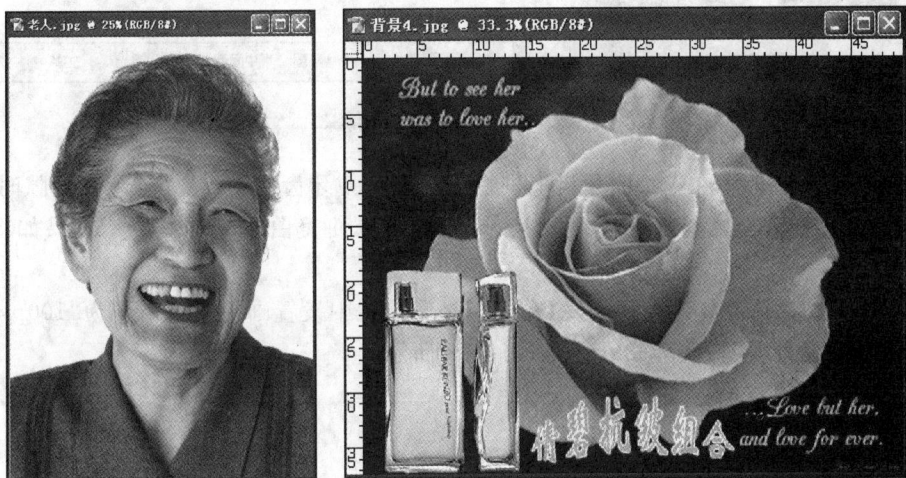

图 4-26　素材文件

(2) 首先使用"缩放"工具局部放大图像,先去除额头的皱纹。选择"修复画笔"工具,并在其工具属性栏中设置如图 4-27 所示的参数。按住 Alt 键,在没有皱纹的皮肤上单击鼠标左键定义参考点,松开 Alt 键,在有皱纹的地方涂抹,直至皱纹消失,如图 4-28 所示。

(3) 用"片修补"工具修复大面积的皱纹,其工具属性设置如图 4-29 所示。参数设置好后,用"片修补"工具在人物额头右侧创建选区,然后拖动选区至没有皱纹的地方,释放鼠标,消除皱纹,其效果如图 4-30 所示。

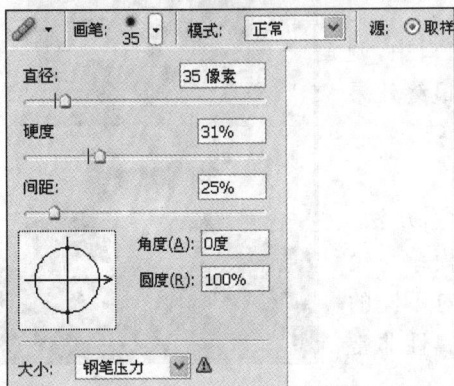

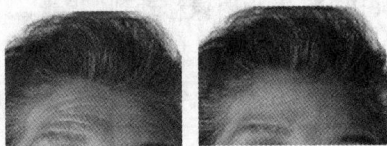

图 4-28　去除皱纹

图 4-27　"修复画笔"工具属性栏

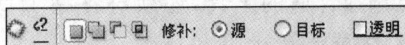

图 4-29　"修补"工具属性栏

图形图像上机实践

（4）人物脸颊、鼻梁及眼角处的皱纹需用"仿制图章"工具做更细心地处理，在其工具属性栏中，选择"30px"的柔角笔刷，并设置"不透明度"为"30％"，然后通过定义参考点进行修复操作。

（5）接下来为人物的牙齿进行美白，选择工具箱中的"减淡"工具，在其工具属性栏中设置参数，如图 4-31 所示。

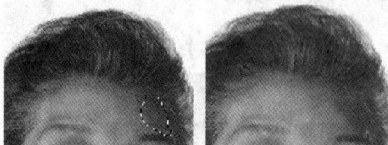

图 4-30　"修补"去除皱纹

图 4-31　"减淡"工具属性栏

（6）属性设置好后，在人物的牙齿上进行涂抹即可使牙齿变白，在处理牙齿缝隙时，尽量将笔刷的直径缩小，使之与缝隙宽度相当，这样做可以使美白效果更好。其效果如图 4-32 所示。

（7）选择"加深"工具为人物染发，在其工具属性栏中设置画笔"主直径"为"100px"的柔角笔刷，并将"曝光度"降低至"30％"，如图 4-33 所示。

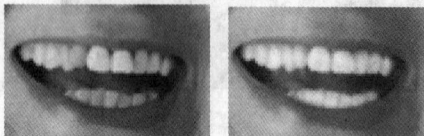

图 4-32　美白牙齿

图 4-33　"加深"工具属性栏

（8）属性设置好后，将光标移至人物头发上，然后按下鼠标左键并进行涂抹，至满意效果后释放鼠标，人物的头发就"染"好了。双击"抓手"工具，以全屏显示图像，查看整体效果，如图 4-34 所示。

（9）从工具箱中选择"椭圆选框"工具，在其工具属性栏中将"羽化"值设为"20px"，然后在人物图像中绘制椭圆选区。

（10）将人物图像移动到"背景 4.jpg"图像窗口中，调整其大小。至此一幅去皱霜广告就制作完成了，最终效果如图 4-35 所示。

3. 实验结论

本实验主要介绍了图像的修饰和修复方法，Photoshop 中提供了"仿制图章"、"修复画笔"、"模糊与锐化"和"减淡"等修饰工具。在实际工作中，应针对不同的情况选择合适的工具，还须对各种工具的功能、属性非常熟悉，才能灵活运用。

图 4-34　修饰整体效果

图 4-35　广告最终效果

4.2.5　实验 5　制作艺术照片

1. 实验目的

通过本实验掌握橡皮、填充工具组、画笔和钢笔工具组的使用方法。

2. 实验步骤

(1) 打开本书素材"chap4"文件夹中的"女孩.jpg"图片文件,如图 4-36 所示。

(2) 选择"背景橡皮擦"工具,在其工具属性栏中设置参数,如图 4-37 所示。

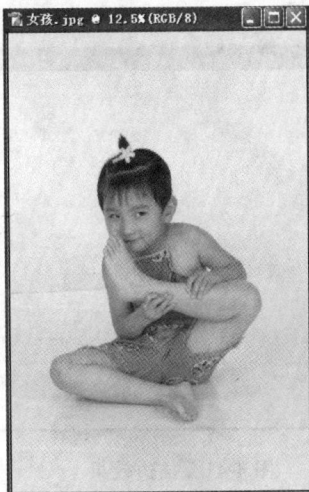

图 4-36　素材图片

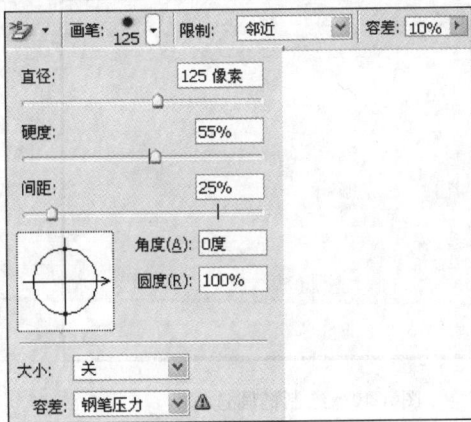

图 4-37　"背景橡皮擦"属性栏

(3) 选择"背景橡皮擦"工具,单击并拖动,沿着人物与背景的边缘擦拭,擦除背景后,效果如图 4-38 所示。

(4) 选择"文件"菜单下的"新建"命令,在弹出的对话框中设置"宽度"为"29cm"、"高度"为"21cm"、分辨率为"200dpi"的白色背景文件。

（5）选择"移动工具"，在人物图像上单击并拖动，将人物添加至新建文件，按 Ctrl＋T 快捷键调整人物大小并移动至合适位置，如图 4-39 所示。

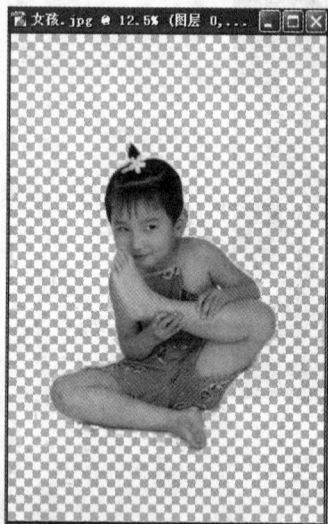

图 4-38　擦除背景

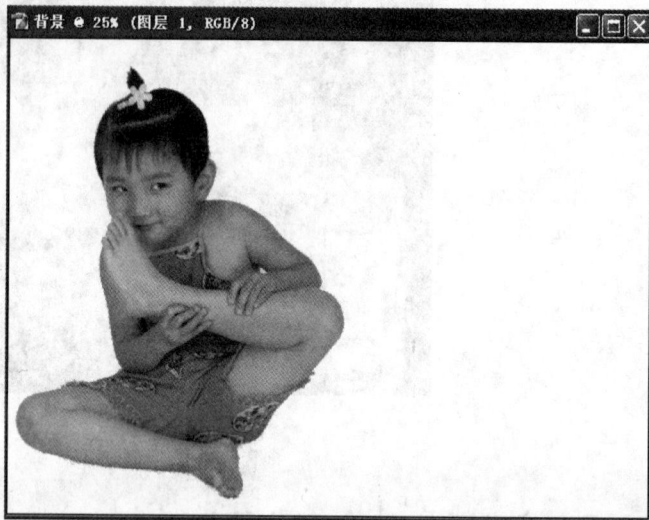

图 4-39　添加至新建文件

（6）单击人物图层前的眼睛图标，隐藏图层，选择"椭圆选框"工具绘制椭圆选框，如图 4-40 所示。

（7）打开"拾色器"对话框，设置前景色为♯93d8ff。选择"编辑"菜单下的"描边"命令，在弹出的对话框中设置参数，设置"宽度"为"100px"、"位置"为"居中"，"模式"为"溶解"，单击"好"按钮，效果如图 4-41 所示。

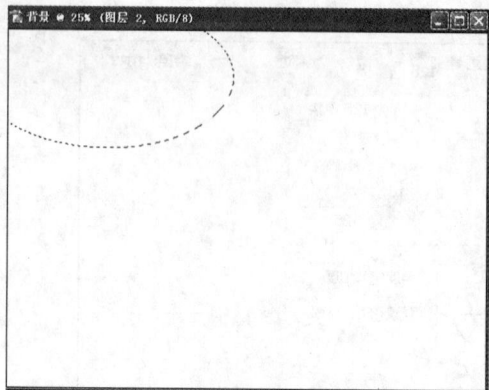

图 4-40　绘制椭圆选框

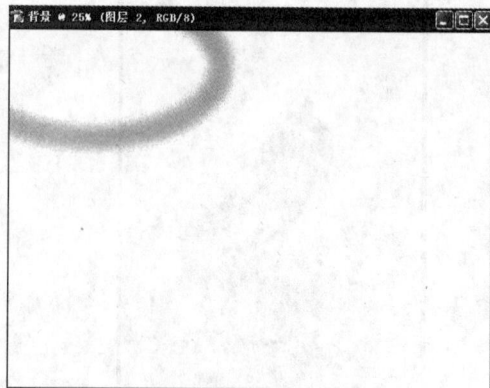

图 4-41　描边效果

（8）选择"钢笔"工具，绘制一条路径如图 4-42 所示选择"画笔"工具，在其属性栏设置参数，设置"主直径"为"120px"。

（9）新建一个图层，在图像中单击鼠标右键，在弹出的菜单中选择"描边路径"选项，单击"好"按钮，效果如图 4-43 所示。

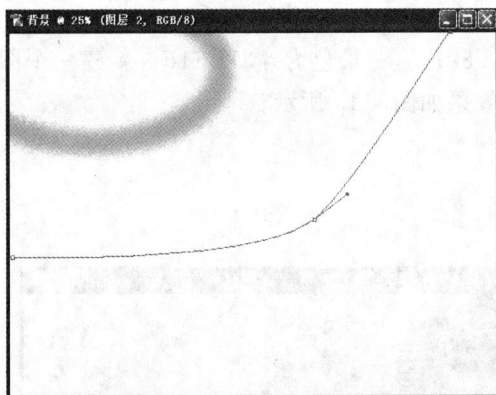

图 4-42 绘制路径

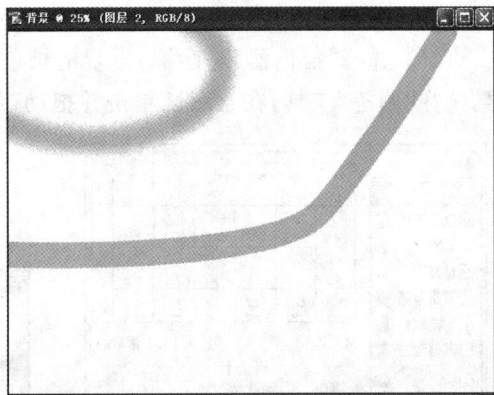

图 4-43 描边路径

（10）使用同样的方法，绘制其他图形，效果如图 4-44 所示。

（11）新建一个图层，选择"椭圆选框"工具，绘制椭圆选框同时按住 Shift 键，绘制一个正圆，然后为其描边。

（12）选择"选择"菜单下的"变换选区"命令，按住 Shift＋Alt 快捷键拖动选框，等比缩放圆形选区，然后为其描边，效果如图 4-45 所示。

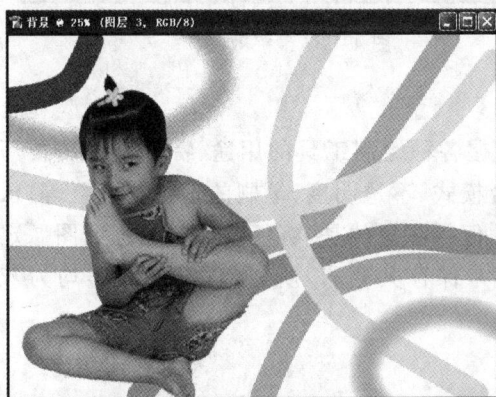

图 4-44 绘制其他图形效果

图 4-45 绘制圆形

（13）隐藏其他图层，选择"矩形选框"工具，绘制一个矩形选区，如图 4-46 所示。

（14）选择"编辑"菜单下的"定义画笔预设"命令，弹出"画笔名称"对话框，设置如图 4-47 所示。

图 4-46 绘制一个矩形

图 4-47 "画笔名称"对话框

第 4 章

图形图像上机实践

（15）在弹出的"画笔面板"中选择新定义的画笔，如图 4-48 所示。

（16）选择"拾色器"对话框，设置前景色为＃F80118，背景色为＃37EE1F。新建一个图层，选择"画笔"工具，在绘图区单击并拖动，最终效果如图 4-49 所示。

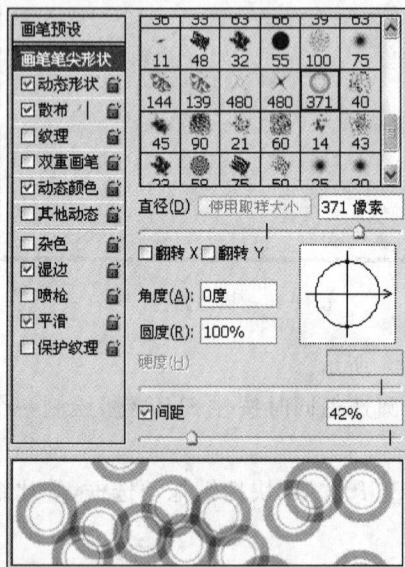

图 4-48　画笔面板

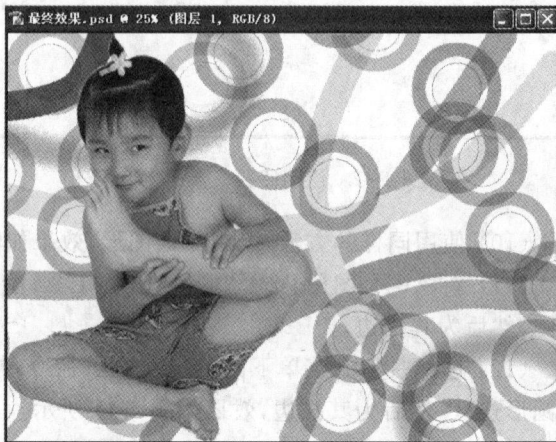

图 4-49　最终效果

3. 实验结论

本实验主要介绍了图像的绘制方法，除了掌握各种绘制工具的用途、特点和使用技巧外，还应该了解各种绘图工具的共同属性，如混合模式、不透明度、笔刷的选择与设置等，从而灵活应用各种绘图工具制作出一些艺术效果。值得注意的是，将任意形状的选区图像定义为画笔时，画笔中只保存了相关图像信息，而未保存其色彩，所以，自定义画笔均为灰度图。

4.2.6　实验6　制作显示器广告

1. 实验目的

通过本实验掌握：文字工具的使用方法，钢笔工具绘制路径和路径文字的用法。

2. 实验步骤

（1）选择"文件"菜单下的"新建"命令，如图 4-50 所示，在弹出的"新建"对话框中设置参数，单击"好"按钮，新建一个文件。

（2）选择"文件"菜单下的"打开"命令，打开一张素材图像，将素材图像放置在新建的文件中，如图 4-51 所示，调整至合适的大小及位置。

（3）选择"矩形选框"工具，绘制两个矩形。设置前景色为墨绿＃1CB108，按 Alt＋Delete 快捷键填充颜色，效果如图 4-52 所示。

（4）使用同样的方法绘制矩形选框并填充黑色，效果如图 4-53 所示。

（5）选择"文件"菜单下的"打开"命令，打开一张显示器素材图像，运用"磁性套索"工具，配合使用"多边形套索"工具，框选显示器，如图 4-54 所示。

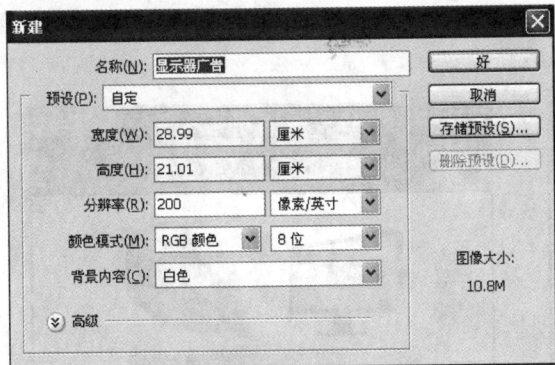

图 4-50　"新建"对话框

图 4-51　置入素材图像

图 4-52　填充颜色

图 4-53　绘制黑色矩形框

（6）单击并拖动，将显示器放置到"显示器广告"窗口中，调整至合适的大小及位置，如图 4-55 所示。

图 4-54　框选显示器

图 4-55　添加显示器素材

（7）选择工具箱中的"钢笔"工具，单击工具选项栏中的"路径"按钮，如图 4-56 所示，绘制一条路径。

（8）选择"文字"工具，放置光标至路径上方，单击鼠标确定插入点后输入文字"面板随

图形图像上机实践

芯动！更纤薄！更环保！更精彩！"，可以看到文字沿着路径排列，效果如图 4-57 所示。单击"添加图层样式"按钮，添加阴影效果并隐藏路径。

图 4-56　绘制一条路径

图 4-57　输入文字

（9）选择"矩形"工具，绘制一个矩形，选择"文字"工具，在矩形内单击，确定插入点，输入其他文字，效果如图 4-58 所示。

（10）选择"文件"菜单下的"打开"命令，打开一张不同角度的显示器素材图像，使用同样的操作方法，将素材添加至文件中。

（11）类似输入其他文字，显示器广告制作完成，最终效果如图 4-59 所示。

图 4-58　输入其他文字

图 4-59　最终效果

3. 实验结论

本实验主要讲述了输入文字和设置文字格式的方法，还介绍了路径文字个性化处理的方法。文字的编排是平面设计中非常重要的一项工作，应熟练掌握"文字"工具及文字相关调板的使用方法。利用 Photoshop 中的"文字"工具能够在各种平面设计作品中制作出所需的文字效果，从而增强图像的表现力。

4.2.7　实验 7　制作时尚相框

1. 实验目的

通过本实验掌握连接图层、合并图层、对齐与分布图层的方法，以及背景层与普通层之间转换的方法。

2. 实验步骤

(1) 打开本书素材"chap4"文件夹中的"相框.psd"和"相框背景.psd"图片文件,其中"相框.psd"文件包含背景层和 18 个普通图层,如图 4-60 所示。

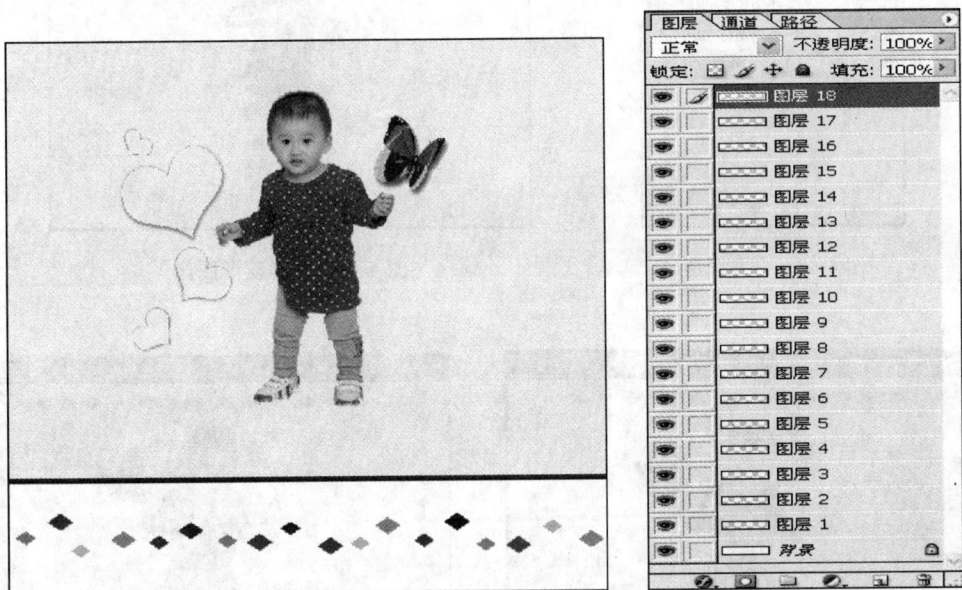

图 4-60　素材图片及图层信息

(2) 按 Ctrl＋Alt＋A 快捷键,选中"相框.psd"图像中的所有普通图层。选择"移动"工具,单击其工具属性栏中的"垂直居中对齐"按钮,对齐后的效果如图 4-61 所示。

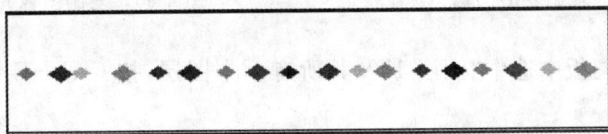

图 4-61　垂直居中对齐图像

(3) 保持所有普通图层的选中状态并单击工具属性栏中的"水平居中分布"按钮,此时图像内容水平居中分布。

(4) 单击"图层"调板右上角的按钮,从弹出的调板控制菜单中选择"合并"命令,或按 Ctrl＋E 快捷键,将选中的图层合并为"图层 18",如图 4-62 所示,然后将菱形图像移至"相框背景.psd"图像窗口中,并放置在窗口的上方,如图 4-63 所示。此时,系统自动生成"图层 1"。

(5) 选择"移动"工具,然后在按住 Alt＋Shift 快捷键的同时,垂直向下拖动菱形图案至图像窗口底部,释放鼠标后复制出"图层 1 副本",此时得到图 4-64 所示效果。

(6) 将"图层 1"再复制出 2 份,选择"编辑"菜单下的"变换"命令,分别对复制出的图层图像执行"旋转 90 度时针"操作,形成一个边框,如图 4-65 所示。

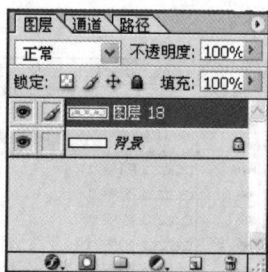

图 4-62　合并图层

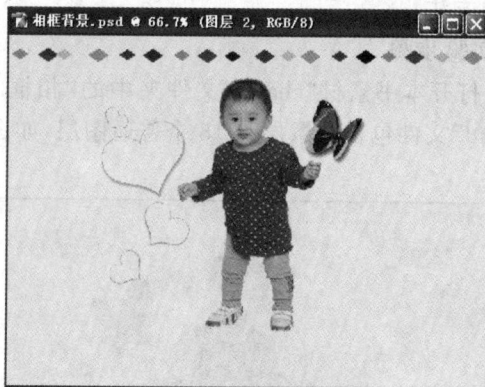

图 4-63　移动菱形图像

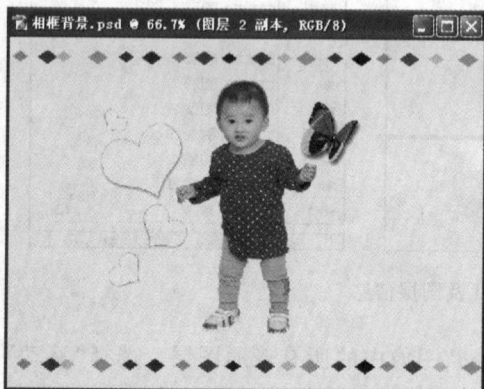

图 4-64　复制菱形图像

图 4-65　复制图像并执行旋转操作

（7）在"图层"调板中选中"图层 1"及其所有副本图层，按 Ctrl＋E 快捷键，将它们合并为"图层 1 副本"。

（8）在"图层"调板中选中"心"图层和"人"图层，然后单击"图层"调板底部的"连接符号"，所选图层之间建立了连接关系，如图 4-66 所示。这样就可以对两个图层同时进行变换和移动等操作了。若想取消某图层与其他图层的连接，只需在选中该图层后单击"图层"调板下的"连接符号"按钮即可。

（9）按 Ctrl＋T 快捷键，对连接的图层执行变换操作，变换后效果如图 4-67 所示。

（10）选定背景图层，可以看到其处于锁定状态。双击背景图层，在弹出的"新图层"对话框中可设置图层名称、颜色、模式及不透明度等参数。也可直接单击"好"按钮，这样背景图层就被转换成了普通图层，如图 4-68 所示。

（11）单击"图层"调板下的"添加图层样式"按钮，在其下拉菜单中选择"内阴影"样式，并在弹出的对话框中设置图 4-69 所示的参数，其中需要双击颜色框设置阴影的颜色为橘红色＃e8403c。

（12）参数设置好后单击"好"按钮，"内阴影"样式即被添加到转换后的背景"图层 0"中，最终效果如图 4-70 所示。

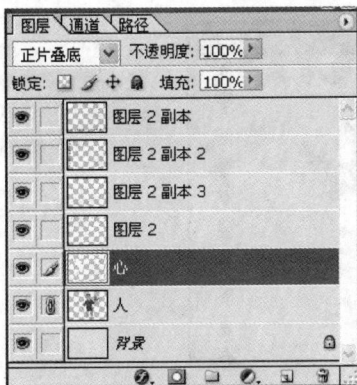

图 4-66　连接图层

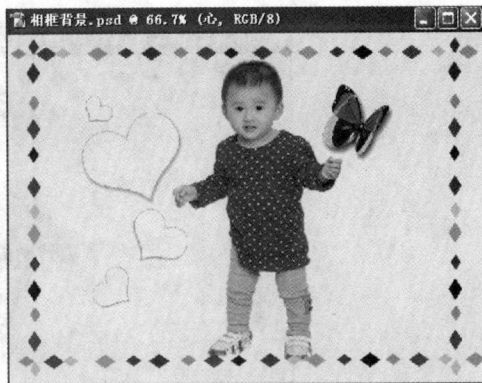

图 4-67　连接图层变换后效果

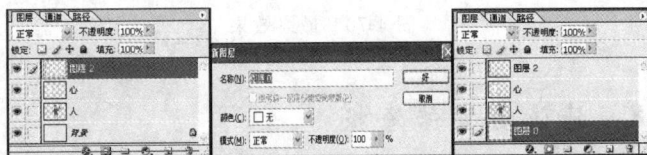

图 4-68　转换背景图层为普通图层

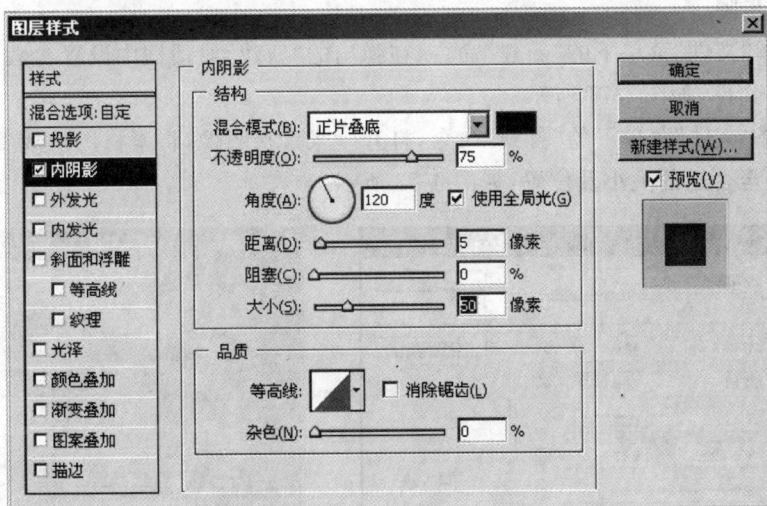

图 4-69　选择并设置图层样式

3. 实验总结

图层是 Photoshop 中一项非常重要的功能,利用它可以单独编辑图像中的一部分内容,而不影响图像中的其他内容。Photoshop 中的图层分成了背景图层、文字图层、形状图层、调整图层、填充图层等。了解掌握这些图层的特点和创建、编辑操作方法就能快速制作一些特殊效果。

图 4-70　最终效果

4.2.8　实验 8　海滨游宣传海报

1. 实验目的

通过本实验掌握图层混合模式和图层样式的用法。

2. 实验步骤

(1) 选择"文件"菜单下的"新建"命令,在弹出的"新建"对话框中设置参数,单击"好"按钮,新建一个文件,如图 4-71 所示。

(2) 选择"文件"菜单下的"打开"命令,打开一张素材图像,将素材图像放置在新建的文件中,并调整至合适的大小及位置,如图 4-72 所示。

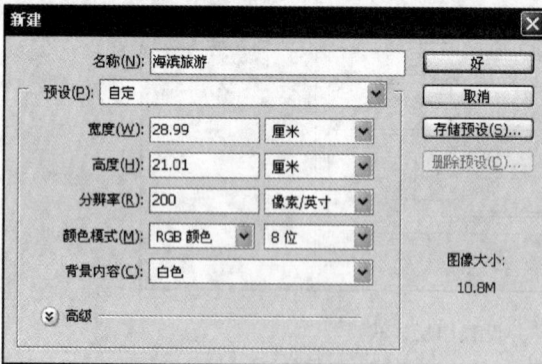

图 4-71　"新建"对话框

图 4-72　素材图像

(3) 选择"矩形选框"工具,绘制一个矩形,效果如图 4-73 所示。选择"编辑"菜单下的"复制"命令,再次选择"编辑"菜单下的"粘贴"命令,新建一个"图层 2"。

(4) 按住 Ctrl 键单击"图层 2",图层即变为选区,设置前景色为＃67E8F7,背景色为＃3DD5F6。选择"渐变工具",从上至下沿垂直方向拖动鼠标,填充渐变色,效果如图 4-74 所示。

(5) 设置图层的"混合模式"为"叠加",效果如图 4-75 所示。

图 4-73 绘制矩形选区

图 4-74 填充渐变色

（6）新建一个图层，选择"矩形选框"工具，绘制一个矩形，并填充白色，按 Ctrl＋T 快捷键，调整矩形的大小及位置，如图 4-76 所示。

图 4-75 设置图层的"混合模式"

图 4-76 矩形的大小及位量

（7）选择"文件"菜单下的"打开"命令，打开一张素材图像。按住 Alt 键的同时移动鼠标至"图层 3"和"图层 4"之间创建剪贴蒙版，如图 4-77 所示。

（8）按 Ctrl＋T 快捷键，旋转图形的角度，并移动至合适位置，如图 4-78 所示。

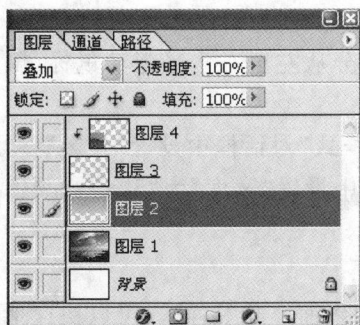

图 4-77 创建剪贴蒙版

图 4-78 设置图形的角度和位置

图形图像上机实践

（9）双击"图层3"，在弹出的"图层样式"对话框中设置参数，如图4-79所示。

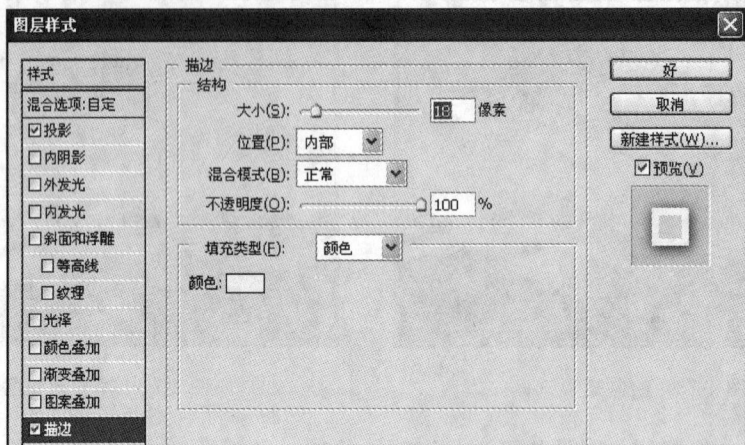

图4-79　设置参数

（10）单击"好"按钮，效果如图4-80所示。参照上述操作方法，制作其他素材效果，如图4-81所示。

图4-80　添加"图层样式"效果　　　　图4-81　制作其他素材效果

（11）选择"文字"工具，在绘图窗口中单击，确定插入点后，输入文字"碧海 蓝天 任你游 快乐 健康 无所求"，效果如图4-82所示。

（12）按住Ctrl键，同时单击文字图层，可以在文字上建立选区，如图4-83所示。

（13）新建一个图层，选择"渐变"工具，在文字部分从左至右水平拖动鼠标，填充渐变色，效果如图4-84所示。

（14）单击"添加图层样式"按钮，在弹出的"图层样式"对话框中设置"投影"参数，选择"编辑"菜单下的"描边"命令，在弹出的"描边"对话框中设置"宽度"为"5px"，"颜色"为"白色"，单击"好"按钮，应用描边，最终效果如图4-85所示。

3. 实验总结

在Photoshop中，通过为图层添加投影、外发光和斜面浮雕等样式，可以快速地制作出一些特殊图像效果，但"图层样式"对话框中的参数较多，只有通过耐心地琢磨和实践经验的不断积累,才能运用自如。另外,设置图层混合模式也是很常用的操作,但其原理较难理解,对于初学者来说应多动脑、多尝试。

图 4-82 输入文字效果

图 4-83 建立文字选区

图 4-84 填充渐变色

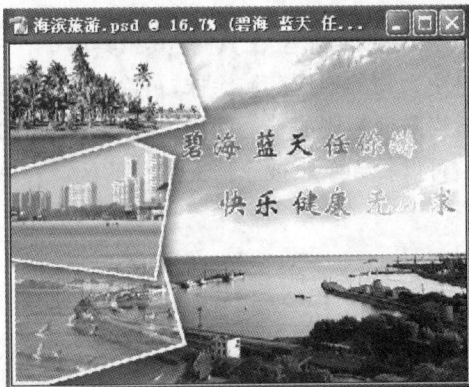

图 4-85 最终效果

4.2.9 实验 9 合成婚纱照

1. 实验目的

通过本实验掌握创建和编辑普通图层蒙版和矢量图层蒙版的方法及制作图像融合效果的方法。

2. 实验步骤

(1) 打开本书素材"chap4"文件夹中的"新郎与新娘.jpg"图片文件,如图 4-86 所示。

(2) 在"图层"调板中将"背景"层转换成普通图层,然后单击调板下方的"添加图层蒙版"按钮,系统将为当前图层创建一个空白蒙版,如图 4-87 所示。此时当前图层中的图像没有任何变化,处于完全显示状态。

(3) 在"图层"调板中,单击"图层 0"的蒙版缩览图,此时缩览图周围会显示白色矩形边框,表示已经进入蒙版编辑状态,如图 4-88 所示。此时,前景色和背景色恢复为默认的黑白颜色。

图 4-86 素材图片

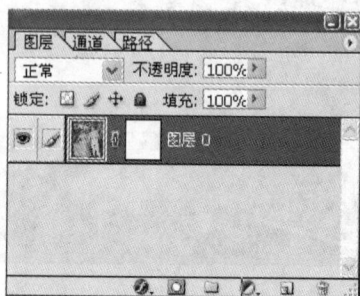

图 4-87 创建空白图层蒙版

（4）选择"画笔"工具，在其工具属性栏中设置"主直径"为"7px"的硬角笔刷，并在图像窗口中人物的四周区域涂抹，被涂抹过的区域将变为透明。此外，在涂抹人物的头纱时，可以适当降低笔刷的不透明度，来控制蒙版的透明程度，从而产生半透明效果，如图 4-89 所示。可以看到蒙版被涂抹上黑色的区域在图中显示为透明，灰色为半透明。

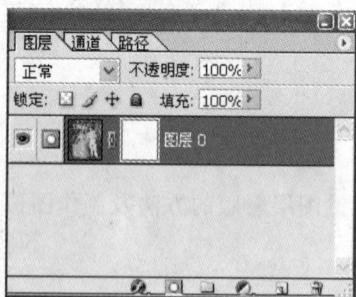

图 4-88 选择蒙版缩览图

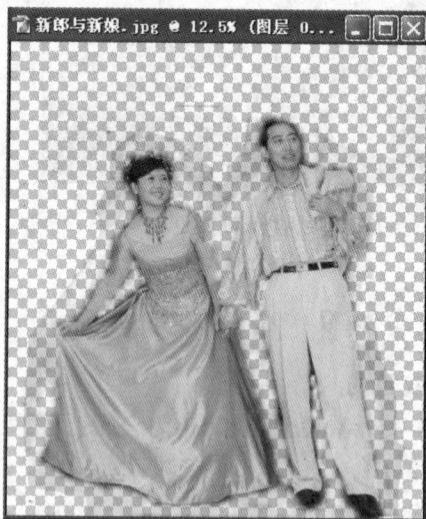

图 4-89 使图像周围区域变透明

（5）打开本书素材"chap4"文件夹中的"新郎与新娘 2.jpg"图片文件，如图 4-90 所示。

（6）在工具箱中选择"钢笔"工具，在"新郎与新娘 2.jpg"文件窗口中画出心形状，并利用"自由变换"命令将其旋转角度，如图 4-91 所示。

（7）切换到"图层"调板，按住 Ctrl 键并单击其底部的"添加图层蒙版"按钮，为"新郎与新娘 2.jpg"文件添加一个心形矢量蒙版。此时图像如图 4-92 所示。

图 4-90　素材文件

图 4-91　创建心形路径

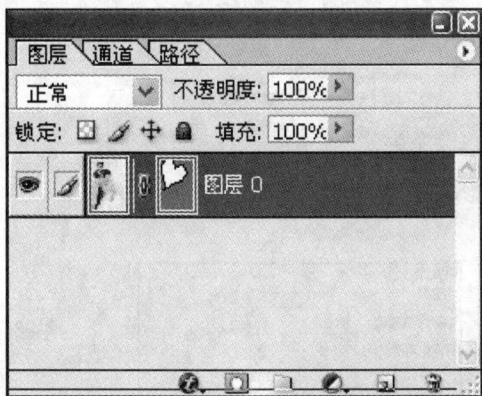

图 4-92　创建矢量蒙版

（8）单击"图层"调板底部的"添加图层蒙版"按钮，为其再添加一个普通图层蒙版，并利用"画笔"工具在心形图像的左侧边缘涂抹，制作半透明效果，如图 4-93 所示。

（9）为"图层 0"添加投影、内阴影效果，参数设置如图 4-94 所示。

（10）暂不关闭"图层样式"对话框，继续参照图 4-95、图 4-96 所示数值为"图层 0"添加外发光、内发光、斜面和浮雕效果，效果如图 4-97 所示。

（11）打开本书素材"chap4"文件夹中的"背景 2.jpg"和"最终效果.jpg"图片文件，如图 4-98 所示。

图形图像上机实践

图 4-93　添加并编辑普通图层蒙版

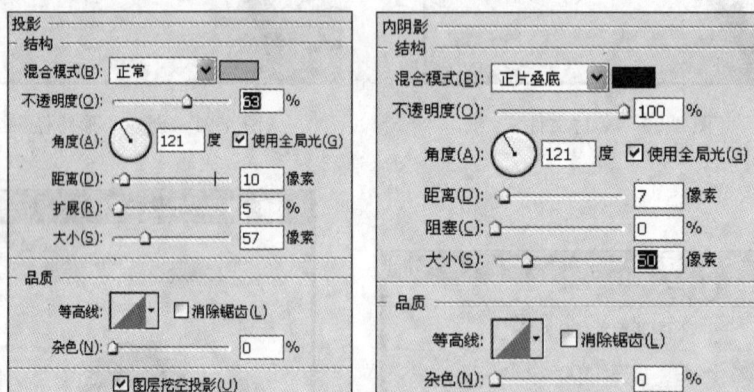

图 4-94　设置投影和内阴影参数

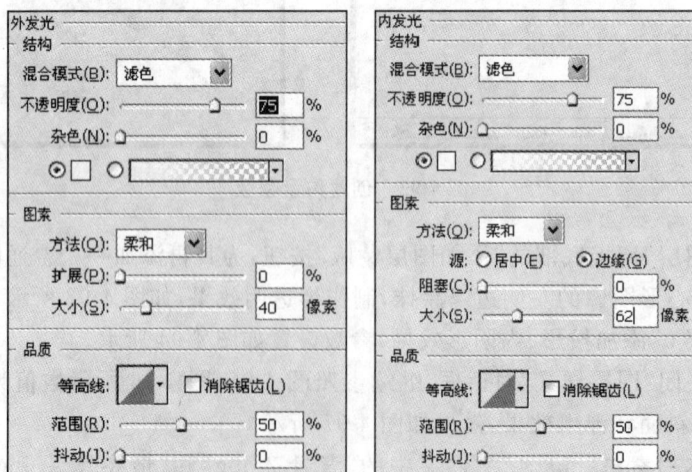

图 4-95　设置外发光、内发光参数

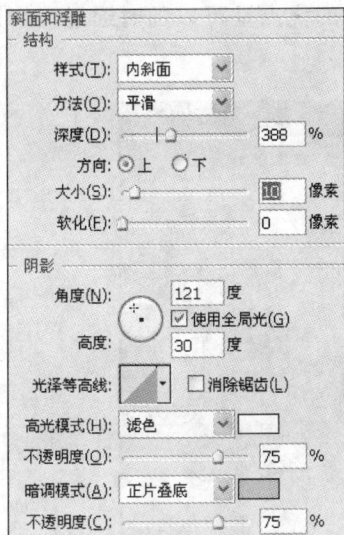

图 4-96　设置斜面和浮雕参数

图 4-97　添加图层样式后

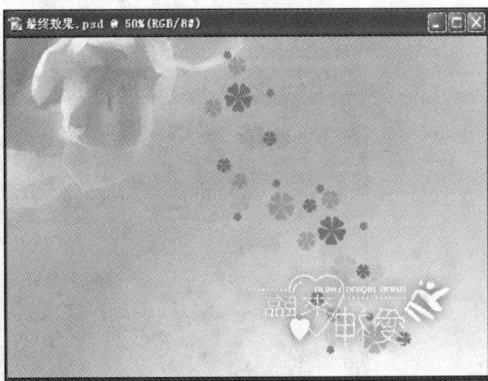

图 4-98　素材文件

　　(12) 将"背景 2.jpg"移动到"最终效果.jpg"图片文件中,系统将自动生成"图层 1",为"图层 1"创建图层蒙版。

　　(13) 恢复默认的前景色和背景色,选择"渐变"工具,为"图层 1"的蒙版填充前景色到背景色的渐变色,效果如图 4-99 所示。

　　(14) 将制作好的"新郎与新娘.jpg"和"新郎与新娘 2.jpg"移动到"最终效果.jpg"图片文件中,并适当调整图像的大小和位置,最终效果如图 4-100 所示。

3. 实验总结

　　图层蒙版是 Photoshop 里的一项方便实用的功能,它是建立在当前图层上的一个遮罩,用来遮挡图像中不需要的部分或制作图像融合效果。在 Photoshop 中,图层蒙版分为两类,一类为普通图层蒙版,一类为矢量蒙版。普通图层蒙版实际上是一幅 256 色的灰度图像,其白色区域为完全透明区,黑色区域为完全不透明区,其他灰色区域为半透明区。矢量蒙版中的内容为一个矢量图形,它只能控制图像的透明与不透明,而不能控制半透明效果,并且无法使用"渐变"、"画笔"等工具编辑矢量蒙版。矢量蒙版的优点是可以随时通过编辑图形来改变矢量蒙版的形状。

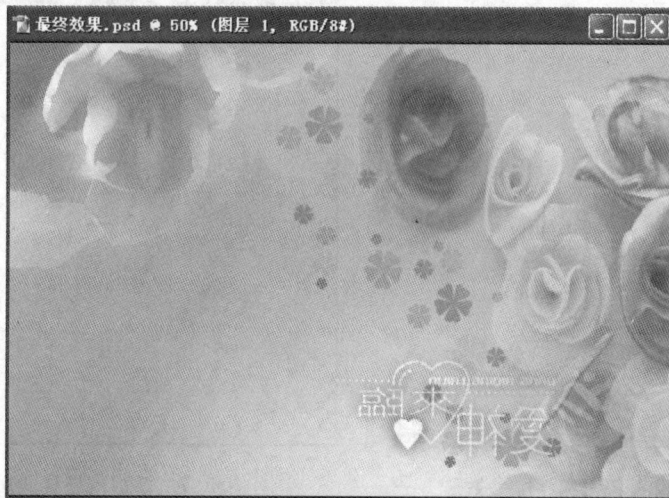

图 4-99　为蒙版添加渐变色融合图像效果

图 4-100　最终效果

4.2.10　实验 10　制作儿童照片

1. 实验目的

通过本实验掌握图像色调调整命令和图像色彩调整命令的使用方法。

2. 实验步骤

（1）选择"文件"菜单下的"新建"命令，在弹出的"新建"对话框中设置参数，单击"好"按钮，新建一个文件。

（2）设置前景色为♯F7F2A2，背景色为♯F6A2ED。选择"菱形"渐变工具，从画布中心向外方向拖动鼠标,填充渐变色,如图 4-101 所示。

(3) 新建一个图层,选择"矩形选框"工具绘制一个矩形,并填充白色,按 Ctrl＋T 快捷键,调整矩形的大小及位置,如图 4-102 所示。

图 4-101　填充渐变色

图 4-102　绘制矩形并调整大小及位置

(4) 双击"图层 2",如图 4-103 所示,设置图层样式。

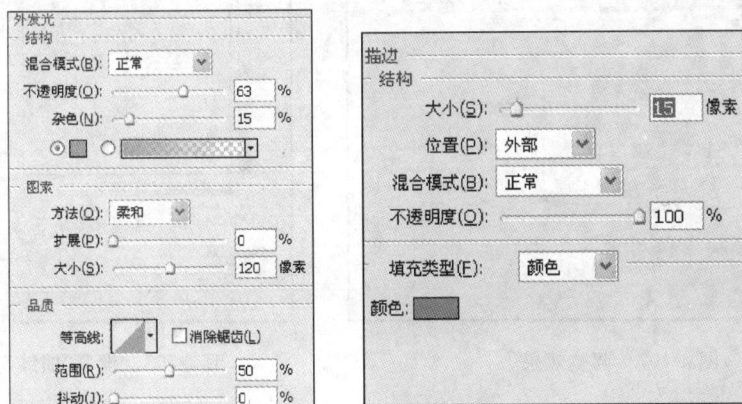

图 4-103　设置图层样式

(5) 选择"文件"菜单下的"打开"命令,打开一张素材图像,如图 4-104 所示。

(6) 按住 Alt 键同时移动鼠标至"图层 1"和"图层 2"之间创建剪贴蒙版,按 Ctrl＋T 快捷键,旋转图形的角度,并移动至合适位置,如图 4-105 所示。

(7) 选择"图像"菜单下的"调整"命令,打开"色相/饱和度"对话框,如图 4-106 所示,设置参数。单击"好"按钮,效果如图 4-107 所示。

(8) 参照上述操作方法,打开一张素材图像。选择"图像"菜单下的"调整"命令,打开"曲线"对话框,如图 4-108 所示,设置参数。单击"好"按钮,效果如图 4-109 所示。

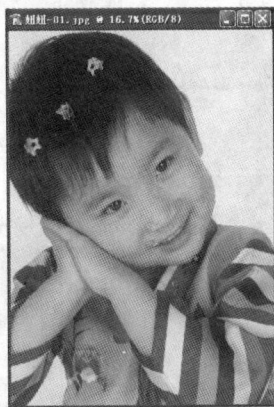

图 4-104　素材图像

151

152

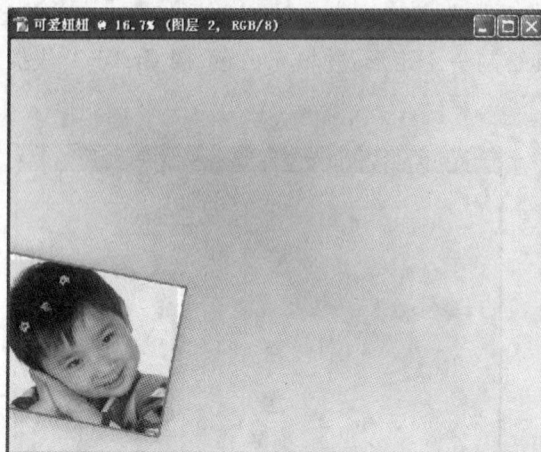

图 4-105　创建剪贴蒙版

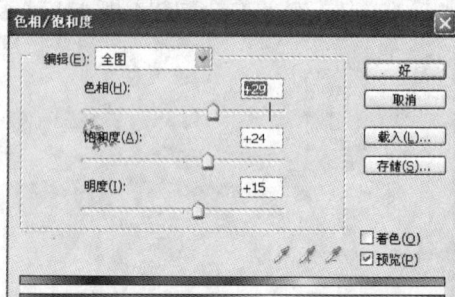

图 4-106　设置"色相/饱和度"对话框

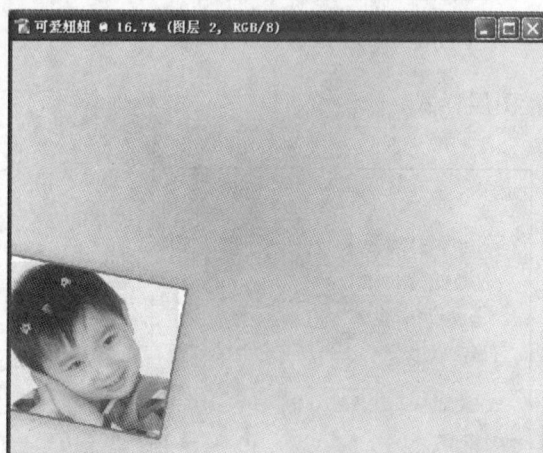

图 4-107　调整效果

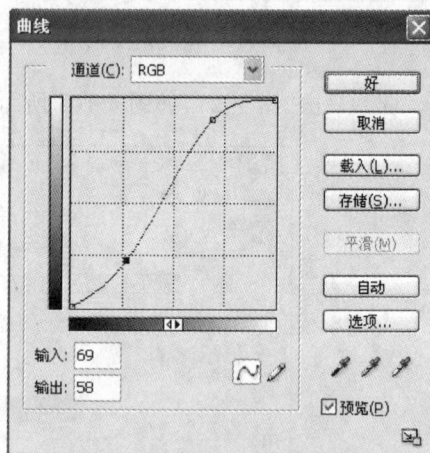

图 4-108　设置"曲线"对话框

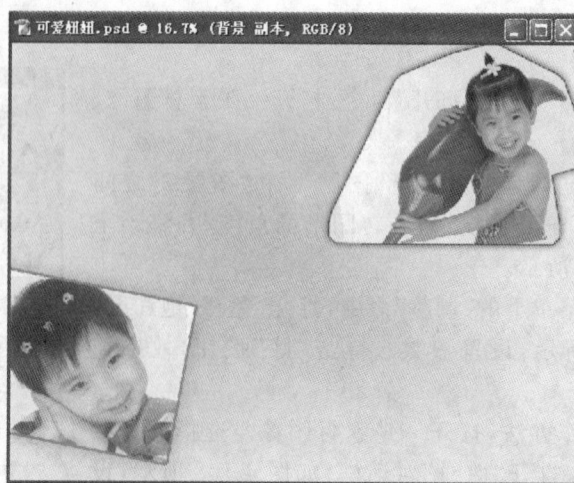

图 4-109　添加素材效果

（9）参照上述操作方法，制作其他素材效果，最终效果如图 4-110 所示。

图 4-110　最终效果

3. 实验总结

图像的色调和色彩调整是平面设计中的一项重要工作。Photoshop 提供了很多色调和色彩命令，利用它们可以轻松地调整一幅图像整体的色调和色彩，也可以单独调整某个选区。图像的色调和色彩命令主要包括色阶、曲线、色彩平衡、亮度/对比度、自动色阶、色相/饱和度、通道混合器等，通过多实践，才能掌握各命令的功能和命令中各参数的用法。

4.2.11　实验 11　制作足球海报

1. 实验目的

通过本实验掌握图像特殊颜色调整命令的使用方法。

2. 实验步骤

（1）将背景色设置为绿色＃6dbd73，打开“新建”对话框，创建一个背景内容为背景色的图像文件，如图 4-111 所示。

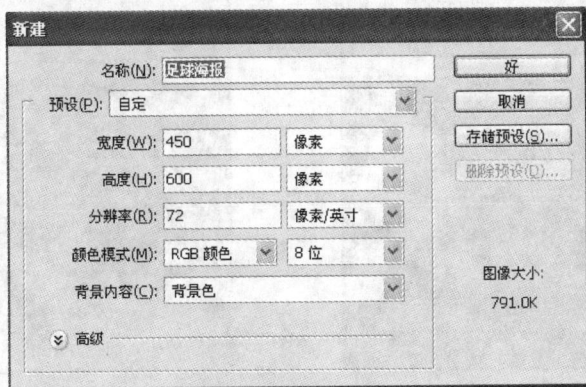

图 4-111　“新建”对话框

（2）打开本书素材文件夹"chap4"文件夹中的"足球1.jpg"图像文件，如图4-112所示。利用"移动"工具将其拖动至新图像窗口中，系统自动生成"图层1"，并放置该素材至如图4-113所示的位置。

图4-112　素材图像

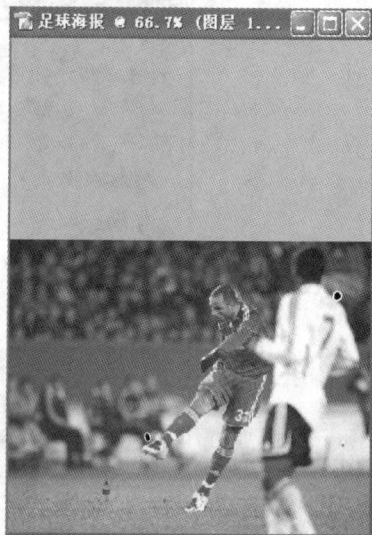

图4-113　移动图像

（3）选择"套索"工具并将选区"羽化"设为"10"像素，将其中一人物选取，如图4-114所示。按Ctrl＋J快捷键，将选区内图像复制为"图层2"。

（4）在"图层"调板中选中"图层1"，然后选择"图像"菜单下的"调整"→"色调均化"命令，利用"色调均化"命令调整图像。

（5）选择"图像"菜单下的"调整"→"色调分离"命令，在打开的"色调分离"对话框中设置"色阶"为"4"，单击"好"按钮，得到图4-115所示效果。

图4-114　创建并羽化选区

图4-115　调整图像效果

（6）在"图层"调板中设置"图层1"的"混合模式"为"差值"，然后为该图层添加一个图层蒙版，编辑图层蒙版隐藏部分图像，如图4-116所示。

（7）打开本书素材"chap4"文件夹中的"足球2.jpg"图像文件，利用"移动"工具将其拖动至新图像窗口的上部，系统自动生成"图层3"。在"图层"调板中，将"图层3"移至"图层2"的上方，然后利用"色调均化"命令调整"图层"中的图像，其效果如图4-117所示。

图4-116　添加与编辑图层蒙版效果

图4-117　用"色调均化"命令调整图像

（8）利用"椭圆选框"工具选中"图层3"中的足球，然后将选区反向，再利用"阈值"命令调整图像，参数设置和效果如图4-118所示。

图4-118　创建选区并利用"阈值"命令调整图像

（9）在"图层"调板中将"图层3"的"混合模式"设置为"颜色加深"，"填充"设置为"40％"，如图4-119所示，此时图像效果如图4-120所示。

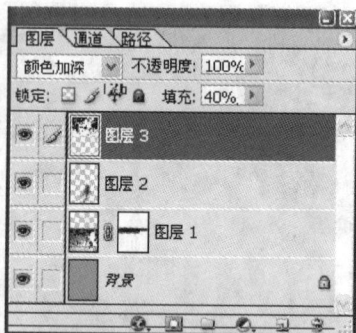

图 4-119　设置图层属性

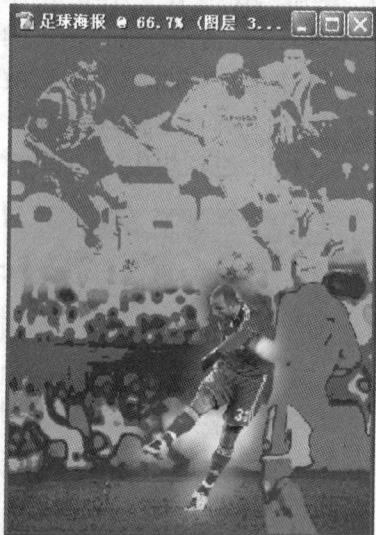

图 4-120　图像效果

　　(10) 打开本书素材"chap4"文件夹中的"足球.jpg"图像文件,利用"移动"工具将足球图像移至新图像窗口中,放置在图 4-121 所示位置。此时,系统自动生成"图层 4"。

　　(11) 打开本书素材"chap4"文件夹中的"光.jpg"图像文件,如图 4-122 所示。利用"移动"工具将光图像移至新图像窗口中并适当变形图像,然后将光图像所在的"图层 5"移至"图层 4"的下方,并设置图层"混合模式"为"变亮",如图 4-123 所示,效果如图 4-124所示。

图 4-121　移动图像

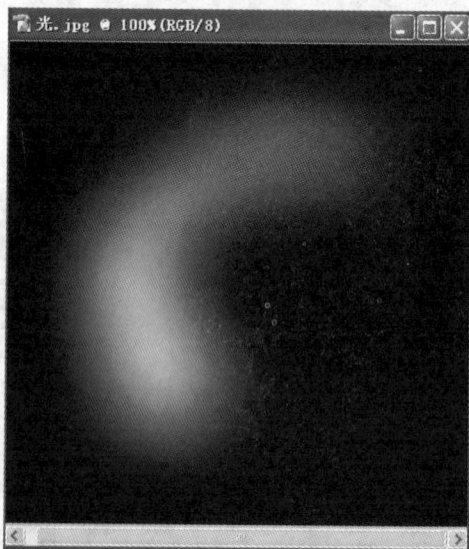

图 4-122　素材图像

　　(12) 打开本书素材"chap4"文件夹中的"字.jpg"图像文件,如图 4-125 示,然后利用"移动"工具将文字图像移至新图像窗口中,并放置在适当位置,最终效果如图 4-126 所示。

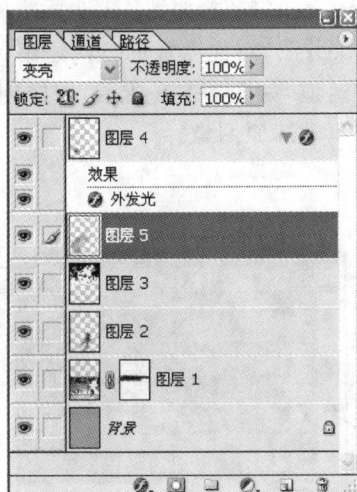

图 4-123 设置图层属性

图 4-124 移动图像效果

图 4-125 文字图像

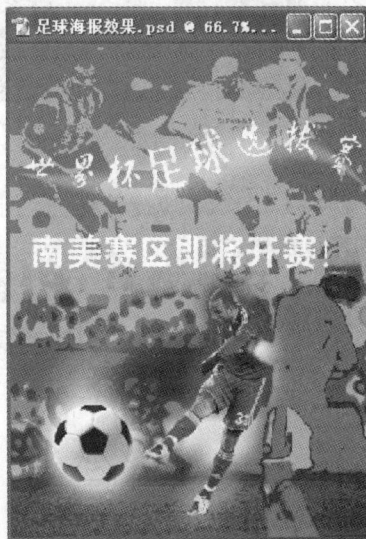

图 4-126 最终效果图

3. 实验总结

Photoshop 的特殊图像颜色调整命令主要包括去色、反相、色调均化、阈值和色调分离，虽然这些命令也可更改图像中的颜色和亮度值，但它们通常用于增强颜色与产生特殊效果，而不用于校正图像颜色。在 Photoshop 中，本部分内容比较复杂且难掌握，应多动手操作，从实践中积累经验，才能熟练掌握各命令的作用及用法。

4.2.12 实验 12 制作风情图片

1. 实验目的

通过本实验掌握用通道抠取图像和分离通道、合并通道的方法。

2. 实验步骤

（1）打开本书素材"chap4"文件夹中的"人物.jpg"图像文件，如图 4-127 所示。

（2）打开"通道"调板，查看各颜色通道，选择层次分明、对比度强的"蓝"通道，将其拖至调板底部的"创建新通道"按钮上，复制出"蓝 副本"通道，如图 4-128 所示，同样创建"红 副本"通道。复制通道是为了在利用通道创建选区时，不破坏原图像。

图 4-127　素材图片

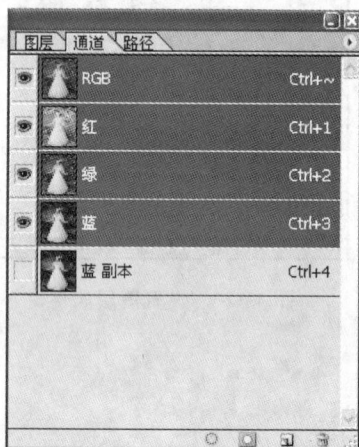

图 4-128　复制通道

（3）按 Ctrl+I 快捷键将"蓝 副本"通道反相，使用"画笔"工具、"铅笔"工具或"橡皮擦"工具等编辑通道图像。

（4）按 Ctrl+L 快捷键，打开"色阶"对话框，参照图 4-129 设置参数，将人物图像区域变成黑色，如图 4-130 所示。调整完毕，单击"好"按钮。

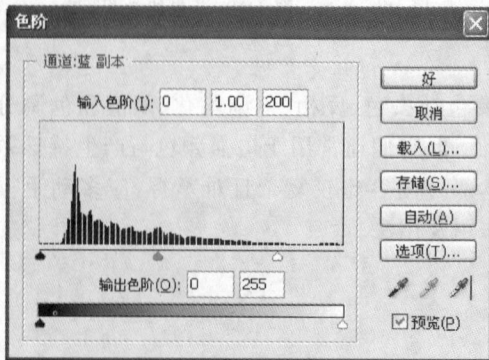

图 4-129　"色阶"对话框

图 4-130　"色阶"调整结果

（5）背景色设置为白色，然后利用"橡皮擦"工具在人物图像区域外进行擦除，使这些区域完全变成白色。将背景色设置成黑色，用"橡皮擦"工具移在人物图像上进行擦除，使人物图像区域完全变成黑色，其效果如图 4-131 所示。

（6）按住 Ctrl 键单击"红 副本"通道，生成该通道内容的选区，然后单击"RGB"通道返回原图像，如图 4-132 所示。

图 4-131　编辑通道图像

图 4-132　利用通道创建选区

（7）按 Alt＋Ctrl＋D 快捷键，在打开的"羽化选区"对话框中设置"羽化半径"为"5"，单击"确定"按钮羽化选区。按 Ctrl＋C 快捷键，将选区内人物图像复制到剪贴板，并取消选区。

（8）打开"背景.jpg"图像文件，按 Ctrl＋V 快捷键将剪贴板中的人物图像粘贴到新图像窗口中，并保存图像，如图 4-133 所示。

（9）选择"背景.jpg"图像文件，打开"通道"调板，利用"分离通道"命令将其分离为三个独立的灰度图像。

（10）设置不同灰度的前景色、背景色，然后利用"画笔"工具分别在三个灰度图像上绘画，编辑好后，利用"合并通道"命令将三个灰度图像合并为一个 RGB 图像，其效果如图 4-134 所示。

（11）复制人物图层，按 Ctrl＋T 快捷键调整大小及位置，如图 4-135 所示。然后分别为两个图层添加外发光效果，最终效果如图 4-136 所示。

3. 实验总结

本实验主要介绍了通道的基本操作，以及利用通道合成图像等内容。在 Photoshop 中，通道是用来保存图像的颜色和存储选区的，利用通道可以方便快捷地选择图像中的某部分图像，还可以对原色通道进行单独操作，从而制作出许多特殊的图像效果。

图 4-133　新图像

图 4-134　合并通道效果

图 4-135　复制人物图层

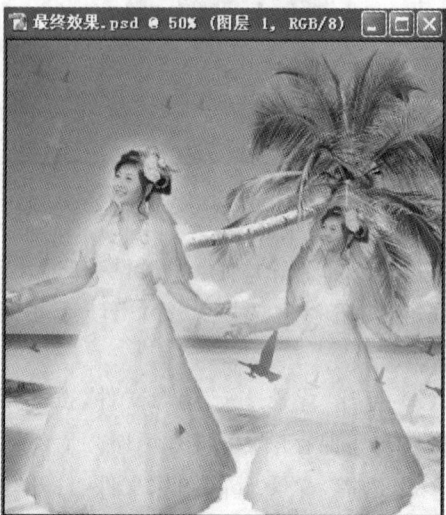

图 4-136　最终效果

4.2.13　实验 13　巧克力广告

1. 实验目的

通过本实验掌握利用滤镜制作图像效果的方法及"图案生成器"滤镜的使用方法。

2. 实验步骤

（1）将背景色设置为黑色，按 Ctrl＋N 快捷键打开"新建"对话框，如图 4-137 所示设置参数。

（2）选择"滤镜"菜单下 的"渲染"→"镜头光晕"命令，在打开的对话框中设置"亮度"为"100％"，选择"50—300 毫米变焦"复选框，然后单击"好"按钮，效果如图 4-138 所示。

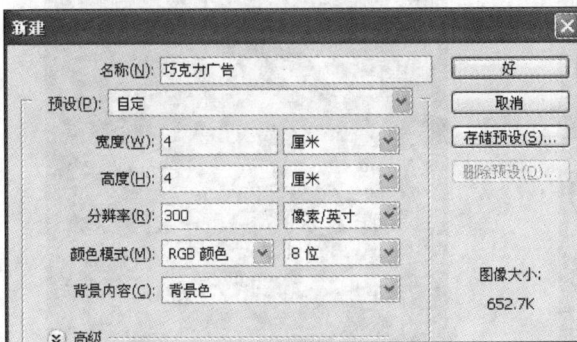

图 4-137 "新建"对话框

图 4-138 应用"镜头光晕"滤镜

（3）选择"滤镜"菜单下的"画笔描边"→"喷色描边"命令，在打开的对话框中设置"描边长度"为"20"，"喷色半径"为"18"，"描边方向"为"右对角线"，单击"好"按钮，效果如图 4-139所示。

（4）选择"滤镜"菜单下的"扭曲"→"波浪"命令，在打开的对话框中设置"生成器数"为"5"，"类型"为"正弦"，其他参数保持不变，单击"好"按钮，得到如图 4-140 所示的效果。

图 4-139 应用"喷色描边"滤镜

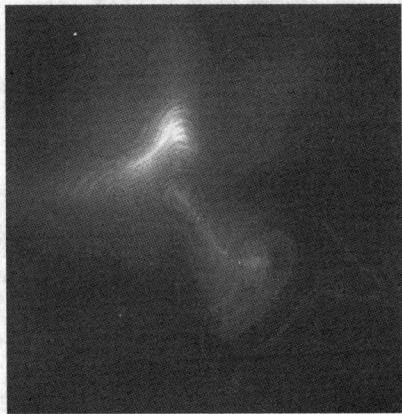

图 4-140 应用"波浪"滤镜

（5）选择"滤镜"菜单下的"素描"→"铬黄"命令，在打开的对话框中设置"细节"为"0"，"平滑度"为"10"，单击"好"按钮，得到图 4-141 所示的效果。

（6）按 Ctrl+B 快捷键打开"色彩平衡"对话框，设置色阶为"100,0,−100"，其他参数不变，完成后单击"好"按钮。

（7）选择"滤镜"菜单下的"扭曲"→"旋转扭曲"命令，在打开的对话框中设置"角度"为380 度，单击"好"按钮。选择"橡皮擦"工具简单抹擦图像，使其与底色更好地融合在一起，得到图 4-142 所示的效果。

（8）打开本书素材"chap4"文件夹中的"图案.psd"图像文件。将"文字"图层设置为当前图层，然后选择"滤镜"菜单下的"图案生成器"命令，打开"图案生成器"对话框。

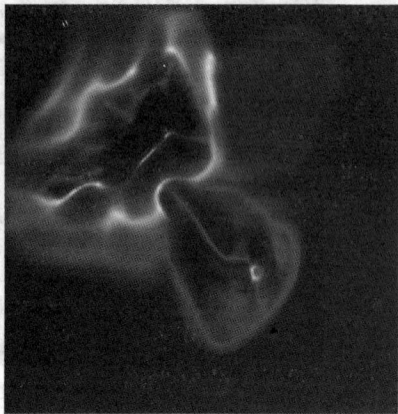

图 4-141　应用"铬黄"滤镜

图 4-142　应用"旋转扭曲"滤镜

（9）在"图案生成器"对话框中，选择左侧工具箱中的"矩形选框"工具，在预览窗口中绘制一个矩形选区，选取文字部分作为样本。在对话框右侧的参数设置区中，将"宽度"和"高度"都设置为"300"，设置完成后单击"再次生成"按钮，在预览窗口中将显示拼贴图案效果，如图 4-143 所示。

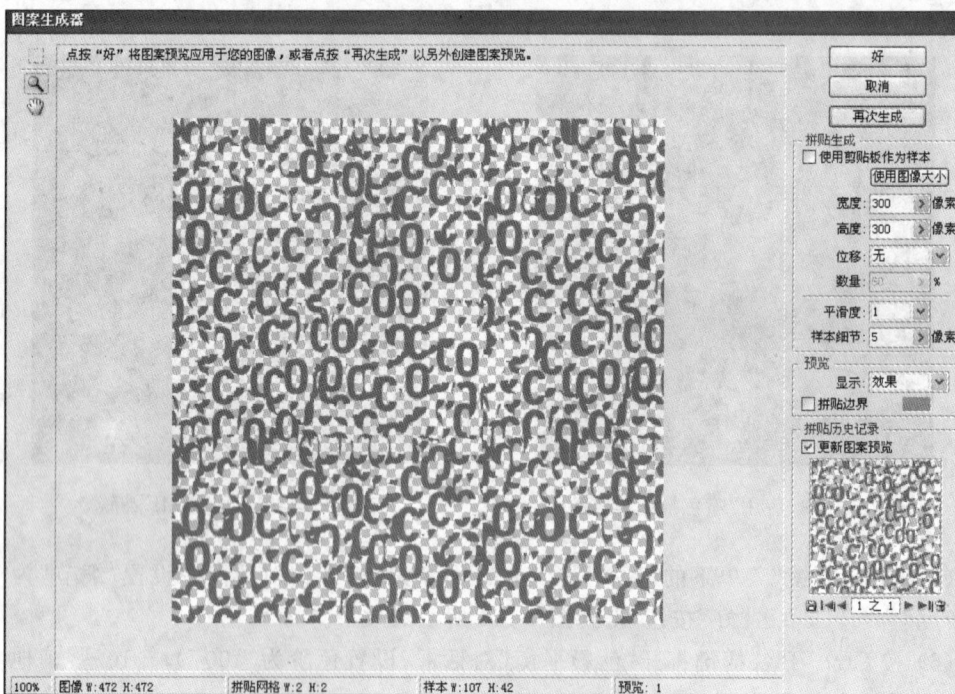

图 4-143　"图案生成器"生成新图案

（10）回到主操作界面中，将"图案.psd"图片文件中的"文字"图层移动到"巧克力广告.jpg"图像窗口中，并将该图层的"混合模式"设置为"色相"，合并图层得到如图 4-144 所示的效果。

（11）打开本书素材"chap4"文件夹中的"背景.psd"图像文件，如图 4-145 所示。

图 4-144　合并图层的效果

图 4-145　素材文件

（12）使用"魔棒"工具选择"巧克力广告"中的图像，用"移动"工具将所选图像拖入到"背景.jpg"图像窗口中，并将该图层的"混合模式"设置为"滤色"，得到如图 4-146 所示的效果。

（13）打开本书素材"chap4"文件夹中的"love.psd"和"love2.psd"图像文件，分别将心形图像拖入到"背景.jpg"图像窗口中，最终效果如图 4-147 所示。

图 4-146　移动图像

图 4-147　最终效果

3. 实验总结

本实验主要讲解了 Photoshop 中几种典型滤镜的用法。在 Photoshop 中，滤镜是一项非常强大的功能，它使用起来也非常简单，但要运用得恰到好处却并非易事。要想学好并灵活运用滤镜功能，没有捷径可取，只有依靠在实践中多摸索、多实践。

4.2.14　问题与解答

1. 问题 1　"修复画笔"工具和"仿制图章"工具的用法有什么不同？

"修复画笔"工具的用法与"仿制图章"工具的用法类似，也是从图像中将取样点的图像复制到其他部位，或直接用图案进行填充。但不同的是，"修复画笔"工具在复制或填充图案的时候,会将取样点的图像自然融入到复制的图像位置,并保持其纹理、亮度和层次,使被修复的图像和周围的图像完美融合。

2. 问题 2　在 Photoshop 中使用文字时为什么要像素化文字图层?

文字输入 Photoshop 后,是字体,还是图像。字体属于矢量图形,这样的图形无论放大多少倍都是清晰的。在 Photoshop 中,多数命令都是针对位图图像的,位图是描述一系列的像素色彩而形成的图像,所以要用更多的命令处理文字,须先将文字图层"像素化"。

3. 问题 3　印刷或打印前怎样调整图像的颜色?

在实际工作中常常遇到这样的情况:在计算机里明明是很鲜艳的颜色,打印出来却不怎么鲜艳了,有时甚至改变了颜色。这是因为在印刷系统中,没有哪种设备能够印刷出人眼可以看见的所有范围的颜色。每种印刷设备都在一定的色彩空间内工作,只能再现出某一范围的颜色。一般来讲,计算机显示器使用的 RGB 色域比印刷系统使用的 CMYK 色域要宽,如果 RGB 色域中的一些颜色超出了 CMYK 的色域,那么这些颜色就无法打印出来。

当不能打印的颜色显示在屏幕上时,称其为溢色(超出 CMYK 色域范围)。那么怎样识别溢色呢?打开拾色器,用吸管工具在图像中选取一种颜色,如果在当前颜色窗口的右侧出现了溢色图标,就说明这种颜色已经溢色了。

为了避免过多的溢色发生,作图时要对较为饱和的颜色做溢色检查。发现图像中有溢色时,可以采用色彩调节命令进行手工纠正。

在印刷前,通常将图像转换为 CMYK 模式。Photoshop 提供了色彩管理系统,这使得 RGB 色彩与 CMYK 色彩可以根据不同的输出设备进行更精确地转换。选择"编辑"菜单下的"颜色设置"命令,弹出"颜色设置"调板,调整它的参数可以指定输出设备的油墨颜色、网点补正、分色类型和黑版产生。

4.3　CorelDRAW 上机实践

CorelDRAW 是一种基于矢量的绘图程序,界面设计友好,操作简单,被广泛地用于企业形象设计、广告和印刷设计等领域。

4.3.1　绘制简单图形

1. 实验目的

通过本实验熟悉 CorelDRAW 程序界面,掌握 CorelDRAW 绘图的基本操作和方法。

2. 实验步骤

(1) 选择工具箱中的"矩形绘图"工具。

(2) 移动鼠标,在页面上选择一点作为绘图的起始点,按下鼠标左键不松开,在页面上拖动鼠标绘制出一个适当大小的矩形。

(3) 选择工具箱中的"椭圆"工具,在拖动鼠标的同时按下 Ctrl 键,则绘制出一正圆形,如图 4-148 所示。

(4) 选中所绘制图形,用鼠标单击右侧调色板的颜色即可为图形上色。

(5) 用"选取"工具选中刚才所绘制的图形,图形四周出现八个黑色的小方块,这时工具属性栏出现如图 4-149 所示的内容。

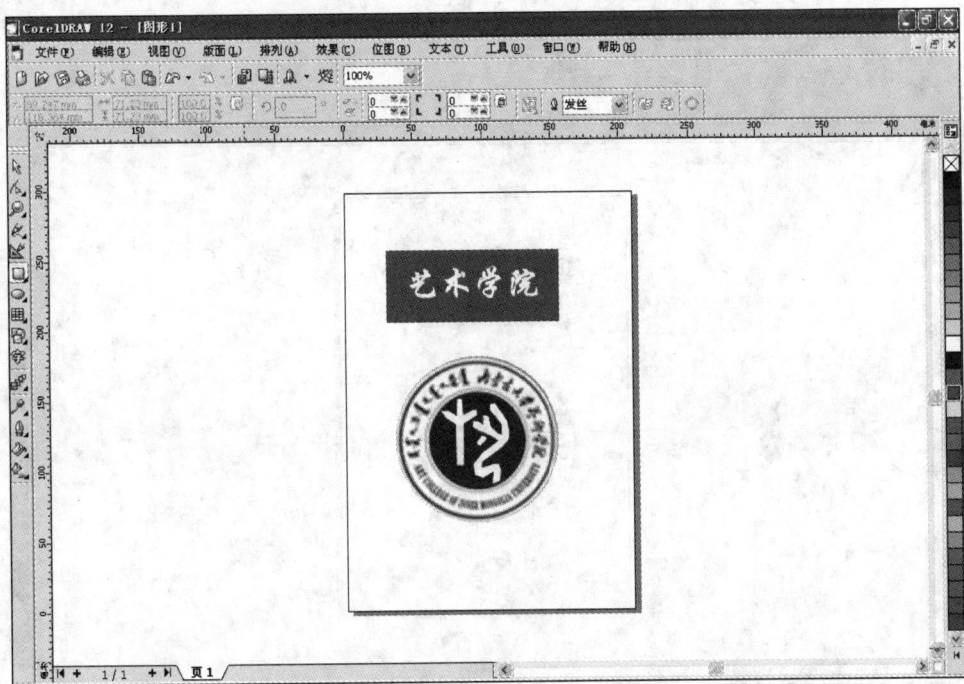

图 4-148　绘制矩形、圆形

图 4-149　工具属性栏

（6）在属性栏中的"矩形左侧边角的圆角程度"和"矩形右侧边角的圆角程度"中分别选择或者输入左上角、左下角、右上角、右下角圆角程度的数值，并且每输入一次在页面上单击一次。如图 4-150 所示为已绘制好的圆角矩形。

（7）图形的属性设置完毕后，选择"文件"菜单下的"导出"命令，存储图形。

3. 实验总结

本实验介绍了 CorelDRAW 的基本操作，CorelDRAW 是应用比较广泛的计算机图形制作软件之一，它提供了一整套的绘图工具，并配合塑形工具，从而对各种基本图形作出更多的变化。同时也提供了特殊笔刷，如压力笔、书写笔、喷洒器等，随机控制能力高。

4.3.2　问题与解答

1. 问题 1　CorelDRAW 中的"调和"工具和"轮廓"工具的区别是什么?

"调和"工具和"轮廓"工具都是用来做渐变的，"调和"工具可以做形状渐变，"轮廓"工具不可以。"调和"工具是用来做多个物体渐变，"轮廓"工具是用来做单个物体渐变。

2. 问题 2　怎样在 CorelDRAW 中切割图片?

利用"效果"菜单下面的"图框精确裁剪"命令就可以完成图片切割，并且裁剪的图框可以群组。

165

第 4 章

图形图像上机实践

图 4-150　绘制圆角矩形

4.4　ACDSee 图形图像管理

ACDSee 是目前非常流行的看图工具之一。利用它可以浏览、查看、编辑及管理图形图像文件。

4.4.1　利用 ACDSee 转换图片格式

1. 实验目的

通过本实验熟悉 ACDSee 程序界面并利用 ACDSee 转换图片格式。

2. 实验步骤

（1）选中"ACDSee 浏览器"窗口内需要转换格式的图片，选择"工具"菜单下的"转换文件格式"命令，弹出"批量转换文件格式"对话框，如图 4-151 所示。

（2）在"格式"选项卡中选中要转换的图片格式，单击"格式设置"按钮，打开"PSD 编码选项"对话框，在"PSD 编码选项"对话框中设置存储格式的压缩率，如图 4-152 所示。

（3）单击"下一步"按钮，在弹出的对话框中设置输出选项，如图 4-153 所示，在"目的地"选项框内选择转换后的图片保存位置，可以单击"浏览"按钮选择其他文件夹。

（4）单击"下一步"按钮，在弹出的对话框中设置多页图像的输入与输出选项，如图 4-154 所示。多页输出功能仅在格式支持时才会启用。

（5）所有设置完成后，单击"开始转换"按钮，开始转换文件，如图 4-155 所示。

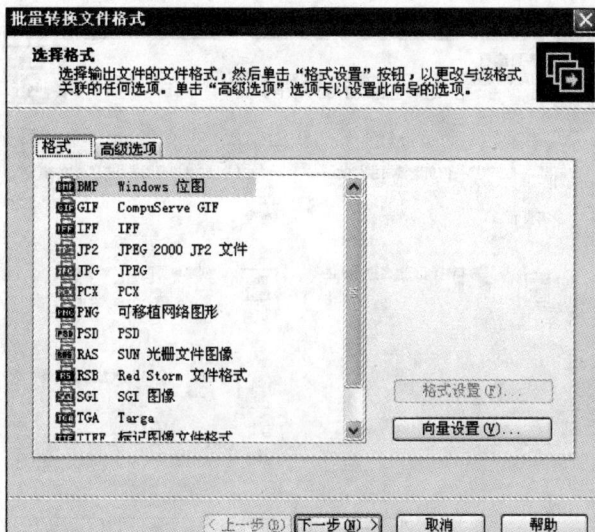

图 4-151 "批量转换文件格式"对话框

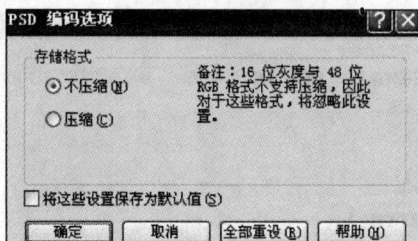

图 4-152 "PSD 编码选项"对话框

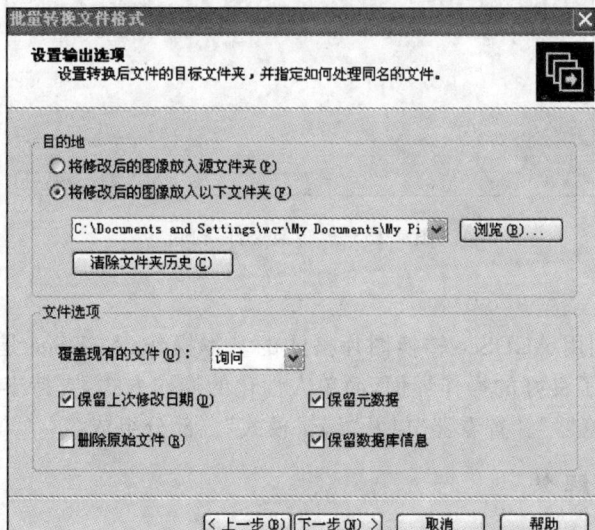

图 4-153 "设置输出选项"窗口

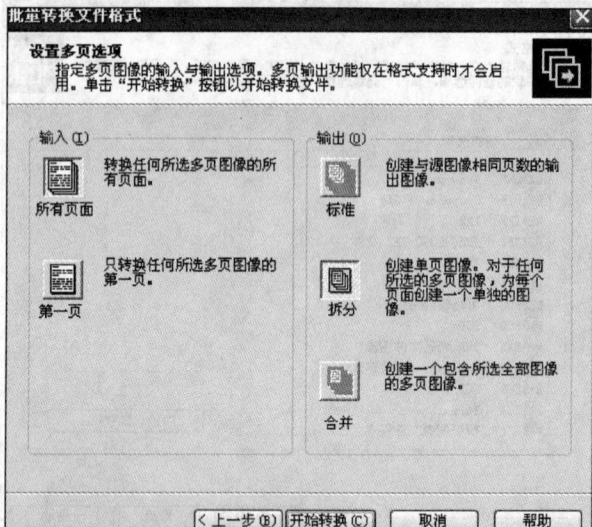

图 4-154　"设置多页选项"窗口

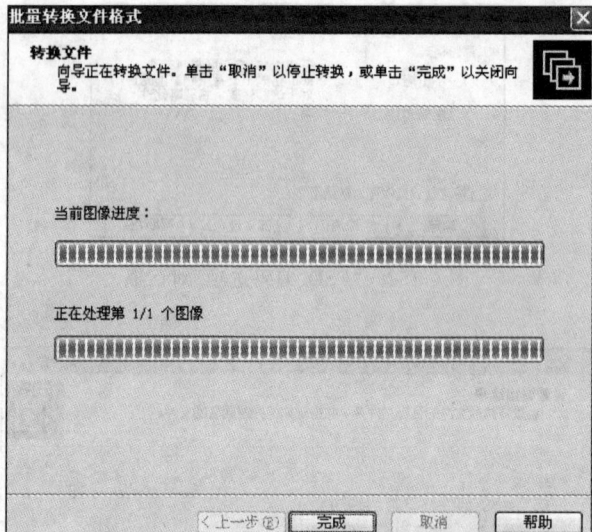

图 4-155　"转换文件"窗口

3. 实验总结

本实验介绍了利用 ACDSee 转换图片格式的基本操作，ACDSee 是一款专业的图形图像浏览软件，它提供了良好的操作界面，简单人性化的操作方式，支持丰富的图形图像格式。ACDSee 主要由"浏览器"、"查看器"以及"编辑模式"三部分组成。

4.4.2　问题与解答

1. 问题 1　图像管理软件和图像处理软件的主要区别在哪里？

二者都是对数字图像进行操作的软件，主要区别是图像管理软件的主要功能在于图像文件的管理，包括图像文件的组织、存储、调用、浏览、格式转换等功能，而图像处理软件主要针对数字图像进行绘制、合成、效果处理等操作。一般大型的图像处理软件都包含图像管理功能,而大多数的图像管理软件也具有简单的图像处理功能,例如缩放、旋转等变形操作,色调调整、亮度/对比度调整、特效滤镜操作等。

2. 问题 2　常用到的图像管理工具还有什么?

Picasa 是 Google 免费的图像管理工具,其原为独立的图像管理软件,功能实用丰富、界面友好。后来被 Google 收购并免费发放,成为 Google 的组成部分。Picasa 具有对数字图像进行搜集整理、文件管理、图像处理、图片共享、打印等诸多功能。

第 5 章　数字音频上机实践

知识点:
- 数字音频的采集与录制
- 通用数字音频处理软件 Sony Sound Forge 的使用
- 音频播放软件 Winamp 的使用

本章导读:

数字音频是指描述声音强弱的数据序列,计算机中常见的数字音频格式有 WAV、MIDI、MP3、RA、WMA 等。通常的音频处理软件包含音频采集软件、音频编辑软件和音频播放软件。本章将通过 Windows 系统自带的"录音机"软件、Sony Sound Forge 与 Winamp 三个软件来分别介绍音频采集、音频编辑与音频播放的操作过程。

5.1　数字音频的采集与录制

数字音频的采集与录制的过程,就是使用音频设备,如麦克风、录音机等设备将声音信息采集到计算机中,然后利用录音软件将声音信息保存起来。

5.1.1　实验 1　通过 MIC 录制声音文件

1. 实验目的

通过本实验学习使用 Windows 录音机程序录制声音信息时,麦克风与声卡的连接、音量属性的设置以及声音录制过程的完成。

2. 实验步骤

(1) 设备连接。参照如图 5-1 所示,将麦克风输入接口插入到粉红色的"麦克风输入"孔中,扬声器接口插入到绿色的"扬声器输出"孔中。

(2) 双击任务栏右下角的"小喇叭"按钮(🔊),弹出"主音量"面板,如图 5-2 所示。

(3) 单击"主音量"面板中的"选项"→"属性"命令,弹出"属性"对话框,在"混音器"下拉列表中选择 Realtek HD Audio Input,此时"录音"单选按钮被自动选中,在"显示下列音量控制"列表中,分别选中"CD 音量"、"线路音量"、"麦克风音量",如图 5-3 所示,单击"确定"按钮,弹出如图 5-4 所示的"录音控制"面板,选中"麦克风音量"所对应的"选择"复选框,如图 5-4 所示。

(4) 启动录音机程序。选择 Windows 的"开始"菜单,单击"程序"→"附件"→"娱乐"→"录音机"命令,打开"声音-录音机"程序,如图 5-5 所示。

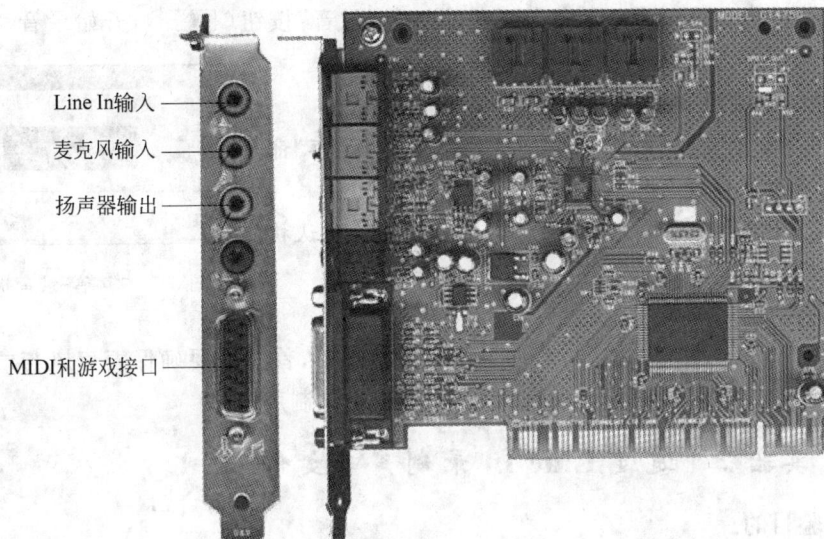

Line In输入
麦克风输入
扬声器输出
MIDI和游戏接口

图 5-1 声卡接口示意图

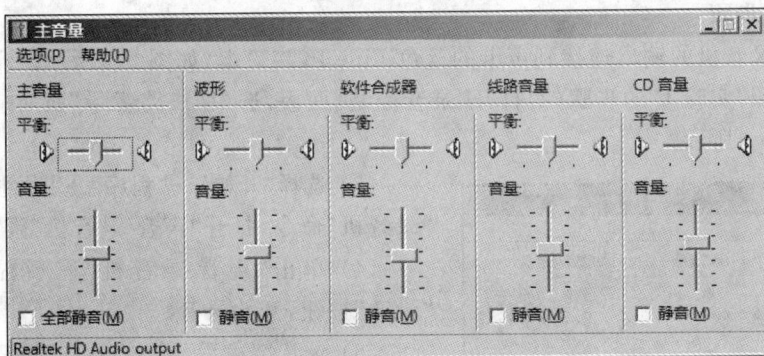

图 5-2 "主音量"面板

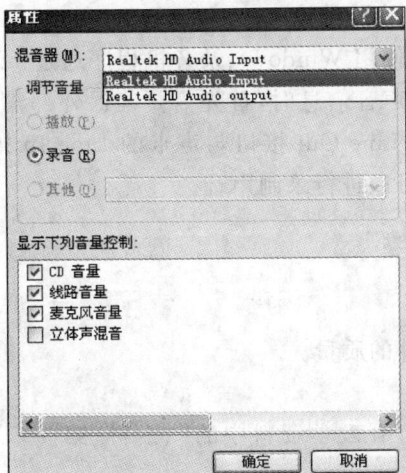

图 5-3 "属性"对话框

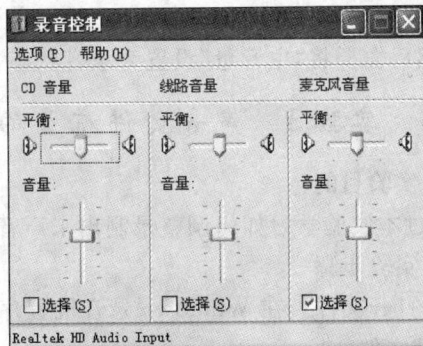

图 5-4 "录音控制"面板

第5章

数字音频上机实践

（5）单击"声音-录音机"程序右下角的红色"录音"按钮（ ），开始录音。最长录制声音为 60 秒。

（6）录音结束后，单击"停止"按钮（ ）即可。

（7）声音录制完成后，选择"文件"菜单下的"保存"命令，将声音素材保存成"录音练习 1. wav"文件。

提示：Windows XP 录音机录制的声音文件的默认格式为". wav"。

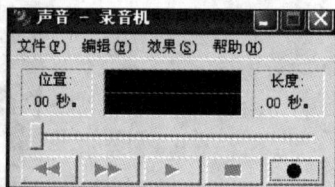

图 5-5 "声音-录音机"程序

3. 实验结论

在使用 Windows XP 录音机程序录制声音信息时，首先需要确保麦克风与声卡正确连接，然后需要将录音属性设置为录音状态，才能进行录制声音。

5.1.2 实验 2 通过 Line In 录制声音文件

1. 实验目的

通过本实验学习使用声卡的 Line In 接口，以及将录音机所发出的声音录制成声音文件的过程。

2. 实验步骤

（1）将录音机的输出连接到声卡的蓝色 Line In 接口上，如图 5-1 所示。

（2）参照"实验 1"的步骤（2）打开"录音控制"面板，选中"线路音量"所对应的"选择"复选框，如图 5-6 所示。

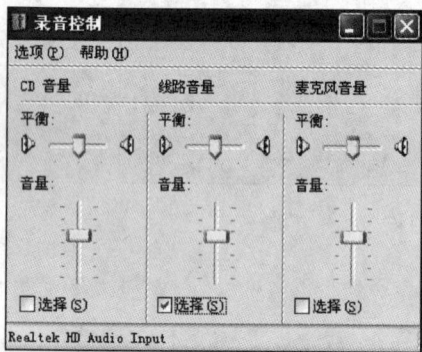

图 5-6 "录音控制"面板

（3）选择"开始"→"程序"→"附件"→"娱乐"→"录音机"命令，打开"声音-录音机"程序。

（4）单击"声音-录音机"程序右下角的红色"录音"按钮，开始录音。

（5）录音结束后，单击"停止"按钮即可。

（6）录制完成后，将声音素材保存成"录音练习 2. wav"文件。

3. 实验结论

在使用 Windows 录音机程序通过 Line In 接口录制声音信息时，首先需要确保外部输入，如录音机的 Line Out 接口与声卡的 Line In 接口正确连接，然后需要将"主音量"设置为录音状态，才可以进行录制声音。

5.1.3 实验 3 声音文件质量的调整

1. 实验目的

通过本实验学习如何调整录制出来声音文件的质量。

2. 实验步骤

1）打开文件。在 Windows 录音机程序中打开教学资料中的"\素材\第 5 章\录音练习. wav"文件。

2）选择"文件"→"属性"命令，打开"录音练习. wav 的属性"对话框，如图 5-7 所示。

3）在"选自"下拉列表框中选择"全部格式"选项，再单击"立即转换"按钮，弹出"声音选定"对话框，如图 5-8 所示。

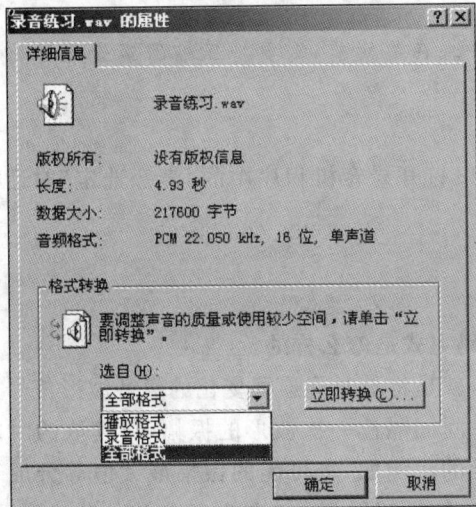

图 5-7 "录音练习.wav 的属性"对话框

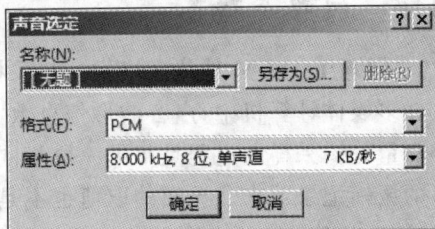

图 5-8 "声音选定"对话框

说明：在如图 5-7 所示的声音属性对话框中，"选自"下拉列表中包含三种选项，"播放格式"、"录音格式"与"全部格式"，其中"播放格式"用于显示声卡所支持的所有播放格式；"录音格式"用于显示声卡所支持的所有的录音格式；"全部格式"用于显示全部可用的格式。

4）在"声音选定"对话框中，"名称"下拉列表框中默认为"无题"，也可以分别选择"CD 音质"、"电话质量"和"收音质量"选项。具体的操作如下。

（1）选择"CD 音质"："格式"选择 PCM，"属性"对应为"44.100kHz，16 位，立体声 172KB/秒"，如图 5-9 所示。

（2）选择"电话质量"："格式"选择 PCM，"属性"对应为"11.025kHz，16 位，单声道 21KB/秒"，如图 5-10 所示。

（3）选择"收音质量"："格式"选择 PCM，"属性"对应为"22.050kHz，16 位，单声道 43KB/秒"，如图 5-11 所示。

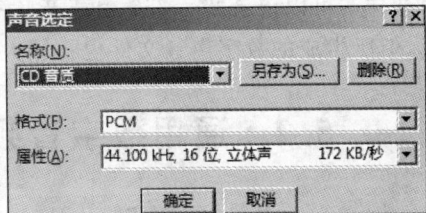

图 5-9 "声音选定"对话框——CD 音质

图 5-10 "声音选定"对话框——电话质量

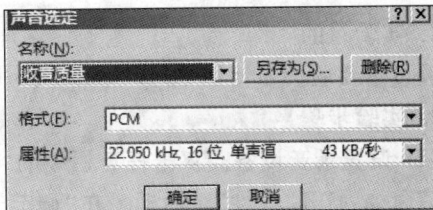

图 5-11 "声音选定"对话框——收音质量

数字音频上机实践

5）选定之后单击"确定"按钮,选择"文件"菜单下的"保存"命令,将声音素材分别保存为"CD音质.wav"文件、"电话质量.wav"文件与"收音质量.wav"文件。分别播放这三个声音文件,对比其声音质量。

提示:"录音机"不能编辑压缩的声音文件。在编辑前,需要将压缩的声音文件格式转换为未压缩的声音文件格式。

3. 实验结论

如果要调整录制出来声音文件的质量,可以打开录音机程序中的"声音选定"对话框来完成。

5.1.4 问题与解答

1. 问题1 PCM是什么格式?其采样编码方式是怎么样的?

在多媒体计算机中,声音波形信息数字化,就是将随时间连续变化的声音波形信号进行采样和量化。采样的过程是每隔一段相同的时间间隔读一次波形的振幅,将读取的时间和波形的振幅记录下来。振幅的取值也不是连续的。例如,将可能的振幅最大值等分成若干份,将读取的值所包含的份数作为取样振幅值。这样就得到一个按时间变化的阶梯形图形。这种采样方式被称为脉冲编码调制(Pulse Code Modulation),简称PCM。

2. 问题2 数字音频的采样频率和采样精度是什么?它们对数字音频的质量有什么影响?

在采样时,每秒钟采样的次数称为采样频率,用于记录声波振幅的二进制位数称为采样精度。标准的采样频率有三种:11.025kHz(称为电话音质)、22.05kHz(称为收音音质)、44.1kHz(称为CD音质)。例如,采样频率为1kHz,则表示每秒钟采样1000次。由于人耳能听到的声音范围是从20Hz到20kHz,因此,采用大于44.1kHz的采样频率就可以达到高保真的效果。标准的采样精度通常为4位、8位、16位。例如,采样精度为8位,则表示每个声音样本可以记录$2^8=256$个声音状态。因此,采样频率和采样精度越大,声音效果越逼真,但所生成的数字声音文件也将越大。

5.2 通用数字音频处理软件 Sony Sound Forge

Sony Sound Forge 是 Sonic Foundry 公司开发的一款功能极其强大的专业化数字音频处理软件,广泛应用在音乐制作、游戏音效编辑、数字影视配音等领域。

5.2.1 实验1 使用 Sony Sound Forge 进行录音

1. 实验目的

通过本实验学习使用 Sony Sound Forge 将 CD 唱片中的某一首歌曲录制成声音文件。

2. 实验步骤

(1) 设置录音设备。双击任务栏中的"小喇叭"按钮,打开"主音量"面板,单击"选项"→"属性"命令,打开"属性"对话框。在"调节音量"下拉列表中选择 Realtek HD Audio Input 选项,在"显示下列音量控制"列表中,分别选中"CD音量"、"线路音量"与"麦克风音量"选项,如图5-12所示,然后单击"确定"按钮,弹出"录音控制"面板,选中"CD音量"所对应的

"选择"复选框，如图 5-13 所示。

图 5-12 "属性"对话框

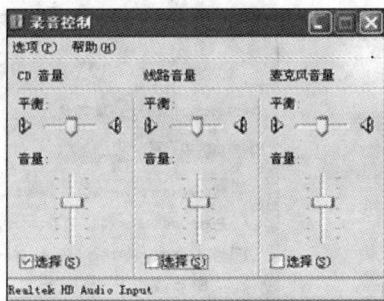

图 5-13 "录音控制"面板

（2）打开 Sony Sound Forge 软件，单击 Record 录音按钮 ◎，弹出录音对话框，如图 5-14 所示。

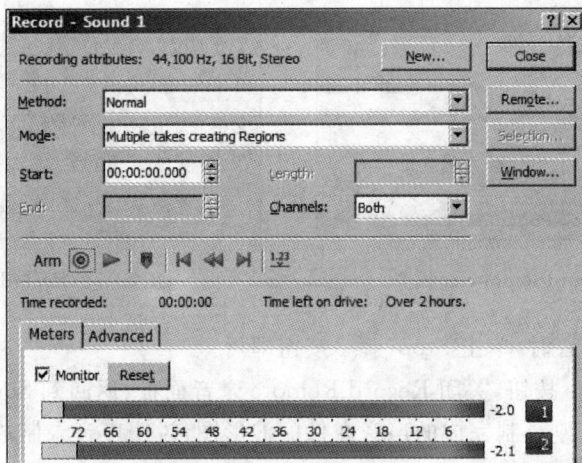

图 5-14 Record 对话框——Meters 选项卡

（3）单击录音对话框中的 Advanced 选项卡，选中 DC adjust 复选框，然后再单击 Calibrate(校准)按钮，消除零点漂移的现象，如图 5-15 所示。

（4）单击 Remote 按钮，把 Sony Sound Forge 窗口最小化，使录音控制面板缩小成为简版形式，如图 5-16 所示。

（5）将 CD 唱片放到光盘驱动器里，计算机会自动启动 CD 播放器，单击要录制的歌曲。再单击 Record Remote 面板上的红色 Recording 按钮，此时，录音面板上出现一个红色的方框" Recording "并且不断闪动，表示计算机正在进行录音，如图 5-17 所示。然后再单击 CD 播放器上的"播放"按钮即可。

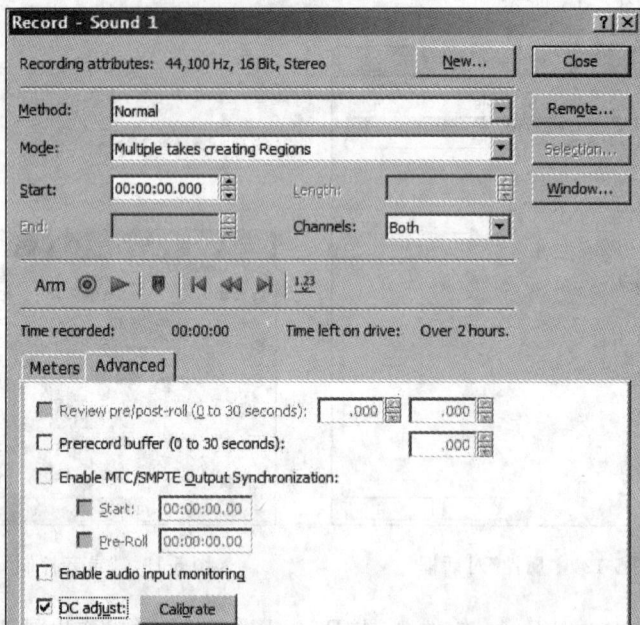

图 5-15　Record 对话框——Advanced 选项卡

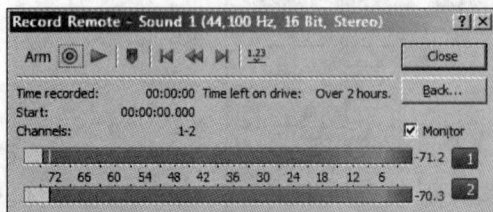

图 5-16　Record Remote 面板

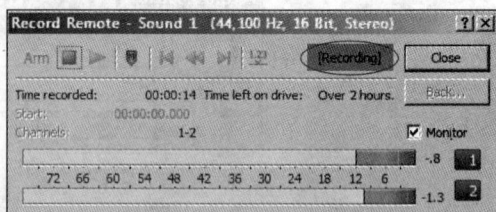

图 5-17　Record Remote 面板

（6）需要结束录音时，单击 Stop(　)按钮即可。

（7）再单击 Close 按钮，关闭 Record Remote 录音面板，返回到 Sony Sound Forge 工作界面。这时会看到刚刚录制完成的声音文件的波形图，说明声音录制成功。

3. 实验结论

使用 Sony Sound Forge 录制声音文件，首先需要进行录音属性的设置，然后再打开 Sony Sound Forge 完成声音文件的录制。为消除零点漂移的现象，在录制时应将录音对话框中的 DC adjust 复选框选中。

5.2.2　实验 2　自制手机铃声

1. 实验目的

通过本实验学习将一首歌曲的高潮部分截取下来，保存为手机铃声。

2. 实验步骤

（1）在 Sony Sound Forge 中打开教学资料中的"\素材\第 5 章\一生有你.mp3"声音文件，如图 5-18 所示。

图 5-18　声音文件的波形图

　　(2) 在该声音文件中选中一段波形,如图 5-19 所示,然后执行 Edit→Copy 命令,复制波形。再执行 File→New 命令,新建一个声音文件。

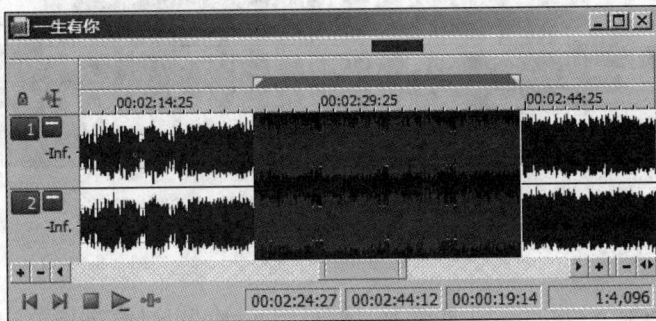

图 5-19　选中一段波形

　　提示:在选取波形的过程中,可以单击 Play Normal 按钮(▶)进行监听,选取声音文件的高潮部分。

　　(3) 在新建的声音文件中执行 Edit→Paste 命令,将所复制的波形粘贴到当前声音文件中,如图 5-20 所示。

图 5-20　新建声音文件的波形

　　(4) 单击 File→Save 命令,将新建的文件保存,文件名为"一生有你铃声.mp3"。

3. 实验结论

要截取一首歌曲的高潮部分,可以将该歌曲文件在 Sony Sound Forge 中打开,同时按下 Play Normal 按钮进行监听,选取声音波形的高潮部分,并将其粘贴到新文件中保存即可。

5.2.3 实验3 调节音量

1. 实验目的

通过本实验学习 Sony Sound Forge 中声音音量的调节。对一段声音的音量进行淡入淡出效果的设置。通过音量规格化把整条波形的音量按照某种规格进行提升或降低。

2. 实验步骤

1) 打开教学资料中的"\素材\第5章\ sound.mp3"立体声声音文件,如图 5-21 所示。

图 5-21 sound.mp3 声音文件的波形

2) 音量调节

(1) 单击 Process→Volume(音量调节)命令,弹出 Volume(音量调节)对话框,如图 5-22 所示。

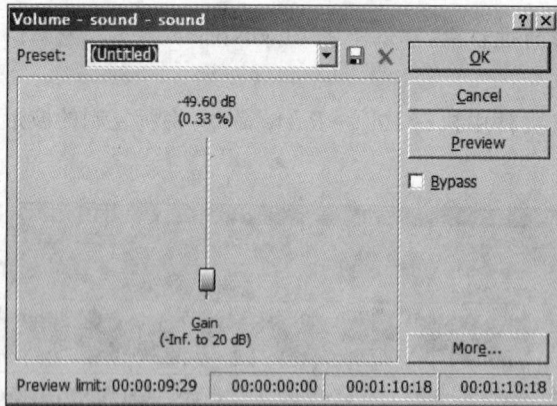

图 5-22 Volume 对话框

(2) 将 Gain 滑块拖动到−2.00dB(79.43%),如图 5-23 所示。在拖动滑块的过程中,也可以随时按下 Preview 按钮监听声音效果,以获得满意的音量。单击 OK 按钮完成。

技巧:双击 Gain 滑块,可以使滑块快速回到 0dB 的位置;在滑块上方的标尺上单击鼠标左键,滑块就会每次增加 1dB,若在滑块下方的标尺上单击鼠标左键,滑块就会每次减小 1dB。

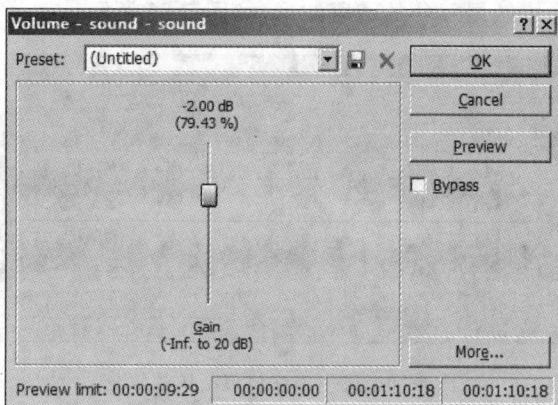

图 5-23　Volume 对话框

提示：如果选中了部分声音文件的波形，则音量调节将只针对于这一部分声音进行。

3）声音的淡化处理

（1）单击 sound. mp3 波形窗口中的 Play Normal 按钮试听声音，发现该音乐的开始与结尾部分都显得很突然，不够自然。

（2）选中声音波形中开始的一段波形，如图 5-24 所示。

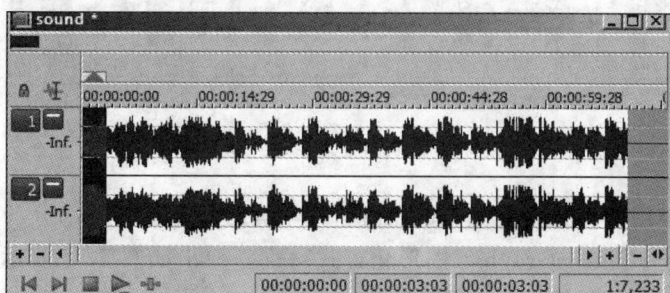

图 5-24　选中声音波形开始的部分

（3）单击 Process→Fade→In 命令完成声音开始部分的淡入处理，完成后的波形如图 5-25 所示。

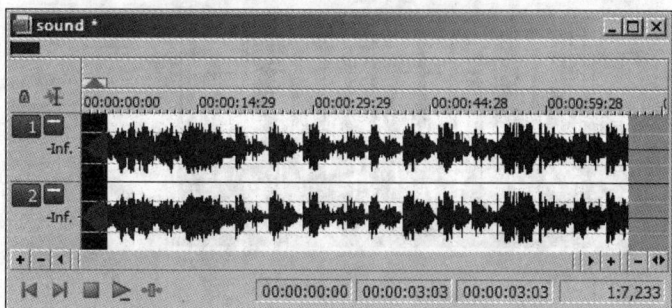

图 5-25　淡入处理后的声音波形

数字音频上机实践

（4）选中声音波形中结尾部分的一段波形，如图 5-26 所示。

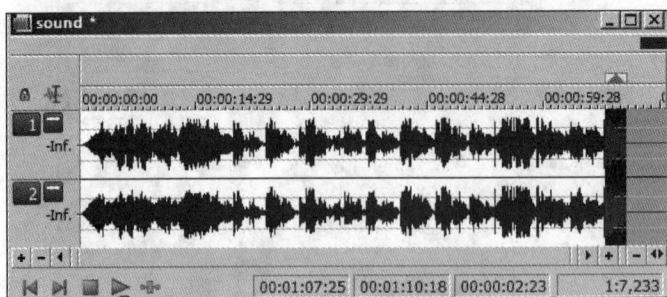

图 5-26　选中声音波形结尾的部分

（5）单击 Process→Fade→Out 命令完成声音结尾部分的淡出处理，完成后的波形如图 5-27 所示。

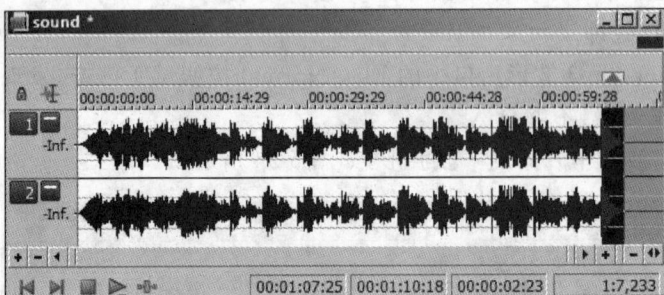

图 5-27　淡出处理后的声音波形

（6）也可以使用图形化的方式，选中如图 5-26 所示的声音结尾部分的波形进行淡化调节。单击 Process→Fade→Graphic（图形化方式）命令，弹出如图 5-28 所示的 Graphic Fade 对话框，再单击 Preset 右侧的下拉列表，选中［Sys］－6 dB exponential fade out 选项，如图 5-29 所示，完成声音结尾部分的淡出处理，完成后的波形如图 5-30 所示。

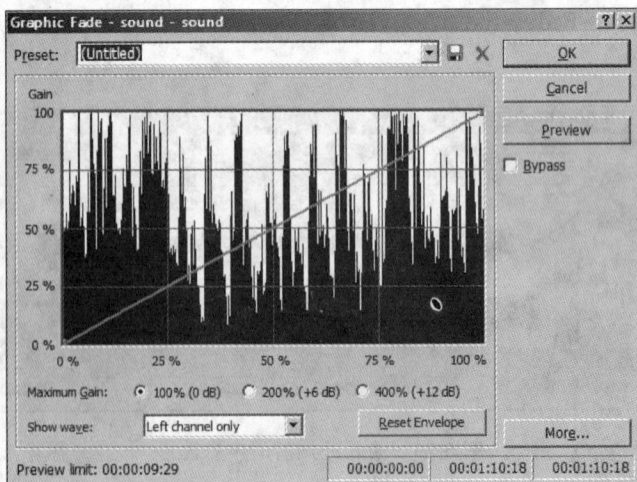

图 5-28　Graphic Fade 对话框

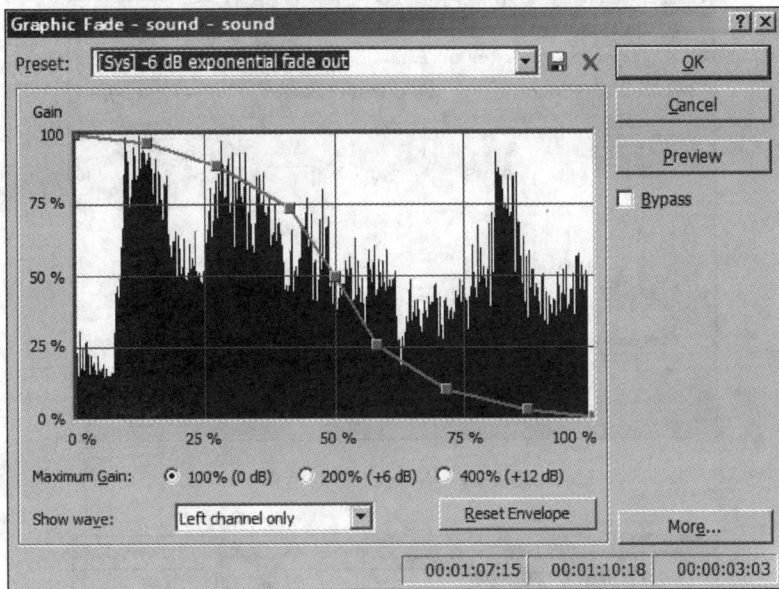

图 5-29　选中"[Sys]－6 dB exponential fade out"选项

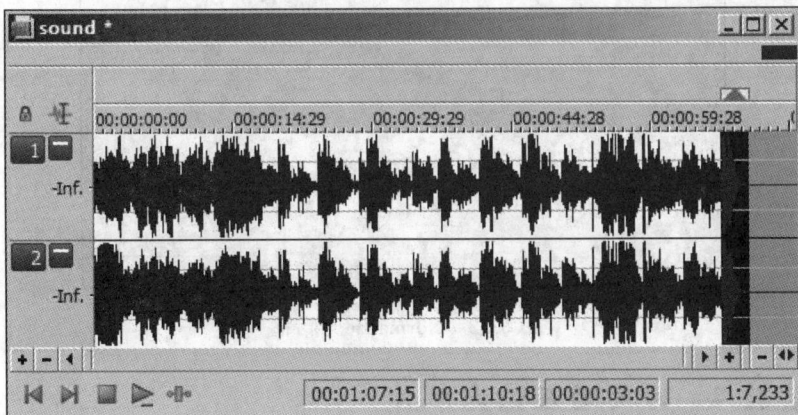

图 5-30　使用图形化方式处理后的声音波形

　　说明：声音的淡化处理是录音师们经常使用的一种声音处理方法，以实现声音音量的平滑过渡。常用的声音淡化处理包括两种：淡入与淡出。淡入表示音量从 0 达到 100％的过程；淡出则表示音量从 100％逐渐变化到 0 的过程。

　　4）音量规格化。单击 Process→Normalize（规格化）命令，弹出 Normalize 对话框，如图 5-31 所示。单击 Preset 右侧的下拉列表，选中[Sys] Maximize peak value（峰值最大化）选项，单击 OK 按钮即可，如图 5-32 所示。

3．实验结论

　　调节音量是经常用到的编辑操作。Sony Sound Forge 可以很方便地实现声音音量的提高或降低，实现声音的淡入淡出效果，以及音量的规格化处理。

181

第
5
章

数字音频上机实践

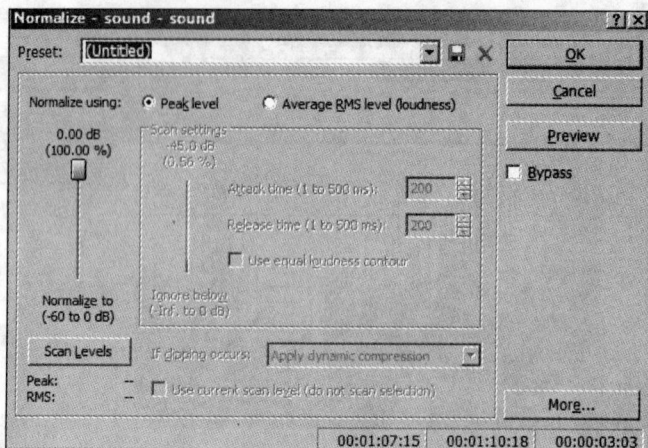

图 5-31　Normalize 对话框

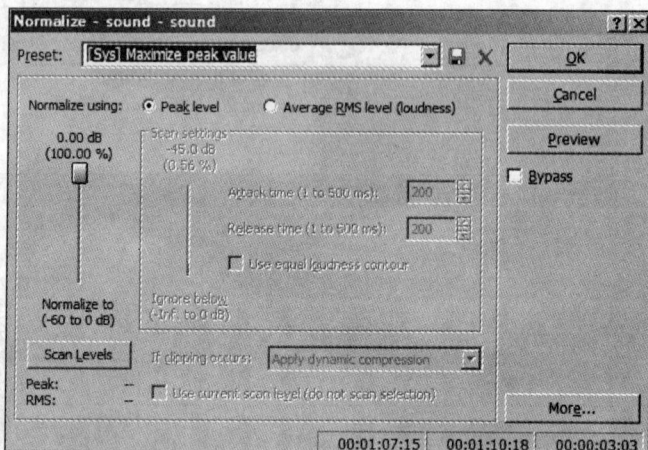

图 5-32　Normalize 对话框

5.2.4　实验 4　时间的压缩与拉伸

1. 实验目的

在进行动画的配音过程中,有时候由于声音文件太长或太短,造成与画面的不匹配,这时候需要考虑对声音文件的长度进行调整,即对声音文件进行压缩或拉伸。

2. 实验步骤

(1) 打开教学资料中的"\素材\第 5 章\诗朗诵.mp3"文件与"\素材\第 5 章\背景音乐.mp3"文件,如图 5-33 所示。从图中可以看到"诗朗诵.mp3"声音的长度是 1 分 42 秒 03,而"背景音乐.mp3"声音的长度是 2 分 17 秒 15,所以需要把背景音乐声音文件的长度压缩为 1 分 42 秒 03。

(2) 切换到"背景音乐.mp3"声音文件的波形窗口,单击 Process→Time Stretch 命令,弹出 Sony Time Stretch 对话框,如图 5-34 所示。在 Final Time 右侧的时间文本框中输入新的时间"00:01:42.030",此时,Percent of original 右侧的百分比自动变为 74.11%,用于显示压缩后的声音长度是原声音长度的百分比,如图 5-35 所示。

图 5-33 "诗朗诵.mp3"与"背景音乐.mp3"声音文件的波形图

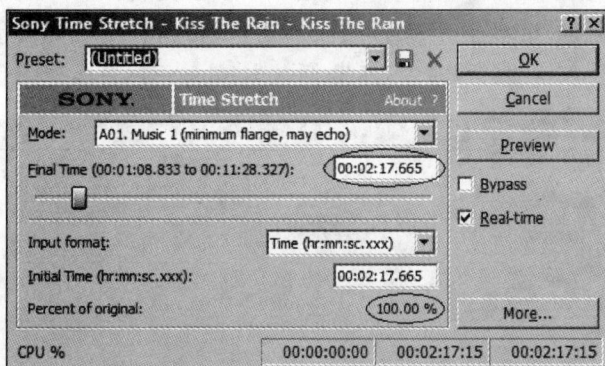

图 5-34 原声音的 Sony Time Stretch 对话框

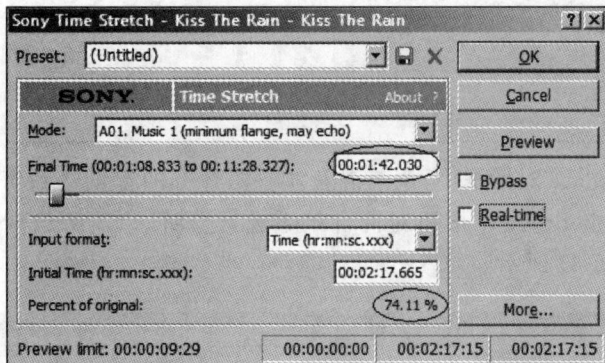

图 5-35 声音压缩后的 Sony Time Stretch 对话框

(3) 单击 Preview 按钮,预听压缩后的声音效果,发现声音的节奏明显加快,但声音并不失真,最后单击 OK 按钮即可。

提示:对声音进行压缩与拉伸处理时,需要注意改变的幅度不能太大,否则会造成声音的失真。

(4) 将压缩后的背景音乐文件另存为"背景音乐_压缩.mp3"文件,以备实验 5 中使用。

3. 实验结论

将声音文件进行适度地压缩或拉伸后,声音的节奏会加快或放慢,但声音并不失真,可以满足配音的需要。

5.2.5 实验5 配乐诗朗诵

1. 实验目的

通过 Sony Sound Forge 混音功能，为诗朗诵配乐。

2. 实验步骤

（1）打开教学资料中的"\素材\第 5 章\诗朗诵.mp3"声音文件与"\素材\第 5 章\背景音乐_压缩.mp3"声音文件。

（2）在"背景音乐_压缩.mp3"声音文件的波形窗口中，单击 Edit→Select All 命令，选中整个声音波形，再单击 Edit→Copy 命令将选中的波形复制。

（3）切换到"诗朗诵.mp3"声音文件的波形窗口，将指针定位到波形的开始位置，单击 Edit→Paste Special→Mix（混音）命令，弹出 Mix/Replace 对话框，如图 5-36 所示。

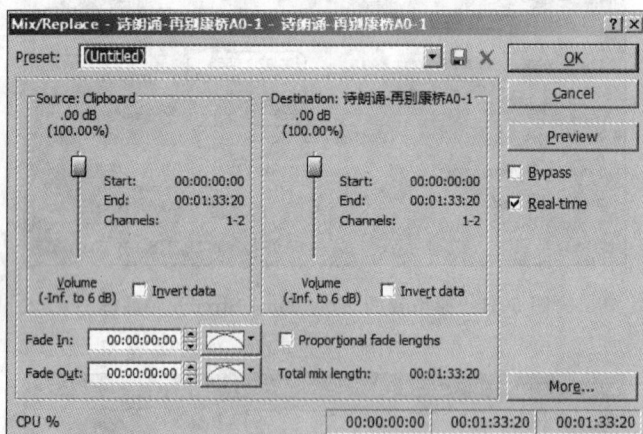

图 5-36 Mix/Replace 对话框

（4）在 Mix/Replace 对话框中，调节混音左右两部分的音量达到声音混合的目的。在混音过程中，可以单击 Preview 按钮对混合效果进行监听，边监听边调整。调整好后单击 OK 按钮确定，如图 5-37 所示。

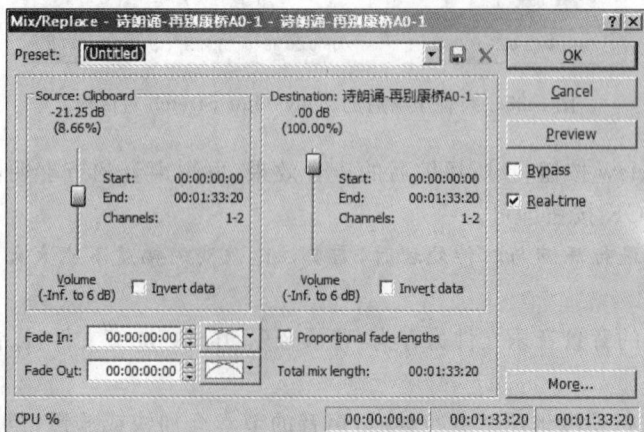

图 5-37 Mix/Replace 对话框

说明：左侧 Volume 滑块表示混音过程中剪贴板上的声音放大或缩小的程度；右侧 Volume 滑块表示混音过程中目标文件声音放大或缩小的程度。

3. 实验结论

通过 Sony Sound Forge 混音功能，可以将两段声音混合成一段声音。

5.2.6 实验6 立体声声音文件与单声道声音文件的相互转换

1. 实验目的

通过本实验学习立体声声音文件与单声道声音文件相互转换的方法。

2. 实验步骤

立体声声音文件转换为单声道声音文件的操作步骤如下。

1) 打开教学资料中的"\素材\第5章\ sound.mp3"立体声声音文件，如图 5-38 所示。

图 5-38 sound.mp3 声音文件波形图样

2) 执行 File→Properties 命令，打开 Properties（属性）窗口，单击 Format（格式）标签，在 Channels（声道）下拉列表框中选中"1(Mono)"（单声道）选项，如图 5-39 所示。

3) 单击 OK 按钮，弹出 StereoTo Mono（立体声到单声道）对话框，选中 Mix Channels（混合声道）选项，单击 OK 按钮完成立体声到单声道的转换，如图 5-40 所示。

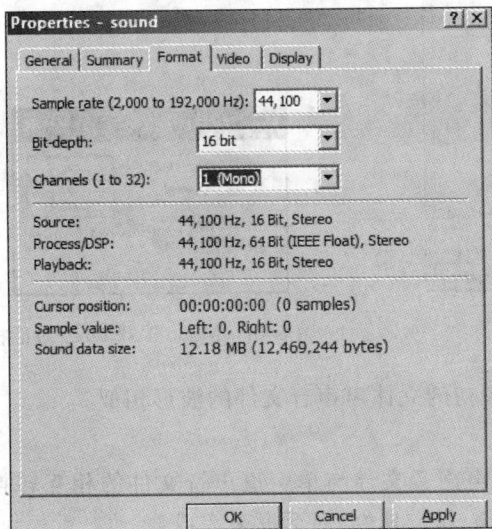

图 5-39 Properties 对话框

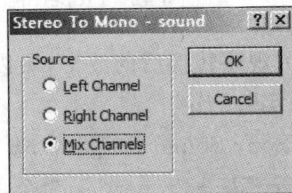

图 5-40 Stereo To Mono 对话框

4）转换后的声音波形如图 5-41 所示。由波形图可以明显地看到，立体声音乐已经转换成了单声道音乐。

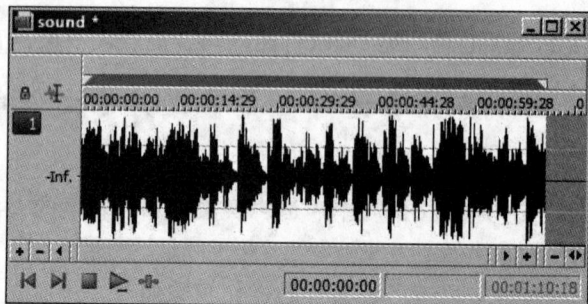

图 5-41　sound.mp3 声音文件转化为单声道后的波形

5）将转换后的声音文件另存为"单声道声音.mp3"文件，以备下面的实验中使用。

单声道声音文件转换为立体声声音文件的操作步骤如下。

（1）打开上一实验保存下来的"单声道声音.mp3"文件，执行 File→Properties 命令，打开 Properties（属性）窗口，单击 Format（格式）选项卡，在 Channels（声道）下拉列表框中选中"2（Stereo）"（立体声）选项，如图 5-42 所示。

（2）单击 OK 按钮，弹出 Mono To Stereo（单声道到立体声）对话框，选中 Both Channels（双声道）单选按钮，单击 OK 按钮完成单声道到立体声的转换，如图 5-43 所示。

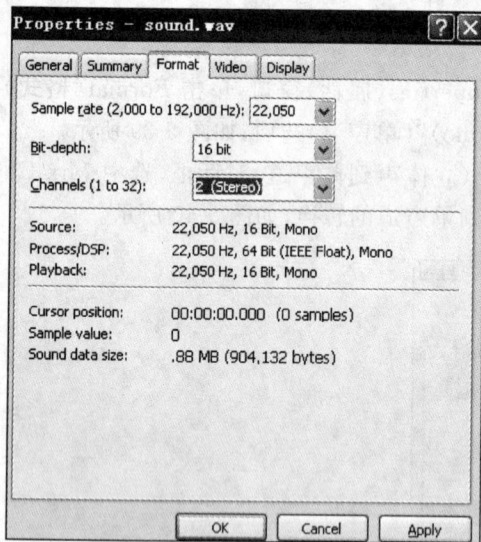

图 5-42　Properties 对话框

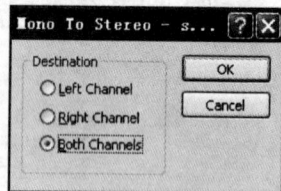

图 5-43　Mono To Stereo 对话框

（3）观察转换后的波形，可以看到与最初的立体声声音文件的波形相似。

3. 实验结论

在 Sony Sound Forge 中，要实现立体声声音文件与单声道声音文件的相互转换，可以通过执行 File→Properties 命令，打开 Properties（属性）对话框来完成。

5.2.7 实验7 音乐的变声处理

1. 实验目的

通过降低或升高声音的音调,来实现人声的变声效果。

2. 实验步骤

(1) 打开教学资料中的"\素材\第5章\ 评书小段.mp3"声音文件,如图5-44所示。

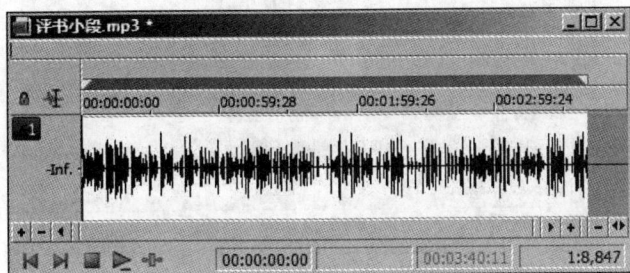

图5-44 "评书小段.mp3"声音文件波形图样

(2) 单击 Effect→Pitch→Shift 命令,弹出 Sony Pitch Shift 对话框,如图5-45所示。选中 Preset 右侧下拉列表中[Sys] Fifth up 选项,如图5-46所示,单击 OK 按钮即可。

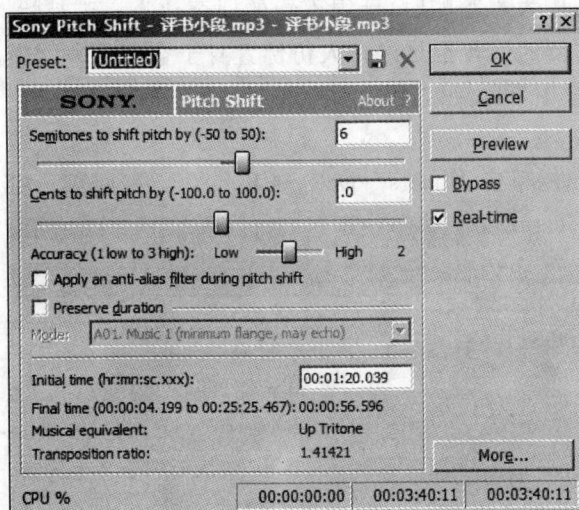

图5-45 Sony Pitch Shift 对话框

提示:也可以用这种方法实现男声变女声、女声变男声的效果。同学们可以自己去尝试,这里就不再赘述。

说明:在改变音调的同时,声音的长度也会随之发生改变。音调升高,声音的长度会变短;音调降低,声音的长度会自动加长。

3. 实验结论

通过降低或升高声音的音调,可以达到人声的变声效果,如男声变女声、女声变男声等效果。

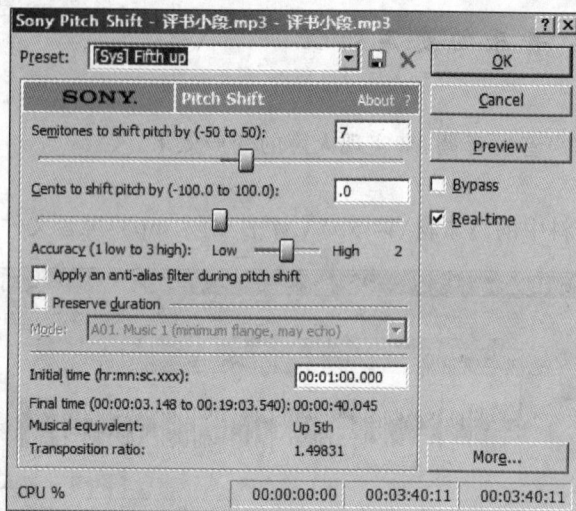

图 5-46 Sony Pitch Shift 对话框

5.2.8 实验8 空间与回音效果

1. 实验目的

当在空旷的山谷中大声呼喊时,延绵不绝的回声让人心旷神怡,当在家中唱卡拉 OK 时,打开混响效果,强烈的回音也足以让人仿佛置身于空荡的大厅中,产生强烈的空间感。在 Sony Sound Forge 中,可以很方便地对声音加入延迟和回音效果。

2. 实验步骤

(1) 打开声音文件,单击 Effects→Delay→Echo(延迟/回声)→Multi-Tap(多节拍)命令,弹出 Sony Multi-Tap Delay(多节拍延迟)对话框,如图 5-47 所示。

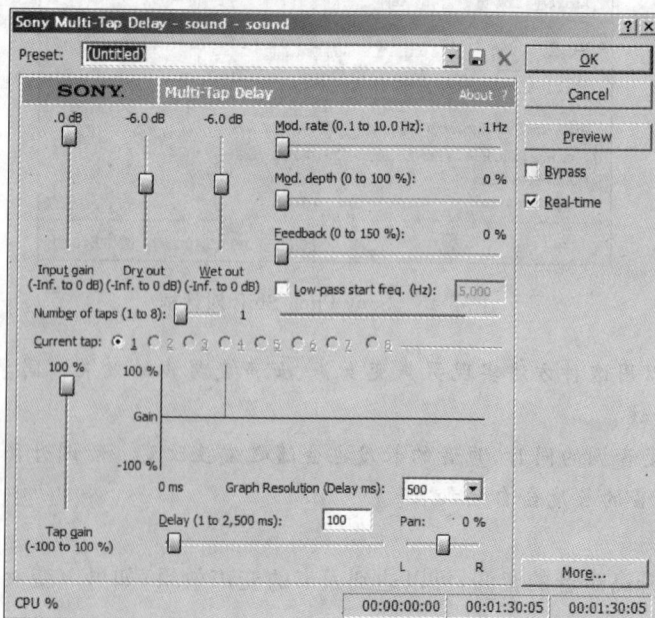

图 5-47 Sony Multi-Tap Delay 对话框

（2）在 Preset 下拉列表中选择"Large hall 4（大厅）"选项，单击 Preview 按钮进行监听，可以听到声音有了明显的空间感。调节 Mod. rate（速率调节）、Mod. depth（深度调节）和 Feedback（反馈）滑尺，可以听到声音的空间效果会有明显的变化。

（3）如果要把声音处理成山谷中的回音效果，可以单击 Effects→Delay→Echo（延迟/回声）→Simple（简单延迟）命令，弹出 Sony Simple Delay（简单延迟）对话框，如图 5-48 所示。

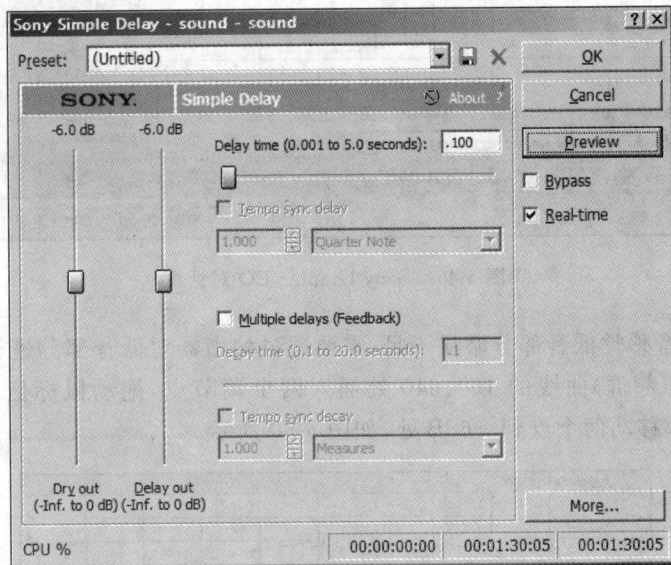

图 5-48　Sony Simple Delay 对话框

（4）在 Preset 下拉列表中选择 Grand Canyon（大峡谷）选项，单击 Preview 按钮进行监听，可以感受到仿佛在大峡谷中聆听音乐一般。

提示：需要注意的是在处理延迟或回音时，要在原来的声音文件后加入一段静音用来放置回音，同时也可以在尾部做个淡出处理，效果会更加逼真。

3. 实验结论

在 Sony Sound Forge 中，给声音加入延迟/回声效果，可以产生延绵不断的空谷回声效果；也可以实现具有强烈回音的空荡大厅效果。

5.2.9　实验 9　使用均衡器

1. 实验目的

在进行录音时，录音师需要仔细调节声音在各个频率之间的均衡，以达到最好的音乐效果。

2. 实验步骤

Sony Sound Forge 提供了三种均衡器调节的方式：Graphic EQ 图形均衡、Paragraphic EQ 波段均衡和 Parametric EQ 参数均衡以适应用户的不同需要。

（1）打开声音文件，单击 Process→EQ→Graphic 命令，弹出 Sony Graphic EQ（图形均衡）对话框，如图 5-49 所示。

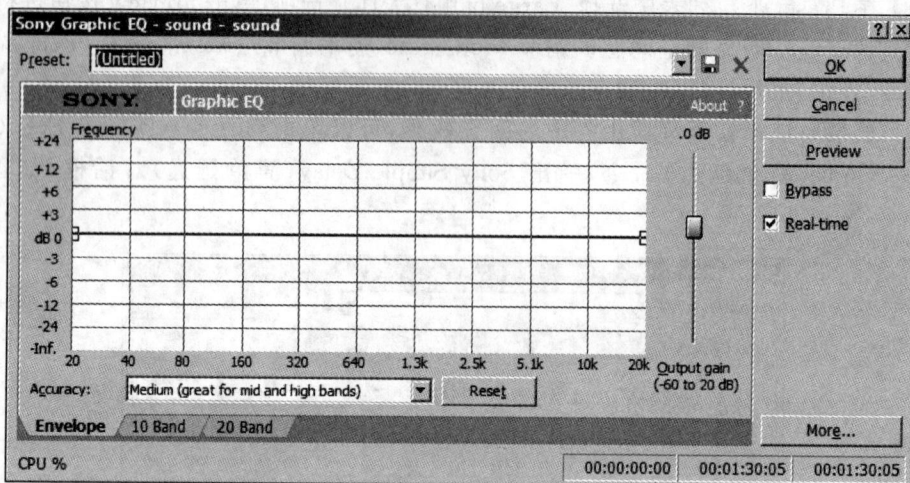

图 5-49 Sony Graphic EQ 对话框

（2）播放声音感觉低音部分略显不足，需要通过均衡器对低音部分进行推进（Boost）调整，在 Frequency（频群）曲线的 160、640 处插入两个调节点，拖动鼠标把两个点全部选择（变成红色标记），移动两个点到＋6dB 处，如图 5-50 所示。

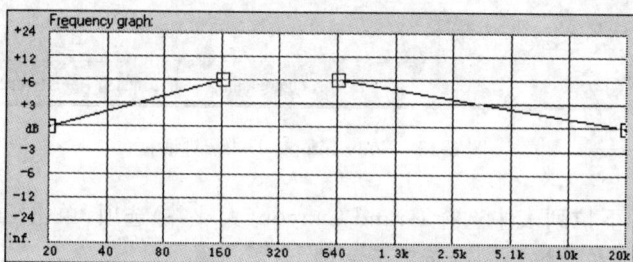

图 5-50 Frequency graphic 面板

（3）单击 Preview 按钮对处理后的声音进行监听，也可以选中 Bypass（旁路）复选框监听原始的声音，通过对比，感觉到音乐比处理之前有更加浑厚的低音效果。

3. 实验结论

在进行录音时，通过仔细调节声音在各个频率之间的均衡，可以达到最好的音乐效果。Sony Sound Forge 中所提供的三种均衡器可以很方便地实现调音台的效果。

5.2.10 问题与解答

音频软件一般有哪几种类型？Sony Sound Forge 是什么样的软件？

通常的音频处理软件包含音频采集软件、音频编辑软件和音频播放软件。

Sony Sound Forge 是音频编辑软件。它可以对声音波形进行直接的修改和编辑，可以进行音频振幅的调整、频率均衡（EQ）处理、声像（左右平衡）处理、左右声道相位差的改变等；在音效方面，可以进行混响、回声、延迟等处理，可以为声音加入合唱效果等；此外，Sony Sound Forge 还能够进行声音文件格式的转换。同时，由于 Sony Sound Forge 支持基于 DirectX 标准的效果插件,因此其功能的扩展性得到了相当程度的提升。

Sony Sound Forge 还集成了声音采录和声音回放的功能。在声音采录方面,它能够利用计算机声卡进行高质量的录音。

5.3 音频播放软件上机实践

音频播放软件主要是把数字音频文件通过相应解码,还原成音频信号,再通过声卡等设备播放出来。

5.3.1 实验1 单首歌曲的播放

1. 实验目的

通过本实验学习如何使用 Winamp 软件播放指定的单首歌曲文件。

2. 实验步骤

(1) 单击"Winamp 菜单"按钮(█),在弹出的下拉菜单中选择"播放"→"文件"命令,弹出"打开文件"对话框,选择指定的歌曲文件即可播放。

(2) 也可以单击"文件类型"下拉列表,了解 Winamp 所支持的文件类型有哪些,如图 5-51 所示。

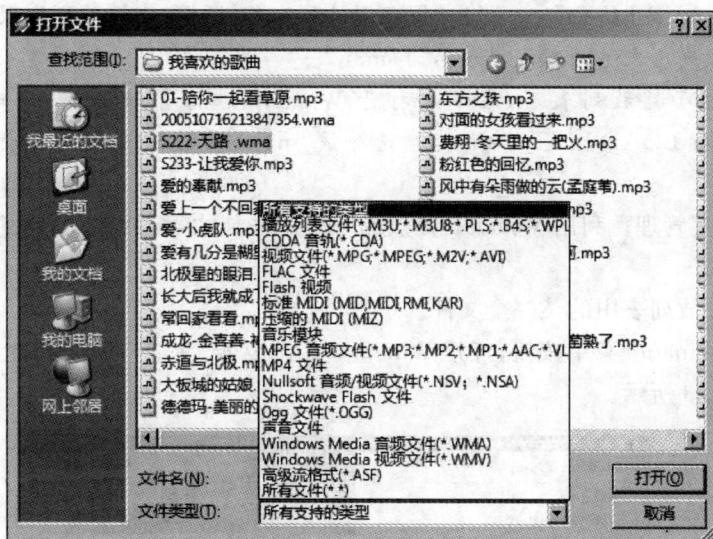

图 5-51 "打开文件"对话框

3. 实验结论

在 Winamp 软件中,可以通过"播放"→"文件"命令播放某一首歌曲。

5.3.2 实验2 连续播放多首歌曲

1. 实验目的

通过本实验学习如何使用 Winamp 播放器连续播放多首歌曲。

2. 实验步骤

(1) 单击"切换到播放列表编辑器"按钮（ PL ），激活播放列表编辑器面板，如图 5-52 所示。

图 5-52　播放列表编辑器

(2) 单击 ADD 按钮，在弹出菜单中选择 ADD FILE 命令，打开添加文件到播放列表对话框，将不同目录中的音频文件加入到播放列表中即可，如图 5-52 所示。

3. 实验结论

使用 Winamp 播放列表编辑器，可以随心所欲地选择不同目录中的音频文件，实现多首歌曲的连续播放。

5.3.3　实验 3　打造个人"音乐数据库"

1. 实验目的

为了方便以后的播放操作，可以将自己喜欢的音乐文件全部集中在播放列表中，打造个人"音乐数据库"。

2. 实验步骤

1) 制作播放列表文件

(1) 单击播放列表编辑器面板上的 LIST OPTS 按钮。

(2) 选择 SAVE LIST 命令，弹出"保存播放列表"对话框，将播放列表保存起来即可。

提示：播放列表文件的默认扩展名为"m3u"。

技巧：创建了播放列表后，在下次打开 Winamp 进行音频播放时，只需单击 LIST OPTS 按钮，执行 LOAD LIST 命令，直接选择该"m3u"列表文件，便可以打开保存的播放列表进行播放。

2) 利用书签管理。利用 Winamp 提供的"书签"功能也可以保存自己的播放目录。具体操作步骤如下。

(1) 选中播放列表中的某一个文件。

(2) 单击 Winamp 菜单按钮，打开 Winamp 菜单，选择"书签"→"把当前添加为书签"命令即可，如图 5-53 所示。

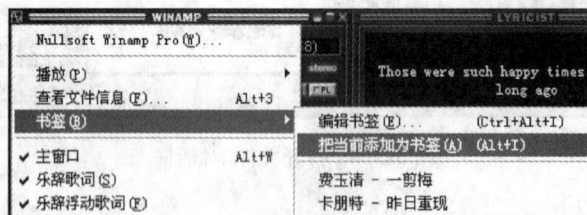

图 5-53　选择"把当前添加为书签"命令

提示：要找到所添加的书签，可以打开 Winamp 菜单中的"媒体库"命令，在弹出的"媒体库"对话框中（如图 5-54 所示），单击窗口左侧的"书签"选项，就可以看到做过书签标记的音频文件，双击指定的音频文件就可以直接播放。也可以单击"追加"按钮，将书签中的多个音频文件依次添加到"播放列表编辑器"中，实现连续播放。

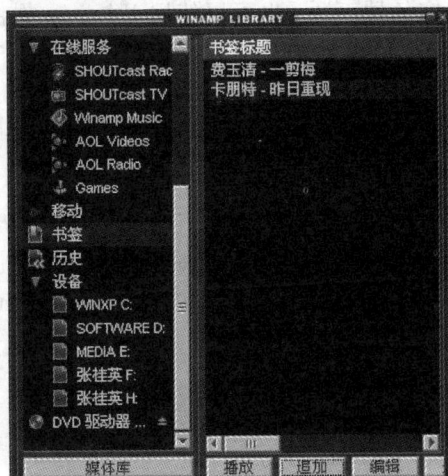

图 5-54 "媒体库"对话框

3. 实验结论

通过制作播放列表，或者利用 Winamp 提供的"书签"功能打造个人"音乐数据库"，实现多个声音文件的连续播放。

5.3.4 实验 4 图形均衡器的使用

1. 实验目的

可以根据音乐所需效果或自己的喜好调节音乐，以补偿扬声器和声场的缺陷，补偿和修饰各种声源，起到提高播放质量的效果。

2. 实验步骤

(1) 单击 Winamp 播放器主界面上的"切换到图形均衡器播放"按钮(EQ)，激活 Winamp 的图形均衡器，用鼠标拖动相应的滑杆调节音乐。

(2) 在图形均衡器面板左上方有两个按钮。

- ON 按钮(ON)：是图形均衡器的开关，它控制着均衡器的设置是否生效。当 ON 左边的"小灯"亮时，则表示均衡器被"激活"，否则表示"失效"。

- AUTO 按钮(AUTO)：当左边的"小灯"亮时，会自动载入所播放音乐的预设均衡值。

技巧：使用 Winamp 提供的多种预设模式，可以方便地获得特定的音效方案。单击均衡器面板上的 PRESETS 按钮(PRESETS)，在弹出的下拉列表框中选择"加载"→"预设"命令，弹出"加载均衡器预设"对话框，如图 5-55 所示，选中相应的预设模式，单击"加载"按钮即可。

3. 实验结论

使用 Winamp 提供的图形均衡器，可以根据个人喜好调节音乐，提高音乐播放质量的效果，以补偿扬声

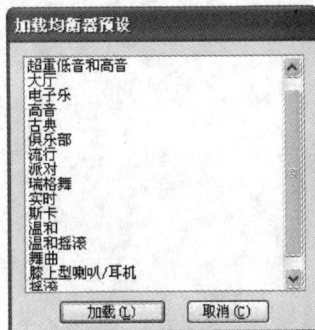

图 5-55 "加载均衡器预设"对话框

器和声场的缺陷,补偿和修饰各种声源;也可以使用 Winamp 提供的多种预设模式,方便地获得特定的音效方案,如大厅、古典、流行等。

5.3.5　问题与解答

多媒体技术中数字音频的常见格式有哪些?

多媒体技术中数字音频的常见格式有波形声音文件格式(WAV)、乐器数字接口格式(MIDI)、音频文件压缩格式 MPEG-1 Audio Layer 3(MP3)、Real Networks 公司推出的 RealAudio 格式(RA)、微软发布的 Windows Media Audio 格式(WMA)等。

第6章 数字视频上机实践

知识点：

- 熟练掌握视频获取的方法
- 熟练掌握视频处理软件 Premiere 的使用
- 掌握视频格式转换和播放的方法

本章导读：

随着计算机和网络的发展，数字视频的应用越来越广泛。本章主要通过实例讲解有关视频的基础知识，通过本章的学习，可以逐步掌握视频编辑的基本能力和正确的工作流程。

6.1 数字视频的采集与录制

视频采集是视频编辑中的一个重要环节，编辑处理的大量素材通过软件将磁带放像机、影碟机等设备上的视频输入源采集到计算机的硬盘中，才能进行数字编辑。

6.1.1 通过 Windows Movie Maker 软件采集视频

1. 实验目的

通过本实验掌握视频采集的过程和方法。

2. 实验步骤

(1) 配置好硬件设备后，如图 6-1 所示，打开 Windows Movie Maker 程序。

(2) 选择"捕获视频"→"从视频设备捕获"命令，如图 6-2 所示，弹出"视频捕获向导"对话框。

(3) 选择"配置"按钮，出现"配置视频捕获设备"对话框，进行摄像机设置或视频设置。

(4) 选择"视频设置"按钮，如图 6-3 所示，出现"视频属性"对话框，在这里设置视频属性。

(5) 选择"摄像机设置"按钮，在"摄像机属性"对话框里设置摄像机。关闭"配置视频捕获设备"对话框。

(6) 在"视频捕获向导"对话框中单击"下一步"按钮，在弹出的对话框中设置视频文件名和要保存的位置。

(7) 在"视频捕获向导"对话框中单击"下一步"按钮，在弹出的对话框中设置视频录制质量。

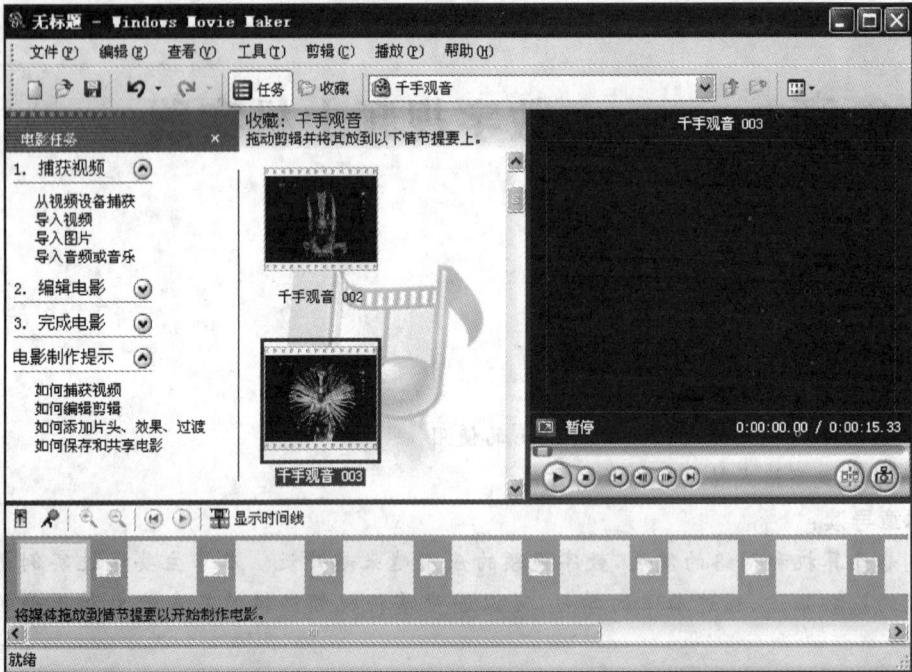

图 6-1 Windows Movie Maker 程序界面

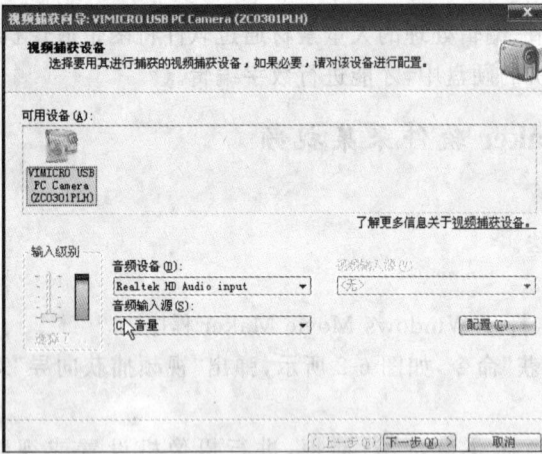

图 6-2 "视频捕获向导"对话框

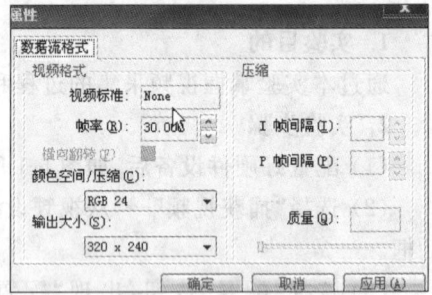

图 6-3 "属性"对话框

（8）单击"下一步"按钮，弹出如图 6-4 所示对话框，单击"开始捕获"按钮进行视频捕获。

（9）捕获完成后单击"完成"按钮，对捕获的视频进行预览。

3. 实验结论

本实验介绍了视频采集的过程，采集视频需要有相应的硬件采集设备和具有采集功能的软件来进行。一般的视频编辑软件都具有视频采集功能，操作方法也基本相同。

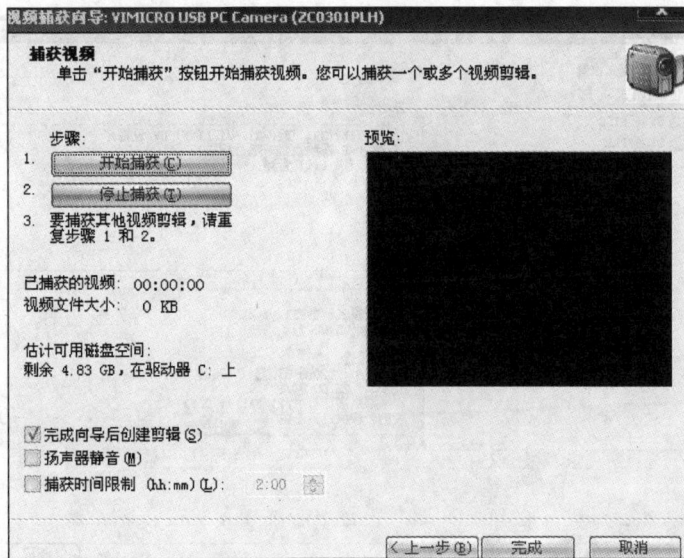

图 6-4 "捕获视频"界面

6.1.2 问题与解答

如何将 DV 拍摄视频素材转到计算机中？

计算机必须安 1394 卡，用 1394 线将 DV 和计算机连接。然后打开视频处理软件 Premiere 进行相应的设置，设置时选 DV 采集设备的选项。将 DV 调到播放模式，在计算机上就会有同步的画面显示，想要哪段就采集哪段即可。

Premiere 在启动时会出现一个视频格式的设置界面，选择 PAL 制的 DV 选项，这样 Premiere 才能找到在 1394 上连接妥当的 DV，并能控制 DV 的放像、采集和录像。Premiere 中编辑加工的录像可以在 DV 的屏幕上直接播放并录回到 DV 磁带上加以保存。

6.2 通用数字视频处理软件 Adobe Premiere

Premiere 是由 Adobe 公司推出的一款处理和制作数字化影视作品的软件。Premiere 编辑方式简单实用、对素材格式支持广泛，能够轻而易举地进行各种复杂的多媒体编辑。本节将对 Premiere 的基本操作做简单介绍。

6.2.1 实验 1 素材导入与管理

1. 实验目的

通过本实验掌握导入各种素材和素材管理的方法与技巧。

2. 实验步骤

(1) 运行 Premiere Pro CS3，在欢迎界面中单击"新建项目"，如图 6-5 所示，打开"新建项目"对话框，输入项目名称为"素材管理"，单击"确定"按钮。

197

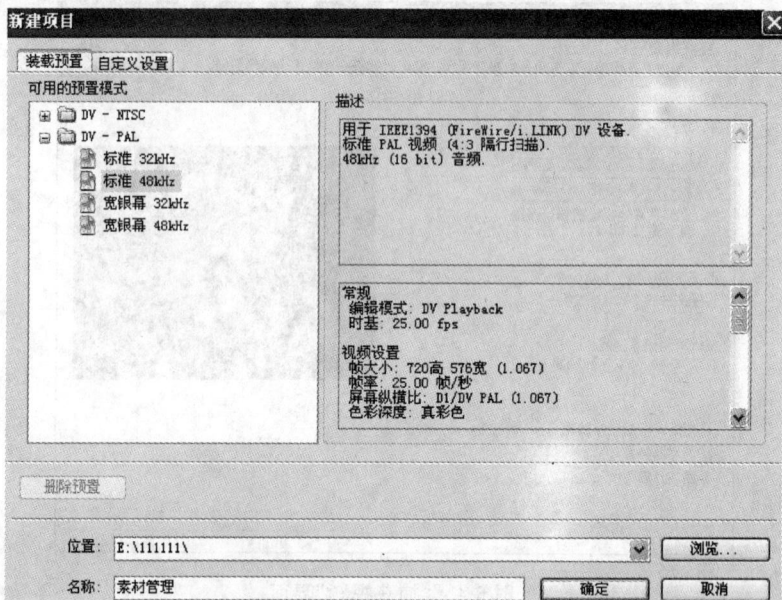

图 6-5 "新建项目"对话框

（2）进入 Premiere Pro CS3 工作区后，选择"文件"菜单中的"导入"命令，如图 6-6 所示，打开"输入"对话框，找到"素材"文件夹。

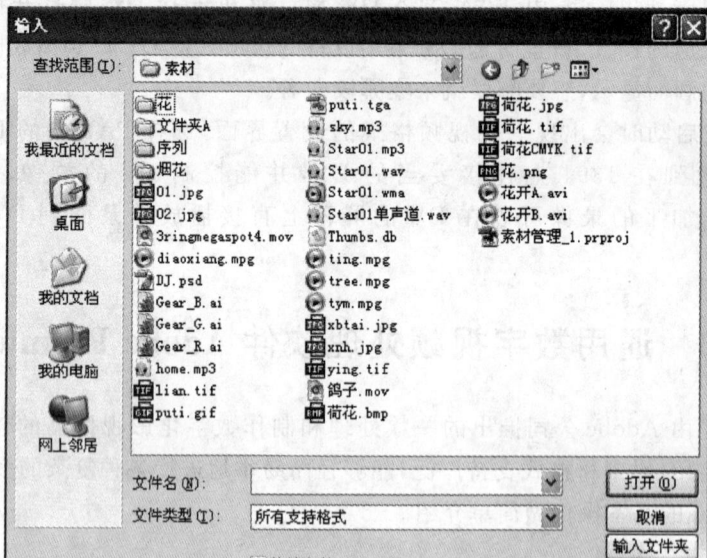

图 6-6 "输入"对话框——导入素材

（3）在对话框中按下 Ctrl＋A 快捷键，选中文件夹中的所有素材后，单击"打开"按钮将所有素材导入。如图 6-7 所示，可以看到素材文件夹中的大部分文件都出现在项目面板中，浏览项目面板中的文件可以发现文件夹并没有导入进来。

（4）在"项目"面板的空白处双击，弹出导入素材窗口，选中"花"文件夹，单击"导入文件夹"按钮,如图 6-8 所示,可以看到在"项目"面板中出现一个名字为"花"的文件夹,同样的方法导入"文件夹 A"文件夹,"文件夹 A"中包含子文件夹,子文件夹将不被导入,但子文件夹中文件则被正常导入。

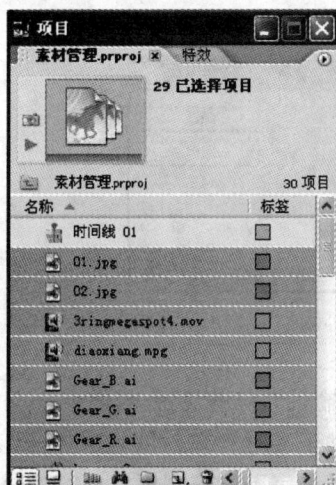

图 6-7　导入素材到项目面板中　　　　　图 6-8　导入文件夹到项目面板

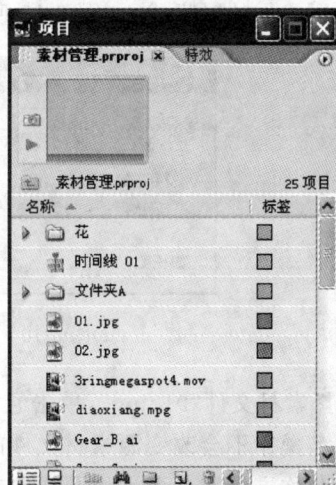

（5）打开导入素材对话框,双击"序列"文件夹,可以看到文件夹中的文件是严格有序的文件名命名的,下面将它们以序列形式导入。如图 6-9 所示,在对话框中单击第一个图片文件"wspd0000.tga",选中"静帧序列"复选框后,单击"打开"按钮,可以看到在项目面板中出现了序列动画,这个序列动画包括了所有的序列文件,显示的图标与视频文件相类似。

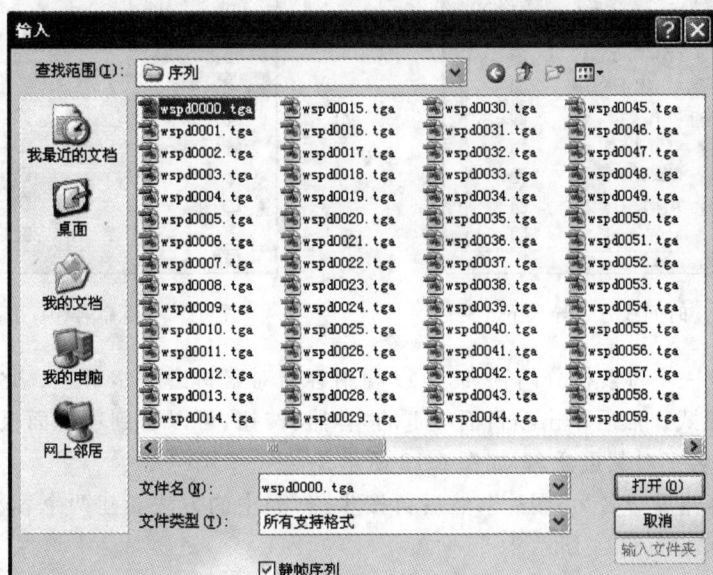

图 6-9　导入完整序列文件

199

第
6
章

(6) 打开导入素材对话框,导入"DJ.psd"文件,单击"打开"按钮,如图 6-10 所示,打开"导入层文件"对话框。在对话框中进行不同的设置可以打开图像或者单个层文件,如果在对话框中将"导入为"设置为"时间线",此时将导入一个文件夹,包含有 psd 文件的所有图层和其总的图层叠加的时间线,如图 6-11 所示。

图 6-10 "导入层文件"对话框

(7) 选择素材文件"01.jpg",单击它的文件名,输入"河"来重命名这个素材,如图 6-12 所示。重命名操作不会改变源素材文件的名称,有助于素材管理,可以根据需要对同一个素材以不同的名称进行重命名。用同样的方法,把素材名字不能表现素材内容的进行重命名,以达到所有素材"名符其实"。

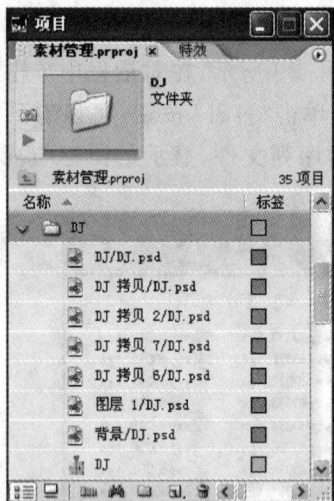

图 6-11 时间线方式导入 psd 文件

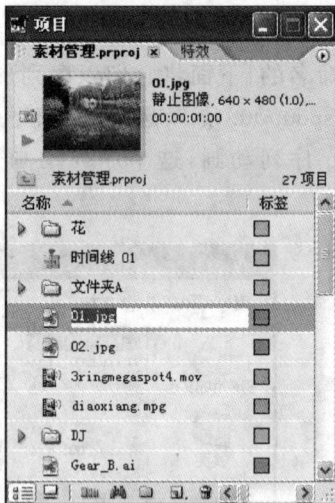

图 6-12 重命名"01.jpg"

(8) 为了进一步将素材分门别类,可以利用容器对素材进一步管理。此时先让项目面板恢复到列表模式。然后单击项目面板下的"容器"按钮,可以看到项目面板中出现了一个新的容器,输入名字对其重命名,如图 6-13 所示。

(9) 将该容器重命名为"图片",然后再按步骤(8)中的方法新建两个容器,分别命名为"音频"、"视频",如图 6-14 所示。

(10) 将项目面板中的文件,包括文件夹,按照素材的类别分别拖到这三个容器中,如图 6-15 所示。

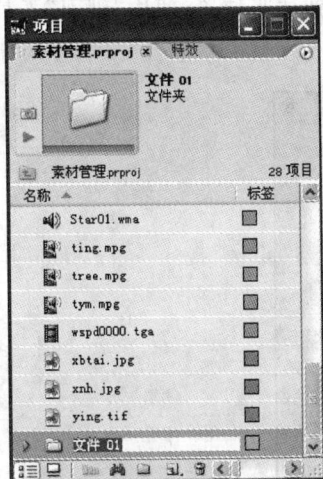

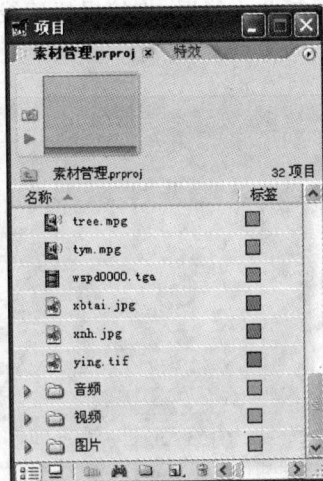

图 6-13　新建容器　　　　图 6-14　新建"音频"和"视频"容器　　　图 6-15　拖动素材到容器中

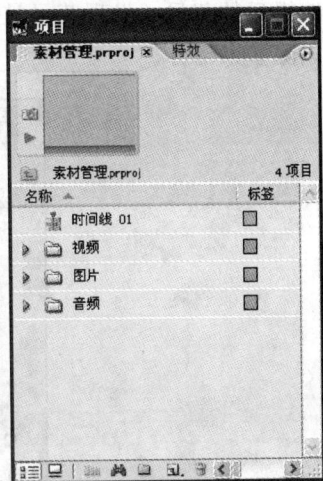

（11）对这三个容器中的文件，还可以利用子容器作进一步的分类管理，使项目面板变得简洁明了。

3. 实验结论

本实验介绍了关于导入素材和管理素材的基本操作，导入的素材格式众多，不同的素材导入方法也有所不同。掌握素材导入的内容可以更好地使用素材来进行编辑制作。

6.2.2　实验2　剪辑视频

1. 实验目的

通过本实验掌握常用时间线编辑工具的功能和用法及渲染输出视频文件的操作方法。

2. 实验步骤

（1）启动 Premiere Pro CS3，新建一个项目文件名称为"海角天涯"，进入界面，在"项目"窗口中单击鼠标右键，导入本书素材文件夹"chap6"的"剪辑素材.avi"文件，在"项目"窗口中双击"剪辑素材.avi"，在"素材源监视器"窗口中显示出来。

（2）在"素材源监视器"窗口中，时间显示处输入"00:00:00:05"，单击"入点"按钮，添加一个入点。如图 6-16 所示，在"素材源监视器"窗口中将当前时间调整为"00:00:02:23"，并单击"出点"按钮，为素材添加一个出点。

（3）将光标放在"素材源监视器"窗口中，按住鼠标左键，此时光标会变为一个小手状，将素材拖至"时间线"窗口视频 1 轨道上。

（4）在"素材源监视器"窗口中，将当前时间调整为"00:00:26:05"，单击"入点"按钮，添加一个入点，再将当前时间调整为"00:00:29:00"，并单击"出点"按钮，为素材添加一个出点，使用步骤（3）同样的方法将入点、出点之间的素材拖至"时间线"窗口视频 1 轨道中。

（5）在"素材源监视器"窗口中，将当前时间调整为"00:00:36:00"，单击"入点"按钮，添加一个入点，将标记线拖到最后，为素材添加一个出点，使用步骤（3）同样的方法将入点、出点之间的素材拖至"时间线"窗口视频 1 轨道中。

（6）在"时间线"窗口中拖动编辑标记线，在"节目监视器"窗口中预览"时间线"窗口中

数字视频上机实践

编辑后的节目。发现节目最后一部分为黑屏,将编辑标记线移到适当位置,使用"剃刀"工具剔除多余部分。

图 6-16 设置素材出入点

(7) 此时素材剪辑已完成,在"时间线"窗口中的素材排列如图 6-17 所示。

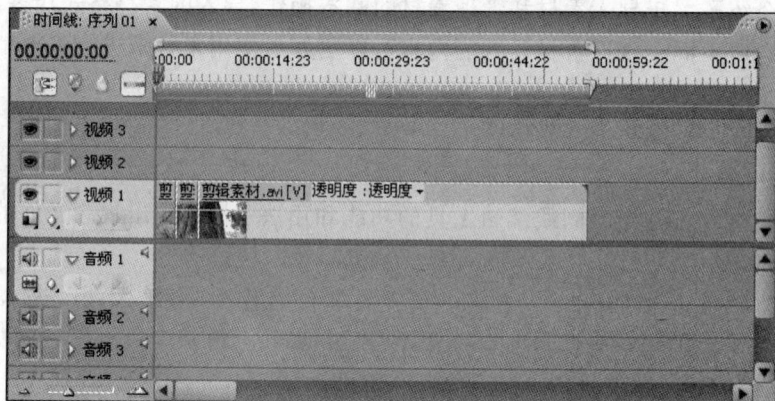

图 6-17 "时间线"窗口

(8) 在"时间线"窗口中,设置第三部分素材的持续时间,将第三部分素材选中,并单击鼠标右键,在弹出的快捷菜单中选择"速度/持续时间"命令,如图 6-18 所示,在打开的对话框中,将"速度"设置为"200"。

(9) 输出生成 AVI 视频,选择"文件"菜单下的"导出"→"影片"命令。打开"导出影片"对话框,命名文件名,单击"设置"按钮。

(10) 进入"导出影片设置"面板,将"文件类型"定义为 Microsoft AVI,将"范围"定义为"工作区域栏",取消选中"输出音频"。

(11) 如图 6-19 所示,在面板左侧选择"视频"选项,然后

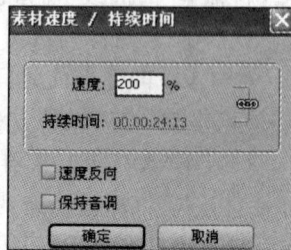

图 6-18 设置素材的"速度"

将面板右侧"画幅大小"的"宽"设置为"720","高"设置为"480";将"品质"设置为"85％",单击"确定"按钮。

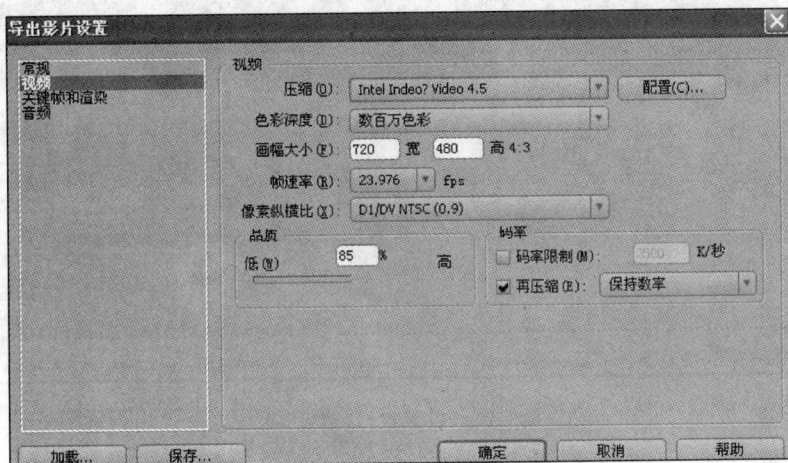

图 6-19 "导出影片设置"面板

(12) 返回到"导出影片"对话框中,单击"保存"按钮,进行渲染输出。

3. 实验结论

本实验介绍了视频编辑的基本操作,在实际操作过程中,肯定会遇到这样或那样的问题,不断的总结经验和教训,即可掌握编辑技巧。

6.2.3 实验3 应用转场

1. 实验目的

通过本实验熟悉常用转场的功能、应用和主要转场参数的设置方法。

2. 实验步骤

(1) 启动 Premiere 软件,将新建项目文件命名为"视频切换效果",选择保存路径,然后单击"确定"按钮进入 Premiere 工作界面。在"项目"窗口中导入素材文件和素材文件夹。

(2) 在"项目"窗口中选择"视频转场.jpg"文件,将其拖至"时间线"窗口的"视频1"轨道中,然后在"视频1"轨道素材上单击鼠标右键。在弹出的快捷菜单中选择"速度/持续时间"命令,如图 6-20 所示,在打开的对话框中将"持续时间"值设置为"00:00:12:01",设置完成后单击"确定"按钮。

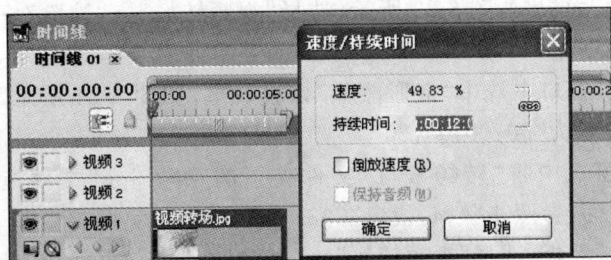

图 6-20 设置素材的"速度/持续时间"参数

数字视频上机实践

（3）激活"特效控制"面板将"运动"选项组中的"刻度"值设置为"80"，如图 6-21 所示。

图 6-21　设置素材"刻度"参数

　　（4）在"项目"窗口中将"转场素材"文件夹下的"001.jpg"文件拖至"时间线"窗口的"视频 2"轨道中，然后在"视频 2"轨道素材上单击鼠标右键，在弹出的快捷菜单中选择"速度/持续时间"命令，在弹出的"速度/持续时间"对话框中的"持续时间"参数设置为"00：00：02：00"，设置完成后单击"确定"按钮。如图 6-22 所示，激活"特效控制"面板，在"运动"选项组中将"刻度"值设置为"67"。

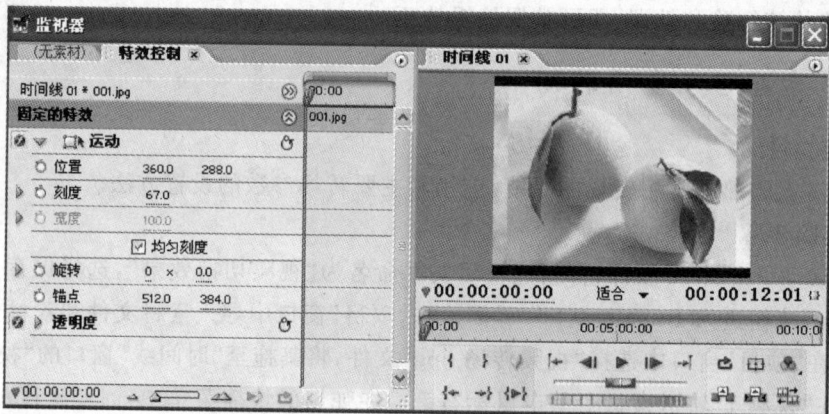

图 6-22　设置素材"001.jpg"的"刻度"参数

　　（5）激活"特效"面板，如图 6-23 所示，选择"视频转场"→"擦除"→"带形擦除"切换效果，将其拖至"时间线"窗口中的"001.jpg"文件的开头处。

　　（6）在"时间线"窗口中选中"带形擦除"切换效果，如图 6-24 所示，激活"特效控制"面板，将"持续时间"设置为"00：00：00：20"。

　　（7）在"项目"窗口中将"转场素材"文件夹下的"002.jpg"文件拖至"视频 2"轨道中"001.jpg"文件的后面，参照步骤（4）设置"002.jpg"文件。

　　（8）激活"效果"面板，选择"视频转场"→"擦除"→"倾斜擦除"切换效果，将其拖至"时间线"窗口中的"001.jpg"文件和"002.jpg"文件的中间，弹出"倾斜擦除设置"对话框，将"柔化"参数设置为"16"，设置完成后单击"确定"按钮，如图 6-25 所示。

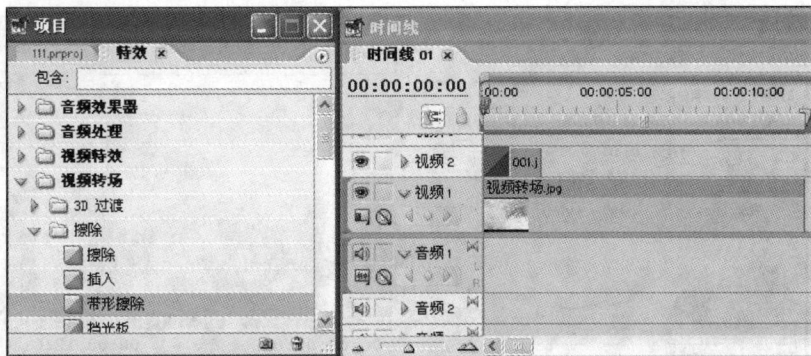

图 6-23　添加切换效果

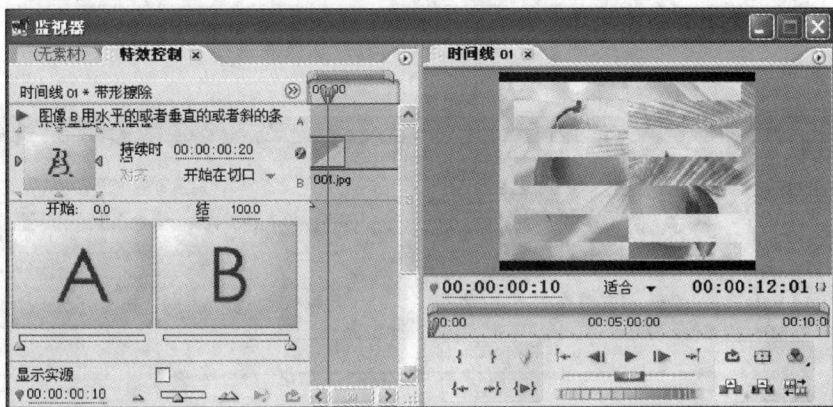

图 6-24　设置"带形擦除"切换效果的"持续时间"参数

（9）在"时间线"窗口中选中"倾斜擦除"切换效果，如图 6-26 所示，激活"特效控制"面板，将"持续时间"设置为"00：00：00：20"，选中"显示实源"复选框。

（10）分别将"003.jpg"、"005.jpg"文件拖入"视频 2"轨道的"00：00：06：00"和"00：00：10：00"位置处，将两个文件的"持续时间"都设置为"00：00：02：00"，然后分别调整比例大小，为"003.jpg"文件的开始、结束处分别添加"百叶

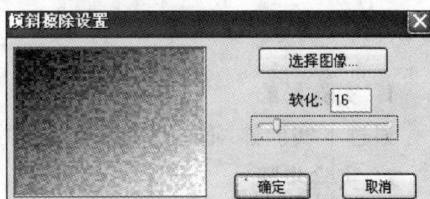

图 6-25　"倾斜擦除设置"对话框

窗"、"时钟擦除"切换效果，为"005.jpg"文件的开始、结束处分别添加"上折叠"、"滚离"切换效果，并分别将切换效果的"持续时间"设置为"00：00：00：20"。

（11）使用同样的方法，将其他素材拖入"视频 3"轨道，添加视频切换效果，并设置持续时间、比例，如图 6-27 所示。

3. 实验结论

本实验介绍了视频转场的基本操作，在电影和电视作品中经常会见到镜头切换，为了使镜头切换的自然，就需要用到各种过渡效果，即 Premiere 转场效果。合理地使用视频转场将素材组织到一起，可以制作出赏心悦目的特技效果，大大增强艺术感染力。

数字视频上机实践

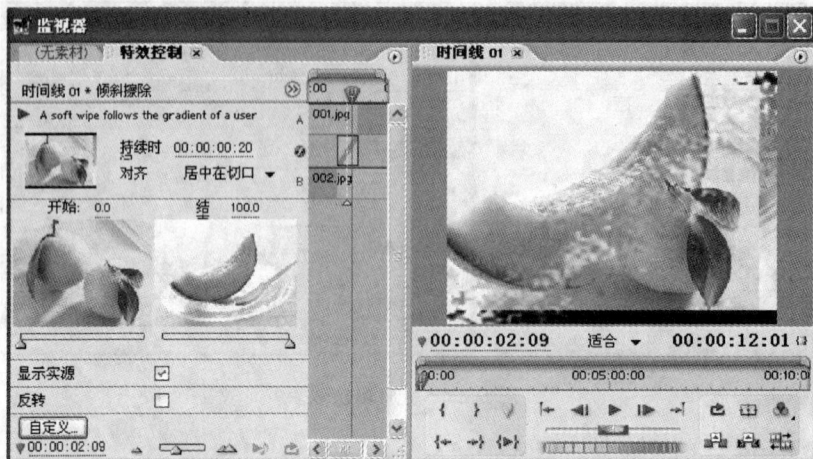

图 6-26　设置"倾斜擦除"切换效果

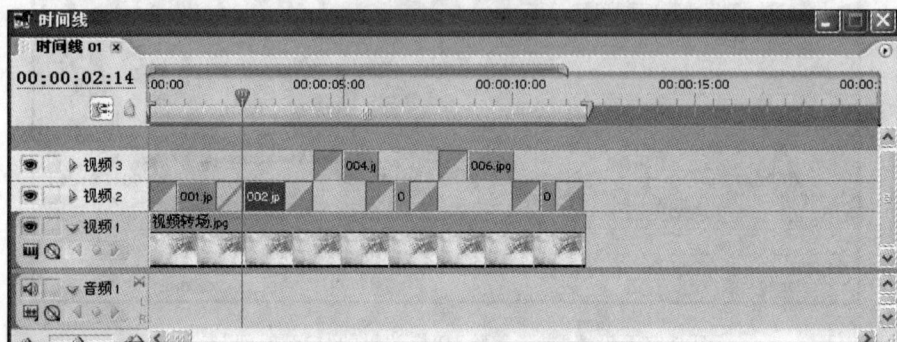

图 6-27　设置其他素材文件

6.2.4　实验 4　添加特效

1. 实验目的

通过本实验熟练掌握"特效控制"的功能、用法和滤镜参数的设置方法。

2. 实验步骤

（1）运行 Premiere 程序，在欢迎界面中单击"新建项目"按钮，进入"新建项目"对话框，设置"画幅大小"为"640×480"，输入"项目名称"为"添加特效"，设置完成后单击"确定"按钮。

（2）选择"文件"菜单中的"导入"命令，打开"素材"文件夹，选中文件夹中的素材文件"01.avi"～"05.avi"，单击"打开"按钮，如图 6-28 所示，素材被导入到 Premiere 项目面板中。

（3）执行"时间线"→"添加轨道"命令，打开如图 6-29 所示对话框，设置添加的视频轨道为"2"，单击"确定"按钮，在时间线面板上添加了两个视频轨道。

（4）如图 6-30 所示，将项目面板中的素材文件"01.avi"～"05.avi"依次添加到时间线面板上的视频 1～视频 5 轨道上。

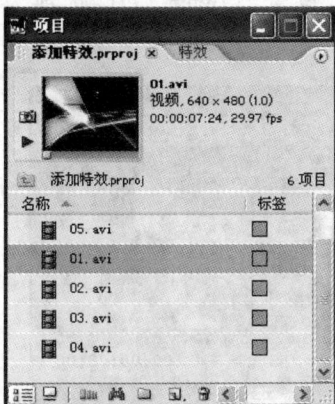

图 6-28　素材导入到项目面板

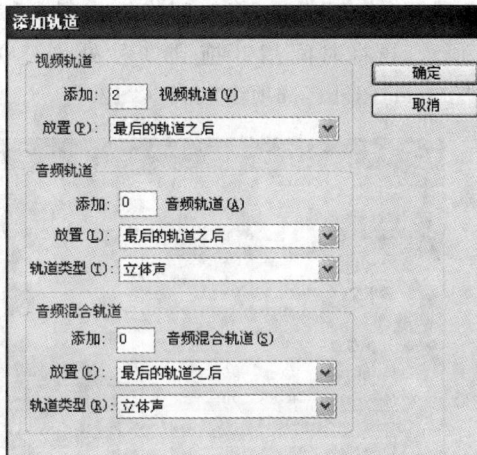

图 6-29　添加视频轨道

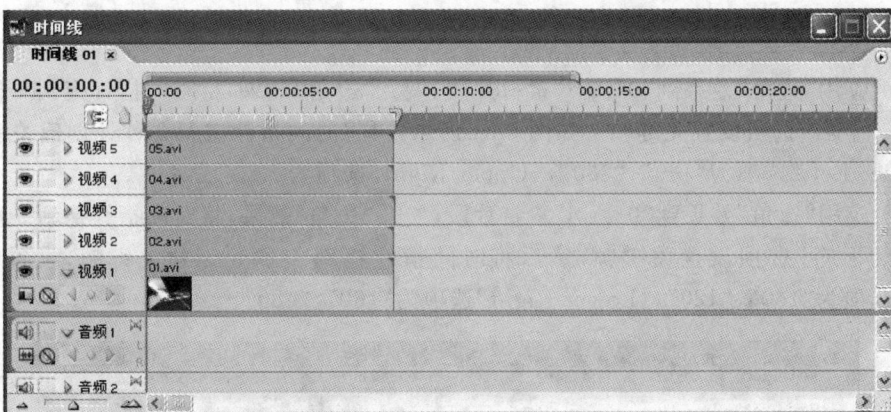

图 6-30　将素材文件"01.avi"～"05.avi"依次添加到时间线面板上

（5）打开效果面板，如图 6-31 所示，展开"特效"中的"扭曲"分类夹，选择"边角"效果，将该效果添加到素材文件"05.avi"上，如图 6-32 所示，打开效果控制面板。

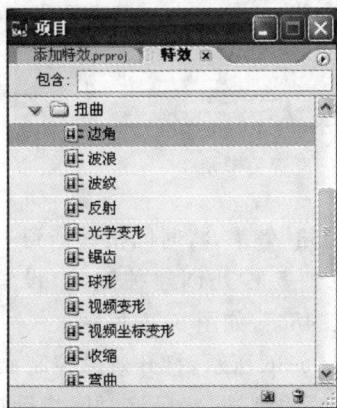

图 6-31　选择"边角"效果

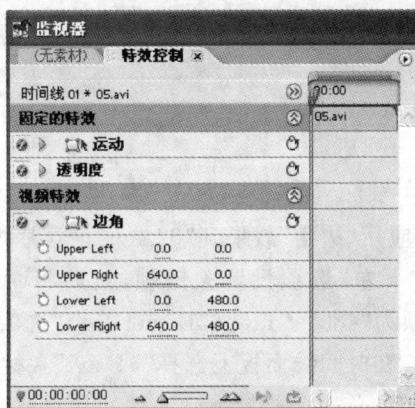

图 6-32　展开"边角"效果

207

第
6
章

数字视频上机实践

（6）展开"边角"效果，将时间指针拖到 1 秒处，为"下左"、"下右"选项设置关键帧，如图 6-33 所示，再将时间指针拖到 2 秒处创建关键帧，设置"Lower Left"选项为"160"、"120"，"Lower Right"选项为"480"、"120"。

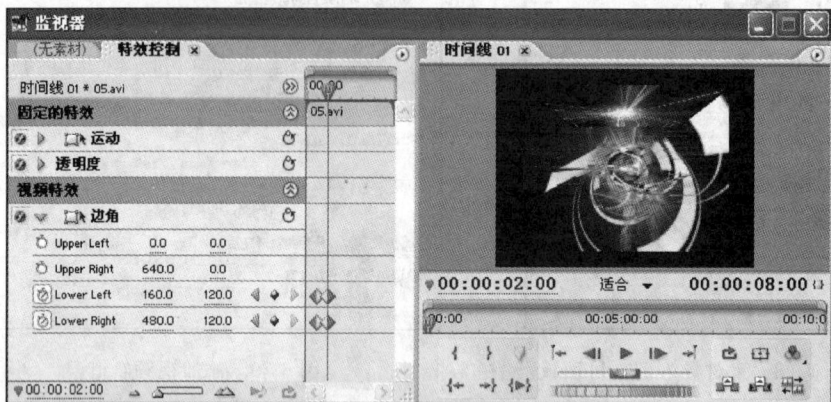

图 6-33 为"05.avi"的"边角"效果设置关键帧

（7）应用"边角"效果到"04.avi"素材片段，展开"边角"效果，将时间指针拖到 2 秒处，为"上左"、"上右"选项设置关键帧。如图 6-34 所示，再将时间指针拖到 3 秒处创建关键帧，设置"Upper Left"选项为"160"、"360"，"Upper Right"选项为"480"、"360"。

（8）应用"边角"效果到"03.avi"素材片段，展开"边角"效果，将时间指针拖到 3 秒处，为"上右"、"下右"选项设置关键帧，然后将时间指针拖到 4 秒处创建关键帧，设置"Upper Right"选项为"160"、"120"，"Lower Right"选项为"160"、"480"。

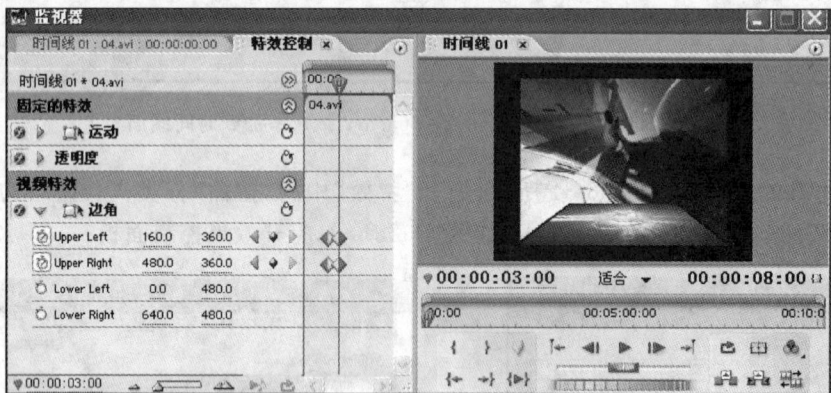

图 6-34 为"04.avi"的"边角"效果设置关键帧

（9）应用"边角"效果到"02.avi"素材片段，展开"边角"效果，将时间指针拖到 4 秒处，为"上左"、"下左"选项设置关键帧，然后将时间指针拖到 5 秒处创建关键帧，设置"Upper Left"选项为"480"、"120"，"Lower Left"选项为"480"、"480"，如图 6-35 所示。

（10）在时间线面板上选择"01.avi"素材片段，如图 6-36 所示，打开效果控制面板，展开"运动"选项，将时间指针拖到 6 秒处，为"刻度"选项设置关键帧，然后将时间指针拖到 6 秒处创建关键帧，设置"刻度"选项为"50"。

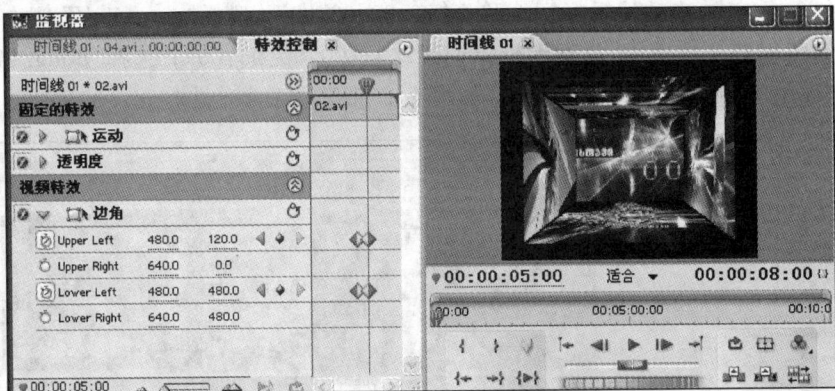

图 6-35 为"03. avi"和"02. avi"的"边角"效果设置关键帧

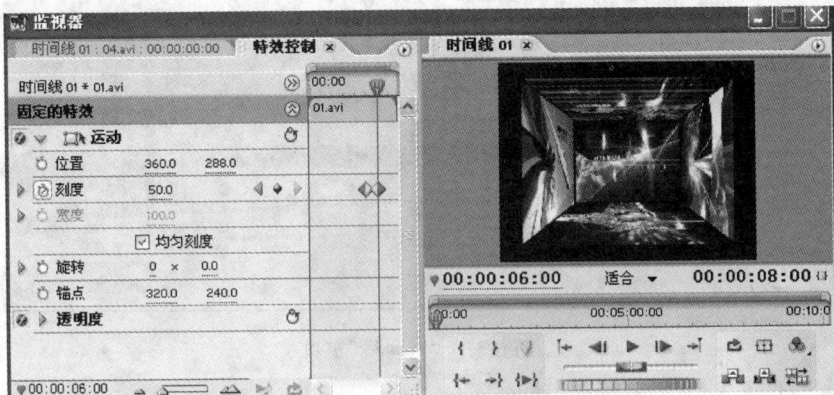

图 6-36 为"01. avi"的"刻度"选项设置关键帧

(11) 按 Enter 键渲染整个影片,输出影片。

3. 实验结论

本实验介绍了视频特效的基本操作,通过各种特效滤镜对素材进行加工,为原始素材添加各种各样的特效,可以增强影片的吸引力。在实际操作中根据需要选择不同的特效添加方法。

6.2.5 实验 5 关键帧动画

1. 实验目的

熟练掌握"运动特效"的功能、用法和"关键帧"动画参数的设置方法。

2. 实验步骤

(1) 启动 Premiere 新建一个项目文件名称为"四季转换",进入界面。

(2) 在"项目"窗口中单击鼠标右键,导入素材,打开素材文件夹"chap6",选择"chun. MOV"、"xia. MOV"、"qiu. MOV"、"dong. MOV"4 个素材文件。

(3) 在"项目"窗口中选择"chun. MOV"素材文件,将其拖至时间线的视频 1 轨道中,在"时间线"窗口中拖动编辑标记线移至"00:00:01:00";选择"xia. MOV"素材文件,将其拖至时间线的视频 2 轨道中,拖动编辑标记线移至"00:00:03:00";选择"qiu. MOV"素材文件,将其拖至时间线的视频 3 轨道中,拖动编辑标记线移至"00:00:05:00";选择"dong. MOV"素材文件,将其拖至时间线的视频 4 轨道中,如图 6-37 所示。

图 6-37 "时间线"窗口

（4）在"时间线"窗口中选择视频 1"chun. MOV",如图 6-38 所示,打开"效果控制"窗口,单击"运动"左侧的小三角图标将"运动"项展开,将"刻度"设为"50",缩小视频尺寸。

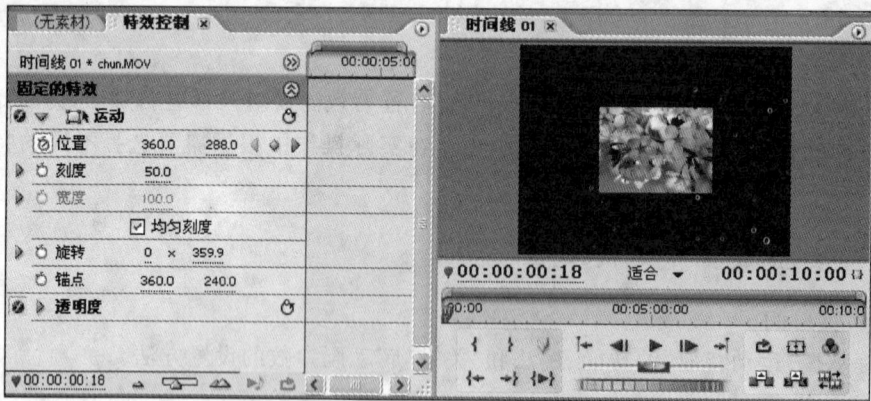

图 6-38 "特效控制"窗口及效果

（5）在"效果控制"窗口单击"运动"选项,按 Ctrl＋C 快捷键复制。在"时间线"窗口中选择"xia. MOV"、"qiu. MOV"和"dong. MOV",按 Ctrl＋V 快捷键粘贴,3 个文件尺寸同时缩小为 50。

（6）选择"编辑"菜单下的"参数"命令,在子菜单中选择"常规"选项,将视频切换默认持续时间设置为 25 帧。

（7）在"时间线"窗口中选择视频 2,将编辑标记线拖至"00:00:01:00",按 Ctrl＋D 快捷键添加一个默认转场；选择视频 3,将编辑标记线拖至"00:00:03:00",选择视频 4,将编辑标记线拖至"00:00:05:00",分别按 Ctrl＋D 快捷键添加默认转场,如图 6-39 所示。

图 6-39 "时间线"窗口添加转场

（8）在"时间线"窗口中选择视频 1,将编辑标记线拖至"00:00:07:00",在其"效果控制"窗口中单击"位置"前面的码表,添加一个关键帧。

（9）在"时间线"窗口中将编辑标记线拖至"00:00:08:00",在其"效果控制"窗口中将"位置"设置为"180"、"144",将"旋转"设置为"0×359.9",按 Enter 键确认。如图 6-40 所示,这两个动画关键帧使画面从中部一边旋转一边移动到屏幕的左上部。

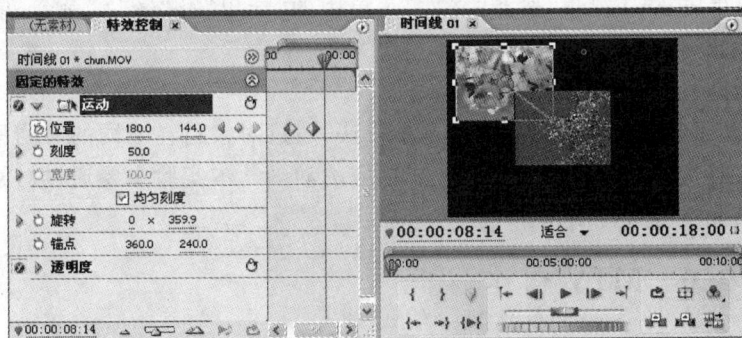

图 6-40 添加关键帧

数字视频上机实践

（10）同样，选择"xia. MOV"，在"时间线"窗口中将编辑标记线拖至"00∶00∶07∶00"和"00∶00∶08∶00"处添加关键帧，并将"00∶00∶08∶00"处的"位置"设置为"540"、"144"，将"旋转"设置为"－360"，按 Enter 键确认。

（11）同样，选择"qiu. MOV"，在"时间线"窗口中将编辑标记线拖至"00∶00∶07∶00"和"00∶00∶08∶00"处添加关键帧，并将"00∶00∶08∶00"处的"位置"设置为"180"、"432"，将"旋转"设置为"360"，按 Enter 键确认。

（12）同样，选择"dong. MOV"，在"时间线"窗口中将编辑标记线拖至"00∶00∶07∶00"和"00∶00∶08∶00"处添加关键帧，并将"00∶00∶08∶00"处的"位置"设置为"540"、"432"，将"旋转"设置为"－360"，按 Enter 键确认。

（13）最后在"时间线"窗口中选择"chun. MOV"、"xia. MOV"、"qiu. MOV"和"dong. MOV"，在"00∶00∶10∶00"处使用"剃刀"工具删除 10 秒后的素材，如图 6-41 所示。

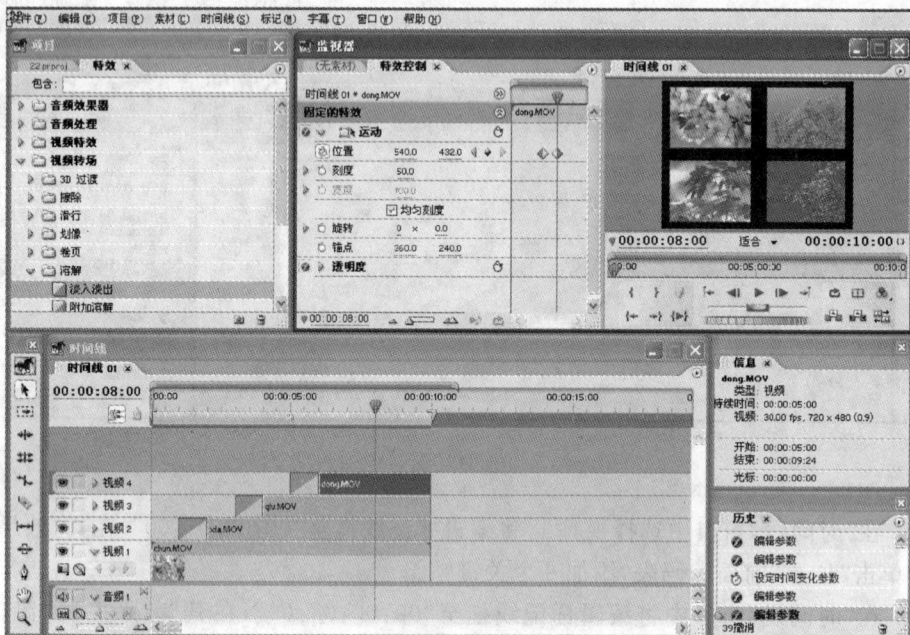

图 6-41　剪辑素材

（14）输出生成 AVI 视频，选择"文件"菜单中的"导出"→"影片"命令，单击"保存"按钮，进行渲染输出。

3. 实验结论

本实验介绍了制作"关键帧"动画的基本方法，通过对素材在不同的时间里设置不同的参数，使素材在播放时随参数的改变而形成相应的动画。本实验主要通过对素材的尺寸大小、位置和旋转角度等进行制作。

6.2.6　实验 6　MTV 制作

1. 实验目的

通过本实验掌握 Premiere 中为音频素材添加标记的方法和设置文字字幕的方法与

技巧。

2. 实验步骤

(1) 启动 Premiere 新建项目文件名为"MTV 制作",进入界面。在"项目"窗口中单击鼠标右键,导入素材,打开 Chap6\MTV 文件夹,选择"tiantang1. wav"、"tiantang2. wav"、"tiantang22. wav"、"tiantang3. wav"、"tiantang4. wav"、"tiantang44. wav"、"天堂. wav"7 个素材文件。

(2) 在素材窗口中选中"天堂. wav",将其拖至"时间线"窗口的音频 1 轨道中。按空格键播放,可以监听音频的内容,这是歌曲"天堂"的片段,演唱的内容有 4 句,第 1 句为"蓝蓝的天空",第 2 句为"清清的湖水哎耶",第 3 句为"绿绿的草原",第 4 句为"这是我的家哎耶"。

(3) 单击"音频轨道 1"左侧的三角形图标可以展开或收合音频波纹图示,从轨道 1 的音频波纹图示中大致可以看出有 4 句唱词,即有人声的时间处,波形会更高更密,如图 6-42 所示。

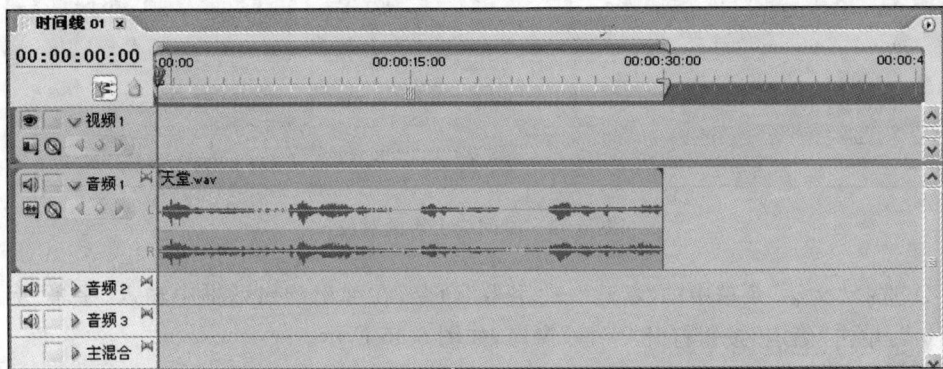

图 6-42　展开或收合音频波纹图示

(4) 播放音频 1 的同时按键盘右侧小键盘上的"＊"键在时间线的标尺线上添加标记。在唱到第 2、第 3 和第 4 句刚开始的位置时依次按一下小键盘上的"＊"键,这样在时间线的标尺线上添加 3 个标记,如图 6-43 所示。

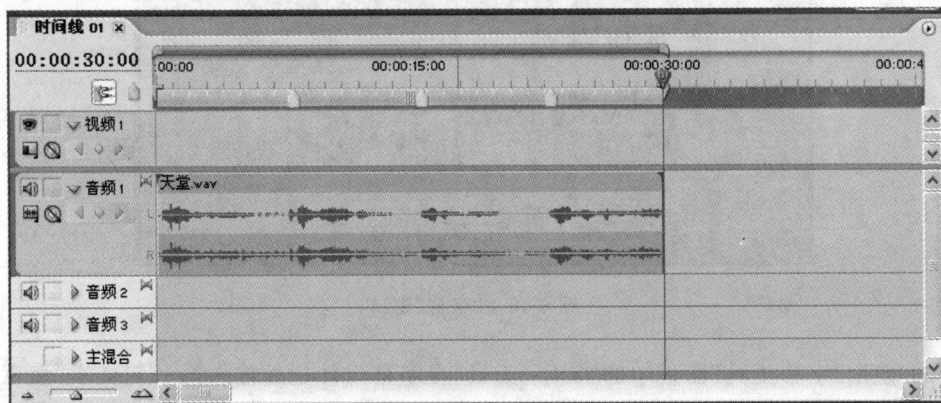

图 6-43　时间线上添加标记

数字视频上机实践

（5）在时间线标尺上添加了标记点之后，就可以给被标记点分开的 4 部分添加对应的画面，先从素材窗口找到蓝天的素材"tiantang1.avi"，将其拖至视频轨道 1 上，放到第一标记点的位置。

（6）从素材窗口找到湖水的素材"tiantang2.avi"和"tiantang22.avi"，将其拖至视频轨道 1 上的第二标记点的位置。

（7）从素材窗口找到草原的素材"tiantang3.avi"，将其拖至视频轨道 1 上的第三标记点的位置；找到蒙古包的素材"tiantang4.avi"和"tiantang44.avi"，将其拖至视频轨道 1 上的第四标记点的位置，至此，声音和画面对应起来了，如图 6-44 所示。

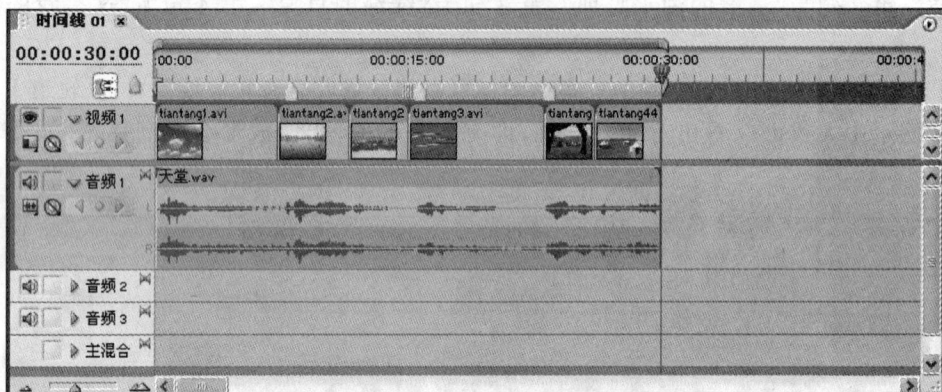

图 6-44　时间线上声画对位

（8）选择"文件"菜单中的"新建"→"字幕"命令，在弹出的对话框中输入"字幕"名称为"第一句"，单击"确定"按钮打开"字幕"窗口，如图 6-45 所示。

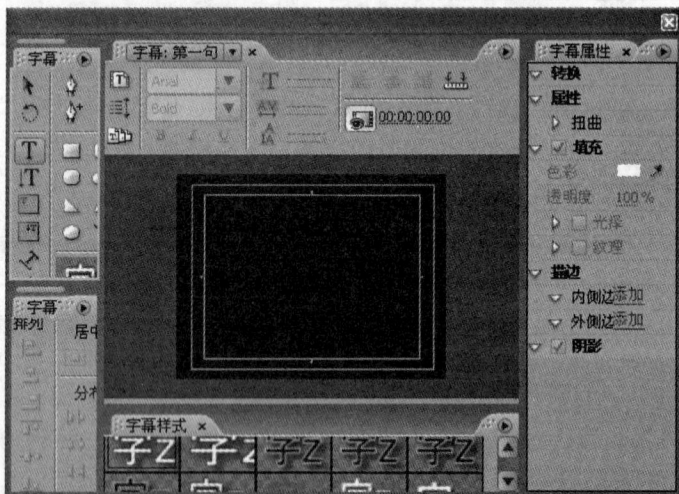

图 6-45　"字幕"窗口

（9）使用"字幕工具"面板中的"文字"工具，在字幕设计栏处输入第一句文本"蓝蓝的天空"在"字幕属性"面板中设置字体、大小和位置。

（10）单击"[T]"按钮，将新建的字幕命名为"第二句"，将原来的文本修改为"清清的湖水"，如图 6-46 所示，在字幕"属性"面板中设置字体、大小和位置。使用同样的方法创建其他的歌词，创建完成后关闭"字幕"窗口。

图 6-46　"文字字幕"窗口

（11）在"时间线"窗口的"视频 2"轨道中拖入"第一句"字幕，将其与编辑标识线对齐。

（12）将时间设置为"00∶00∶07∶10"，在"时间线"窗口的"视频 3"轨道中拖入"第二句"字幕，将其与编辑标识线对齐。

（13）将时间设置为"00∶00∶15∶00"，在"时间线"窗口的"视频 4"轨道中拖入"第三句"字幕，将其与编辑标识线对齐。

（14）将时间设置为"00∶00∶22∶20"，在"时间线"窗口的"视频 5"轨道中拖入"第四句"字幕，将其与编辑标识线对齐，如图 6-47 所示。

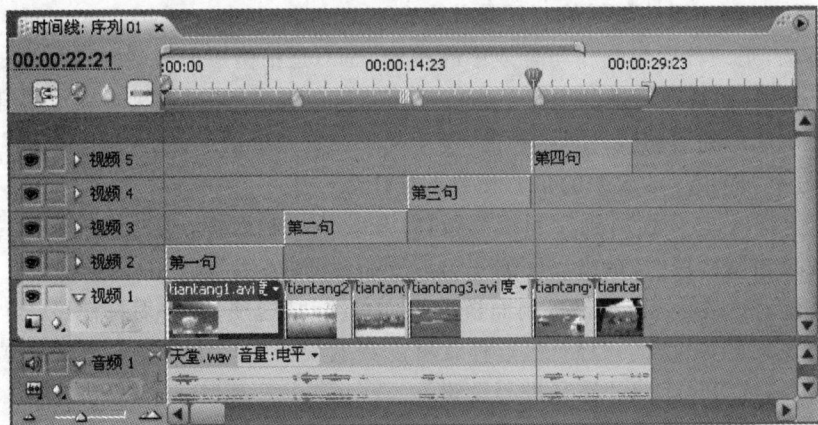

图 6-47　拖入"字幕"

3. 实验结论

本实验介绍了制作 MTV 的基本方法，MTV 对任何人都不陌生，它主要由开头字幕、精彩的视频片段、歌曲和歌曲字幕组成。通过本实验可以熟悉 Premiere 中"字幕设计器"的功能和用法并能掌握添加和设置文字字幕的方法和技巧。

6.2.7 问题与解答

1. 问题 1 将文件以序列的形式导入的好处有哪些？

- 编辑方便，一般情况下都会在项目窗口中为这些分散的素材单独建立一个文件夹，然后全选后将其放入时间线。不这样操作容易出错，而且会迅速增加 Premiere Pro 工程文件的尺寸大小，导致打开和存盘速度变慢；

- 定位剪辑方便，无论是在项目窗口中查找素材，还是在时间线窗口中改变剪辑的位置，操作一个对象远比操作成百上千的剪辑要方便得多。

2. 问题 2 什么是三点编辑和四点编辑？

三点编辑与四点编辑都是指对于源素材的剪辑方法。三点、四点是指素材入点和出点的个数。三点编辑有两种，分别是在源素材窗口和节目窗口中标记两个入点、一个出点或者是两个出点、一个入点。四点编辑则要在源素材窗口中设置源素材的入点及出点，在节目窗口中设置节目的入点及出点。

3. 问题 3 在 Premiere Pro 中如何进行转场特效设置？

转场效果自身带有参数设置，通过更改设置就可以实现转场特效的变化。打开特效控制窗口，选择已经应用的转换效果，相关的参数设置就会出现在其中。或在时间线窗口中双击某个转场特效，也会直接打开这个转场在特效控制窗口中的参数设置。

4. 问题 4 如何复制一个片段的所有效果值到另一个片段？

使用"粘贴属性"命令，可以复制一个片段的所有效果值（包括固定效果和标准效果的关键帧）到另一个片段。如果是一个包含关键帧效果的片段，它们会从片段的起点开始，分别出现在目标片段色彩匹配相对应的位置上，如果目标片段比源片段短，粘贴时关键帧会超出目标片段的入点和出点，要查看这些关键帧，可以向后移动素材的出点。

5. 问题 5 创建运动效果的原理是什么？

视频运动，是一种后期制作与合成中的技术，而不是拍摄层面或者播放层面的概念。在 Premiere Pro 中，对视频运动的设置是在特效控制窗口中进行的，这种运动设置建立在关键帧的基础上。这里的运动是针对视频的，包括视频在画面上的运动、变形、缩放等效果。

6. 问题 6 应用运动效果的步骤和要点是什么？

（1）新建项目，应用素材到时间线面板，打开效果控制面板，"运动"效果作为默认选项出现在了效果控制面板中，单击前面的三角形按钮展开"运动"选项。

（2）设置运动路径：在效果控制面板中，选中"运动"选项（选中后标题变黑），在监视器窗口中将出现该素材片段的控制框，这样就可以在监视器窗口中对素材片段的位置进行调整，通过关键帧技术对运动的路径进行设置。

（3）设置运动速度：在效果控制面板中，移动"运动"选项中"位置"参数中关键帧点的位置，可以改变素材的运动速度。

（4）设置旋转、缩放和定位点：结合节目监视器窗口和效果控制面板，设置素材位置、比例和旋转值。可以通过设置它们的参数值来改变各自的属性,也可以在节目监视器中直观地调整。

7. 问题 7　均衡的主要作用是什么？

（1）改善房间、厅堂建筑结构上所产生的某些缺陷,使用均衡器调节,可以使频率特性曲线变得平滑。

（2）根据不同风格的节目源进行频率提升和衰减,使各种不同风格的音乐发挥其独特的音响艺术效果。

（3）根据自己对音乐的某些偏爱,可以对低频、中低频、中高频和高频各频段和频点进行提升和衰减,调整某些频率的音色表现力,以达到某种特殊的艺术魅力。

8. 问题 8　如何输出单帧图片？

要输出单帧图片,必须在时间线面板中使得时间指针的位置停留在要输出的那一帧上。然后同输出影片一样,选择"文件"菜单中的"导出"→"单帧"命令,可以打开"输出单帧"对话框。单击"设置"按钮,打开"常规输出设置",在"文件类型"下拉菜单中选择要输出的图片格式。

6.3　数字影音格式转换与播放

在视频非线性编辑时,因为实际需要对视频格式进行转换与播放是经常做的工作之一,本节对这方面内容做简要介绍。

6.3.1　通过 WinAVI 转换视频格式

1. 实验目的

通过本实验了解视频格式转换的基本方法。掌握 WinAVI 的功能和用法。

2. 实验步骤

（1）运行 WinAVI,如图 6-48 所示,在界面上单击 DVD 按钮,弹出"选择文件"窗口。

图 6-48　单击 DVD 按钮

（2）在"选择文件"窗口中，浏览本地磁盘找到要转换的视频文件"宇宙与人.rmvb"，单击"打开"按钮，进入"任意到 DVD/VCD/SVCD/Mpeg"界面。

（3）单击"输出格式"下拉列表，从列表中选择 VCD 选项，如图 6-49 所示，单击"确定"按钮（也可以单击"高级"按钮，进行转换 VCD 的详细设置）。

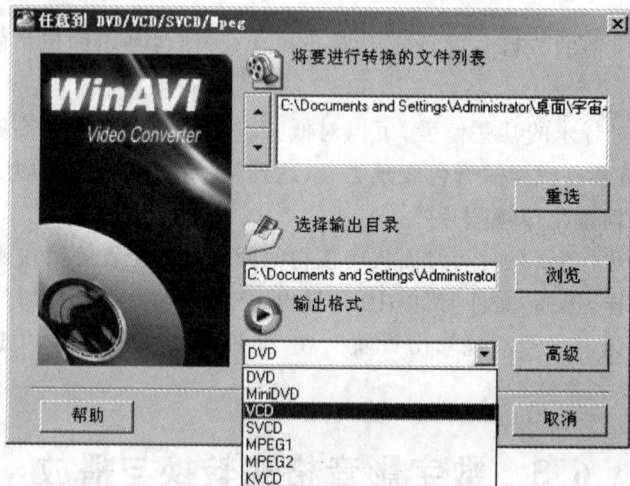

图 6-49　选择 VCD 选项

（4）程序进入格式转换状态，如图 6-50 所示，稍候，文件转换完毕。

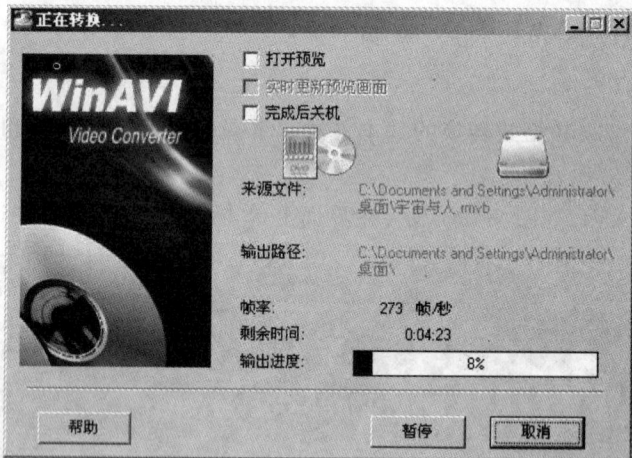

图 6-50　文件转换状态

3. 实验结论

本实验介绍了利用 WinAVI 转换视频格式的方法，提供视频格式转换功能的软件很多，可以根据自己实际情况选择相应的软件。

6.3.2　问题与解答

常见数字影音格式的转换方法有哪些？

（1）将 dat 文件转换成 MPEG 文件的格式，一般使用 MPEGTool 软件，MPEGTool 可以把 dat 格式的文件转换成 MPEG 格式的文件，并且还能够分割 MPEG 文件；

（2）将 MPEG 文件压缩成为 rm 格式，选择较高版本的 Real Producer Plus，其可以把 Wav、Mov、Avi、Au、Mpeg 文件压制成 Real 影音文件格式；

（3）将 AVI 文件格式转换成 MPEG 文件格式，最常用的工具是 TMPGEnc，其采用独特的编码使生成的 MPEG 文件图像质量非常好，可媲美专业视频压缩卡的效果；

（4）将 VCD/DVD 格式转换成 RMVB 格式，把 RM/RMVB 格式转换成 VCD/SVCD/DVD 格式，WinAVI 就是很好的选择。如果要提取 DVD 中的字幕，一般使用 VobSub 提取；

（5）将 DVD 格式转换成 VCD/SVCD 格式，可以使用 wincopydvd standard edition，这个 dvd 转录软件可用 30 分钟把 DVD 复制成绝佳影音品质的 vcd/svcd。

第7章 电脑动画上机实践

知识点：

- Flash 图形绘制与编辑
- 创建与编辑文本对象
- 元件库的使用
- 基础动画设计
- 高级动画设计
- 简单交互控制

本章导读：

Flash 是一种基于网络环境下的动画创作工具，具有强大的动画制作功能和脚本控制功能。随着计算机技术的日益普及，动画制作越来越受大众的青睐。在日常生活中，随时都可以接触到各类动画产品，如各类电影、教学片、新产品宣传片、企业专题片、电视剧等。目前，动画编辑工具软件很多，其中 Flash 已经成为主流的二维动画编辑工具之一，它为高质量的二维动画提供了完整的解决方案。

7.1 Flash 基础操作

Flash 软件专业性强，功能众多，要想熟练掌握该软件，并灵活运用其强大功能设计、制作出出色的动画作品，必须从最基础的操作方法入手。通过本小节的学习，掌握 Flash 文档的基础操作。

7.1.1 实验1 新建 Flash 文档

1. 实验目的

制作 Flash 动画时，首先由用户创建一个 Flash 文档，这些文档都是以".fla"为扩展名的源文件。通过本实验掌握新建 Flash 文档的一般方法。

2. 实验步骤

(1) 新建一个 Flash 文档。通过开始页"创建新项目"创建一个 Flash 文档，选择"文件"→"新建"命令，或按 Ctrl+N 快捷键，就会出现"新建文档"对话框，如图 7-1 所示。

在此对话框的"常规"选项卡中，可选择 Flash 文件、Flash 幻灯片演示文稿以及单纯的代码页。

(2) 选择"从模板新建"对话框中"模板"选项卡，可以通过模板快速新建 Flash 文档，如图 7-2 所示，相应的模板提供了不同形式的文档格式。

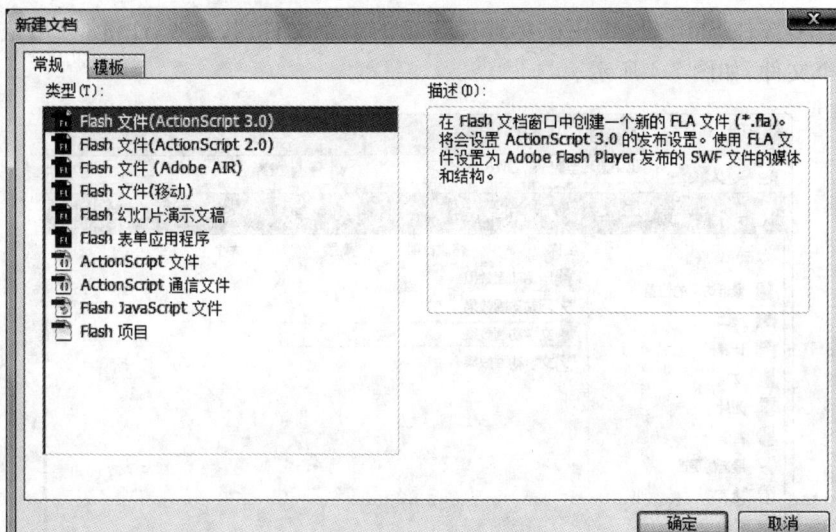

图 7-1 "新建文档"对话框

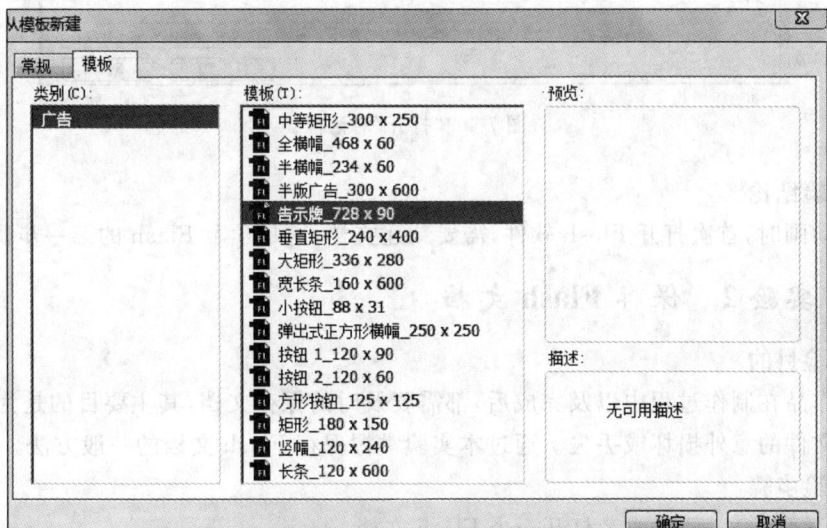

图 7-2 "从模板新建"对话框

（3）使用按钮创建文档。用户可以选择"窗口"→"工具栏"→"主工具栏"命令，打开主工具栏，如图 7-3 所示。单击主工具栏中的"新建"按钮 ，即可新建与前一次创建的文档类型相同的文档。

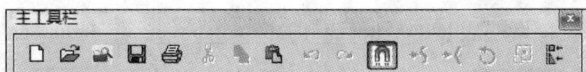

图 7-3 主工具栏

（4）打开 Flash 文档。在开始页"打开最近项目"列表中选择近期使用过的 Flash 文件，选择"文件"菜单下的"打开"命令，或按 Ctrl＋O 快捷键打开一个文件或多个文件。在"打

第 7 章

电脑动画上机实践

开"对话框中,按住 Shift 键,可用鼠标选择连续的多个文件,按住 Ctrl 键,可用鼠标选择不连续的多个文件,如图 7-4 所示。

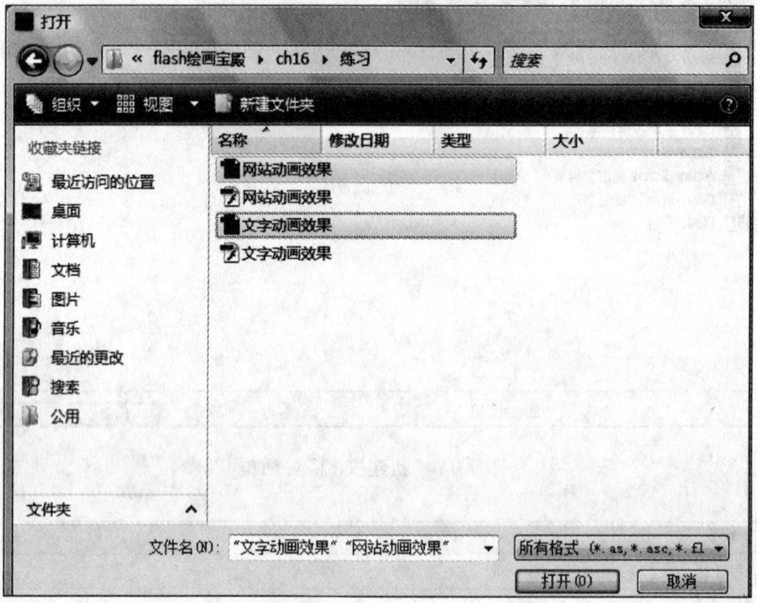

图 7-4 "打开"对话框

3. 实验结论

创作动画时,首次打开 Flash 软件,需要新建文档,这是学习 Flash 的第一步操作。

7.1.2 实验 2 保存 Flash 文档

1. 实验目的

动画作品在制作过程中以及完成后,都需要及时的保存文档,其主要目的是为了保存作品及防止文件的意外损坏或丢失。通过本实验掌握保存 Flash 文档的一般方法。

2. 实验步骤

(1) 运行 Flash,新建或者打开一个 Flash 文档。

(2) 对文档进行编辑修改,选择"文件"菜单下的"另存为"命令,弹出"另存为"对话框,如图 7-5 所示。

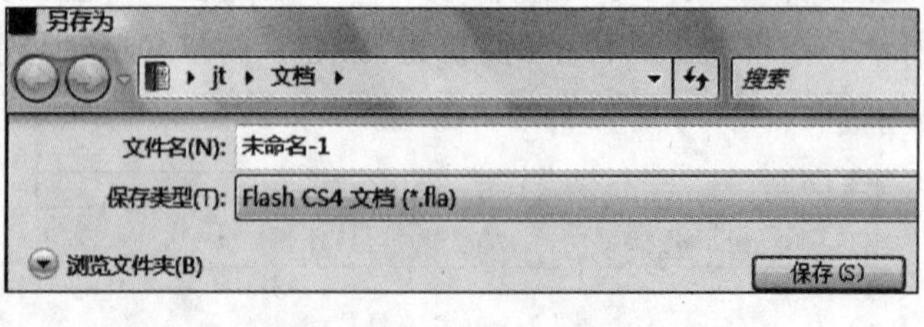

图 7-5 "另存为"对话框

(3) 在"另存为"对话框中选定保存文档的位置和保存类型,输入文件名称,单击"保存"按钮,即可完成文档的保存操作。

（4）选择"文件"菜单下的"另存为模板"命令，就会弹出"另存为模板"对话框，如图 7-6 所示。分别在"名称"、"类别"、"描述"三个文本框中填入名称、类别和简单的描述，然后再单击"保存"按钮，完成模板文档的保存操作。

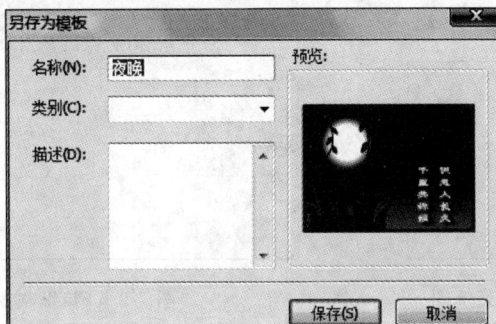

图 7-6　"另存为模板"对话框

3. 实验结论

创作过程中为了防止意外丢失和损害创作作品，需要使用文档来保存相应的设计。对于以前完成的动画文档，也可以对其进行打开、修改操作。如果需要编辑一个已经存在的 Flash 动画源文件，必须先打开该文件。在此能打开的源文件是以".fla"为扩展名的源文件。文档保存的格式为.fla，这种格式的文档包含了完全可编辑的文档内容以及相应的原始信息，因此文档的文件通常比较大。

7.1.3　实验 3　图形绘制与编辑（标志制作）

1. 实验目的

通过本实验掌握 Flash 中的常规绘图工具"选择"工具、"任意变形"工具、"直线"工具、"矩形"工具、"椭圆"工具、"墨水瓶"工具、"颜料桶"工具、"滴管"工具以及"文本"工具的使用方法。掌握根据基本的线条和图形进行图形编辑调整的技巧，并能了解对图形所用颜色处理和相应效果的编辑操作。

2. 实验步骤

（1）选择新项目，或执行"文件"→"建立"→"Flash 文档"，进入 Flash 工作界面，执行"修改"文档，"尺寸"设置为 400 像素×300 像素，"帧频"改为"25fps"。"标尺单位"默认值为"像素"，不需要修改，设置完毕后，单击"确定"按钮，如图 7-7 所示。

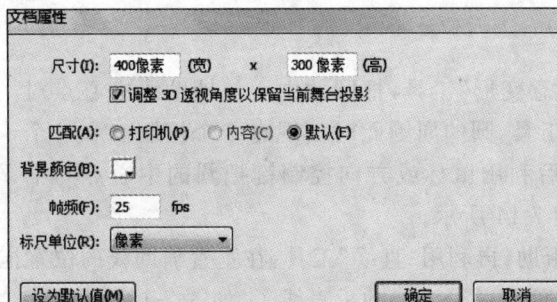

图 7-7　"文档属性"对话框

（2）在空白处单击鼠标右键，在弹出的快捷菜单中选择"标尺"，或执行"视图"→"标尺"命令，如图7-8所示。执行命令后，垂直与水平的标尺就会出现在文档窗口边缘，如图7-9所示。

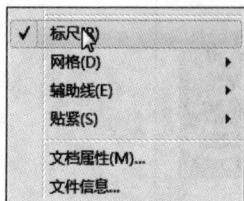

图7-8　弹出菜单图

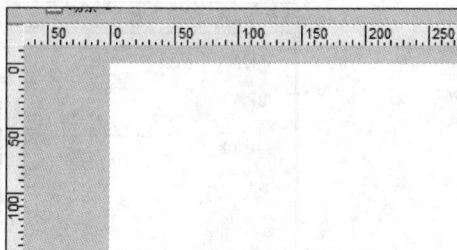

图7-9　Flash的标尺

（3）在水平标尺处单击鼠标左键并拖动到目标位置（200处），会出现一条绿色的辅助线，释放鼠标。按照同样的方法拖动一条垂直辅助线到目标位置（150处）。因为建立的是400像素×300像素尺寸的舞台，所以辅助线就定位到了水平中心和垂直中心，即辅助线分别在水平标尺200和垂直标尺150位置，如图7-10所示。

（4）下面要在中心位置建立圆形。选择工具栏中的"椭圆"工具，因为只需要圆形的线条，不需要在里面的填充色，所以这时就需要借助工具箱中的填充色按钮进行颜色修改，如图7-11所示，单击图中圆圈标注的位置，此时的填充色按钮的状态如图7-12所示。按住Shift键，同时拖动鼠标画出一个圆，这时可以在属性面板中对圆的宽、高进行设置，如图7-13所示。

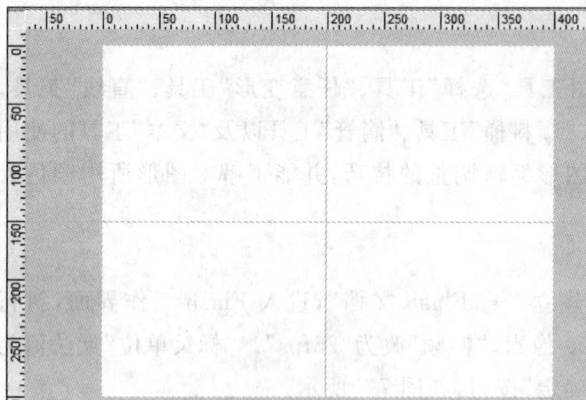

图7-10　标尺位置

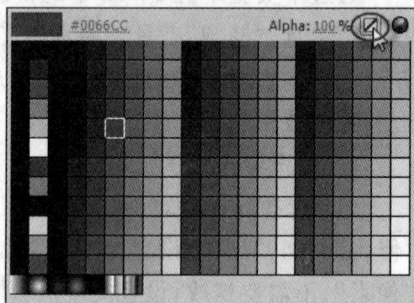

图7-11　填充色面板

（5）下面借助"任意变形"工具，把圆的中心与辅助线中心点对齐。选择"任意变形"工具，圆的周围此时出现有8个控制点和一个中心点的矩形框。然后利用鼠标或方向控制键把圆的中心点与辅助线的交点对齐，如图7-14所示。

图7-12　"填充色"按钮

（6）有了辅助线帮助，再利用"直线"工具，在垂直辅助线的位置拖动建立一条垂直辅助线，这样就绘制出一条将圆一分为二的垂直线了，如图7-15所示。

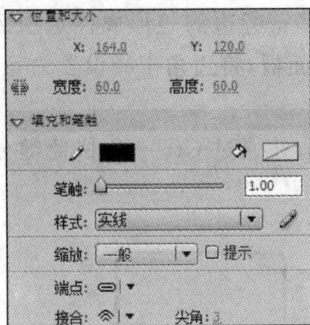

图 7-13　属性面板中对圆设置　　图 7-14　圆的中心点与辅助线　　图 7-15　将圆垂直一分为二
　　　　　　　　　　　　　　　　　　　　　的焦点对齐

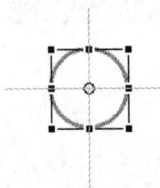

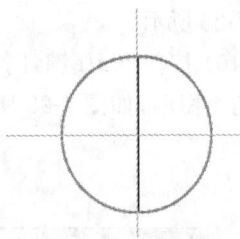

　　（7）下面来画面具的眼睛。这个眼睛是由半圆组成的，按照上面的步骤（4）和步骤（6），首先画个圆，再画直线如图 7-16 所示。再利用"选择"工具把圆的一半去掉，如图 7-17 所示，这样眼睛部分就画好了，使用"任意变形"工具，并在工具箱底部的选项区里选择"旋转与倾斜"按钮，如图 7-18 所示。调整位置后的效果，如图 7-19 所示。

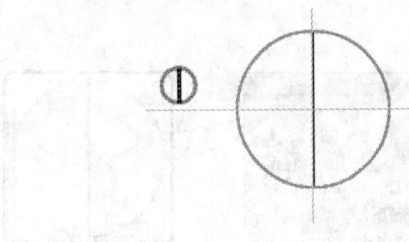

图 7-16　绘制小圆并垂直分割　　　　　　　　图 7-17　删除半圆

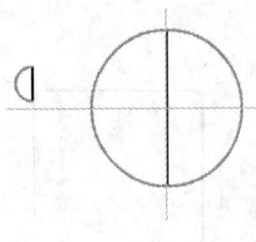

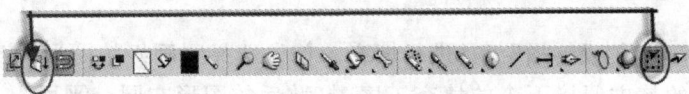

图 7-18　"旋转与倾斜"按钮位置

　　（8）然后，将眼睛复制到另一边。先双击绘制好的眼睛，按住 Alt 键，同时拖动鼠标，这样就复制了另一个眼睛，这个时候，两个眼睛的方向是一致的，如图 7-20 所示，接着要把它翻转过来。选择"修改"→"变形"→"水平翻转"命令，并根据辅助线的辅助作用把它与另一个眼睛的位置呈镜像对齐，如图 7-21 所示。

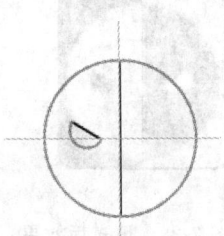

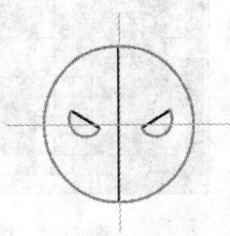

图 7-19　调整半圆位置　　　　图 7-20　复制半圆　　　　图 7-21　调整半圆位置

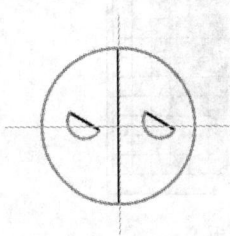

225

（9）接下来绘制矩形底板。选择"矩形"工具，这时在工具箱旁边的矩形属性选项区中出现"矩形"工具的选项，单击展开"矩形选项"按钮，弹出设置面板，将边角半径设置为 5 点，如图 7-22 所示。

（10）按住 Shift 键，同时拖动鼠标，建立大小适中的矩形，并通过 Ctrl＋G 快捷键分别组合两个图形，如图 7-23 所示。

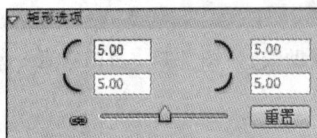

图 7-22　矩形选项　　　　　　　　图 7-23　建立矩形

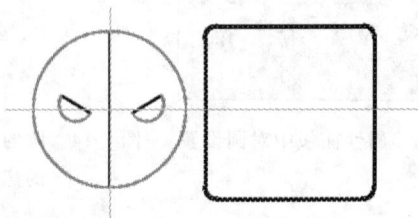

（11）用鼠标拖动边框圆形和矩形，效果如图 7-24 所示，接下来按 Ctrl＋K 快捷键，打开对齐面板，依次单击"水平对齐"，"垂直对齐"，如图 7-25 所示，对齐辅助线，最后效果如图 7-26 所示。

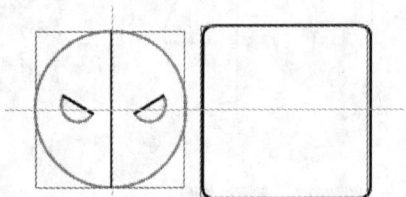

图 7-24　选择圆形与矩形　　　图 7-25　对齐面板　　　图 7-26　最后效果

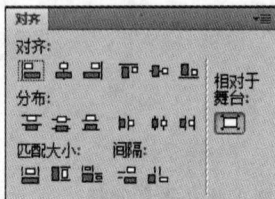

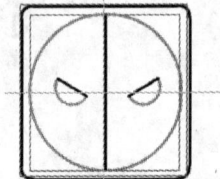

（12）接下来使用"颜料桶"工具进行填充。首先选择刚画好的图形，按 Ctrl＋B 快捷键将图形打散，为的是方便接下来的填充工序，打散后的图形在同一平面上。利用"直线"工具，延长圆形面具的垂直线将矩形也一分为二，这个时候就可以上色了。单击"填充"按钮，如图 7-27 所示，选择黑色为填充色填充图形，因为这个面具图案只由黑色与白色组成，所以上色很简单，复杂的图形上色就需要用"滴管"工具了，吸取颜色并填充到需要的位置，如图 7-28 所示为填充颜色后的效果。

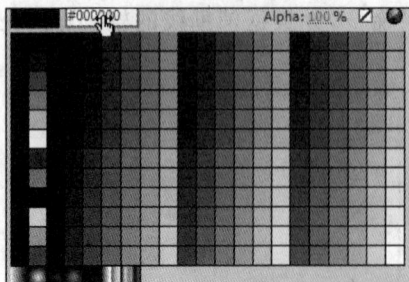

图 7-27　填充色面板　　　　　　图 7-28　填充后效果

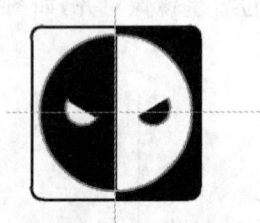

（13）使用"文本"工具。因为本实例需要输入白色文字，而舞台的背景色是白色，所以首先要先改变舞台的颜色，如图 7-29 所示，单击"舞台"旁边的颜色方块，在弹出的窗口中选择"灰色"。这个时候就可以输入白色的文字，并按 Ctrl＋B 快捷键将文字打散，如图 7-30 所示。

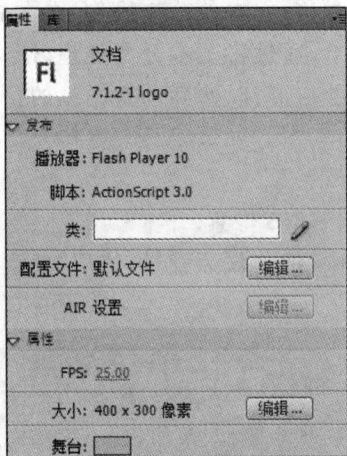

图 7-29　改变舞台背景

图 7-30　添加文字后的效果

（14）选择输入好的文字，按 Ctrl＋C 快捷键复制文字，然后按 Ctrl＋Shift＋V 快捷键粘贴到当前位置，并双击该文字，这个时候再次利用"墨水瓶"工具，对文字填充边框，效果如图 7-31 所示。每个字符都添加了边框，双击舞台空白区域，返回舞台，选择这个刚填充好的文字，按 Ctrl＋↓ 快捷键，移动填充边框的文字到纯白色文字下方。

（15）把图形部分和文字部分组合在一起，即完成了面具绘制的最终效果，如图 7-32 所示。

图 7-31　文字添加效果

图 7-32　最终效果图

（16）保存文件。按 Ctrl＋Enter 快捷键或在下拉菜单中选择"控制"→"测试影片"，测试影片。

3. 实验结论

Flash 具有功能强大的绘图工具，使用这些绘图工具，可以绘制各种基本的几何图形，并能通过编辑调整基本图形的方法，制作比较复杂的创意图形。除了绘制图形外，还可以对

电脑动画上机实践

图形进行涂色、修改样式和扭曲变形等操作。

7.1.4　实验4　创建与编辑文本对象(制作彩色文字)

1. 实验目的

通过本实验熟练掌握文本的编辑、字体的呈现方法、文本的分离操作、文本的变形和特殊处理。利用"文字"工具,在创建基本文本的基础上,通过将文本分离处理,使文本具有矢量图形的特点。对于矢量化的文本,可以进行特殊的变形,以达到创意作品的目的,效果如图7-33所示。

2. 实验步骤

(1) 新建一个Flash文档,设置大小为714像素×600像素。

(2) 在时间轴图层1中,导入一幅图片到舞台中,把其作为背景,使用"任意变形"工具调整其大小,使之覆盖住整个舞台,如图7-34所示。

图7-33　彩色文字最终效果图

图7-34　背景图

(3) 新建图层2,选择工具箱中的"文本"工具,单击"属性"面板中的"编辑格式选项",设置相应的参数,如图7-35所示。

(4) 保存文件。

提示:在制作Flash动画时,要随时保存文件,以防意外丢失。

(5) 选择工具箱中的文本工具,在Flash文档的"属性"面板中单击"字体"选项的下拉列表,在列表中选择字体为"方正舒体"字体。

(6) 为了使输入的文本边缘表现平滑,单击"属性"面板中的"字体呈现方法"下拉列表的按钮,选择"可读性消除锯齿"选项,如图7-36所示。

(7) 设置字号为"40",输入"举头望明月"、"低头思故乡"十个字,分别使用"任意变形"工具调整文本的倾斜角度,如图7-37所示。

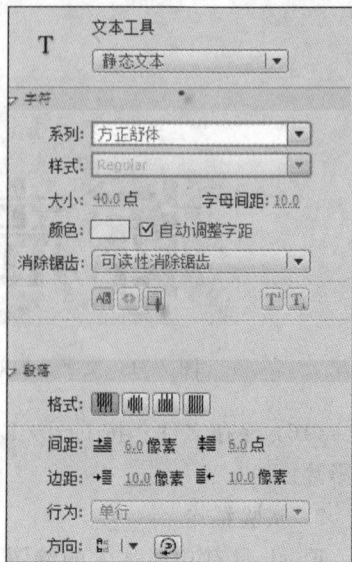

图7-35　设置"格式选项"参数

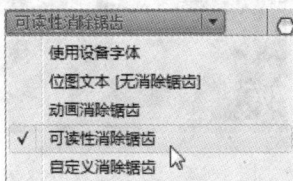

图 7-36　字体呈现方法列表

图 7-37　调整文本的倾斜度

（8）保存文件。

（9）为了突出文本颜色（填充）效果，可选中输入的文本，连续按两次 Ctrl＋B 快捷键将其打散（分离文本），以便于颜色的填充，第一次分离如图 7-38 所示，第二次分离如图 7-39 所示。

图 7-38　第一次分离文字

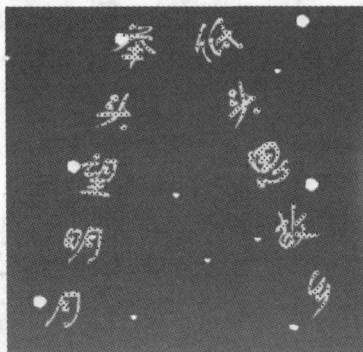

图 7-39　第二次分离文字

（10）使打散的文字处于选中状态，选择"混色器"面板中的颜色填充类型为"线性"，色标自左至右依次设置为＃FEFD89、＃FD4F24，如图 7-40 所示，为了文字的颜色呈现黄色居多，可以向右滑动第一个滑块。

（11）保存文件。

（12）为了增强文本的视觉效果，对文本进行阴影处理。在图层 2 中选中打散的文本"举头望明月"，按 Ctrl＋C 快捷键复制选中的文本，新建一个图层将其移动到图层 2 的下方，按 Ctrl＋V 快捷键粘贴复制的文本，适当调整新图层中文本的位置，使之位于图层 2 文本的右下方 1 个像素处，改变文本的颜色为黑色，如图 7-41 所示。

（13）采用步骤（12）的方法，为其他文本添加阴影效果，阴影文字的颜色可以根据需要选择，最终形成立体感的文字效果如图 7-42 所示。

229

第 7 章

图 7-40 文字颜色设置图   图 7-41 文本设置阴影   图 7-42 文字的最终效果

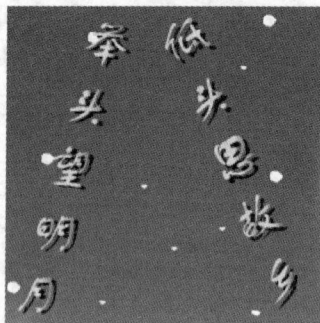

3. 实验结论

文字是动画创作不可缺少的组成元素,正确合理地使用文本可以使所创建的作品达到引人入胜的效果。

7.1.5 实验 5 元件库基本操作

1. 实验目的

通过本实验学习对作品元件的分类管理。学习"库"的相关知识。熟练掌握图形的构图、元件的构建与组装及对"库"的基本操作、共享资源的使用等。

2. 实验步骤

(1) 新建一个 Flash 文档,属性默认。

(2) 按 Ctrl＋F8 快捷键,分别创建名称为"头部"、"眼睛 1"、"眼睛 2"的三个影片剪辑元件,如图 7-43 所示。

(3) 按 Ctrl＋F8 快捷键,分别创建名为"眼眉"、"嘴巴"和"鼻子"的影片剪辑元件,如图 7-44 所示。

图 7-43 "头部"、"眼睛 1"、"眼睛 2"元件   图 7-44 "眼眉"、"嘴巴"和"鼻子"元件

(4) 按 Ctrl＋F8 快捷键创建一个名为 head 的影片剪辑元件,将已创建的影片剪辑元件进行组合,完成头部整合,如图 7-45 所示。

(5) 利用同样方法创建"身体"与"衣服"构图元件,如图 7-46 所示。

(6) 大部分元件制作完毕后,对于元件的管理可利用"库"面板来完成,如图 7-47 所示。

(7) 为了便于元件的制作,方便库元件的管理及区分,将前面使用绘制工具绘制的图形对象且属性为影片剪辑的元件可转换成图形元件,例如选择库中的"耳朵"元件,单击鼠标右键在弹出的快捷菜单中选择"图形"命令,即可完成元件类型的转换,其他元件依此类推,如图 7-48 所示。

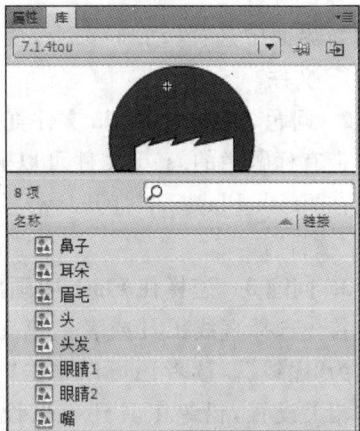

图 7-45　head 的影片　　　图 7-46　身体与衣服影片　　　　　图 7-47　"库"面板
　　　剪辑元件　　　　　　　　剪辑元件

（8）由于作品的元件众多，为了方便查找，可将元件分类成组，单击"库"面板底部的"新建文件夹"按钮，分别创建不同的文件夹，如图 7-49 所示（圆圈标注）。

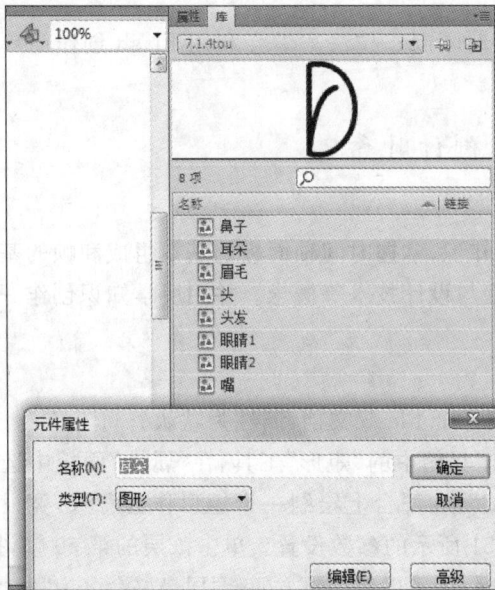
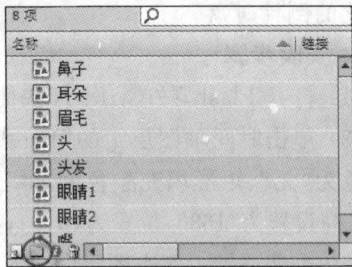

图 7-48　库元件类型转换　　　　　　　图 7-49　分类成组的文件夹

3. 实验结论

元件和实例是创建 Flash 动画的重要内容之一。元件是库中存放的可以重复使用的资源，保证动画文件很小的基础上，实现 Flash 作品的交互能力和动感表现等功能。

7.1.6　问题与解答

1. 问题 1　如何将动画作品输出为动态的 GIF 文件？

首先选择"文件"→"发布设置"→"GIF 图像"，再单击新添加的选项卡"GIF"，然后在打开的新界面中选择"动画"命令,使用发布功能即可输出动态 GIF 文件。

2. 问题 2　如何将 .fla 文件直接生成 .exe 文件?

带有标题栏的 .swf 文件可以通过菜单直接生成 .exe,首先在 Flash Player 中打开 .swf 文件,然后选择"文件"→"建立项目"选项。

3. 问题 3　怎样在 Flash 中画出虚线来?

首先选择直线工具或者铅笔工具,在属性面板中设置样式为"虚线"。读者还可以单击"自定义"按钮,对描绘工具作相关设置,铅笔工具还可以设置其平滑度,如图 7-50 所示。

4. 问题 4　如何画标准的正圆和正方形?

按住 Shift 键配合鼠标同时绘制圆和正方形。

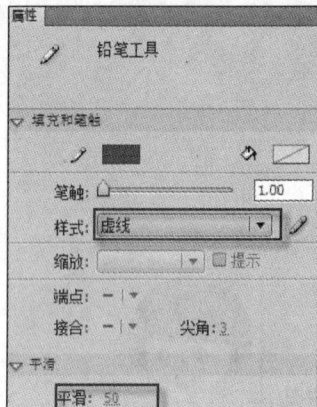

图 7-50　铅笔属性设置

7.2　Flash 动画制作

通过本实验的学习,掌握 Flash 基本的动画制作技法。学会利用 Flash 创作简单的动画作品。

7.2.1　实验 1　基础动画设计:倒计时盘

1. 实验目的

通过本实验了解图层、帧及逐帧动画的知识,掌握时间轴面板的基本组成和帧的基础知识。熟悉图层、时间轴与帧、逐帧动画的原理与设计技术等概念。并用所学知识创作一个动态变化的倒计时盘。

2. 实验步骤

(1) 打开 Flash,按 Ctrl+N 快捷键新建一个 Flash 文档,属性为默认。

(2) 单击时间轴图层 1 的第一帧,选择工具箱中的"矩形"工具,在"属性"面板中选择笔触颜色为"无"、矩形填充颜色为"#CCCCCC",在舞台上绘制一个矩形作为背景,宽设置为"270",高设置为"163",位置为(0,0),如图 7-51 所示的参数设置。单击该层的第 60 帧,按 F5 键插入一个普通帧。双击图层命名图层为背景(为了以后编辑方便,图层最好命名为"背景")。

(3) 新建图层 2,单击该层的第一帧,在舞台中使用绘制工具绘制一个十字及圆形,打开"视图"→"标尺",在水平标尺 81.5,垂直标尺 135 的位置画十字和圆,打开"对齐"面板,调整圆的位置,让圆放置到正中间位置,如图 7-52 所示。将分割的圆的四部分填充颜色分别设定为#666666,#CDFFFF,#65FFFF,#65CCFF,透明度都设置成 100%。如图 7-53 所示其中的一部分颜色设置。由于背景层延续到了 60 帧,所以该层的第 60 帧自动延续了普通帧。

(4) 保存文件。

(5) 新建图层 3,在该层制作逐帧动画,单击该层的第 1 帧,使用绘制工具在舞台上绘制一个小扇形并调整其形状,如图 7-54 所示。

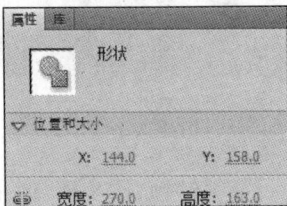

图 7-51　矩形背景参数设定　　　图 7-52　"对齐"面板　　　图 7-53　四分之一圆的颜色设置

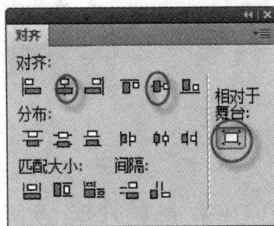

　　（6）选中图层 3 中第 1 帧中的扇形，用"任意变形"工具移动扇形的中心并复制，选中第 2 帧，按 F6 键插入一个关键帧，在舞台的空白处单击鼠标右键，在弹出的快捷菜单中选择 "粘贴到当前位置"命令，如图 7-55 所示。

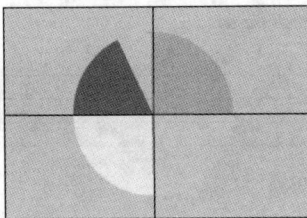

图 7-54　绘制并调整扇形　　　　　　　图 7-55　"粘贴到当前位置"命令

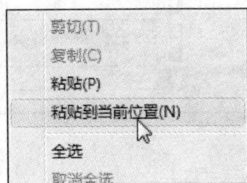

　　（7）选择"修改"菜单下的"变形"→"缩放和旋转"命令，弹出"缩放和旋转"对话框，在 "旋转"栏中输入"-25"，使扇形旋转-25 度，参数如图 7-56 所示，使用鼠标调整其位置，效 果如图 7-57 所示。

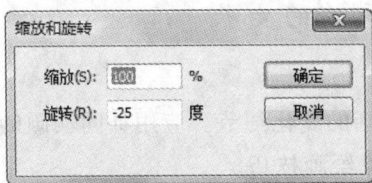

图 7-56　"缩放和旋转"对话框　　　　　图 7-57　旋转并调整三角形

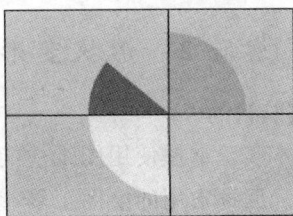

　　（8）重复步骤（6）、（7），在"旋转"文本框中输入-25，使扇形逆向旋转 25 度，每次旋转 扇形前需要调整扇形的重心位置到圆的中心，最后将整个圆都覆盖住，如图 7-58 所示。

　　（9）新建图层 4，在该层的第 16 帧按 F6 键插入一个关键帧，单击工具箱中的"文本"工 具，在"属性"面板中设置字体为 Bookman Old Style、字号为 60、文本（填充）颜色为黑色，在 舞台中创建文字"9"，单击第 30 帧，按 F5 键插入一个普通帧，如图 7-59 所示。

　　（10）为了增强倒计时的效果，新建一个图层 5，选中第 3 层的所有帧进行复制，再单击 第 5 层的第 31 帧进行帧的粘贴。

233

图 7-58　制作封闭旋转图形

图 7-59　增加图层,创建文字"9"

(11) 在第 5 层的上面新建图层 6,在第 46 帧处按 F6 键插入一个关键帧,按步骤(9)中的文字样式创建文字"8",在第 60 帧处按 F5 键插入一个普通帧,图层与时间轴布局如图 7-60 所示。

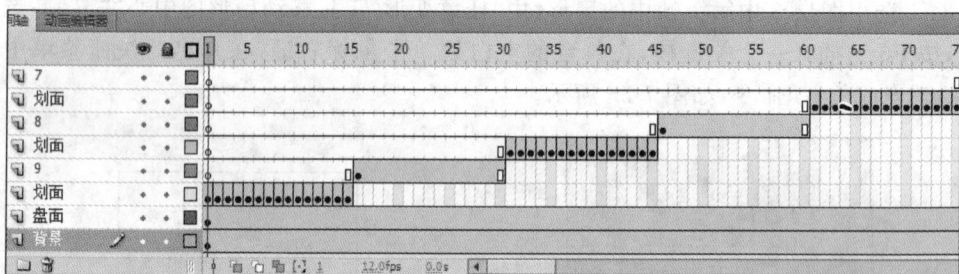

图 7-60　"倒计时"时间轴

(12) 重复步骤(6)、(7),制作显示数字 7~0,建立全部的图层,完成倒计时盘。

(13) 保存文件,测试并发布动画。

3. 实验结论

本实验中涉及了逐帧动画,这与传统的动画方式类似,在制作复杂动画中工作量非常大,会消耗大量的时间和精力。但是,它非常适合制作精细动画。

7.2.2　实验 2　形状变形动画:小禾苗的生长

1. 实验目的

通过本实验掌握使用图纸功能,调整相应动画的变化细节。应用补间动画的知识,创作动态按钮。回顾常用的绘图工具,掌握 Flash 常见绘画技巧。

2. 实验步骤

(1) 新建 Flash 文档,设置舞台大小为 400 像素×300 像素。

(2) 单击时间轴图层 1 命名为"背景",使用"矩形"工具绘制一个无边框矩形,其大小为 400×300,选择"窗口"→"颜色",类型设置为"线性",色标依次设置为 #5282F1、#C8DD FB,进行填充颜色,参数设置如图 7-61 所示,填充方向为"自上至下",工具选择"渐变变形"工具,用鼠标旋转如图 7-62 所示圆圈标注的位置。单击图层 1 的第 60 帧,插入一个普通帧。

(3) 创建一个名为"白云"的图形元件,使用"铅笔"工具绘制白云的轮廓并填充相应颜色,也可以用几个椭圆重叠绘制,然后去掉边框制作阴影,如图 7-63 所示白云的绘画过程。为了方便绘制白云,把文档背景颜色改为淡蓝色。

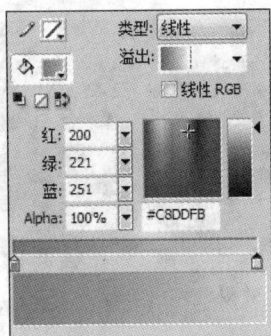

图 7-61 颜色面板

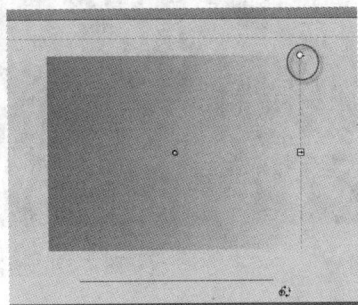

图 7-62 "渐变变形"工具的应用

图 7-63 白云绘画过程

（4）在文档中新建图层 2，使用"椭圆"工具绘制一椭圆，无边框，填充颜色类型为"线性"，色标依次设置为＃93510F、＃996211，使用"选择"工具框选图形的上半部分并剪切，如图 7-64 所示。

（5）将图层 2 命名为"土壤 a"。新建图层 3，拖放到图层 2 的下方并命名为"土壤 b"将剪切的图形粘贴到当前位置，如图 7-65 所示。

（6）单击"土壤 a"图层，使用"铅笔"工具创建土壤裂开的逐帧动画，如图 7-66 所示。

图 7-64 绘制并剪切部分椭圆

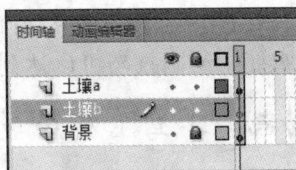

图 7-65 图层命名功能

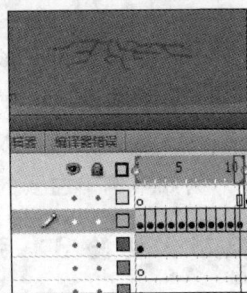

图 7-66 绘制土壤裂开效果

（7）在文档中新建图层 4 并命名为"禾苗"，拖放到"土壤 1"图层的下方，单击该层的第 12 帧插入一个关键帧，绘制一个填充色为＃006600 的半圆图形，使该图形只露出一点。

（8）单击"禾苗"图层的第 15 帧，插入关键帧，使用"选择工具"调整小苗的高度，单击两关键帧之间的任意一帧创建形状补间动画。

（9）单击"禾苗"图层的第 18、21、24、27 帧，插入关键帧，使用"选择"工具与"钢笔"工具分别调整禾苗图形的高度及形状，创建关键帧之间的形状补间动画；分别在第 28、29 帧插入关键帧，绘制小禾苗的叶子由小长大，如图 7-67 所示。

图 7-67　绘制土壤裂开效果

（10）新建图层 5，放置在"土壤 b"图层的下方，图层命名为"白云 1"。单击该层的第 1 帧插入一个关键帧，将库中的"白云"图形元件拖放到舞台右侧之外，调整大小并设置透明度为"20％"。单击该层的第 15 帧插入一个关键帧，将"白云"图形元件拖放到舞台中，调整大小并设置透明度为"60％"，单击两关键帧之间任意一帧创建补间动画。

（11）按照步骤（10）的方法，分别创建图层 6，图层 7，命名为"白云 2"，"白云 3"，在每一层上调整关键帧内容的大小和透明度，并创建"白云"的补间动画，选择所有图层的第 70 帧插入普通帧，如图 7-68 所示。

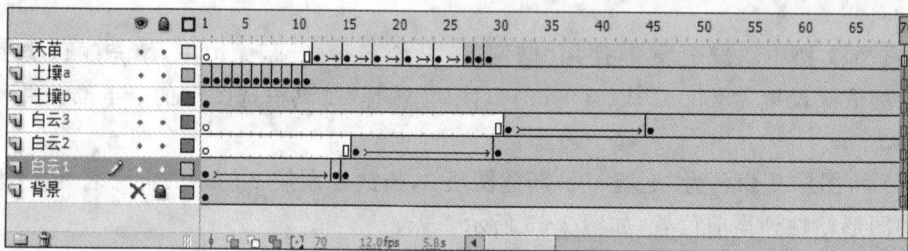

图 7-68　最终时间轴效果

（12）保存并测试影片。

3. 实验结论

对于逐帧动画，可以使用绘图纸功能，调整相应动画的变化细节。Flash 的绘画有很多技巧，例如本例中白云的画法，掌握了绘画技巧可以达到事半功倍的效果。

7.2.3　实验 3　引导动画：小鸟飞行的效果

1. 实验目的

通过本实验进一步学习引导层的另一种形式，即普通引导层的应用。本实验涉及的核心知识有基本图形的绘制、元件的制作、补间动画、普通引导层、引导线的构造以及引导动画对象的方向调整等。同时，结合实际创作的需要，学习复杂引导线的构建和使用。应用所学的知识，创作一个沿曲线飞行的小鸟动画作品，效果如图 7-69 所示。

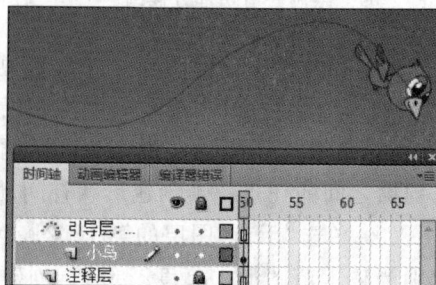

图 7-69　小鸟飞行的引导动画

2. 实验步骤

(1) 新建一个 Flash 文档,属性为默认。

(2) 按 Ctrl＋F8 快捷键,创建一个名为"小鸟"的图形元件,使用绘图工具绘制一只小鸟,如图 7-70 所示。

(3) 返回主场景,将图层 1 命名为"注释层",单击该层的第 1 帧插入一个关键帧,选择"文本"工具,在舞台之外的上部输入对本例的注释文本,单击该层的第 50 帧插入一个普通帧,文本内容如图 7-71 所示。

图 7-70 制作"小鸟"图形元件

图 7-71 注释文本内容

(4) 保存文件。

(5) 新建图层 2 并命名为"小鸟",将"小鸟"图形元件拖入至舞台之外的左侧。鼠标右键单击该层,在弹出的快捷菜单中选择"添加引导层"。单击引导层中的第一帧,插入一个关键帧,使用"铅笔"工具构造小鸟运动的曲线,如图 7-72 所示,模式选择"平滑",如图 7-73 所示。

(6) 使用"选择"工具调整绘制好的曲线成平滑曲线,如图 7-74 所示,形成最终的引导线。在引导层的第 50 帧插入一个普通帧。

图 7-72 引导线路径

图 7-73 "铅笔"工具
模式

图 7-74 "选择"工具
属性

(7) 单击"小鸟"层的第 1 帧,将小鸟拖到引导线的起点上,使小鸟的中心点与引导线对齐,调整其大小,并设置透明度 Alpha 为"50",如图 7-75 所示;单击第 15 帧插入一个关键帧,将小鸟拖到引导线上的适当位置,并设置透明度 Alpha 为"70";单击第 30 帧插入一个关键帧,将小鸟拖到引导线上的适当位置,并设置其透明度 Alpha 为"90";单击第 50 帧插入一个关键帧,将小鸟拖到引导线上的适当位置,动画如图 7-76 所示。

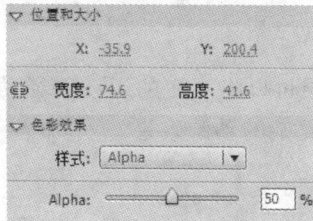

图 7-75 "小鸟"元件参数设置

图 7-76 引导动画位置图

(8) 单击第 1 帧到第 50 帧之间的任意一帧,为关键帧之间创建补间动画,如图 7-77 所示。

电脑动画上机实践

(9) 在"运动补间"的"属性"面板中选中"调整到路径"选项,如图 7-78 所示。

图 7-77　创建关键帧间的动画　　　　　　　　图 7-78　"调整到路径"选项

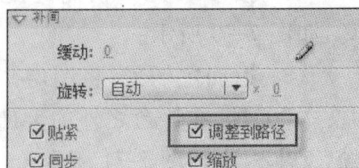

(10) 在每一段运动补间动画的起始和结束关键帧处,使用"任意变形"工具调整引导线上小鸟的飞行角度,使小鸟的运行方向与引导线的走向相同,如图 7-79 所示。

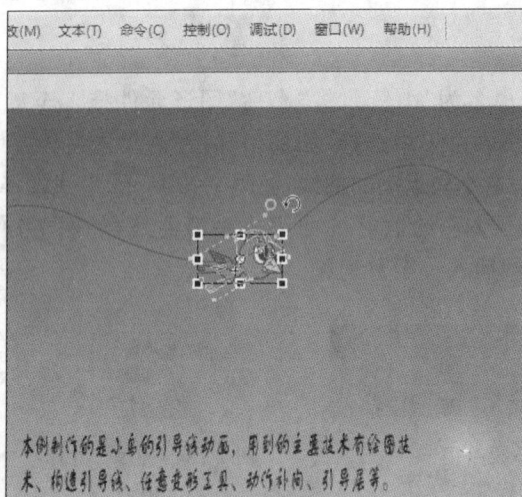

图 7-79　引导动画方向控制

(11) 单击小鸟层的第 1 帧,在"属性"面板中设置缓动为"-50",透明度 Alpha 为"50",选中"调整到路径"选项;单击该层的第 15 帧,在"属性"面板中设置缓动为"80",透明度 Alpha 为"70",选中"调整到路径"选项。单击该层的第 30 帧,在"属性"面板中设置缓动为"20",透明度 Alpha 为"90",选中"调整到路径"选项。

(12) 保存文件,按 Ctrl＋Enter 快捷键,测试影片。

3. 实验结论

引导动画是 Flash 对运动动画的一种补充形式。引导层可以将多变的运动路径动画进行简化处理。掌握引导动画,体验多种创作思路,完成较为复杂的动画效果。

7.2.4　实验 4　遮罩动画：百叶窗效果

1. 实验目的

通过本实验的学习掌握在利用运动动画的基础上,使用图层另外一种形式——遮罩层。本实验涉及的核心知识有件的制作、对帧操作、补间动画、遮罩层以及遮罩关联技术等。结合所学知识,制作一幅具有百叶窗效果的动态作品,效果如图 7-80 所示。

2. 实验步骤

（1）选择"文件"菜单下的"新建"命令，新建一个 Flash 文件。

（2）首先制作背景。导入一张图片，选中该图片，按 Ctrl＋B 快捷键将其打散。

（3）选择"矩形"工具，在打散的图片上绘制一个无填充色的矩形，使用"选择"工具选取矩形外的部分，如图 7-81 所示，按 Del 键删除矩形外已选中的区域，如图 7-82 所示。

图 7-80　百叶窗效果

图 7-81　打散并分割图片

（4）新建图层 2，在图层 2 中，用"矩形"工具绘制一个无边框矩形作为"蒙版"（遮罩）形状，并将此矩形放置在图片下方，如图 7-83 所示。

图 7-82　删除矩形外的部分内容

图 7-83　添加"蒙版"条

（5）选中矩形蒙版，单击鼠标右键，在弹出的快捷菜单中选择"转换为元件"命令，将其转换为图形元件，并命名为"蒙版条 1"，如图 7-84 所示。

（6）按 Ctrl＋F8 快捷键或者选择"插入"菜单下的"新建元件"命令，新建一个元件，命名为"蒙版"。进入元件编辑界面，将"蒙版条 1"元件拖入当前的元件编辑界面。

（7）选中"蒙版"元件第 15 帧，按 F6 键插入一个关键帧，使用"选择"工具选中舞台的"蒙版条 1"实例，用缩放工具将其压成一条细线，如图 7-85 所示。

（8）在"蒙版"元件第 40 帧插入关键帧。选中第 1 帧，复制该帧，选中该帧，清除关键帧后粘贴帧。在第 1～15 帧之间和第 15～40 帧之间分别创建动画补间。选中第 50 帧，按 F5 键增加普通帧。这样就完成了长方形的"蒙版"（遮罩）形状从宽到窄再到宽的变化过程，时间轴如图 7-86 所示。

图 7-85　把"蒙版条 1"实例压为一条细线

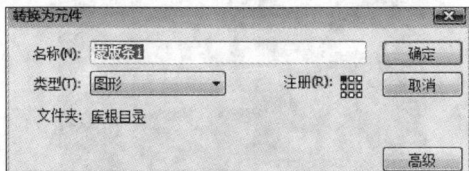

图 7-84　"转换为元件"命令

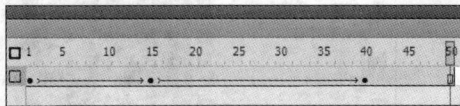

图 7-86　"蒙版"时间轴

（9）单击"场景1"返回主场景，将图7-83中的矩形实例删除。新建"图层2"，将库中的"蒙版"元件拖放到图形的下方矩形实例所在的位置。

（10）用鼠标右键单击图层2的图层名称，从弹出的快捷菜单中选择"遮罩层"命令，将"图层2"设置为遮罩层。分别为图层1和图层2的第50帧插入普通帧。

（11）选中"图层2"，单击"插入图层"按钮，添加图层3。

（12）按住Shift键，选中图层1和图层2的图层名称，将两层的所有帧选中。用鼠标右键单击其中任意一帧，从弹出的快捷菜单中选择"复制帧"命令，复制选中的所有帧，如图7-87所示。

（13）用鼠标右键单击图层3的第1帧，从弹出的快捷菜单中选择"粘贴帧"命令，把图层1及图层2复制到图层3上，如图7-88所示。

单击右键

图7-87 "复制帧"命令

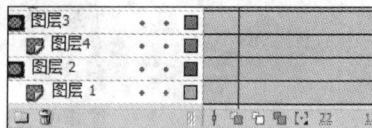

图7-88 "粘贴帧"命令

（14）选中"图层3"，使用"选择"工具选中复制的实例蒙版，将其向上移动，使其刚好与图层2中的蒙版相连接，如图7-89所示。

（15）重复步骤（9）～（13），复制蒙版并移动，直至遮住整个背景，时间轴和最后效果如图7-90所示。

图7-89 移动蒙版的位置

图7-90 复制蒙版后的场景

（16）新建一个图层，将其作为背景层放置在最底层，导入一幅图片，通过适当处理，使之比例大小与第1幅图片一样，对齐两幅图片，时间轴及背景图片如图7-91所示。

（17）保存文件，按Ctrl+Enter快捷键，测试影片，最终效果如图7-92所示。

图7-91 时间轴及背景图片

图7-92 最终效果

3. 实验结论

利用遮罩层可以创建具有动感效果的遮罩动画。熟练掌握遮罩动画的制作方法,透彻理解遮罩的含义,利用遮罩效果可以制作很多丰富效果,如水中倒影、手电筒和闪电文字等都是通过遮罩实现的效果。

7.2.5 实验5 简单脚本控制动画:小球的运动

1. 实验目的

引入 ActionScript 脚本来控制动画的演播状态,通过在动画中使用 ActionScript 语句,了解 ActionScript2.0 的开发环境和基本使用规则。

提示:新建 Flash 文档时,选择 Flash 文件(ActionScript2.0),学习简单动画控制时,学习 ActionScript2.0 比 ActionScript3.0 入门更简单。

本实例涉及的核心知识有 ActionScript 编辑器的参数设置、ActionScript 编辑器的使用方法。

2. 实验步骤

1)新建 Flash 文档,"背景颜色"设置为"黑色","帧频"为"25",文档属性如图 7-93 所示。

2)选择"编辑"菜单下的"首选参数"命令,弹出"首选参数"对话框,在"类别"中选择 ActionScript 选项,根据个人使用习惯设置"语法颜色"中的相应项的提示颜色,这对用户在编辑脚本时很重要,合理的颜色提示可以帮助用户查找脚本中的错误。对于其他项可以用默认设置,如图 7-94 所示。

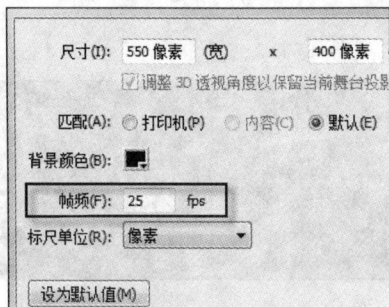

图 7-93 文档属性设置

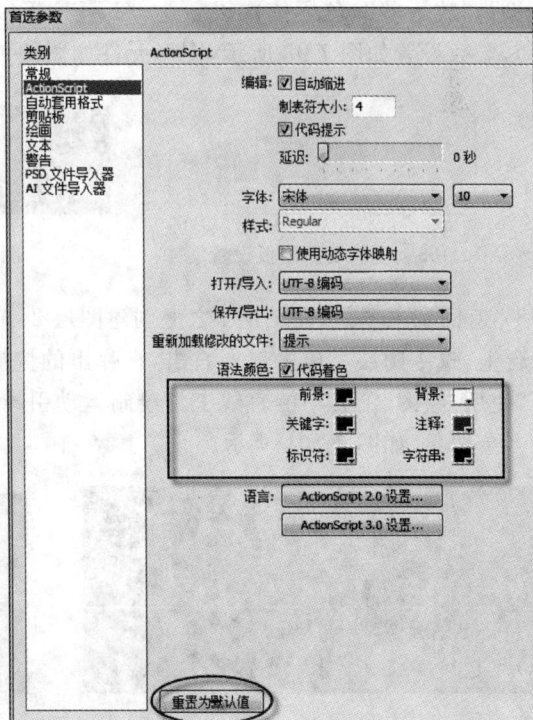

图 7-94 设置 ActionScript 编辑器的工作参数

3）如果想恢复 Flash 默认的设置，可以单击"重置为默认值"按钮，如图 7-94 椭圆标注所示位置。

4）完成设置后，单击"确定"按钮。

5）创建一个名为"小球 1"的图形元件，使用"椭圆"工具绘制一个无边框的正圆，颜色填充类型为"放射状"，填充色标依次设置为＃EFDD7、＃FODE432、＃CAC91B、＃B5A307，参数如图 7-95 所示，绘制"小球 1"图形元件如图 7-96 所示。

6）创建一个名为"小球 2"的图形元件，采用步骤（1）的方法绘制。小球 1 实例命名为"ball1"，小球 2 实例命名为"ball2"，绘制"小球 2"图形元件如图 7-97 所示。

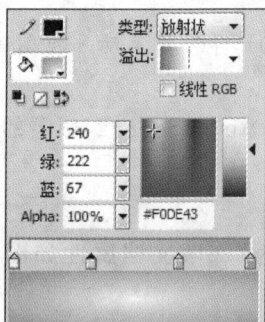

图 7-95　颜色填充类型
　　　　参数设置

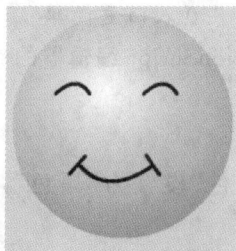

图 7-96　绘制"小球 1"
　　　　图形元件

图 7-97　绘制"小球 2"
　　　　图形元件

7）创建一个名为"阴影"的图形元件，使用"椭圆"工具绘制一个无边框的椭圆，颜色填充类型为"放射状"，色标依次设置为＃FFFFFF（Alpha 值为 75％）、＃000000（Alpha 值为 25％），参数设置如图 7-98 所示，图形元件如图 7-99 所示。

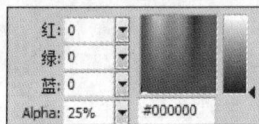

图 7-98　颜色填充面板设置

图 7-99　绘制"阴影"图形元件

8）返回到主场景，在图层 1 之上创建图层 2，单击图层 2 的第 1 帧，将库中的"小球 1"拖到舞台上，选中图层 2 单击鼠标右击，在弹出的快捷菜单中选择"添加引导层"命令，选中引导层，使用"绘图"工具中的直线工具绘制运动引导线，如图 7-100 所示，然后调整路径形状，删除多余线条，如图 7-101 所示。

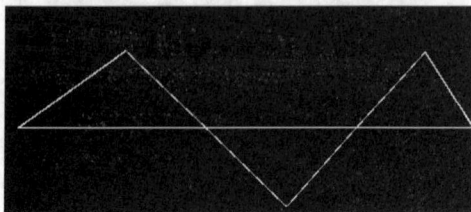

图 7-100　绘制运动引导线

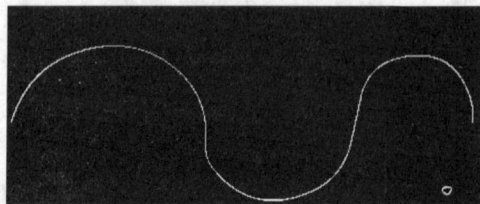

图 7-101　调整运动引导线

9）首先延长引导层，在引导层第 60 帧处插入普通帧，选中图层 2 中第 1 帧的内容，将"小球 1"拖到引导线的起点，单击该层的第 60 帧插入一个关键帧，在第 1 帧到第 60 帧之间"创建传统补间"动画，如图 7-102 所示。

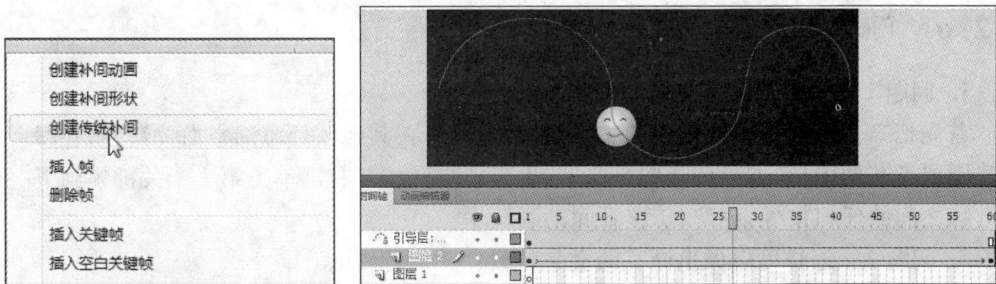

图 7-102　创建"小球 1"的运动补间

10）选中"图层 2"，单击"新建图层"按钮新建图层 3，选中图层 3 中第 1 帧的内容，将"小球 2"拖到引导线的终点，单击该层的第 1 帧，拖动小球 3 到引导线的起点位置，在第 1 帧到第 60 帧之间创建"传统补间"动画。

11）选中图层 1，选择"窗口"→"公用库"→"按钮"命令，在公用库中选择 buttons oval，本例中选择按钮并更改文字如图 7-103 所示。更改文字时需要解除按钮元件的 text 图层锁定功能，如图 7-104 所示圆圈标注位置。

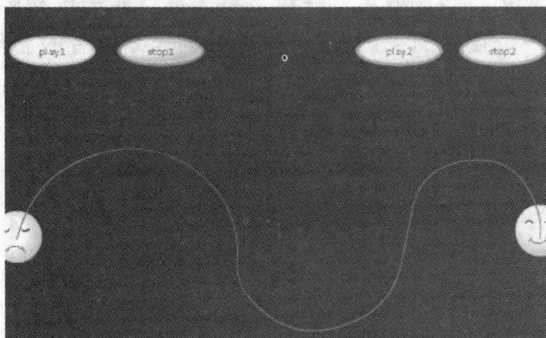

图 7-103　添加按钮

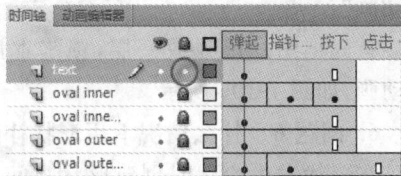

图 7-104　按钮文字图层锁定

12）添加脚本代码

（1）选中图层 2 中的第 1 帧，按 F9 键，选中"ActionScript 1.0 & 2.0"→"全局函数"→"时间轴函数"→"stop();"，或者手工添加代码"stop();"。对图层 3 也添加相同代码。

（2）选中按钮"play1"，添加代码 on（press）{this. ball1. play();}。

（3）选中按钮"stop1"，添加代码 on（press）{ this. ball1. stop();}。

（4）选中按钮"play2"，添加代码 on（press）{ this. ball2. play();}。

（5）选中按钮"stop2"，添加代码 on（press）{ this. ball2. stop();}。

13）保存文件，按 Ctrl＋Enter 快捷键，测试影片。

14）请读者添加小球的影子效果，使影子和小球一起运动。

3. 实验结论

ActionScript 是 Flash 中实现交互动画的脚本程序,通过本小节的实验学习,读者可以了解 Flash 中脚本程序的简单应用。

7.2.6 问题与解答

1. 问题 1   如何做文字变形动画?

首先把第 1 个关键帧内创建的文字"打散",然后在其他帧处添加空白关键帧,在舞台中创建圆或者其他图形,如果创建的是文字,也必须"打散"。右键单击第 1 个关键帧到下一个关键帧之间的任何位置,创建"传统补间动画"。

2. 问题 2   怎样可以做出漂亮的文字特效?

Flash 制作的文字特效效果有限,而且制作过程比较复杂,所以可以用第三方软件,如 Swish 和 Swfx 等实现漂亮的文字特效。

3. 问题 3   图形元件和影片剪辑元件有何区别?

第一个不同点是在图形元件上不能设置实例名称,也不能添加动作脚本,而影片剪辑元件可以。第二个不同点是图形元件中虽然也可以制作动画,但把这个图形元件拖到另一个元件(图形、影片)或场景中动画效果就看不到了,所以,在 Flash 软件学习的初级阶段最好是静态实例创建图形元件,动态实例创建影片剪辑。

4. 问题 4   影片剪辑元件的主要应用是什么? 它和一般的层有什么区别?

影片剪辑元件可以看成是一个独立的对象。影片剪辑元件也可以理解成是一段动画。影片剪辑元件的特点就是无限嵌套。层是一个独立的空间,层可以更好的规划读者的制作思路。一个层里有一个事件。

5. 问题 5   如何固定一个背景图片使其不动,然后在上面做动画?

首先把图片单独放一层,锁定本层,然后在上面新建层并做动画,如图 7-105 所示。

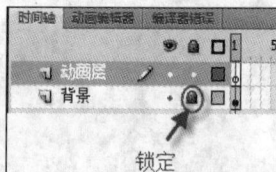

6. 问题 6   什么情况下用形状补间、动画补间?

在形状发生变化时创建形状补间,但两个实例必须是可编辑的"形状",而非"元件"。形状不发生变化,只是方位发生变化时,则创建动画补间,动画补间要求是"元件"等对象。

图 7-105   图层锁定按钮

7. 问题 7   做"沿轨迹运动"动画的时候,物件为什么总是沿直线运动?

首帧或尾帧元件的中心位置没有放在轨迹上。检查办法是把屏幕大小设定为 400% 或更大,仔细查看图形中间出现的重心位置是否对准了运动轨迹的"起始"和"终止"端点。

8. 问题 8   为什么在做封闭轨迹路径动画的时候,物件总沿着直线运动?

用橡皮把封闭的路径擦掉一点路径,即可实现轨迹路径动画。

7.3   Flash 综合动画制作

在本节综合实验的相关训练中,可以举一反三的练习 Flash 基本功能的使用方法和技巧,从而能够制作出相对复杂的动画作品。

7.3.1 实验 1 综合实例：滚动的字幕

1. 实验目的

本实验是设计一个滚动字幕的效果，这种效果主要用在电影、电视以及课件等正文出现之前或之后的概要说明。在设计过程中，主要是利用遮罩层和补间动画技术来完成。本实例涉及的核心知识首先是利用"混色器"面板制作出渐变色的填充效果，然后用遮罩层命令分别建立不同的遮罩层，以达到不同的视觉效果。最后通过运动补间动画技术，实现文字的"滚动"动画效果。

2. 实验步骤

(1) 新建 Flash 文档，设置文档属性背景"尺寸"为"450×300"像素，"背景颜色"为"黑色"，如图 7-106 所示。

(2) 选择图层 1 命名为"背景"。在"窗口"→"颜色"面板中选择类型为"线性"，色标值依次设置为♯7A86E2、♯C4DOEE、♯DADDFA、♯7E8AE7，使用"矩形"工具绘制一个大小为 450 像素×300 像素的矩形，去掉笔触颜色，使用"填充变形"工具调整颜色填充方向为自上至下（默认填充方向为从左向右），如图 7-107 所示。

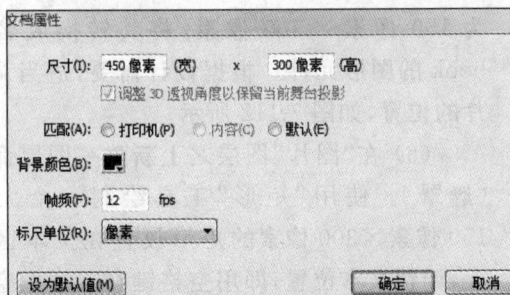

图 7-106 文档属性设置

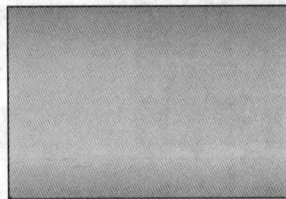

图 7-107 绘制并填充矩形

(3) 新建图层 2，命名为"字幕"，选择"文本"工具，在"属性"面板中设置字体为方正舒体、字号为 30、文本（填充）颜色为♯FF9966，参数设置如图 7-108 所示。输入一段文本，如图 7-109 所示。

图 7-108 "文本"工具属性面板

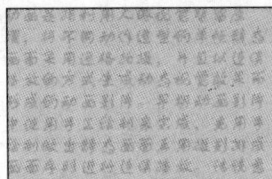

图 7-109 "字幕"内容

(4) 选中输入的文本，将其转换为图形元件，名称为"字幕"，拖动该元件到矩形的下方，如图 7-110 所示。

(5) 选中"背景"层的第 200 帧插入一个普通帧，单击"字幕"图层的第 200 帧插入一个关键帧，将"字幕"图形元件向上移动到矩形的上方，如图 7-111 所示。

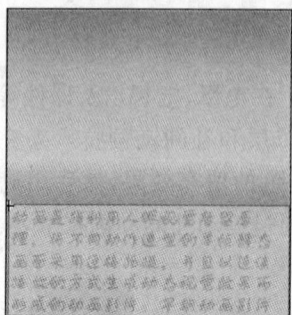

图 7-110　文本在第 1 帧的位置

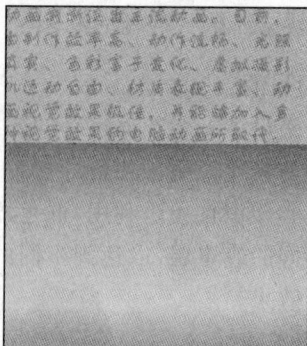

图 7-111　文本在第 200 帧的位置

　　（6）选中"字幕"图层中第 1 帧和第 200 帧之间任意一帧，单击鼠标右键，在弹出的快捷菜单中选择"创建传统补间"命令，同时在该图层名称上单击鼠标右键，在弹出的快捷菜单中选择"遮罩层"命令。

图 7-112　图片在场景中的位置

　　（7）在"字幕"图层之上新建一个图层命名为"图片"。导入一幅图片到舞台中，调整大小为 150 像素×300 像素，将其转换成名称为 book 的图形元件。根据设计需要，适当调整图片的位置，如图 7-112 所示。

　　（8）在"图片"图层之上新建一图层命名为"遮罩"。使用"矩形"工具绘制一个大小为 150 像素×300 像素的矩形放置在文本区域之上，调整文本位置，即用空格键在文本中空出矩形大小的空白，如图 7-113 所示，使绘制的矩形不能盖住文字，如图 7-114 所示。将所绘制的矩形转换成名称为"遮罩"的图形元件。

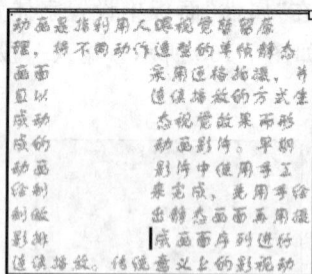

图 7-113　用空格键空出空白区域

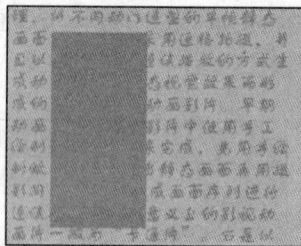

图 7-114　矩形框在第 1 帧的位置

　　（9）单击"遮罩"图层的第 200 帧，将矩形框和文本往上移动到"背景"的上方，在第 1 帧到 200 帧之间创建补间动画。

　　（10）保存文件。

3. 实验结论

本实验是遮罩动画的应用，举一反三地练习遮罩的基本动画，这将为以后创作更复杂的动画奠定基础。

7.3.2 实验2 综合实例：飞舞的鼠标

1. 实验目的

本实验要制作一个鼠标特效动画,当用户把鼠标指针放在画面中来回移动时,可以看到很多蝴蝶显示在舞台中,然后慢慢地消失。本实验涉及的核心知识是首先需要将一幅 GIF 动画转化为影片剪辑元件,然后使用该影片剪辑元件实例创建一个新的按钮元件,再使用该按钮元件创建一个新的影片剪辑元件。最后通过 ActionScript 编程获得该特效。

2. 实验步骤

(1) 新建一个 Flash 文档,设置大小为 400 像素×300 像素。

(2) 选择"文件"菜单下的"导入"→"导入到库"命令,在弹出的"导入到库"对话框中选择"蝴蝶.gif"动画文件,单击"打开"按钮,导入到库中。

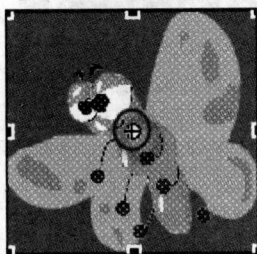
图 7-115 "蝴蝶"元件

(3) 按 Ctrl+F8 快捷键创建一个名为"蝴蝶"的影片剪辑元件,在该元件编辑状态下,库中刚导入的蝴蝶图片的中心点要与场景的中心对齐。图片中心是"小圆圈"标识,场景中心是"十"字标识,如图 7-115 所示,表示图片的中心点与场景的中心对齐了。

(4) 按 Ctrl+F8 快捷键创建一个名为"蝴蝶按钮"的按钮元件,选中图层 1 中的"弹起"帧,拖入库中的"蝴蝶"影片剪辑元件与场景中心对齐。

(5) 按 Ctrl+F8 快捷键创建一个名为 mc 影片剪辑元件,在该元件编辑状态下选中图层 1 的第 1 帧,将刚创建好的"蝴蝶按钮"元件拖到元件编辑界面内的十字准星标记处,使其中心与十字准星标记重合。如果有蝴蝶序列图片,可以制作成蝴蝶拍动翅膀的逐帧动画,本实例素材只提供了一张图片。

(6) 选中 mc 影片剪辑元件图层 1 的第 60 帧,按 F6 键,插入一个关键帧,鼠标右键单击第 1~60 帧之间的任意一帧创建补间动画。

(7) 选中 mc 影片剪辑元件图层 1 的第 2 帧,按 F6 键,插入一个关键帧,选中第 60 帧,在舞台中单击按钮元件实例"蝴蝶按钮",然后将其向右下方移动一段距离,适当缩小比例,选中第 1 帧,在"属性"面板中设置该元件实例的透明度为 0,适当缩小该实例的比例。

提示:插入第 2 关键帧的作用是为"蝴蝶按钮"添加代码做准备。

(8) 选中 mc 影片剪辑元件图层 1 的第 1 帧,打开"动作"面板输入如下脚本:

Stop();如图 7-116 所示。

(9) 选中 mc 影片剪辑元件图层 1 的第 1 帧,然后在舞台中选中该帧对应的按钮元件实例"蝴蝶按钮",打开"动作"面板输入如下脚本:on(rollOver){gotoAndPlay(2);},如图 7-117所示。

图 7-116 mc 第 1 帧代码

注意：在 mc 影片剪辑元件图层 1 第 1 帧处脚本是 Stop()；，而元件的代码是 on (rollOver){gotoAndPlay(2)；}。

（10）单击场景 1 退出元件编辑状态，返回到主场景，将图层 1 命名为"蝴蝶"，反复拖动多次库中的 clip 影片剪辑元件到场景中，并使它们的缩放大小不一致，直到场景中布满了蝴蝶，如图 7-118 所示。

图 7-117　"蝴蝶按钮"代码

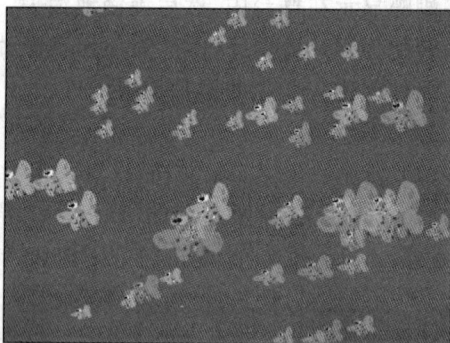

图 7-118　场景中拖放多个蝴蝶

（11）单击场景 1，返回到主场景，新建一个图层 2 命名为"背景"，将其拖到图层 1 的下方，导入一幅风景图片作为背景。

（12）保存文件。按 Ctrl＋Enter 快捷键，测试影片。

3．实验结论

本实验实现的是操作简单、代码容易理解的鼠标跟随效果，但是"鼠标跟随"比较机械，为了实现更加自然的鼠标跟随效果，就需要通过 ActionScript 代码编写更加复杂的程序。

7.3.3　问题与解答

1．问题 1　如何加载一个 SWF 文件？

loadMovie 函数的使用：

添加一个空的影片剪辑元件。实体名为 ok，加载的 SWF 文件是 test. swf，动作脚本：

loadMovie（"test. swf"，"_root. ok"）；

此脚本添加到时间轴第一帧即可，如图 7-119 所示。

2．问题 2　"文字打字机"效果的制作方法？

首先为每一个文字建立一个影片剪辑元件，然后在第一帧中引用第一个文字，隔两帧，按 F6 键，插入关键帧，再引用第二个字，再隔两帧，按 F6 键，引用第三个，依此类推。如果配上打字的音效，效果会更好。本方法适于字数较少的文字。

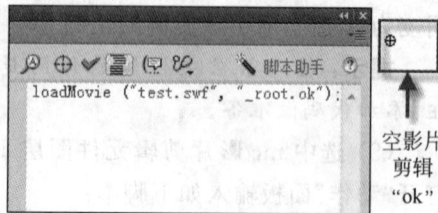

空影片剪辑"ok"

图 7-119　加载一个 SWF 文件

第8章 计算机网络与 Internet 上机实践

知识点：
- 网线的制作方法
- 通过调制解调器电话拨号接入 Internet 的方法
- 通过局域网接入 Internet 的方法
- 通过 ADSL 接入 Internet 的方法
- Internet Explorer 的基本设置
- 通过 Web 浏览器浏览网页的方法
- 通过 FTP 客户端软件传输文件的方法
- 基于 Web 的电子邮件的使用
- 基于邮件客户端软件的电子邮件的使用
- Dreamweaver 制作网页的方法

本章导读：

随着计算机网络的迅速发展,计算机网络已经成为当今信息系统的基础,对人类生产、生活和工作产生越来越重要的影响。计算机网络技术在飞速发展的同时也存在着大量急需解决的挑战性问题。计算机网络的发展造就了新的专业人才的需求,既要注重研究网络的理论知识,又要在掌握基本原理及具备基础网络应用能力的基础上强调对学生实践能力的培养。因此,建设先进的计算机网络实验体系,提高学生的实践能力,对于培养网络时代高质量人才具有重要意义。

8.1 连接到 Internet

用户想要使用 Internet 上的资源,得到 Internet 提供的服务,必须首先通过 ISP (Internet 服务供应商)将自己的计算机连接到 Internet 上。本节介绍连接到 Internet 的一些常用方法,包括通过调制解调器电话拨号接入 Internet,通过局域网接入 Internet,通过 ADSL 接入 Internet 的方法,用户可根据实际情况选择连接到 Internet 的方法。

8.1.1 实验 1 网线的制作

1. 实验目的

通过本实验掌握网线的制作方法和测试方法。

2. 实验步骤

(1) 剥线。用夹线钳的剪线刀口将双绞线端头剪齐,再将双绞线端头插入剥线刀口,然后适度握紧夹线钳,慢慢旋转双绞线,划开双绞线的保护胶皮,最后剥下保护胶皮。夹线钳如图 8-1 所示。

注意:剥线时用力适度,以免剪断双绞线。

(2)理线。双绞线由 4 对有色导线两两绞合而成,将紧密绞合的线分开,严格按照标准 568B 的线序(引脚 1—橙白色,引脚 2—橙色,引脚 3—绿白色,引脚 4—蓝色,引脚 5—蓝白色,引脚 6—绿色,引脚 7—棕白色,引脚 8—棕色)平行排列,整理好后用剪线刀口将前端修齐。标准 568B 双绞线如图 8-2 所示。

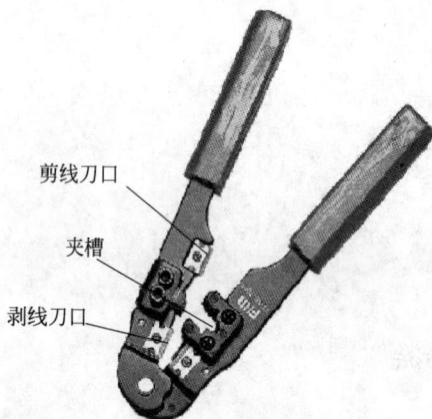

剪线刀口
夹槽
剥线刀口

图 8-1 夹线钳

PIN 1

568B

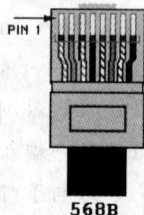

图 8-2 标准 568B 线序

(3)插线。将水晶头有弹片的一侧向下,用力将排好的线(橙白线在最下方)平行插入水晶头(RJ-45 连接器)内的线槽中,确保八条导线顶端应插入线槽顶端。

注意:将并拢的双绞线插入 RJ-45 接头时,橙白色要对着 RJ-45 的第 1 只引脚。

RJ-45 接线方式规定如下:

- 1、2 用于发送,3、6 用于接收,4、5、7、8 是双向线;
- 1、2 线必须是双绞,3、6 双绞,4、5 双绞,7、8 双绞。

(4)压线。将水晶头放入夹线钳夹槽中,用力捏几下夹线钳,压紧线头。

用同样的方法制作双绞线的另一端。

(5)检测。将双绞线两端分别插入电缆测试仪的信号发射器和信号接收器,然后打开电源,观察电缆测试仪的信号灯。如果网线制作成功,则信号发射器和信号接收器上同一条线对应的信号灯会亮起来,依次从 1 号到 8 号。

如果网线制作有问题,灯亮的顺序就不是对应的了,是不可预测的。例如,如果发射器的第 1 个灯亮,接收器的第 7 个灯亮,则表示网线做错了;如果发射器的第 1 个灯亮,接收器没有灯亮,则双绞线这只引脚与另一端的任一只引脚都没有连通,可能是导线断了,或是至少有一个金属片未接触该条芯线等。

如果网线测试失败,有可能是线头压得不紧,应把水晶头用夹线钳再夹紧一些,把水晶头的金属片压下去。

3. 实验结论

正线(直通线)是将双绞线两端的发送端口与发送端口直接相连,接收端口与接收端口直接相连;反线(交叉线)是将双绞线两端的发送端口与接收端口交叉线相连。正线主要用于不同设备间的连接,即当不同类型的接口通过双绞线互连时,使用正线;反线一般用于相同设备的连接,即当同种类型的接口通过双绞线互连时,使用反线。本次实验制作的是正线,应该掌握正线的制作方法和测试方法,但也应该掌握反线的制作方法,理解正线和反线的不同应用范围及其原理。

8.1.2　实验2　通过调制解调器电话拨号接入 Internet

1. 实验目的

通过本实验学习调制解调器与计算机的连接和使用。掌握电话拨号接入 Internet 的方法。

2. 实验步骤

1) 将调制解调器、计算机串行通信接口和电话线等按照如图 8-3 所示的方式连接。

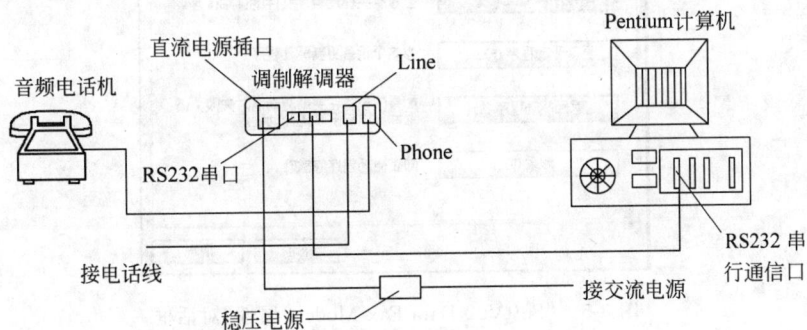

图 8-3　调制解调器的硬件连接图

2) 安装驱动程序

(1) 单击"开始"按钮,选择"开始"菜单中的"控制面板"。

(2) 在"控制面板"窗口中双击"电话和调制解调器选项"图标,显示"电话和调制解调器选项"对话框。在"调制解调器"标签中,如图 8-4 所示,选择已经安装的调制解调器(本机安装的调制解调器为"SoftV92 Data Fax Modem"),然后单击"属性"按钮,会出现"SoftV92

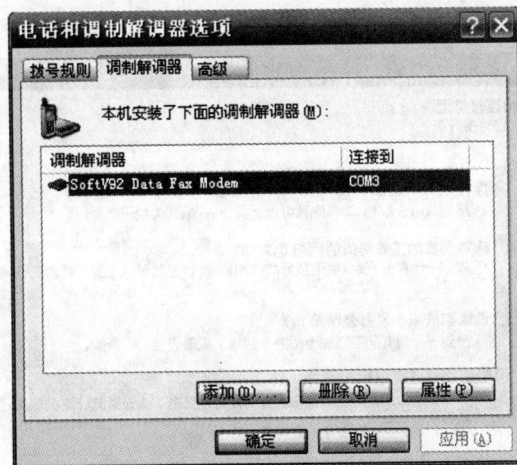

图 8-4　"电话和调制解调器选项"对话框

Data Fax Modem 属性"对话框,如图 8-5 所示,在"驱动程序"标签中可以对调制解调器的驱动程序进行管理。在"拨号规则"标签中,选中已有的拨号规则后单击"编辑"按钮可以修改拨号规则,也可以单击"新建"按钮进入"新建立"对话框新建拨号规则。

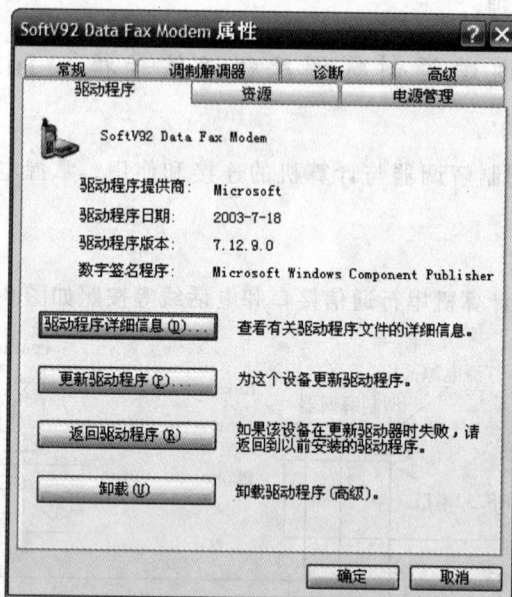

图 8-5 "SoftV92 Data Fax Modem 属性"对话框

3) 安装和配置拨号网络

(1) 单击"开始"按钮,选择"开始"菜单中的"控制面板"。

(2) 在"控制面板"窗口,双击"网络连接"图标,屏幕显示"网络连接"对话框。

(3) 在"网络任务"区域中单击"创建一个新的连接",进入"新建连接向导"对话框,单击"下一步"按钮。

(4) 要求用户选择网络连接类型,这里选择"连接到 Internet"选项,单击"下一步"按钮,如图 8-6 所示。

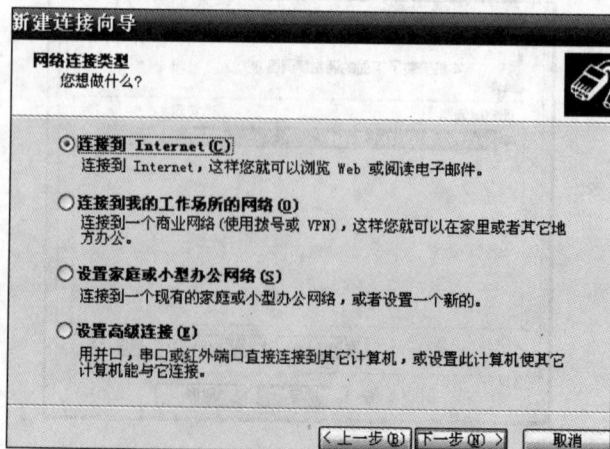

图 8-6 选择网络连接类型

（5）选择"手动设置我的连接"选项，单击"下一步"按钮，如图 8-7 所示。

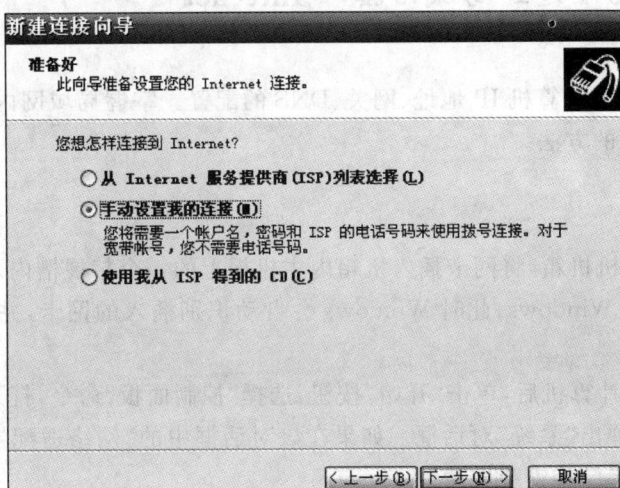

图 8-7　选择"手动设置我的连接"

（6）选择"用拨号调制解调器连接"选项，单击"下一步"按钮，如图 8-8 所示。

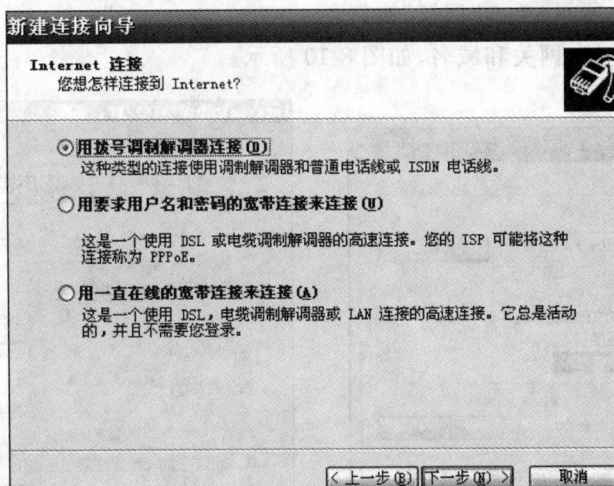

图 8-8　选择"用拨号调制解调器连接"

（7）输入 ISP 的名称、电话号码、帐户名以及密码等内容，输入完毕，单击"下一步"按钮。

（8）单击"完成"按钮，完成新建连接向导。

3. 实验结论

通过调制解调器电话拨号上网是个人用户连接到 Internet 所采用的方法之一，用户计算机通过电话拨号方式暂时与 Internet 相连，成为 Internet 上一台拥有自己 IP 地址的主机，可以享受 Internet 所提供的全部服务，该 IP 地址可以临时动态分配或者固定安排给某个用户。

8.1.3 实验 3 通过局域网接入 Internet

1. 实验目的

通过本实验学习计算机 IP 地址、网关、DNS 的配置。掌握局域网内的计算机终端通过网关接入 Internet 的方法。

2. 实验步骤

1）安装网卡

（1）打开计算机机箱，将网卡插入机箱内主机板上的一个扩展槽内。

（2）重新启动 Windows，此时 Windows 会自动识别插入的网卡，并自动安装相应的驱动程序。

（3）重新启动计算机后，单击"开始"按钮，选择"控制面板"命令，打开"控制面板"窗口，双击"系统"图标，弹出"系统"对话框。如果在该对话框中的"网络适配器"标志中没有出现"?"或"!"，表明网卡已经安装成功。

2）安装 TCP/IP 协议

（1）单击"开始"按钮，选择"控制面板"，打开"控制面板"窗口，双击"网络连接"图标，再双击"LAN 或高速 Internet"选项，进入"本地连接 属性"对话框，选中"Internet 协议（TCP/IP）"选项，如图 8-9 所示，单击"属性"按钮。

（2）设置 IP 地址、网关和域名，如图 8-10 所示。

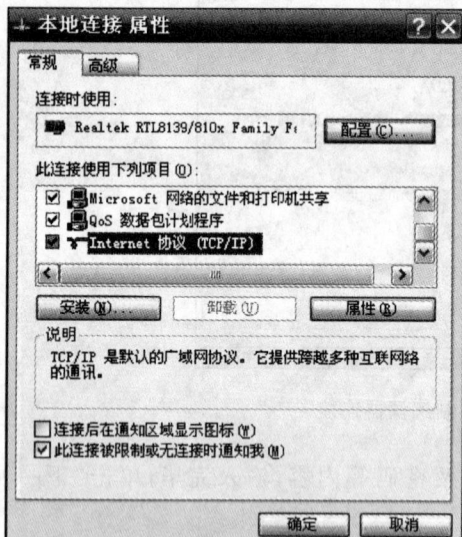

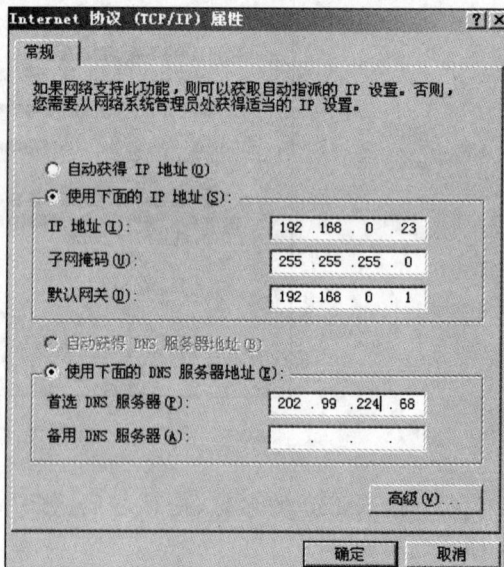

图 8-9 "本地连接 属性"对话框   图 8-10 "Internet 协议（TCP/IP）属性"对话框

- 选中"使用下面的 IP 地址"，然后在"IP 地址"文本框中输入相应的 IP 地址，如 192.168.0.23，IP 地址是由网络管理员分配的；
- 在"子网掩码"文本框中输入相应的子网掩码，如 255.255.255.0，这同样也是由网络管理员分配的；
- 在"默认网关"一栏中输入网关，如 192.168.0.1，这同样也是由网络管理员分配的；

- 选中"使用下面的 DNS 服务器地址",在"首选 DNS 服务器"文本框中输入首选的 DNS 服务器地址,例如,内蒙古呼和浩特市的 DNS 是 202.99.224.68。

(3) 设置完毕后单击"确定"按钮,系统会更新启动,此时应确保 Windows 的安装盘放在光驱中。

3. 实验结论

IP 地址是在 Internet 上为了区分主机而给每台主机分配的一个专门地址,通过 IP 地址就可以访问到每一台主机,它具有定位的作用,主要为了区别不同的主机。DNS(Domin Name System)是域名服务系统的缩写,它的作用是提供域名和 IP 地址的映射,将域名解析成 IP 地址。网关(Gateway)是一个网络连接到另一个网络的"关口",在使用不同的通信协议、数据格式或语言,甚至体系结构完全不同的两种系统之间,它充当翻译器的作用。

通过局域网接入 Internet 是指将用户的计算机连接到一个已经接入 Internet 的计算机局域网,该局域网的服务器是 Internet 上的一台主机,用户通过该局域网的服务器访问 Internet。

8.1.4 实验 4 通过 ADSL 接入 Internet

1. 实验目的

通过本实验学习 ADSL 设备的连接和配置。掌握个人计算机通过 ADSL 接入 Internet 的方法。

2. 实验步骤

1) 设备连接。主要设备是 ADSL Modem。ADSL Modem 有两个接口:一个是 ADSL 接口,另一个是 USB 接口。将电话线插入 ADSL Modem 的 ADSL 接口;USB 连接线的一端插入 ADSL Modem 的 USB 接口,另一端连接到计算机的 USB 接口或网卡接口,如图 8-11 所示。

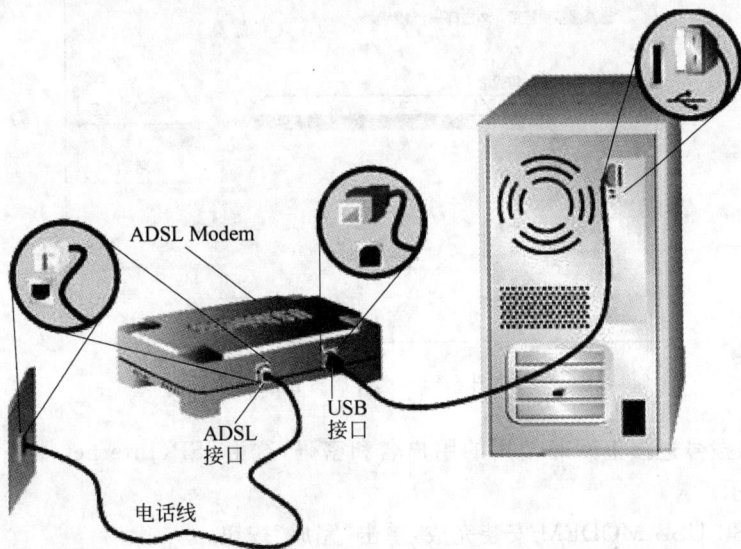

图 8-11 ADSL 设备连接图

2）安装驱动程序

（1）插入安装盘，开始安装 ADSL USB MODEM，选择"自动安装软件"选项，单击"下一步"按钮，如图 8-12 所示。

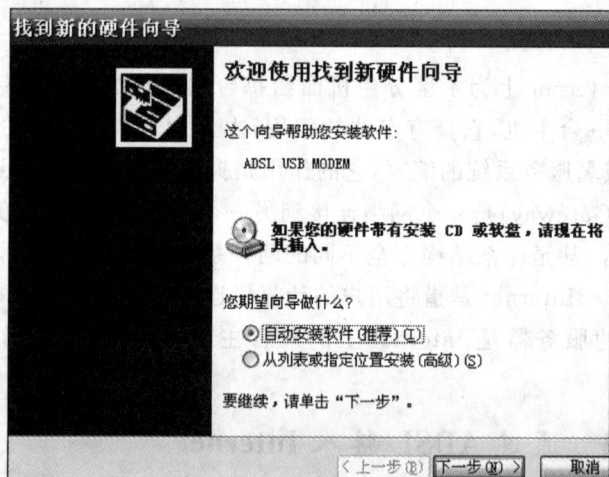

图 8-12　安装向导

（2）向导正在安装软件，请等候，安装完成，单击"下一步"按钮。

（3）安装 DSL 设备，选择服务供应商，这里选择"PPPoE ADSL"，单击"下一步"按钮，如图 8-13 所示。

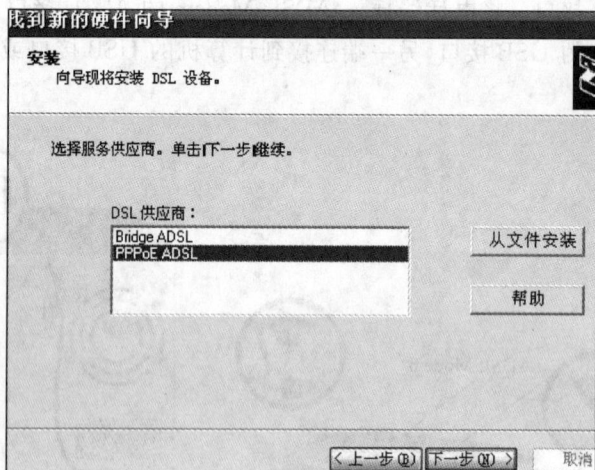

图 8-13　选择服务供应商

（4）输入拨号连接上网时使用的用户名和密码，这由 ISP（Internet 服务供应商）提供，如图 8-14 所示。

（5）ADSL USB MODEM 安装完成，单击"完成"按钮。

（6）开始安装 AccessRunner ADSL WAN PPPoE Adapter，选择"自动安装软件"，单击"下一步"按钮，如图 8-15 所示。

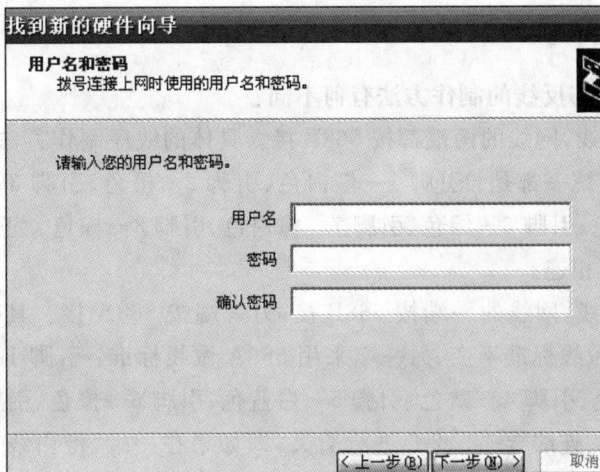

图 8-14　输入用户名和密码

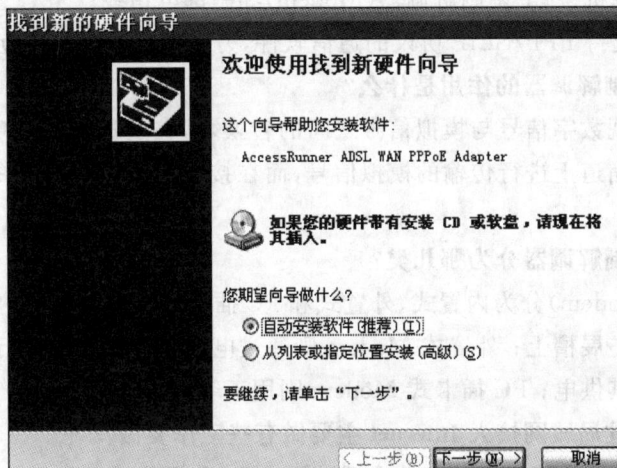

图 8-15　安装 AccessRunner ADSL WAN PPPoE Adapter

（7）向导正在安装软件，请等候，安装完成，单击"下一步"按钮。

（8）AccessRunner ADSL WAN PPPoE Adapter 安装完成，单击"完成"按钮。

3）驱动程序安装成功后，在"控制面板"的"网络连接"窗口中多了一个 AccessRunner ADSL 拨号连接项。

4）拨号上网连接 AccessRunner ADSL 的方法是双击桌面网络连接图标，在弹出的对话框中输入用户名和密码，然后单击"拨号"按钮即可。

3. 实验结论

ADSL 技术是利用现有的电话线进行信号传输。电话线已与 Internet 用户相连接，而且现有的电话线网的用户数目十分庞大，ADSL 能对现有的电话线进行充分的利用，可以有效地保护原有的网络资源。

8.1.5 问题与解答

1. 问题1　正线与反线的制作方法有何不同？

正线：又称直通线，网线的两端都按 568B 接。具体的线序制作方法是：两端都是同样的线序，且一一对应，统一都是：引脚 1—橙白色、引脚 2—橙色、引脚 3—绿白色、引脚 4—蓝色、引脚 5—蓝白色、引脚 6—绿色、引脚 7—棕白色、引脚 8—棕色。正线一端的每个引线与另一端的对应引线相连。

反线：又称交叉线，网线的一端按 568B 接，另一端按 568A 接。具体的线序制作方法是：一端采用 568B 做线标准不变，另一端采用 568A 做线标准：引脚 1—白绿色，引脚 2—绿色、引脚 3—白橙色、引脚 4—蓝色、引脚 5—白蓝色、引脚 6—橙色、引脚 7—白棕色、引脚 8—棕色。反线的两头连线要 1-3、2-6 进行交叉，即如果在一端，橙白线对应到水晶头的第一个引脚，则在另一端的水晶头，橙白线要对应到其第三个引脚。

2. 问题2　电话拨号上网需要哪些软硬件？

硬件：一台计算机、一个调制解调器（Modem）和一部电话线。

软件：一类是支持 PPP/SLIP 协议的通信软件，另一类是 Internet 应用软件。

3. 问题3　调制解调器的作用是什么？

主要作用是实现数字信号与模拟信号之间的转换，即在发送端将数字信号变换成适合在电话网所提供的信道上进行传输的模拟信号，而在接收端则进行相应的反变换以恢复发送端的原始信息。

4. 问题4　调制解调器分为哪几类？

调制解调器（Modem）分为内置式、外置式和 PC 插卡式 3 种类型。内置式 Modem 通常插在计算机主板的扩展槽上；外置式 Modem 则通过电缆与计算机的串行通信口相连，一般需要单独的电源为其供电；PC 插卡式 Modem 则用于笔记本电脑。

5. 问题5　通过局域网接入 Internet 主要做有些工作要做？

（1）为每台联网的计算机安装一块合适的网卡（或称网络适配器）；

（2）用网络传输线（目前大多采用双绞线）和相应的接口将用户的计算机接入本单位的局域网；

（3）安装网卡驱动程序和 TCP/IP 协议；

（4）设置 IP 地址，包括本机 IP 地址、子网掩码、域名服务器 DNS 的 IP 地址及网关 IP 地址等；

（5）设置计算机与工作组的名称及安全口令。

6. 问题6　ADSL 怎样设置自动连接？

单击"开始"按钮，选择"控制面板"命令，打开"控制面板"窗口，双击 Internet 选项，打开"Internet 属性"对话框，单击"连接"标签，选择"不论网络连接是否存在都进行拨号"选项。设置完成后，单击"应用"按钮，如图 8-16 所示。当单击网页时会自动跳出"宽带连接"对话框，选中"自动"选项，下次打开网页时就不用再选"宽带连接"了，会自动连上。

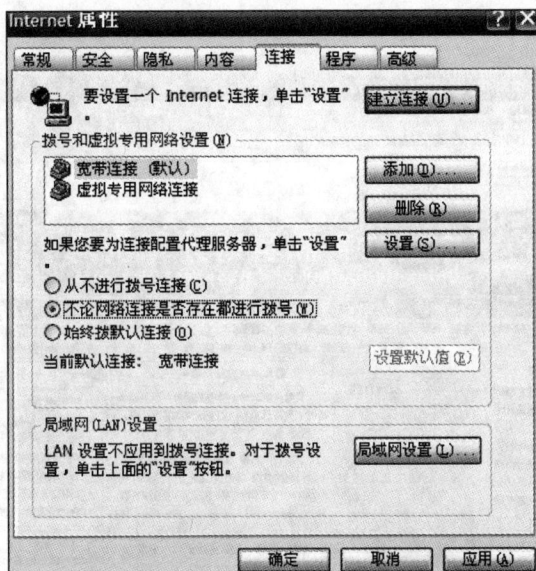

图 8-16 "Internet 属性"对话框

8.2 Internet Explorer 浏览器的使用

与 Internet 建立连接后,用户就可以使用 Web 浏览器浏览 Internet 上的资源了。
Internet Explorer(IE)是目前最流行的浏览器软件,也是目前应用最广泛的 Web 浏览器。
浏览器的主要功能是对接收到的网页信息进行解释并将其显示给用户,通过浏览器用户可
以在计算机上方便地搜索、浏览、获取 Internet 上的丰富资源。本节主要介绍 IE 浏览器的
功能、设置和使用方法等。

8.2.1 实验 1 Internet Explorer 基本设置

1. 实验目的

通过本实验学习 Internet 选项的使用方法。掌握 Internet Explorer(IE)的基本设置
方法。

2. 实验步骤

(1) 启动 IE。安装 IE 浏览器后,在 Windows 桌面上和任务栏的"快速启动"工具栏中
都有一个 IE 浏览器的图标,只要单击该图标即可启动 IE 浏览器。启动 IE 后,IE 界面屏幕
如图 8-17 所示。

(2) 在如图 8-17 所示的 IE 主窗口中选择"工具"菜单下的"Internet 选项",打开如图 8-18
所示的"Internet 选项"对话框,它包括"常规"、"安全"、"隐私"、"内容"、"连接"、"程序"和
"高级"7 个标签,可分别用来设置不同类型的工作环境。

(3) 设置默认主页。默认主页的设置决定了启动 IE 后将首先显示的主页内容。

用户可在"Internet 选项"对话框的"常规"标签中对默认主页进行设置或更改,方法是:
在"主页"选项组的"地址"文本框中输入某一主页的 URL。

标题栏　菜单栏　　工具栏　　　地址栏　　　　　　　　　　　　链接栏

页面
浏览区

滚动条

状态栏

图 8-17　IE 主窗口

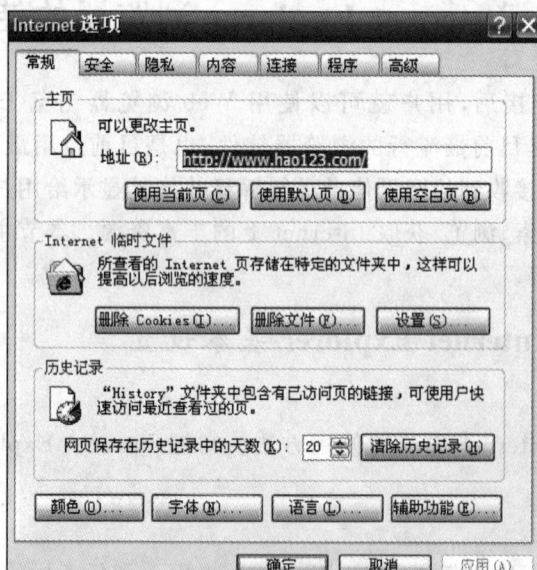

图 8-18　"Internet 选项"对话框

此外,在"常规"标签中还可以进行以下设置:

- 若单击"使用当前页"按钮,则以当前正在浏览的网页作为默认主页;
- 若单击"使用空白页"按钮,则使用空白页作为默认主页;
- 若单击"使用默认页"按钮,则通常将以 Microsoft 公司的主页作为默认主页。

(4) 设置临时文件。默认情况下,访问过的网页内容将被作为临时文件存放在本地计算机的特定文件夹中,从而方便用户的再次浏览且可以在断开网络连接后进行脱机浏览。

在"Internet 选项"对话框的"Internet 临时文件"选项组中单击"设置"按钮,可以设置存放临时文件的路径和磁盘空间的大小。若单击"删除文件"按钮,则可删除存放在该文件夹中的所有 Internet 临时文件。

（5）设置历史记录。IE 的"历史记录"中保留有用户访问过的网页的 URL 地址。单击"IE 窗口"工具栏上的"历史"按钮,就可以在窗口左侧的"历史记录"窗格中见到最近访问过的网页列表。

在"Internet 选项"对话框的"历史记录"选项组中,用户可指定访问过的网页的 URL 地址保存在"历史记录"中的天数。若单击"清除历史记录"按钮,则可清空历史记录。

（6）设置网页颜色。在"Internet 选项"对话框的"常规"标签中单击"颜色"按钮,可打开"颜色"对话框,可对文字、背景以及链接的颜色进行设置。

3. 实验结论

对 Internet Explorer 浏览器,用户可能希望更换主页,更改浏览器中所显示的字体或颜色,更改历史记录和安全检查等以满足自己的要求,这些改变可以使用户工作的更加得心应手。

8.2.2 实验 2 通过 Web 浏览器浏览网页

1. 实验目的

通过本实验学习使用地址栏、超级链接、历史记录和收藏夹等浏览网页的方法。掌握浏览网页的各种方法。

2. 实验步骤

（1）通过地址栏浏览网页

- 在 IE 窗口的地址栏中输入某一网页的 URL,然后按 Enter 键即可进入该网页;
- 用鼠标单击地址栏右边的向下箭头,在弹出的下拉列表中列出用户曾经在地址栏中输入的 URL 地址。

（2）通过超级链接浏览网页。所谓的超级链接是指从一个网页指向一个目标的连接关系,这个目标可以是另一个网页,也可以是相同网页上的不同位置,它可以是图片或彩色文字（通常带下划线）。

- 通过超级链接进入新网页的方法是:先把鼠标指针移到某个超级链接上,这时鼠标箭头形状变成一个手掌,此时单击鼠标,即可进入该链接所指向的另一个页面或 Web 站点;
- IE 允许同时打开多个网页。在 IE 窗口中选择"文件"菜单中的"新建"→"窗口"命令,即可打开另一个新的浏览窗口,在这个新窗口中可以打开其他网页,此时两个浏览窗口将同时存在。当用户浏览某一 Web 页时,如果想访问页面中某一链接所指向的页面而又不想关闭当前网页的显示,那么可以先按住 Shift 键,然后再单击网页中的超级链接,这时将打开一个新浏览窗口来显示该链接所指向的页面内容;
- 在浏览 Web 页的过程中,用户如果要回到上一页,可单击工具栏上的"后退"按钮;如果要转到下一个 Web 页,可单击工具栏上的"前进"按钮。如果想终止对当前网页的访问,可单击工具栏上的"停止"按钮。

（3）通过历史记录浏览网页。单击工具栏上的"历史"按钮,在浏览器窗口左边出现一个"历史记录"浏览栏,它按照日期顺序列出用户几天或几周内曾经访问过的 Web 站点记录,单击某一网页标题即可进入该网页。

(4) 使用收藏夹浏览网页。用户可以将访问过的站点或网页的 URL 地址添加到 IE 的收藏夹列表中,当以后再访问其中某个网页时,只需打开收藏夹,单击其中的链接即可。

- 将当前网页添加到收藏夹。选择"收藏"菜单下的"添加到收藏夹",打开"添加到收藏夹"对话框,如图 8-19 所示。在"名称"对话框中输入该网页的名称或使用默认名称,然后单击"确定"按钮,就可将当前网页添加到收藏夹中;

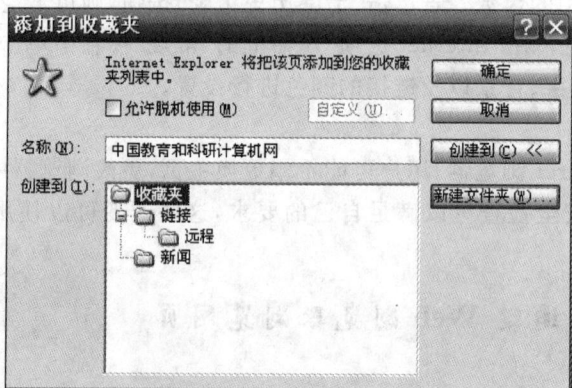

图 8-19 "添加到收藏夹"对话框

- 使用收藏夹浏览网页。选择菜单栏上的"收藏"菜单可以看到所收藏站点或网页的 URL 地址,单击某个地址即可打开该网页。另外,单击工具栏上的"收藏"按钮,同样可以在窗口左侧出现的"收藏夹"栏中看到所收藏的站点或网页地址,单击其中所收藏的某个地址就可快速地访问该网页。

3. 实验结论

IE 提供了多种浏览 Web 页的方法,掌握这些方法,可以提高网页浏览的速度,快速找到曾经访问过的网页等,为用户带来了很大的便利。

8.2.3 问题与解答

1. 问题 1 在浏览网页时,采用什么方法可一次"向前"或"向后"跳过多页?

如果要向前跳过多页,可单击"前进"按钮旁边的向下箭头,从弹出的下拉列表中选择要进入的 Web 页;如果要向后跳过多页,可单击"后退"按钮旁边的向下箭头,从弹出的下拉列表中选择要进入的 Web 页。

2. 问题 2 怎样分类保存收藏在"收藏夹"中的网页?

可以通过"整理收藏夹"来分类保存收藏在"收藏夹"中的网页,方法如下:在 IE 窗口中选择"收藏"菜单中的"整理收藏夹",或者单击"收藏夹"栏中的"整理"快捷按钮,打开"整理收藏夹"对话框,如图 8-20 所示,按照说明整理收藏夹。

3. 问题 3 如何将网页添加到链接栏?

- 用鼠标左键按住地址栏中的 Web 页图标,拖动到链接栏中;
- 将收藏夹中的网页直接拖到链接栏中;
- 将网页中的超链接直接拖到链接栏中。

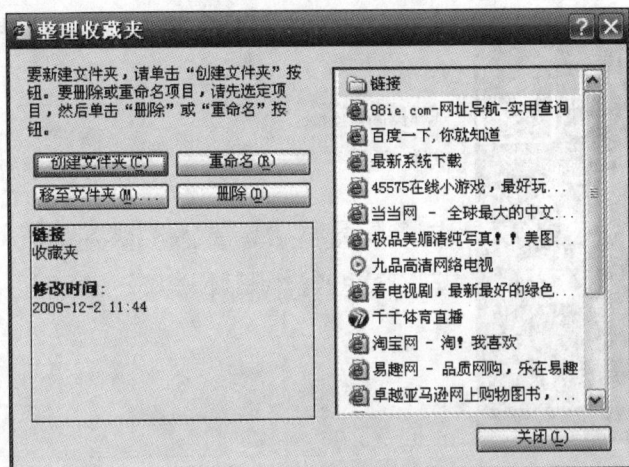

图 8-20 "整理收藏夹"对话框

8.3 FTP 客户端软件传输文件

FTP(File Transfer Protocol)是 TCP/IP 体系结构应用层中的一个协议,它负责将文件从连网的一台计算机传输到另一台计算机,并保证文件传输的可靠性。登录成功,与远程FTP 服务器建立连接后,用户即可查看 FTP 服务器上的文件目录、发送上传或下载命令,进行文件搜索和传输等操作。通过 FTP 几乎可以传输任何类型的文件,如文本文件、二进制可执行文件、图像文件、声音文件和数据压缩文件等。而一个强大的 FTP 客户端软件可以让用户连接到 FTP 服务器上去上传或下载文件,可以快速、容易地管理文件,而不必知道FTP 是如何工作的,让用户传输文件更加轻松。本节主要介绍文件传输的客户端软件及使用方法。

8.3.1 通过 FTP 客户端软件传输文件

1. 实验目的

通过本实验学习 FTP 客户端软件的安装、设置和使用方法。掌握通过 FTP 客户端软件传输文件(上传和下载文件)的方法和步骤。

2. 实验步骤

1) FTP 客户端软件的安装和设置

(1) 下载"网络传神"FTP 客户端安装文件。双击文件,开始安装,阅读完窗口信息后,单击"下一步"按钮。

(2) 选择软件安装的目录,单击"下一步"按钮开始安装。

(3) 安装完成后,进入"功能向导"界面,阅读窗口信息后,单击"下一步"按钮。

(4) 选择"网络传神完全模式",单击"下一步"按钮,如图 8-21 所示。

(5) 选择"工具栏显示"项和"菜单显示"项,单击"下一步"按钮。

(6) 单击"完成"按钮,结束功能向导。

(7) 进入 FTP 客户端的"新建用户向导"对话框,单击"下一步"按钮。

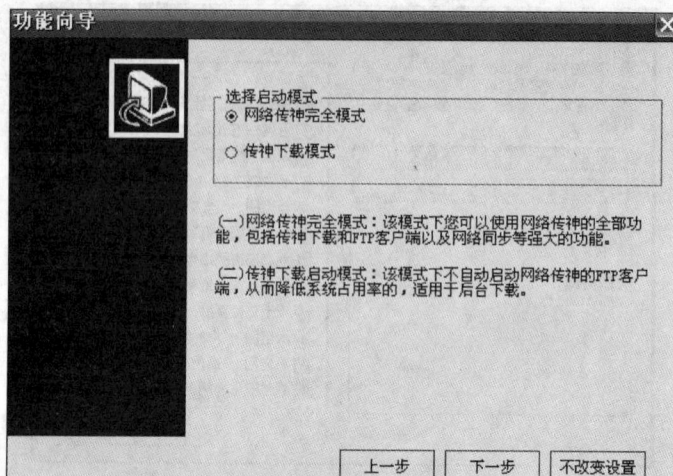

图 8-21 选择模式

(8) 输入站点名称,单击"下一步"按钮。

(9) 输入服务器地址,单击"下一步"按钮。

(10) 输入用户名和密码,单击"下一步"按钮。

(11) 输入默认的本地磁盘目录和默认服务器目录,单击"完成"按钮结束新建用户向导,如图 8-22 所示。

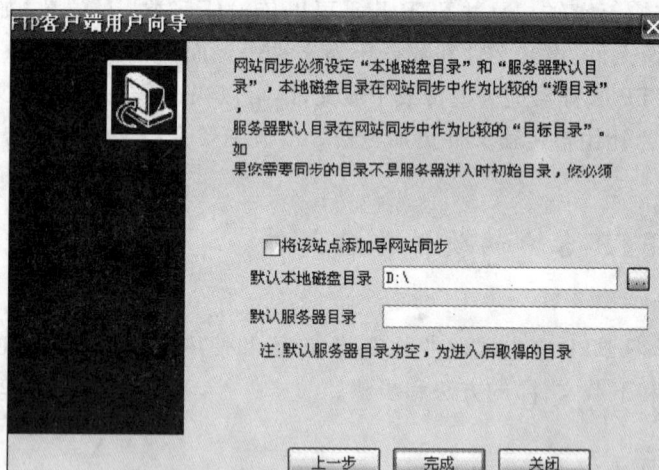

图 8-22 输入默认的本地磁盘、服务器目录

2) 上传和下载文件

(1) 从"桌面快捷方式"或"开始"菜单中打开网络传神 3,进入该软件首页,单击左下方的"FTP 客户端"按钮,再单击"直接输入站点"按钮,如图 8-23 所示。

(2) 设置上传帐号。在"常规设置"中输入网站名称、服务器地址、用户名和密码,输入完毕单击"确定"按钮,如图 8-24 所示。

(3) 上传帐号设置成功后,显示信息为下半部窗口的右边是网站的目录,左边是自己计

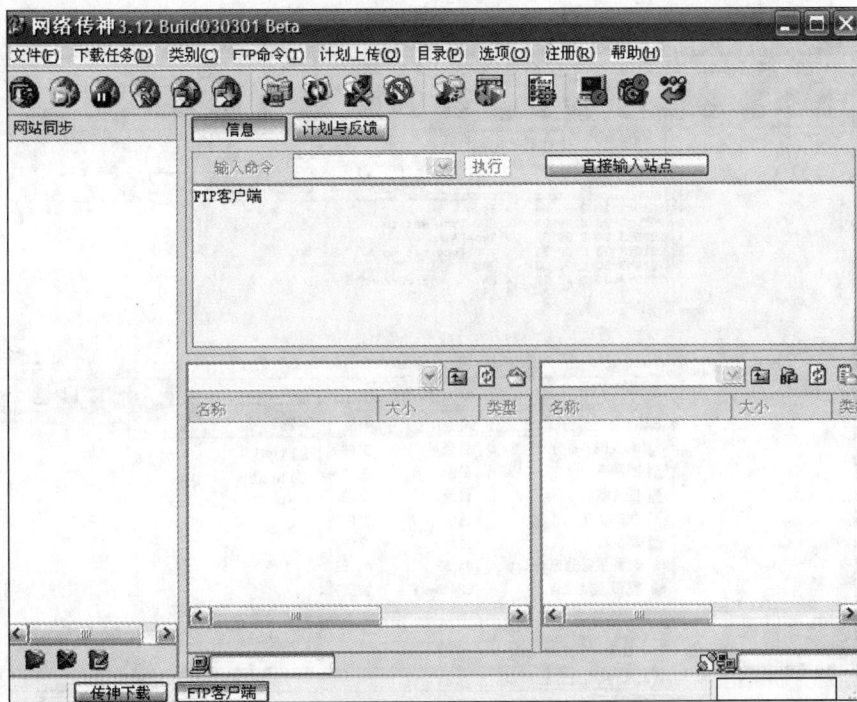

图 8-23　网络传神 3 首页

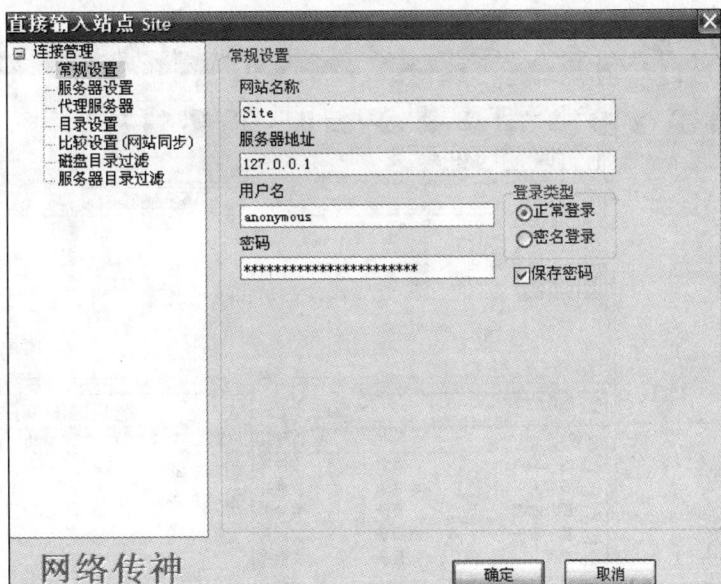

图 8-24　常规设置

算机硬盘的目录,如图 8-25 所示,单击网站根目录下的 text。

　　(4) 进入 text 子目录,可以看到,子目录里面已经有网友上传的作品了,在窗口的左边选中要上传的文件"教师服务登记表(E-mail 版).doc",如图 8-26 所示。

计算机网络与 Internet 上机实践

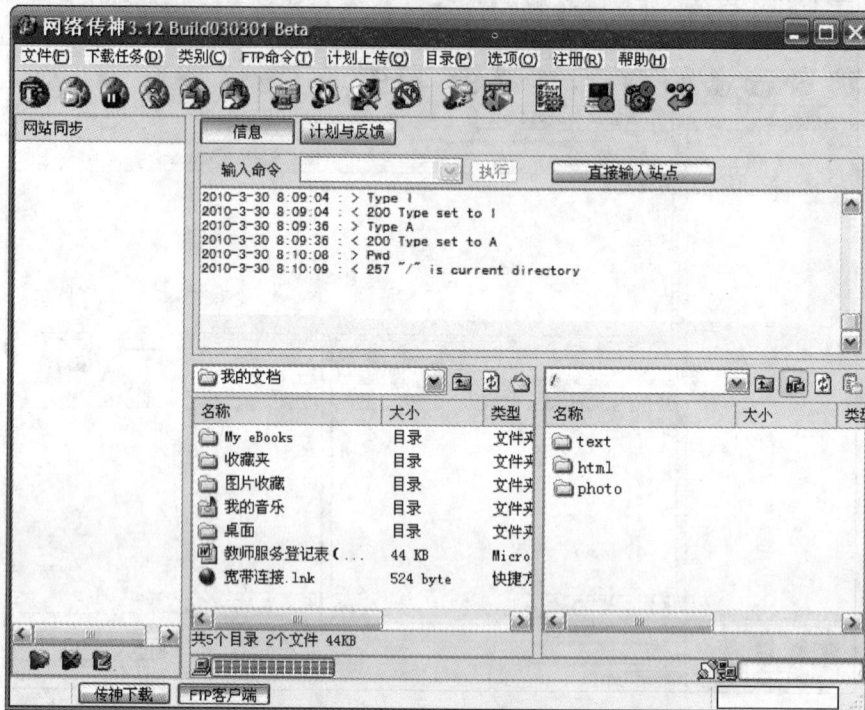

图 8-25　上传帐号设置成功

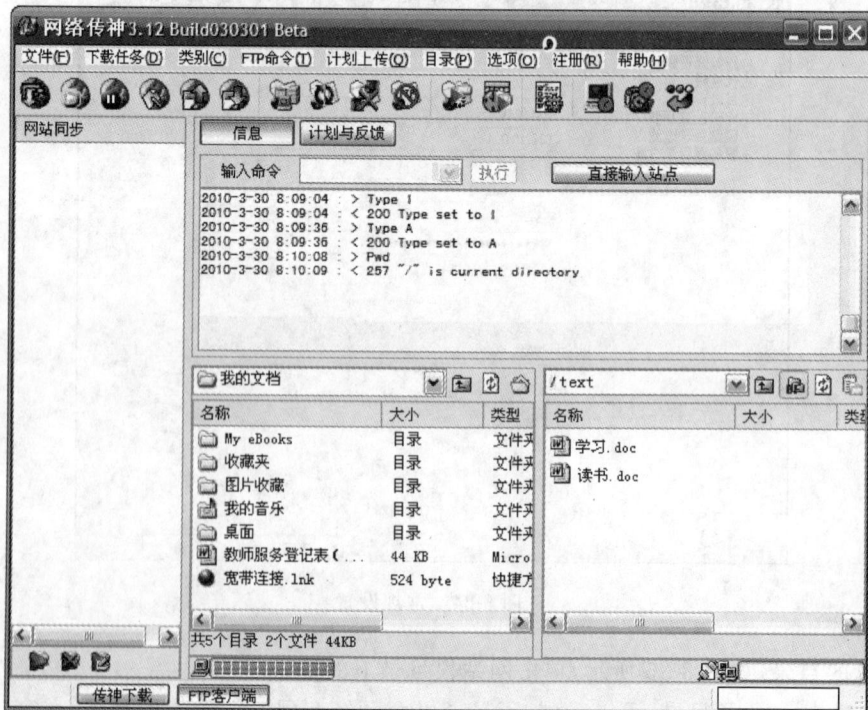

图 8-26　text 子目录

（5）在"教师服务登记表（E-mail 版）.doc"上面单击鼠标右键,在弹出的快捷菜单中选择"上传"选项,或者直接在"教师服务登记表（E-mail 版）.doc"上面双击鼠标左键同样可以直接上传,或者按住鼠标左键拖到对应位置。如果上传成功,右边窗口的 text 子目录里面可以找到自己的文件"教师服务登记表（E-mail 版）.doc",如图 8-27 所示。

（6）从网站的 FTP 里面下载文件。打开右边 FTP 相关的目录,选中要下载的文件,单击鼠标右键,选择"下载"选项,就可以把选择的网站文件保存在自己的计算机中。

3. 实验结论

FTP 是 TCP/IP 体系结构应用层中的一个协议,它负责将文件从网络的一台计算机传输到另一台计算机,并保证文件传输的可靠性。传统的 FTP 有其自身的缺点,要求需要进行远程文件传输的计算机必须安装和运行 FTP 客户程序,但是该程序是字符界面而不是图形界面,这就必须以命令提示符的方式进行操作,很不方便。而 FTP 客户端软件可以让用户连接到任何 FTP 服务器上快速、容易地上传和下载文件,而不必使用 FTP 命令,这对用户来说非常方便。

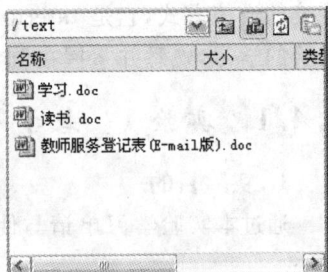

图 8-27 上传成功

8.3.2 问题与解答

1. 问题 1 利用专门的 FTP 客户端软件传输文件与通过 IE 浏览器启动 FTP 传输文件和传统的 FTP 传输文件相比有何优点?

传统的 FTP 传输文件,要求需要进行远程文件传输的计算机必须安装和运行 FTP 客户程序,但是该程序是字符界面而不是图形界面,这就必须以命令提示符的方式进行操作,需要用户记忆 FTP 命令,这对用户来说很不方便。

通过 IE 浏览器启动 FTP 传输文件,要求用户在 IE 地址栏中输入如下格式的 URL 地址来启动 FTP 客户程序: ftp://［用户名:口令@］ftp 服务器域名［:端口号］,FTP 客户程序启动以后就可以进行文件的上传和下载了。通过 IE 浏览器启动 FTP 传输文件的方法尽管可以使用,但是速度较慢,还会将密码暴露在 IE 浏览器中而不安全。

利用专门的 FTP 客户端软件传输文件,要求用户安装并运行 FTP 客户端软件,当需要传输文件时,应当与远程主机或对方的个人计算机建立连接,输入用户名和密码登录到该主机或对方的个人计算机上,登录成功后就可以上传和下载文件了,有时候只简单的拖动就可以完成文件的上传和下载。利用专门的 FTP 客户端软件传输文件速度快,操作简单,而且支持网站互传,支持网站同步,支持后台上传,支持多站点镜像上传,支持断点续传等。

2. 问题 2 什么是断点续传?

FTP 客户端软件断点续传指的是在下载或上传时,将下载或上传任务（一个文件或一个压缩包）人为的划分为几个部分,每一个部分采用一个线程进行上传或下载,或者有时用户上传或下载文件时遇到网络故障,没有传输完毕,下一次可以从已经上传或下载的断点处开始继续上传或下载剩余的部分,而没有必要重新开始上传或下载。这样可以节省时间,提高速度。

8.4 电子邮件的使用

互联网的广泛应用,使通信方式和手段发生了变革,电子邮件(E-mail)的出现,改变了传统的通信方式,它是 Internet 上一种功能强大、快捷、经济、使用方便的通信手段。通过本实验的学习,熟悉并掌握在 Internet 上利用电子邮件进行交流的技能。

8.4.1 实验1 基于 Web 的电子邮件的使用

1. 实验目的

通过本实验学习申请与使用搜狐邮箱的方法。掌握基于 Web 的电子邮件系统的使用方法。

2. 实验步骤

1) 申请搜狐邮箱帐户。在 IE 或其他浏览器的地址栏中输入"http://www.sohu.com",登录到搜狐首页,单击"注册"按钮,进入如图 8-28 所示的注册页面,用户在该页面中填入相应的信息,填写完后单击"完成注册"按钮确认后即完成注册。

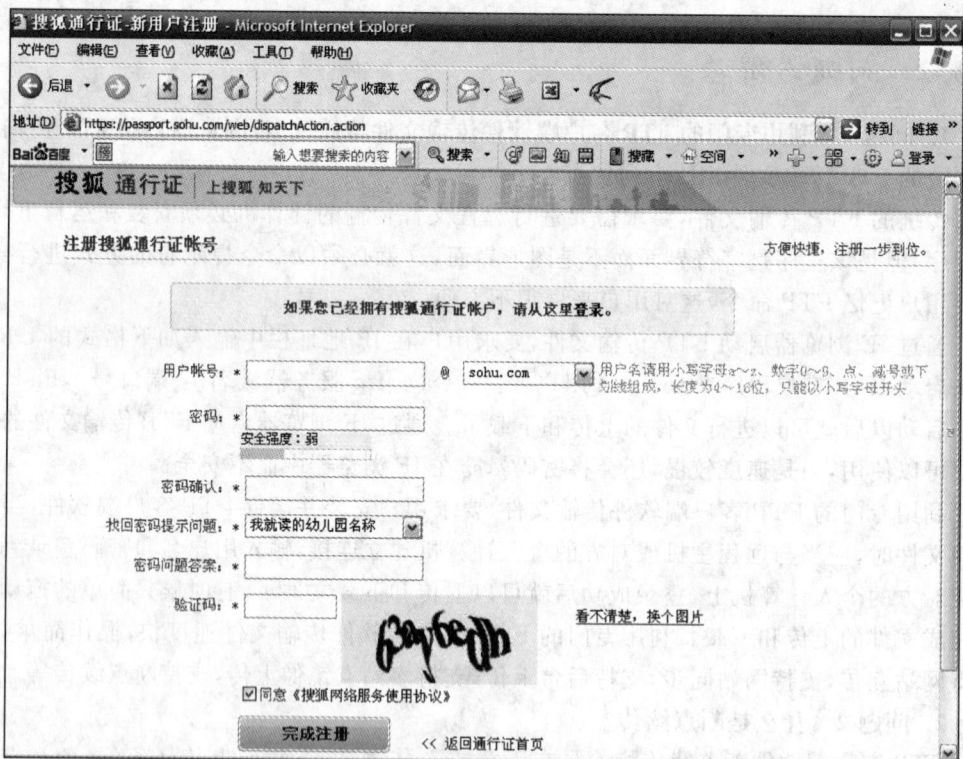

图 8-28 注册页面

2) 撰写和发送电子邮件

(1) 在搜狐首页 http://www.sohu.com 输入"用户名"和"密码"后,单击"登录"按钮,进入搜狐邮箱首页,如图 8-29 所示,单击"写信"按钮。

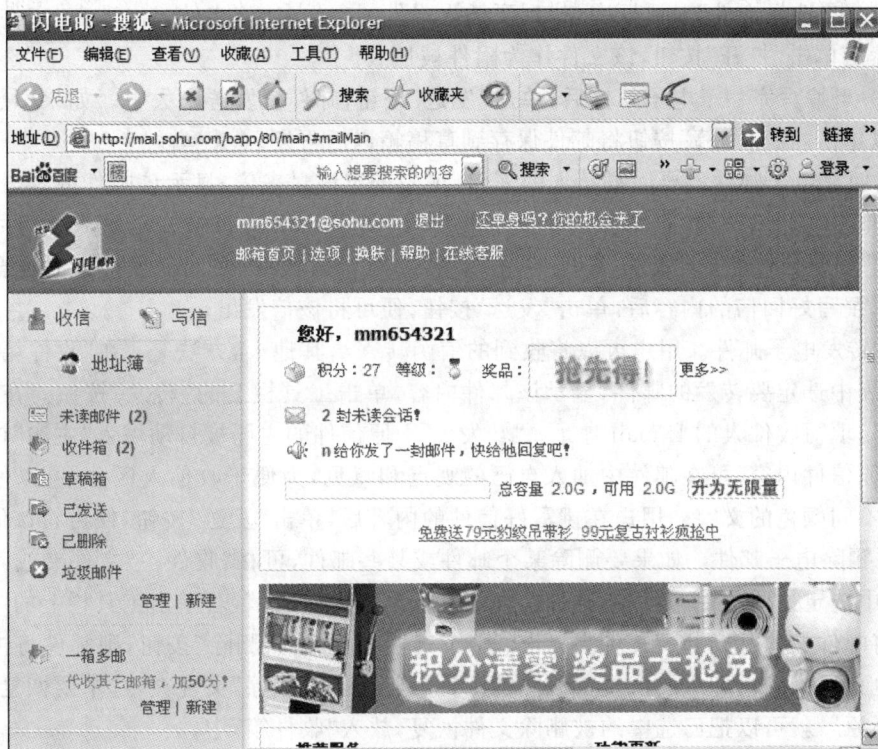

图 8-29　搜狐邮箱首页

(2) 在"收件人"栏中输入收件人的 E-mail 地址,可在"收件人"栏中输入多个 E-mail 地址,E-mail 地址之间用逗号隔开,另外,还可以从"联系人"中选定收件人;在"主题"栏中输入该邮件的主题;在邮件正文区输入邮件的内容,用户可对输入的文本进行编辑。如果有附件需要插入,可单击"上传附件"按钮,如图 8-30 所示。

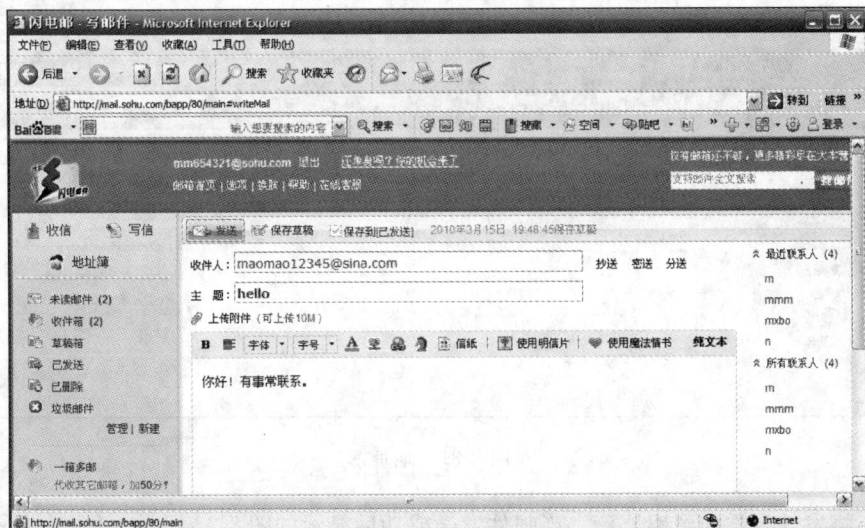

图 8-30　"写信"窗口

计算机网络与 Internet 上机实践

（3）在"选择文件"对话框中，找到要插入附件的文件名，该文件名出现在"文件名"文本框中，然后单击"打开"按钮，该文件作为附件被加入。

（4）当编写完一个电子邮件后，单击"发送"按钮，邮件就发送出去了。如果不想立即发送，可以单击"保存草稿"按钮将邮件保存到草稿箱以后再发。

3）回复电子邮件。要回复某人的来信，可先选定该封来信，显示该邮件内容，然后在工具栏中单击"回复"按钮，原发件人变成了收件人（其 E-mail 地址被自动填入"收件人"栏），"回复："＋原信件的主题被自动填入"主题"栏。默认方式下，在回复发件人时也含了原信件内容，撰写好回信的内容后，单击"发送"按钮，便可将该信发出。

4）转发电子邮件。用户可以将收到的信函转寄给其他人，方法是：在"收件箱"窗口的邮件列表中选定要转发的邮件，显示该邮件内容，单击工具栏上的"转发"按钮。在"转发邮件"窗口，填写收件人的 E-mail 地址；"转发："＋原信件的主题被自动填入"主题"栏。邮件也包含原信件内容，可在邮件中加入自己的观点和意见，为便于收信人区分，可以使用不同字体和不同颜色的文字。用户在撰写好信件的内容后，单击"发送"按钮，便可将该信发出。

5）删除电子邮件。如果要删除某个邮件或某些邮件，可在"收件箱"文件夹或其他文件夹列表中选定这些邮件，其相应邮件前面的复选框打上了"√"，若单击工具栏上的"删除"按钮，则将邮件放入"已删除"文件夹；若单击工具栏上的"永久删除"按钮，则邮件将被彻底删除，再也找不到了。如果要恢复被删除的邮件，则进入"已删除"文件夹，选中要恢复的邮件，单击"还原"，就可以把已选中的被删除文件恢复，放入"收件箱"中。

6）地址簿的使用

（1）新建联系人。进入搜狐邮箱首页，单击"地址簿"按钮，显示地址簿中联系人的信息，如图 8-31 所示。若想添加新的联系人，单击"新建联系人"，进入填写联系人信息页面，添加联系人的基本信息，填写完毕后，单击"确定"按钮，将联系人添加到"地址簿"中。

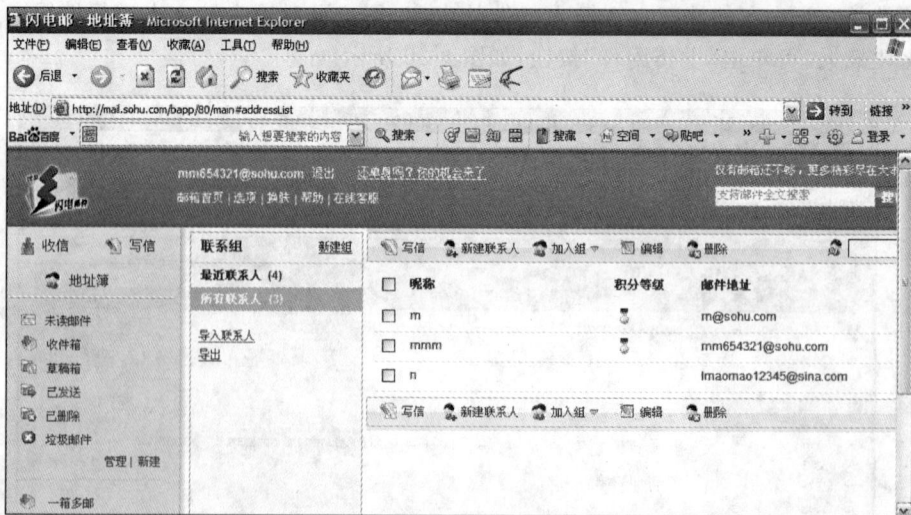

图 8-31　地址簿

（2）将发件人添加到地址簿。当邮件发送成功后显示如图 8-32 所示，只要选中复选框"将本次被保存成功的联系人添加到通讯组中。"，就可以把本次的联系人添加到"地址簿"中。

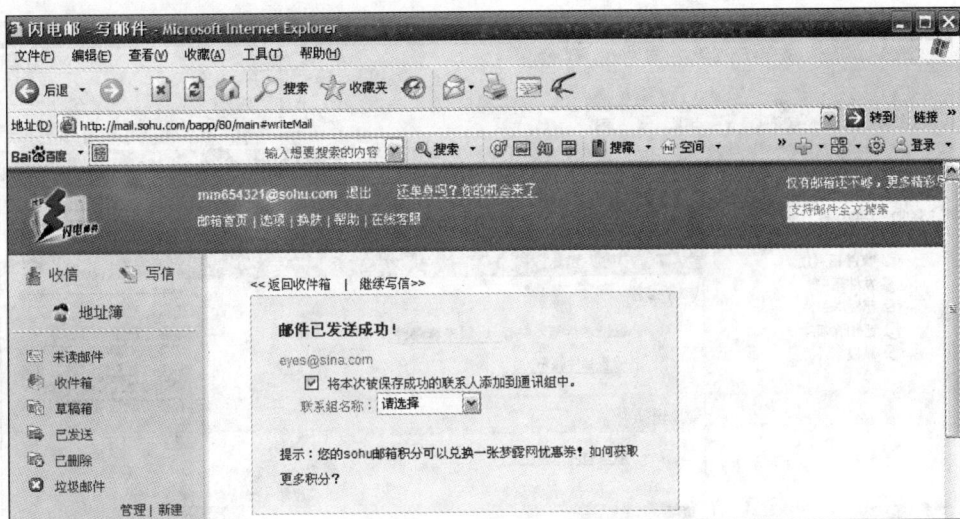

图 8-32　添加发件人

3. 实验结论

通过 Web 浏览器(如 IE)直接登录到相应的邮件服务器进行收发电子邮件是目前比较流行的收发电子邮件方式,而且无须额外软件,只要有个浏览器软件就可以收发信件了,这对用户来说十分方便。

8.4.2　实验 2　基于邮件客户端软件的电子邮件的使用

1. 实验目的

通过本实验学习 Outlook Express 的使用方法。掌握基于邮件客户端软件的电子邮件系统的使用方法。

2. 实验步骤

1) 启动 Outlook Express

* 双击桌面上的 Outlook Express 快捷方式图标;
* 单击"开始"按钮,选择"程序"→Outlook Express。

Outlook Express 主窗口如图 8-33 所示。

2) Outlook Express 帐户的设置。在使用 Outlook Express 收发电子邮件之前,需要对用户的邮件帐户进行设定(如果用户还没有电子邮件帐户,可申请一个免费的电子邮件帐户),具体步骤如下。

(1) 在 Outlook Express 主窗口中选择"工具"菜单下的"帐户"命令,打开"Internet 帐户"对话框,如图 8-34 所示。

(2) 在"Internet 帐户"对话框中单击"添加"按钮,从弹出的列表中选择"邮件",打开"Internet 连接向导"对话框,输入"显示名",单击"下一步"按钮。

(3) 输入"电子邮件地址",单击"下一步"按钮。

(4) 设置电子邮件服务器的类型和名称。"接收邮件服务器"文本框中一定要输入用户电子邮箱所在的收信服务器名称,即 E-mail 地址中@符号右边的内容;而在"发送邮件服

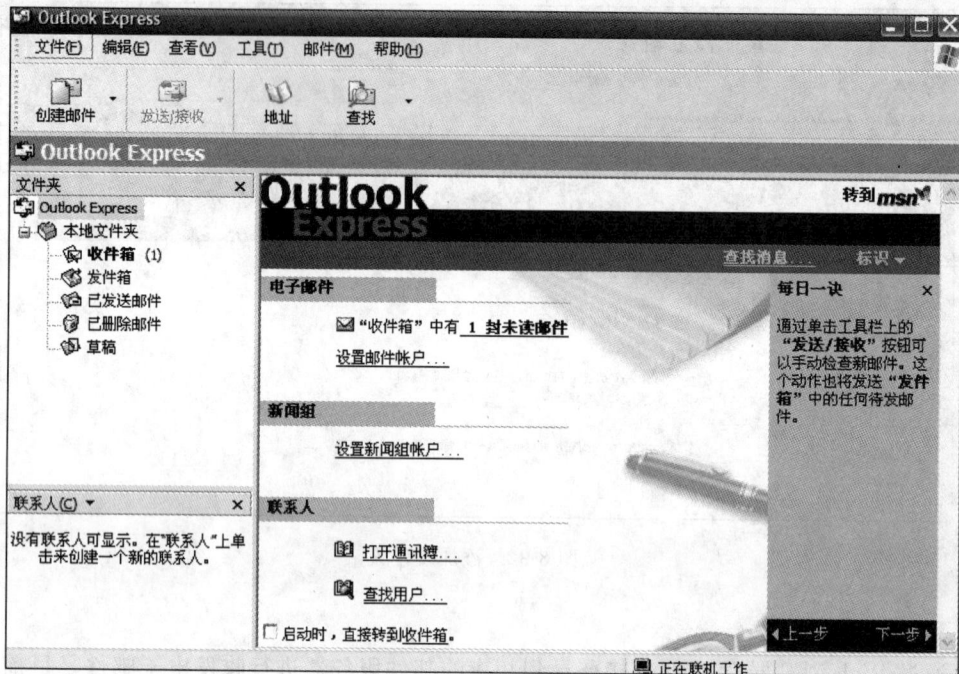

图 8-33 Outlook Express 主窗口

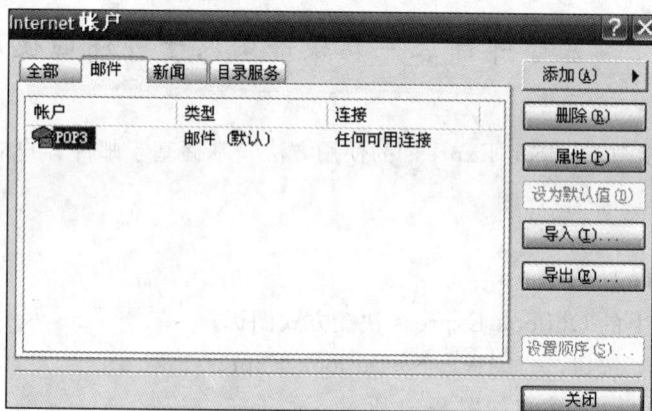

图 8-34 "Internet 帐户"对话框

务器"中,一般把邮件发送服务器与邮件接收服务器设置成相同,如图 8-35 所示。输入完毕,单击"下一步"按钮。

(5) 输入自己的"帐户名"和"密码"。一般情况,"帐户名"是 E-mail 地址中@符号左边的内容,输入完毕后单击"下一步"按钮。

(6) 出现祝贺成功设置帐户对话框,单击"完成"按钮,一个新的邮件帐户就设置好了。

3) 撰写和发送电子邮件。在 Outlook Express 主窗口中单击工具栏上的"创建邮件"按钮,打开"新邮件"编辑窗口,如图 8-36 所示。在"收件人"文本框中输入收件人的 E-mail 地址(可以是多个,E-mail 地址用逗号或分号隔开),也可以从通讯簿中选择收件人,方法是:

单击"收件人"前面的按钮,打开"选择收件人"对话框,从中选择收件人的 E-mail 地址。若需要抄送,在"抄送"文本框中输入或选择 E-mail 地址。输入邮件"主题"和邮件正文。

在编辑"新邮件"时可以插入文本、图片等附件。插入附件的方法是:在编辑"新邮件"窗口中单击"插入"菜单,选择"文件附件",打开"插入附件"对话框,选择或输入要插入附件的"文件名",然后单击"附件"按钮即可。

"新邮件"编辑完毕,单击工具栏上的"发送"按钮,即可将邮件发送出去。

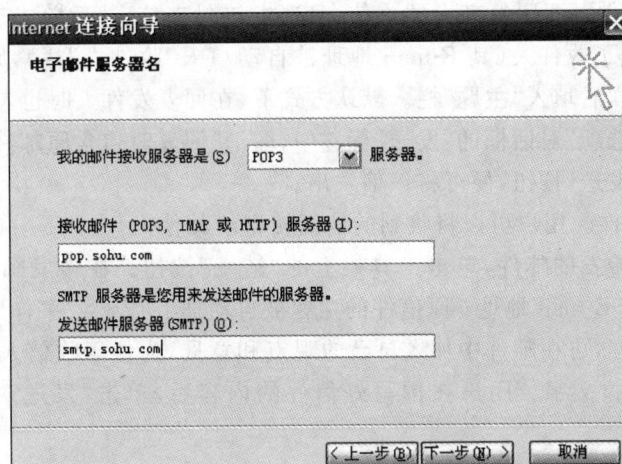

图 8-35　输入电子邮件服务器名

另外,在 Outlook Express 主窗口中,单击"工具"菜单,选择"选项"标签,打开"选项"对话框,如图 8-37 所示,可以对 Outlook Express 各选项进行设置。例如:在"发送"标签中,若选中了"立即发送邮件"复选框,则单击"新邮件"编辑窗口中的"发送"按钮,邮件被立即发送出去;若未选中"立即发送邮件"复选框,则单击"新邮件"编辑窗口中的"发送"按钮,邮件被保存到"发件箱"中等待发出。

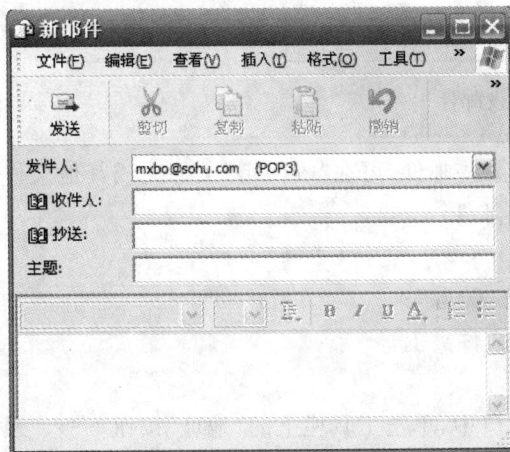

图 8-36　编辑新邮件

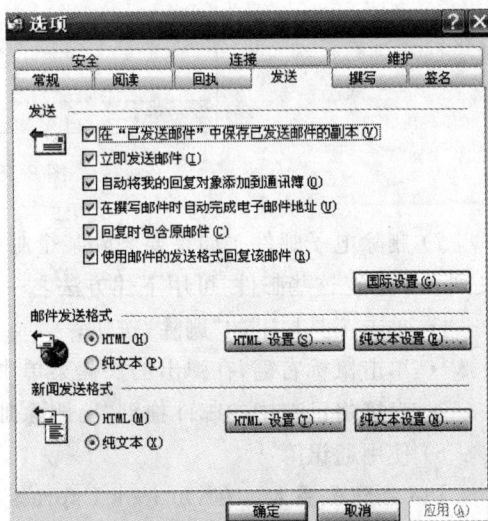

图 8-37　"选项"对话框

273

第 8 章

计算机网络与 Internet 上机实践

4）接收电子邮件。在 Outlook Express 窗口或"收件箱"窗口中单击"发送/接收"按钮，这时 Outlook Express 完成两个任务：第一个任务是检查发件箱中是否有未发出的信件，如果有，则 Outlook Express 将发送这些邮件。另一项任务是登录到用户设置的邮件接收（收信）服务器上，检查用户的电子邮箱中是否有新邮件到达，如果有，则将新邮件取回来放到 Outlook Express 的"收件箱"中，同时在"收件箱"文件夹旁边显示出当前新邮件的个数。

另外，在"选项"对话框的"常规"标签中，可以设置每隔多少分钟检查一次新邮件。

5）回复电子邮件。要回复某人的来信，可选定该封来信，然后单击工具栏上的"答复"按钮，原发件人变成了收件人（其 E-mail 地址被自动填入"收件人"栏），原信件的主题被自动加上了"Re："字样后填入"主题"栏。默认方式下，在回复发件人时也包含了原信件内容，要取消该功能，在"选项"对话框的"发送"标签中，取消"回复时包含原邮件"选项。撰写好回信的内容后，单击"发送"按钮，便可将该信发出。

6）转发电子邮件。用户可以将收到的信函转寄给其他人，方法是：在"收件箱"窗口的邮件列表中选定要转发的邮件，单击工具栏上的"转发"按钮。在转发邮件窗口，如图 8-38 所示，填写收件人的 E-mail 地址；原信件的主题被自动加上"Fw："字样后填入主题栏。邮件也包含原信件内容，可在邮件中加入自己的观点和意见，为便于收信人区分，可以使用不同字体和不同颜色的文字。用户在撰写好信件的内容后，单击"发送"按钮，便可将该信发出。

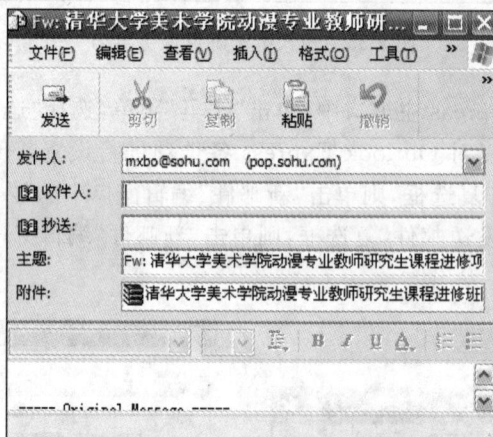

图 8-38　转发邮件

7）删除电子邮件。如果要删除某个邮件或某些邮件，可在"收件箱"文件夹或其他文件夹列表中选定这些邮件，可用下述方法之一删除邮件：

• 单击工具栏上的"删除"按钮；
• 单击鼠标右键，在弹出的快捷菜单中选择"删除"；
• 直接将已选中的邮件拖到"已删除邮件"文件夹上。

8）使用通讯簿

（1）新建联系人。在 Outlook Express 主窗口中，单击工具栏上的"地址"按钮，进入"通讯簿"窗口，如图 8-39 所示，单击工具栏上的"新建"按钮，在弹出的菜单中选择"新建联系人"，在弹出的"属性"对话框中输入联系人的信息。输入完毕，单击"确定"按钮，即可将联系人添加到"通讯簿"中。

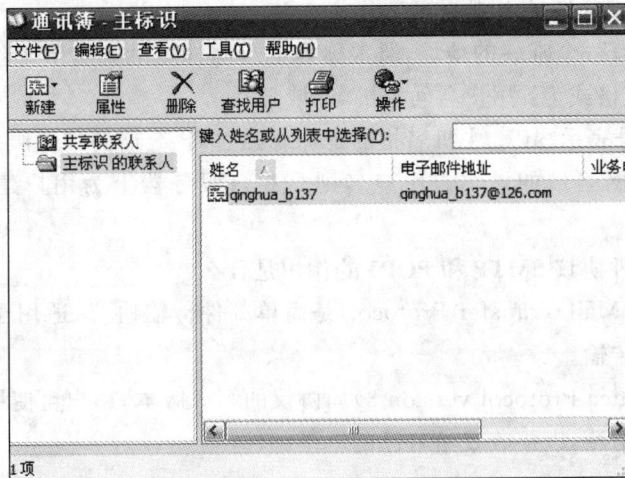

图 8-39 "通讯簿"窗口

（2）将发件人添加到通讯簿。在"选项"窗口的"发送"标签中，选中"自动将我的回复对象添加到通讯簿"复选框。也可以在邮件列表中用鼠标右键单击某个邮件，在弹出的快捷菜单中单击"将发件人添加到通讯簿"命令。

3. 实验结论

Outlook Express 是一个功能强大的电子邮件客户端软件，它集成在 Microsoft 公司的浏览器软件 Internet Explorer 中，并与 Windows 操作系统一起销售。Outlook Express 简单、易用，可以说是 Windows 平台上最流行的 E-mail 客户端软件，是目前世界上使用最广泛的电子邮件客户端软件。

8.4.3 问题与解答

1. 问题 1 电子邮件的优点是什么？

电子邮件主要有以下优点：

- 由于电子邮件采用存储转发方式工作，在进行 E-mail 传递时，双方的计算机不必同时打开，而且收件人在任何一台连接了 Internet 的计算机上都可以看到发件人发给自己的邮件；
- 用户可以选择自己最合适的时间来阅读和处理收到的邮件；
- 电子邮件的传送速度很快，在几分钟甚至几秒钟内，就可以将一个电子邮件发送到世界上任何一个地方；
- 发送电子邮件的费用比普通信件要便宜得多；
- 每个电子邮箱都有一个全球唯一的邮箱地址，可确保按接收地址准确无误地将电子邮件发送到收件人的邮箱中；
- 电子邮件的使用方法简单；
- 利用电子邮件的多址传递功能，可以很方便地将一封信同时发送给多个人；
- 可以在一个电子邮件中附加传递各种多媒体信息，包括文字处理文档、表格、图像、

275

第 8 章

声音、动画以及软件等。

2. 问题 2　E-mail 地址由哪两部分组成？

每个电子邮箱有一个唯一的地址，通常称为电子邮件地址。电子邮件地址的格式基本上由两部分组成，其格式为：用户名@主机名.域名。

其中："@"符号表示"at"；主机名指的是拥有独立 IP 地址的邮件服务器名字；域名是该邮件服务器所在网络域的域名。用户名则是在该服务器上为用户建立的电子邮件帐户名。

3. 问题 3　邮件协议 SMTP 和 POP3 的作用是什么？

SMTP(Simple Mail Transfer Protocol)是简单邮件传输协议，适用于服务器与服务器之间的邮件交换和传输。

POP3(Post Office Protocol version 3)局协议的第 3 版本，用户可使用 POP3 协议来访问邮件服务器上的信箱，以接收发给自己的电子邮件。

8.5　Dreamweaver 制作网页

Dreamweaver 是集网页制作和管理网站于一身的所见即所得网页编辑器，是视觉化网页开发工具，它的插件式程序设计使得其功能可以无限扩展，利用它可以制作出跨越平台限制和跨越浏览器限制的充满动感的网页。下面通过一个实例学习 Dreamweaver 制作网页的方法和过程，从而掌握 Dreamweaver 的一些基本功能。

8.5.1　通过 Dreamweaver 制作网页

1. 实验目的

通过本实验学习 Dreamweaver 制作网页时表格、框架和框架集的创建、基本操作、属性设置等。掌握 Dreamweaver 制作网页的方法。

2. 实验步骤

利用 Dreamweaver 制作一个框架结构的网页，将这个网页中的整个页面分成三个框架部分；"上框架"是一个"欢迎使用"的标题；"左框架"是导航条，这里只添加了一项；"右框架"是框架跳转链接，双击导航条中的"首页"项则将链接页面 link.html 显示到"右框架"中。具体的制作步骤如下。

(1) 启动 Dreamweaver 8，新建"HTML"文档 link.html，有两种方法：

- 在 Dreamweaver 8 首页选择"创建新项目"列表中的 HTML 选项，如图 8-40 所示；
- 选择"文件"菜单下的"新建"命令，弹出"新建文档"对话框，在"类别"中选择"基本页"，在"基本页"中选 HTML。

(2) 选择"插入"菜单下的"表格"命令，弹出"表格"对话框，设定表格的各项参数，设置好后单击"确定"按钮，如图 8-41 所示。

(3) 插入表格以后，在表格中输入一些文本，并设置表格样式。这里采用导入 CSS 的方式设置表格样式，方法是：先编写 CSS 文档 tablecss.css，然后选中表格，单击"属性"窗口中的 CSS 按钮，选择"附加样式表"选项，如图 8-42 所示。

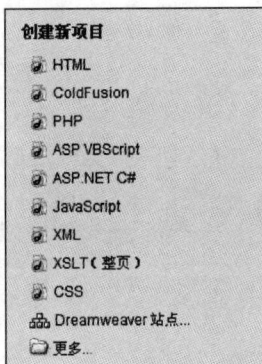

图 8-40　选择 HTML 项

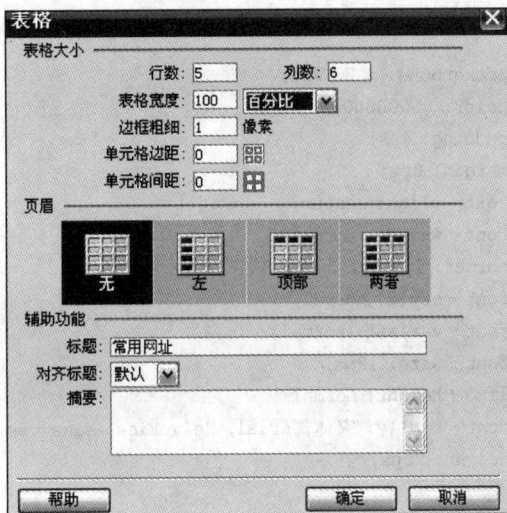

图 8-41　表格的参数

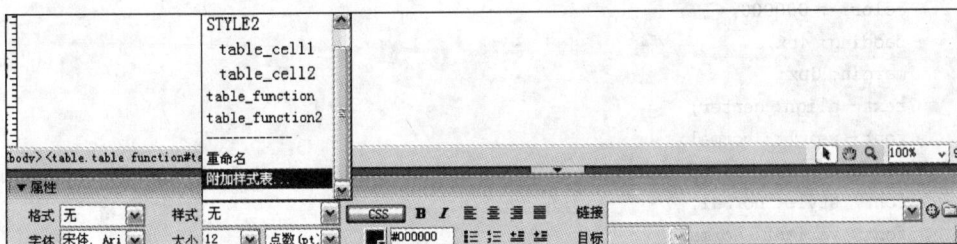

图 8-42　添加 CSS

tablecss.css 代码如下：

```
/* --------- 功能样式表 --------------- */
.table_function
{
    border: 1px double #9EBAE7;
    width: 100%;
    padding: 0px;
    margin: 0px 0px 1px 0px;
    border - spacing: 0px;
    border - collapse: collapse;
}
.table_function2
{
    border: 1px double #00ff00;
    width: 100%;
    padding: 0px;
    margin: 0px 0px 1px 0px;
    border - spacing: 0px;
    border - collapse: collapse;
}
```

计算机网络与 Internet 上机实践

```
.table_cell1
{
        background: #FFFFFF;
        color: #000000;
        padding: 4px;
        margin: 0px;
        text - align: center;
        font - weight: normal;
        border: 1px solid #9EBAE7;;
        font - style: normal;
        font - variant: normal;
        font - size: 12pt;
        line - height: normal;
        font - family: 宋体, Arial, Helvetica, sans - serif;
        height: 20px;
}
.table_cell2
{
        background: #FFFFFF;
        color: #000000;
        padding: 4px;
        margin: 0px;
        text - align: center;
        font - weight: normal;
        border: 1px solid #9EBAE7;;
        font - style: normal;
        font - variant: normal;
        font - size: 12pt;
        line - height: normal;
        font - family: 宋体, Arial, Helvetica, sans - serif;
        height: 20px;
}
```

（4）在"链接外部样式表"中输入或通过"浏览"方式选择外部样式表文件，如图 8-43 所示。

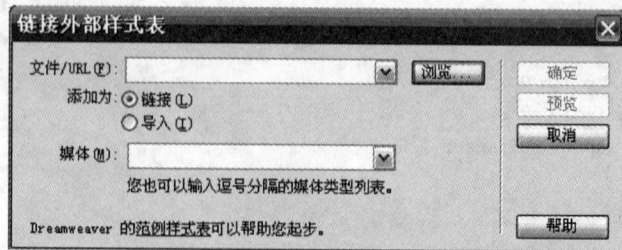

图 8-43　"链接外部样式表"对话框

（5）添加完"附加样式表"后，再单击"属性"窗口中的 CSS 按钮，选择 table_cell1，把样式表应用到表格中。

（6）按照步骤（1）的方法再新建一个 HTML 文档以创建框架集。

（7）选择"修改"菜单下的"框架页"→"拆分下框架"命令，如图 8-44 所示。

（8）将整个页面分成上下两个框架，可在下边的"属性"窗口中对框架的各属性进行设置。

（9）选中"下框架"，选择"修改"菜单下的"框架页"→"拆分左框架"命令，如图 8-45 所示。

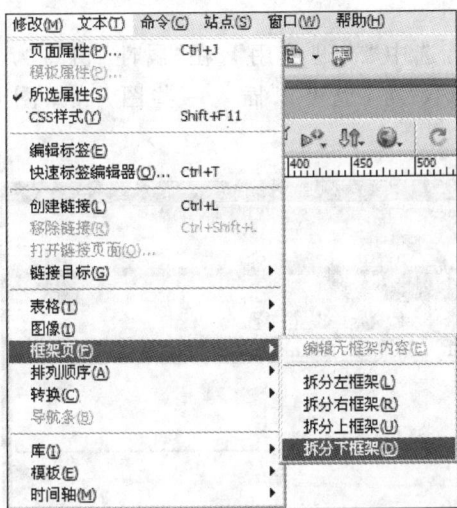

图 8-44 选择"拆分下框架"   图 8-45 选择"拆分左框架"

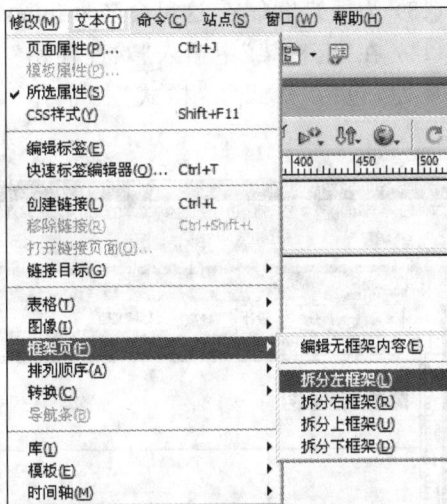

（10）将下框架拆分成左右两个框架，此时整个页面分成上、左和右三个框架，拆分结果如图 8-46 所示。

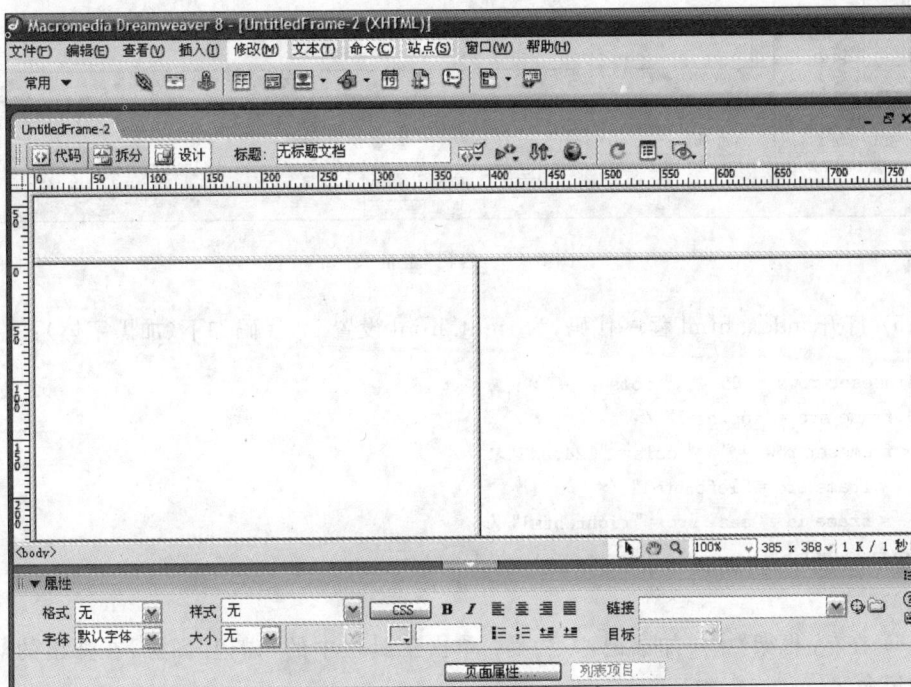

图 8-46 拆分结果

（11）选中一个框架，选择"文件"菜单中的"保存框架"命令，为框架命名，这里"上框架"命名为 top. html，"左框架"命名为 left. html，"右框架"命名为 right. html。

（12）单击页面上的"地球"图标，在浏览器中预览设计的页面，弹出对话框，保存框架集文件和框架文件，单击"确定"按钮。

（13）为框架集命名，这里命名为 index. html。

（14）在"上框架"中输入"欢迎使用"字样，选中"欢迎使用"，在"属性"窗口为其设置各属性，包括"格式"、"样式"、"字体"、"大小"等，也可以插入一些图片，如图 8-47 所示。

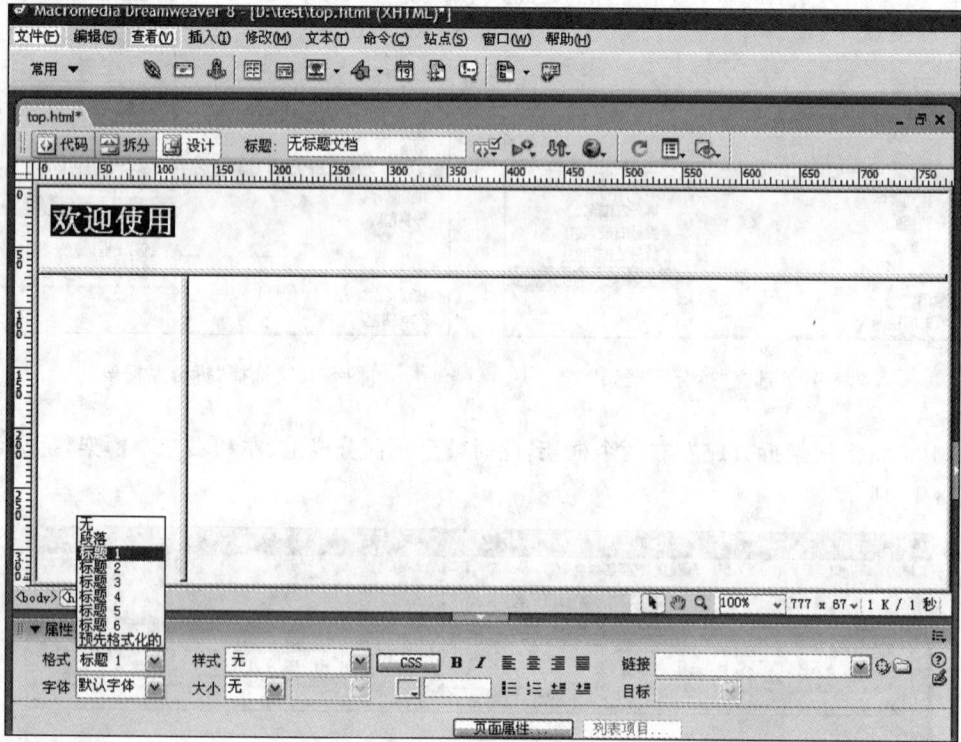

图 8-47　编辑"上框架"

（15）打开 index. html 程序代码，为 right. html 设置 id，代码如下（加黑字体）：

```
< frameset rows = "85,454" cols = " * ">
  < frame src = "top. html" />
  < frameset rows = " * " cols = "124,647">
    < frame src = "left. html" />
    < frame id = "aaa" src = "right. html" />
  </frameset >
</frameset >
```

（16）在"左框架"中添加锚记，方法是：单击工具栏中的"锚记"图标，在弹出的对话框中为锚记命名。

(17) 选中已经添加的锚记，输入"首页"字样，添加结果如图 8-48 所示。

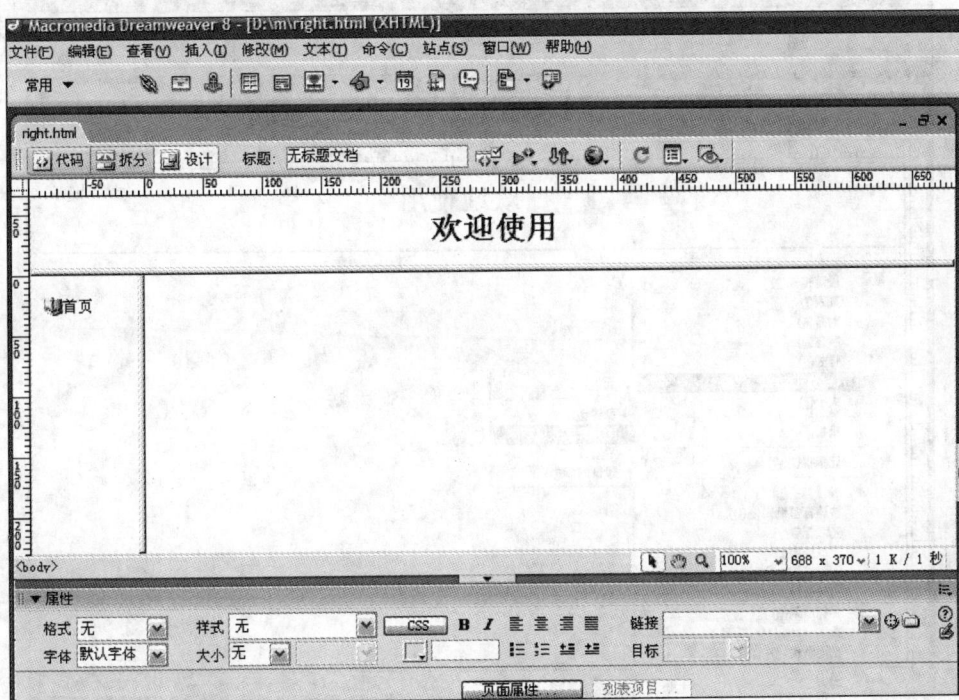

图 8-48　添加锚记

(18) 为锚记添加链接，打开 left.html 程序代码，添加下列代码：

```
< body >
< p >
< a href = " # " name = "index" id = "index" onclick = "script:top.window.document.all('aaa').src =
'link.html'">首页</a></p>
</body >
```

(19) 为"首页"字样设置样式，可以在"属性"窗口设置，也可以导入 CSS，这里采用导入 CSS 的方法：选中"首页"字样，单击鼠标右键，在弹出的快捷菜单中选择"CSS 样式"→"附加样式表"选项，如图 8-49 所示。

(20) 从弹出的对话框中选择样式表文件，单击"确定"按钮。

(21) 添加完 CSS，结果如图 8-50 所示，注意与添加前有何不同。

(22) 单击页面上的"地球"图标，在浏览器中预览设计的页面，然后单击"首页"，观察超链接的作用。

3. 实验结论

本实验是用 Dreamweaver 制作了一个带框架的网页，框架的主要作用是把浏览器窗口划分为若干个区域，每个区域可以分别显示不同的网页。本实验只用到了 Dreamweaver 的一部分功能，并不是全部，学习时可以尝试着自己做一些网页，灵活运用 Dreamweaver 中的各项功能，制作出各式各样的网页。

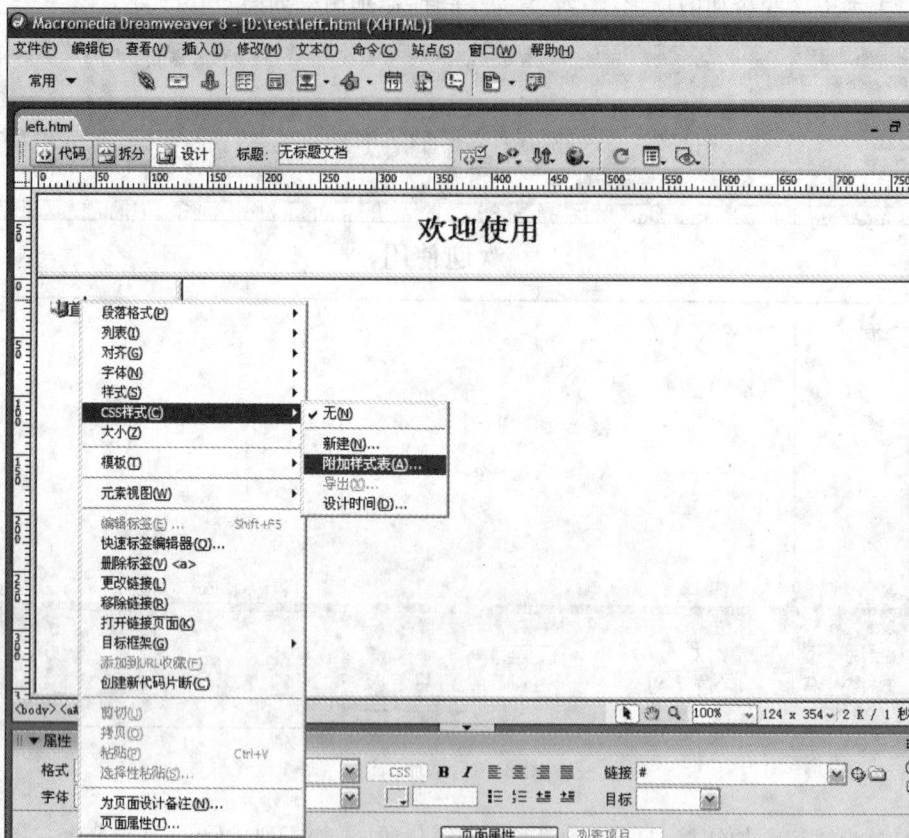

图 8-49　添加 CSS

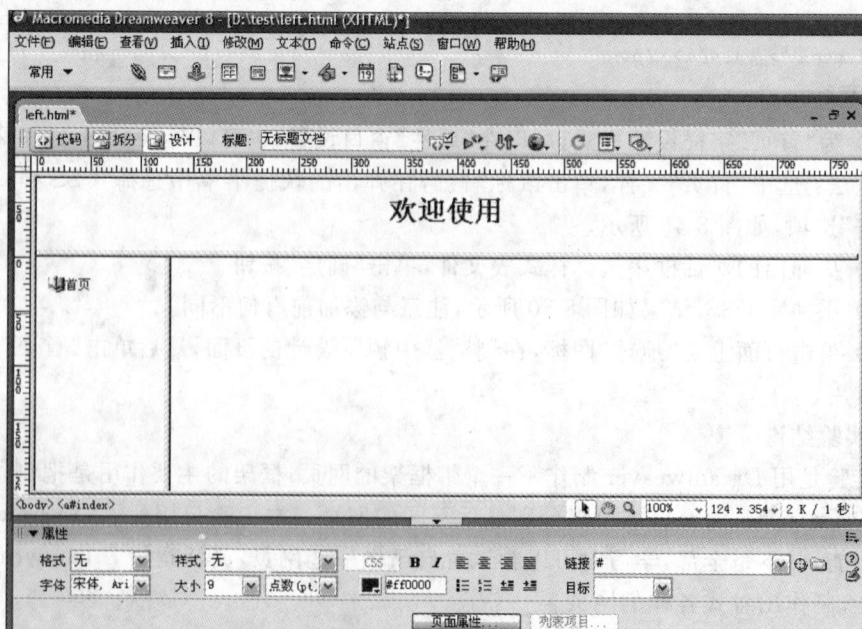

图 8-50　添加 CSS 结果

8.5.2 问题与解答

1. 问题1 什么是 HTML？

HTML(Hyper Text Markup Language,超文本标记语言)是一种用来制作超文本文档的简单标记语言。它是用来表示网上信息的符号标记语言,是网络的一种简单、通用的全置标记语言,是构成 Web 页面的主要工具。而 HTML 文件是被网络浏览器读取,产生网页的文件。

2. 问题2 CSS 的主要作用是什么？

CSS 是一种样式表的技术,它的全称是级联样式表,它的主要作用是用来进行网页风格的设计。通过设立样式表,可以统一地控制 HTML 中各标志的显示属性。它对布局、字体、颜色、背景和其他图文效果实现更加精确地控制。通过只修改一个文件就可以改变很多网页的外观和格式,保证在所有浏览器和平台之间的兼容性,拥有更少的编码、更少的页数和更快的下载速度。

3. 问题3 常用的网页编辑软件有哪些,并简要介绍它们的主要特点？

目前具有代表性的常用的网页编辑软件有 Dreamweaver 和 FrontPage。

FrontPage 由 Microsoft 公司推出,是一个很好的网页制作入门工具,具有与 Word 相同的操作,容易上手,功能也很强大,特别是使用其提供的模板,可以非常方便快速地创建具有专业水准的站点。

Dreamweaver 由 Adobe 公司推出,它在功能的完善、使用的便捷性上比 FrontPage 要强一些,它囊括了 FrontPage 的所有功能,并开发了许多独具特色的设计新概念,如行为、时间轴、资源库等,还支持层叠式样表(CSS)和动态页面效果(DHTML)。

在动态网站制作方面,Dreamweaver 支持包括 ASP、JSP、PHP 等几乎所有动态网站技术的编程,功能强大,是目前开发网站的首选软件。相比来说,FrontPage 更注重网页的排版,在复杂网页制作方面则远远逊色于 Dreamweaver。在目前的版本中,FrontPage 对于动态网站技术的支持很有限。

第9章 信息安全与计算机病毒防范上机实践

知识点：

- 防火墙软件的安装、配置方法
- 操作系统中常用的安全设置方法
- 杀毒软件的安装、配置、升级、病毒查杀方法

本章导读：

随着信息化的不断发展和计算机网络的普及，计算机信息安全问题正面临着严峻的挑战。争夺信息资源，获取对方机密，销毁、破坏对方数据，破坏对方信息处理设备等，已经成为一场不见硝烟的全球性战争，信息安全已是世界性的问题。因此，为了保证各项工作的安全高效运行，保证计算机信息安全，保证计算机硬件和软件系统的正常顺利运转，必须提高信息安全体系的保障能力，加强计算机病毒防范，确保计算机在一个安全的环境下运行。

9.1 防火墙应用上机实践

在计算机网络中，如果一个内部网或个人计算机接到外部网上，就有可能与其他网络交换信息（反之亦然），网上黑客就有机会乘虚而入，恶意搜集用户信息。为安全起见，非常有必要安装防火墙软件，使用防火墙软件来保护自己的数据，防止各类黑客的破坏，阻断来自外网的威胁和入侵，所以防火墙起着防备潜在恶意活动的作用。安装了防火墙软件后，要及时、正确配置防火墙参数，才能达到预防黑客攻击的目的。下面以瑞星防火墙为例，介绍其安装和配置过程。

9.1.1 瑞星防火墙的使用

1. 实验目的

通过本实验学习瑞星防火墙的安装和配置过程，掌握防火墙的使用方法。

2. 实验步骤

1）瑞星防火墙软件的安装

（1）开启计算机，插入瑞星防火墙软件安装光盘（或从网上下载瑞星防火墙软件），启动光盘开始安装，进入瑞星防火墙软件安装向导界面，单击"下一步"按钮。

（2）阅读最终用户许可协议并接受，单击"下一步"按钮。

（3）进行定制安装，这里选择"全部安装"，单击"下一步"按钮，如图9-1所示。

（4）确定瑞星防火墙软件安装的位置，例如，选择的安装目录为 D:\防火墙\Rav，单击"下一步"按钮。

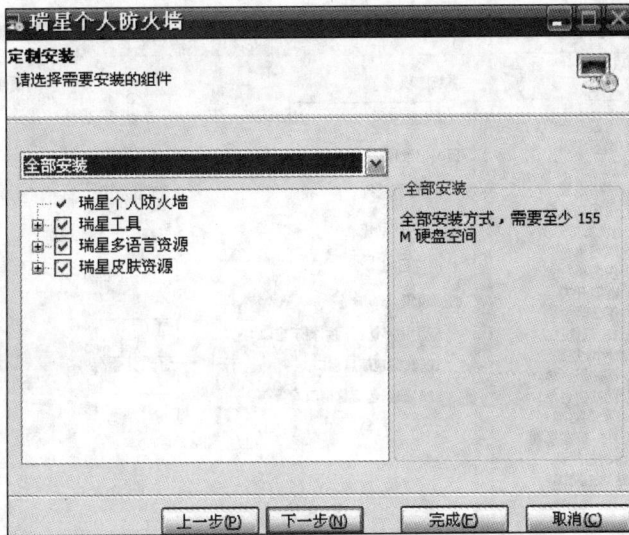

图 9-1 定制安装

(5) 选择需要在开始菜单文件夹中创建的程序快捷方式,然后单击"下一步"按钮,如图 9-2 所示。

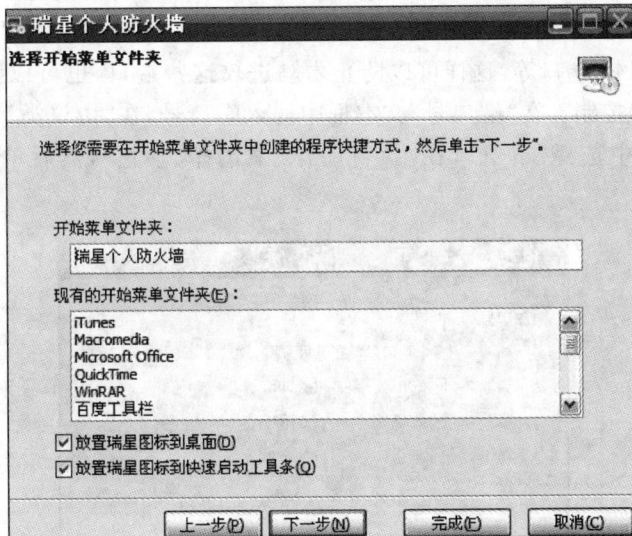

图 9-2 选择开始菜单文件夹

(6) 显示安装信息,确认无误后,单击"下一步"按钮开始安装软件。

(7) 安装完成后,单击"完成"按钮结束安装。

2) 瑞星防火墙的配置

(1) 启动瑞星防火墙,进入防火墙主界面,单击右上端的"设置"按钮。

(2) 在设置界面中,可对各选项进行设置,这里主要介绍端口开关、IP 规则和程序规则的设置方法,其他可以采用默认值,也可以根据自己的需要进行设置,如图 9-3 所示。

信息安全与计算机病毒防范上机实践

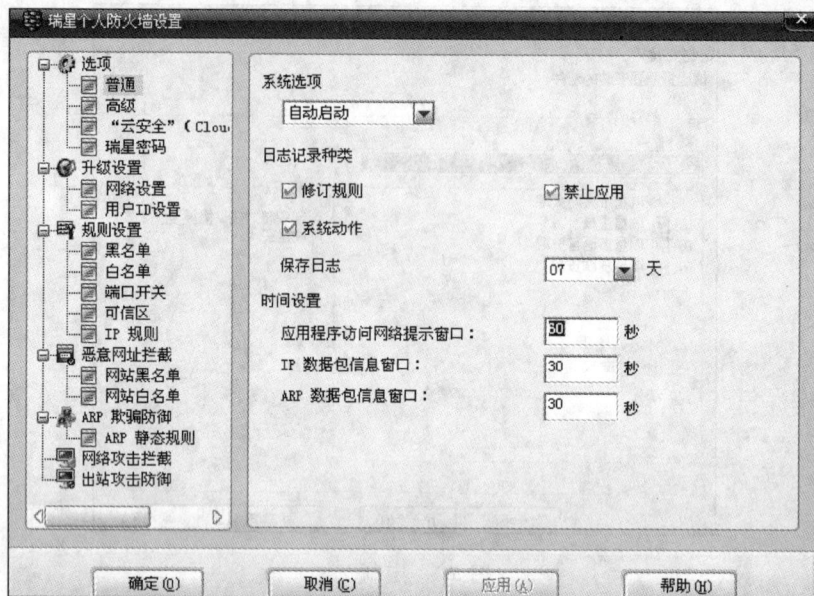

图 9-3　瑞星防火墙的设置

（3）在图 9-3 中单击"规则设置"中的"端口开关"，打开端口设置界面，单击"增加"按钮，打开"增加端口开关"窗口，增加端口列表，对一些端口进行设置，关闭木马常常攻击的端口，如 1434 端口、146 端口等，这样可以防止木马进攻这些端口，也可以防止黑客扫描这些端口进而进行远程控制。在"端口号"文本框中输入端口号，在"协议类型"中选择"TCP"和"UDP"，在"电脑"中选择"本机"，在"执行动作"中选择"禁止"，然后单击"确定"按钮，如图 9-4 所示。

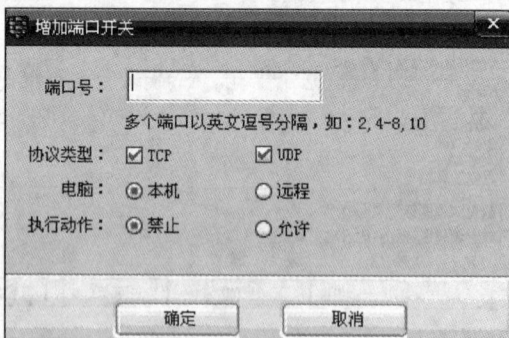

图 9-4　"增加端口开关"窗口

（4）设置后的结果如图 9-5 所示。

（5）单击"规则设置"中的"IP 规则"，设置 IP 规则。注意，要把"禁止 Ping 入"和"禁止 TCP135,445"选中。如果需要设置其他的，单击"增加"按钮进行选择，如图 9-6 所示。

（6）在"规则名称"的文本框中输入"木马"，在"规则应用于"中选择"收到的 IP 包"，在"如何处理触发本规则的 IP 包"中选择"禁止：禁止数据包通过。"，然后单击"下一步"按钮，如图 9-7 所示。

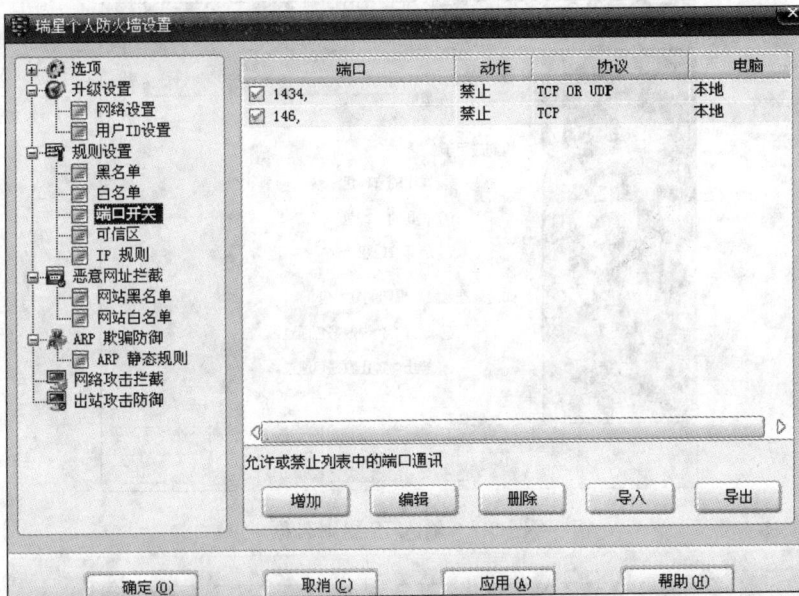

图 9-5　端口开关设置结果

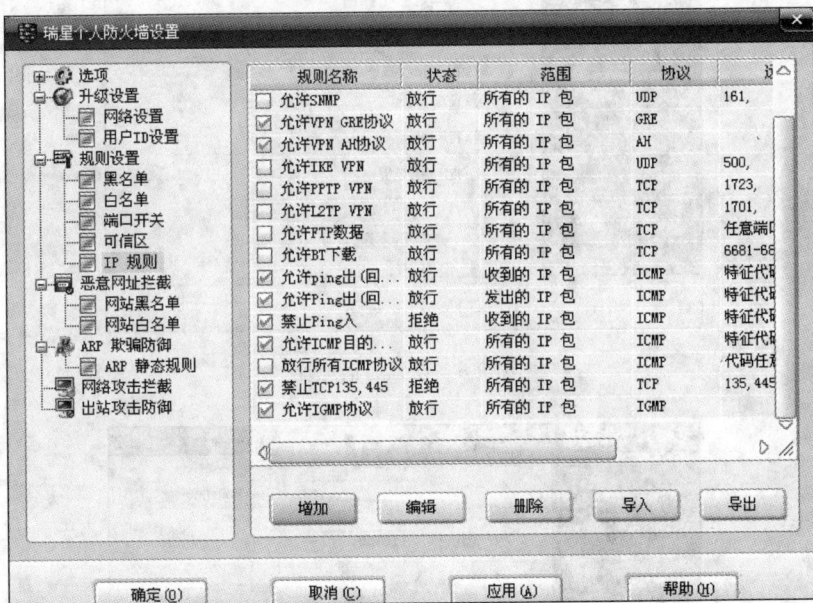

图 9-6　设置 IP 规则

（7）设置通信的本地电脑地址和远程电脑地址，单击"下一步"按钮，如图 9-8 所示。

（8）在"协议"的下拉列表框中选择"UDP"、在"对方端口"的下拉列表框中选择"任意端口"，在"本地端口"的下拉列表框中选择"端口范围"，在"起始端口"文本框中输入起始端口号"0"，在"结束端口"文本框中输入结束端口号"65535"，单击"下一步"按钮，如图 9-9 所示。

（9）选择匹配成功后的报警方式，单击"完成"按钮结束 IP 规则设置。

287

信息安全与计算机病毒防范上机实践

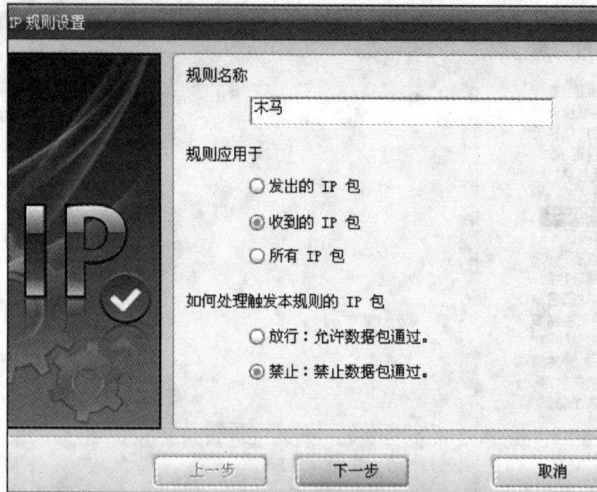

图 9-7　输入 IP 规则名称

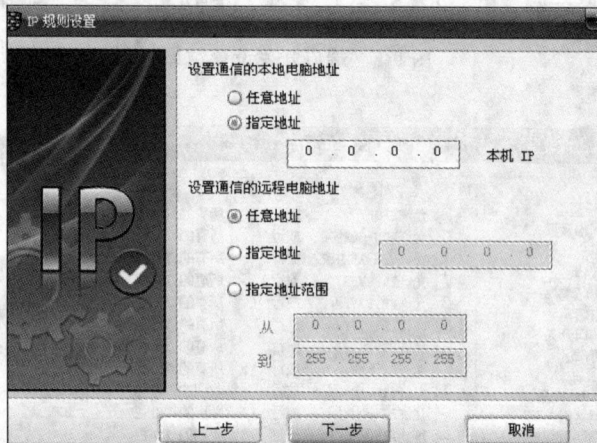

图 9-8　设置通信地址

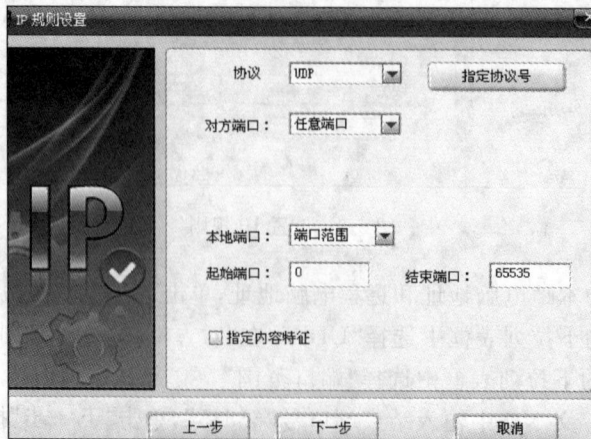

图 9-9　设置端口

（10）启动防火墙，进入防火墙主界面，选择"访问控制"菜单，然后单击"程序规则"，对程序规则进行设置（定义程序规则就是设置应用程序访问网络的权限，控制应用程序发送和接收数据传输包的类型、通信端口，并且决定拦截还是通过，便于发现系统中的木马和后门软件），从"程序名称"列表中选择要进行设置的程序，然后单击"增加"按钮，如图 9-10 所示。

图 9-10　设置程序规则

（11）选择文件，单击"打开"按钮，在弹出的窗口中选择"应用程序文件"。

（12）对应用程序访问规则进行设置，设置完毕单击"确定"按钮完成设置，如图 9-11 所示。

图 9-11　设置应用程序访问规则

3. 实验结论

所谓"防火墙"，是指将内部网和外部网隔离的技术，是保障网络安全的一个系统或一组系统，用于加强网络间的访问控制，防止外部用户非法使用内部网的资源，保护内部网络的设备不被破坏，防止内部网络的数据被窃取。"防火墙"允许用户"同意"的人或数据进入网络,同时将用户"不同意"的人或数据拒之门外,最大限度地阻止网络黑客攻击自己的网络。

9.1.2 问题与解答

1. 问题1 防火墙软件中过滤规则的作用是什么?

过滤规则的作用是在可信任网络和不可信任网络之间有选择地安排数据包的去向,根据网站安全策略来接纳或者拒绝数据包。它对进出内部网络的所有信息进行分析,并按照一定的安全策略,对进出内部网络的信息进行限制,只允许授权信息通过,并拒绝非授权用户。

2. 问题2 个人防火墙与网络防火墙的主要区别是什么?

防火墙可在用户计算机连接到 Internet 时,帮助保护计算机避免受黑客和病毒的攻击,它就像一道大门,让可信任的连接通过,同时将不受信任的连接拒之门外。

个人防火墙能够保护个人计算机系统的安全,它可以直接在用户的计算机上运行,保护计算机免受攻击。

网络防火墙运行在一个独立的计算机上,这台计算机可以称为管理员控制台,该管理员控制台作为它背后网络中所有计算机的代理和防火墙,通过它可以远程管理网络中的任何一台计算机上的防火墙,而且网络上任何一台计算机的攻击警告信息都能在管理员控制台得到汇总,管理员通过管理员控制台的操作就能对网络上所有计算机进行监控和全网统一升级管理。

9.2 计算机的安全机制上机实践

随着计算机技术和计算机互联网的发展与完善,计算机安全问题逐渐成为计算机关注和讨论的焦点。计算机安全是指为数据处理系统所建立和采取的安全保护措施,保护计算机硬件、软件和数据不因偶然和恶意的原因而遭到破坏、更改和泄露。所以,借助计算机安全技术来改善和提高计算机应用的安全环境是非常有必要的。

9.2.1 计算机安全设置

1. 实验目的

通过本实验强化计算机安全意识,掌握操作系统中的安全概念,学会使用 Windows XP 等操作系统中常用的安全设置方法。

2. 实验步骤

(1) 加密文件与文件夹。选中要加密的文件或文件夹,单击鼠标右键,在弹出的快捷菜单中选择"属性"命令,打开"属性"窗口,选择"常规"选项,然后单击"高级"按钮,打开"高级属性"对话框,选中"加密内容以便保护数据"复选框,如图 9-12 所示。

(2) 将文件夹设为专用文件夹。将要设置的文件夹移到"x:\Documents and Settings\用户名\"文件夹中(x 指 Windows 安装文件所在分区),选中该文件夹,在"属性"→"共享"中,选择"将这个文件夹设为专用"。设置好以后,当其他用户想访问这个文件夹时将遭到拒绝。

(3) 关闭简单文件共享功能。打开"我的电脑",选择"工具"→"文件夹选项"→"查看"→

“高级设置”命令，取消选中“使用简单文件共享（推荐）”，如图 9-13 所示。这样设置以后可以禁止网络用户对文件共享。

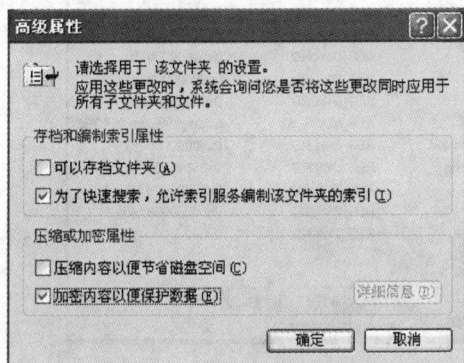

图 9-12 “高级属性”对话框

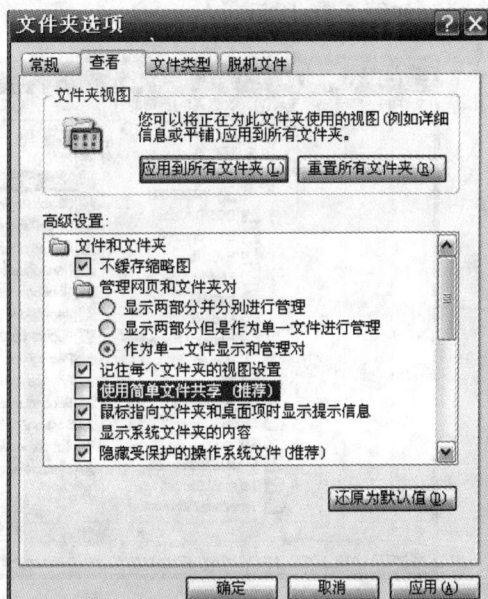

图 9-13 “文件夹选项”对话框

（4）禁用 Guest 帐户。单击“开始”按钮，选择“控制面板”命令，双击“管理工具”，打开“管理工具”窗口，再双击“计算机管理”，打开“计算机管理”窗口，在左侧窗口中展开“本地用户和组”，选择“用户”，如图 9-14 所示，在右侧窗口中双击 Guest 帐户，打开“Guest 属性”窗口，选中“帐户已停用”选项。

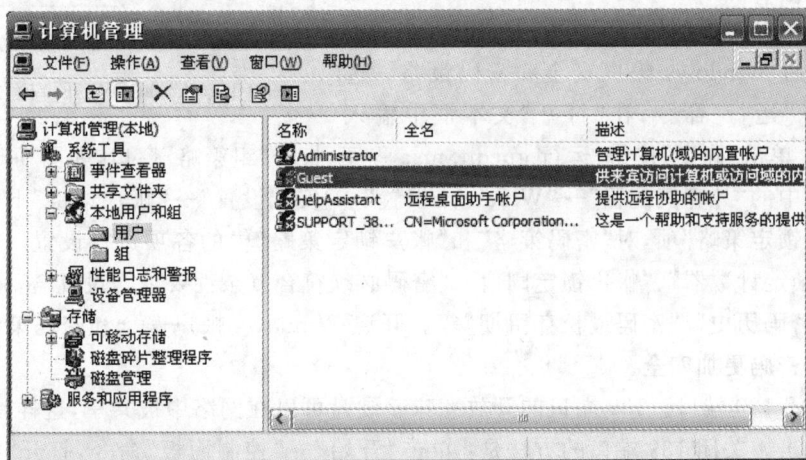

图 9-14 “计算机管理”窗口

（5）清除交换文件。选择“开始”→“运行”命令，在“打开”文本框中输入 regedit，单击“确定”按钮，打开“注册表编辑器”窗口，在左侧窗口中将文件夹逐级展开找到 HKEY_LOCAL_MACHINE\SYSTEM\CurrentControlSet\Control\Session Manager\Memory

Management 项，如图 9-15 所示，单击 Memory Management，然后在右侧窗口中双击 ClearPageFileAtShutdown 项，打开"编辑 DWORD 值"对话框，把"数值数据"文本框中的值改为"1"，如图 9-16 所示。

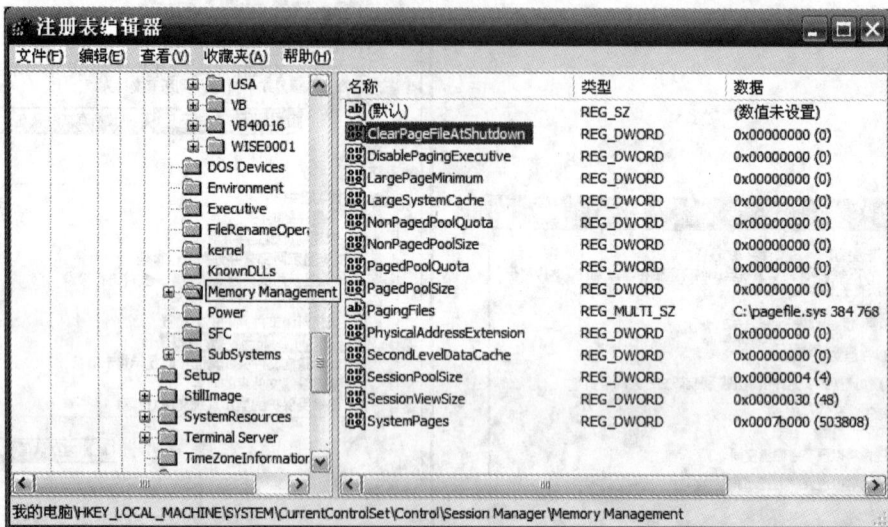

图 9-15 "注册表编辑器"窗口

（6）随时启用屏保程序。在桌面上单击鼠标右键，在弹出的快捷菜单中选择"属性"命令，单击"屏幕保护程序"选项卡，选中"在恢复时使用密码保护"复选框和设置等待时间。这样可以在用户离开计算机时在等待相应的时间后启用屏保程序，防止他人在用户离开时窥测用户计算机中的机密。

（7）开启 Windows 帐户安全和密码策略。选择"开始"→"运行"命令，在"打开"文本框中输入

图 9-16 "编辑 DWORD 值"对话框

gpedit.msc，单击"确定"按钮，运行 gpedit.msc 程序，打开"组策略"窗口，如图 9-17 所示，选择左侧窗口中的"计算机配置"→"Windows 设置"→"安全设置"→"帐户策略"下的"密码策略"和"帐户锁定策略"项，对"密码策略"和"帐户锁定策略"中的各项进行设置。例如，启用"复位帐户锁定计数器"、"帐户锁定阈值"、"密码必须符合复杂性要求"，设置"密码长度最小值"、"强制密码历史"、"密码最长存留期"等。开启 Windows 帐户安全和密码策略，会使设置的帐户和密码更加安全。

（8）关闭 139 端口。139 端口的开放意味着硬盘可以在网络中被共享，这样硬盘就有可能被黑客攻击。关闭 139 端口的方法是：单击"开始"→"控制面板"命令，打开"控制面板"窗口，双击"网络连接"，双击用来上网的拨号连接，单击"属性"按钮，选择"网络"菜单，取消选中"Microsoft 网络的文件和打印共享"复选框，选中"Internet 协议（TCP/IP）"，单击"属性"按钮，单击"高级"按钮，打开"高级 TCP/IP 设置"对话框打开 WINS 选项卡，选中"禁用 TCP/IP 上的 NetBIOS"单选按钮，如图 9-18 所示。

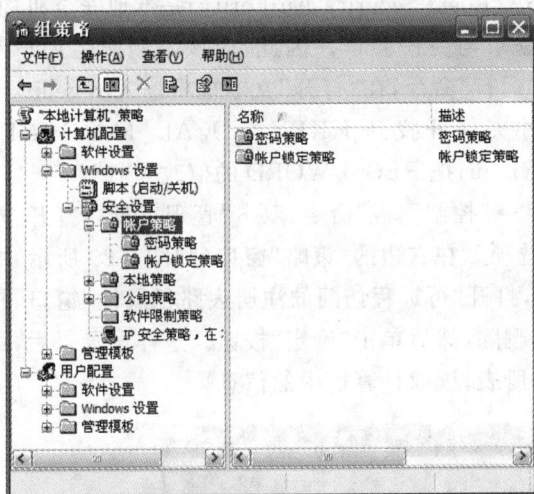

图 9-17 "组策略"窗口

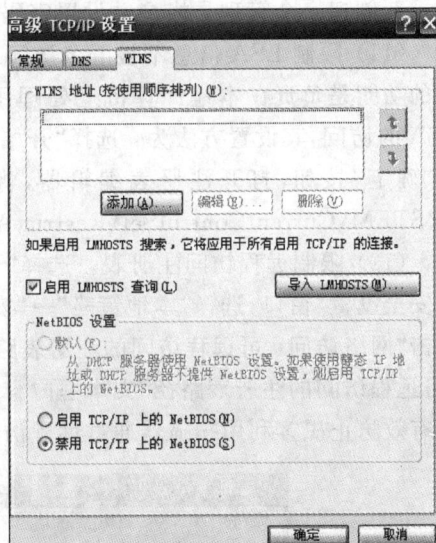

图 9-18 "高级 TCP/IP 设置"对话框

（9）关闭不需要的服务。选择"开始"→"控制面板"命令，打开"控制面板"窗口，在"管理工具"中，双击"服务"，打开"服务"窗口，选择要关闭的服务，右击"启动类型"列表，在弹出的快捷菜单中选择"停止"选项，如图 9-19 所示。

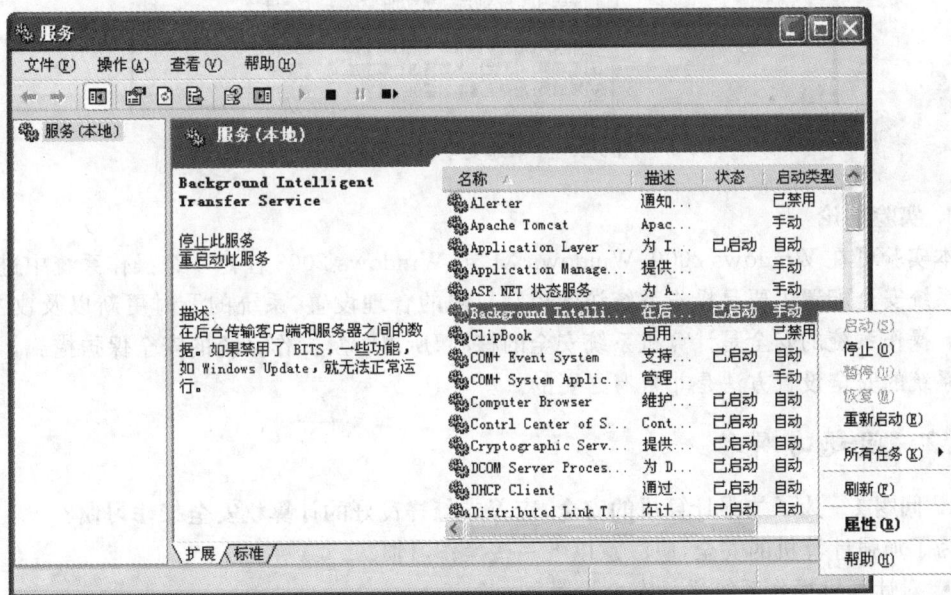

图 9-19 "服务"窗口

（10）设置安全模式下的管理员密码。在默认情况下，安全模式下的管理员密码为空，其他用户仍可以在安全模式下进入系统。可以通过设置安全模式下的管理员密码来改变这一状况，设置方法是：重新启动计算机，在出现启动菜单时按 F8 键进入"高级"选项菜单，在"安全模式"下进入系统，打开"控制面板"窗口，选择"用户帐户"选项，更改管理员帐户密码，或重新创建一个管理员帐户并设置密码,重新启动计算机。

(11) 限制 LSA 信息不被匿名访问。LSA(Local Security Authority)是本地安全机构,它的功能是负责在本地计算机上处理用户登录与身份验证。因此,应该限制匿名用户对 LSA 的访问,其设置方法为:选择"开始"→"运行"命令,在"打开"文本框中输入 regedit,单击"确定"按钮,打开注册表编辑器,将文件夹展开找到 HKEY_LOCAL_MACHINE\SYSTEM\CurrentControlSet\RestrictAnonymou,把 REG_DWORD 的值改为"1"。

(12) 限制远程访问注册表。选择"开始"→"控制面板"命令,双击"管理工具",打开"本地安全设置"窗口,选择"本地策略"→"安全选项",在右边的"策略"窗口(如图 9-20 所示)中双击"网络访问:可远程访问的注册表路径",打开"可远程访问的注册表路径属性"窗口,把"可远程访问的注册表路径"文本框内容全部删除,然后单击"确定"按钮。这样设置以后,可以有效防止黑客利用扫描器通过远程访问注册表,读取计算机中的信息。

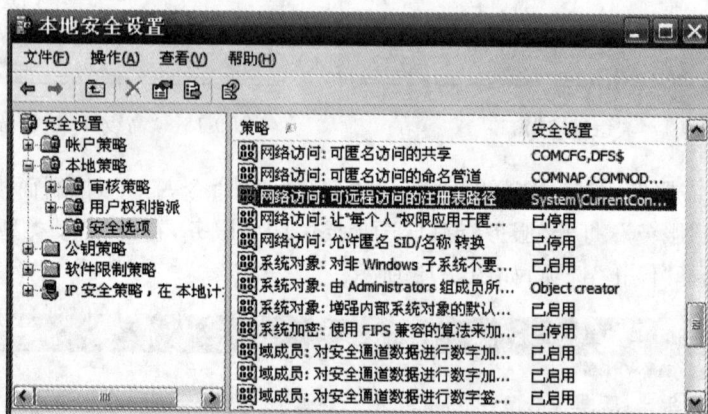

图 9-20 "本地安全设置"窗口

3. 实验结论

本实验可在 Windows 2000、Windows XP 或 Windows 2003 任意一个操作系统中进行。操作系统安全配置主要是操作系统访问控制权限的合理设置、系统的及时更新以及攻击防范等。操作系统的安全是计算机系统安全的核心,所以了解操作系统的安全保护措施,掌握操作系统的安全设置方法是非常有必要的。

9.2.2 问题与解答

1. 问题 1 为了加强计算机的安全,应养成怎样良好的计算机安全操作习惯?

为了加强计算机的安全,应注意以下一些操作习惯。

- 对计算机操作系统进行安全设置。
- 不要轻易下载小网站的软件与程序。
- 不要光顾那些很诱惑人的小网站,因为这些网站很有可能就是网络陷阱。
- 不要随便打开某些来路不明的 E-mail 与附件程序。
- 不要随便打开软盘、光盘的程序或安装软件。可以先将其复制到硬盘上,然后用杀毒软件检查一遍,再执行安装或打开命令。
- 不要在线启动、阅读某些文件,否则有可能成为网络病毒的传播者。

2. 问题 2　如果操作系统所在分区是 FAT32 格式,应怎样对文件和文件夹进行加密?

如果操作系统所在的分区是 FAT32 格式,可先将分区 FAT32 格式转换成 NTFS 格式,具体方法是:先备份该分区的重要文件,选择"开始"→"运行"命令,在"打开"文本框中输入 cmd 命令,单击"确定"按钮,在弹出的命令行窗口中执行 convert x:/fs:ntfs 命令(其中 x 是该分区所在盘的盘符)。

9.3　计算机病毒防范上机实践

随着数字技术和 Internet 技术的发展,病毒技术也在不断发展提高,它们的传播途径越来越广,传播速度也越来越快,造成的危害也越来越大。基于安全方面的考虑,每一个计算机用户或企业信息系统管理者都应该在计算机上安装实时防病毒软件以预防病毒的恶意破坏。安装了防毒软件后,要定期进行在线升级和病毒库更新,这样才能使防毒软件最有效。下面以瑞星杀毒软件为例,介绍其安装、配置、升级和病毒查杀过程。

9.3.1　瑞星杀毒软件的使用

1. 实验目的

通过本实验学习瑞星杀毒软件的安装、配置、升级、病毒查杀过程,掌握杀毒软件的使用方法。

2. 实验步骤

1) 瑞星杀毒软件的安装

(1) 开启计算机,插入瑞星杀毒软件安装光盘(或从网上下载瑞星杀毒软件),启动光盘开始安装,进入瑞星杀毒软件安装向导界面,单击"下一步"按钮。

(2) 阅读最终用户许可协议并接受,单击"下一步"按钮。

(3) 进行"定制安装",这里选择"全部安装",单击"下一步"按钮,如图 9-21 所示。

(4) 确定瑞星杀毒软件安装的位置,单击"下一步"按钮。

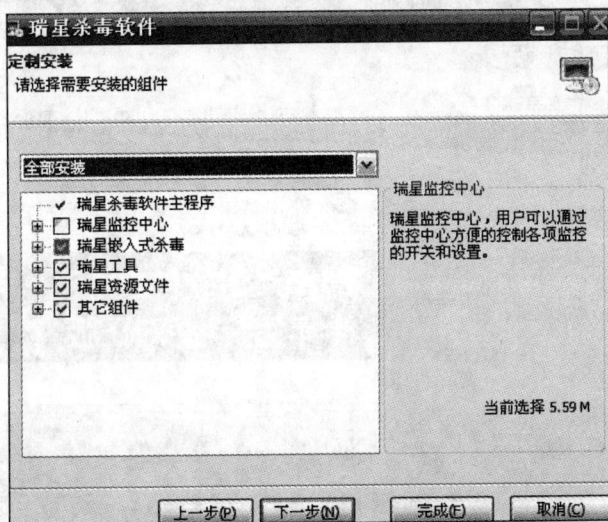

图 9-21　定制安装

(5) 选择需要在开始菜单文件夹中创建的程序快捷方式,然后单击"下一步"按钮。

(6) 显示安装信息,确认无误后单击"下一步"按钮。

(7) 瑞星对内存的病毒进行查杀,确保在一个无毒的系统中安装瑞星软件,查杀结束后单击"下一步"按钮,开始安装瑞星软件,如图 9-22 所示。

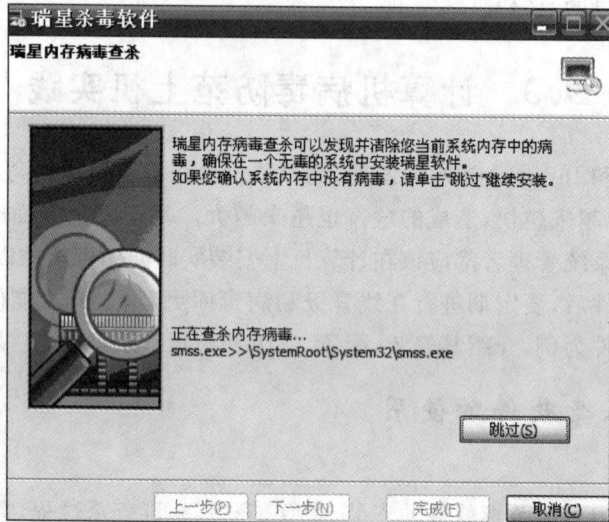

图 9-22　瑞星内存病毒查杀

(8) 安装完成后,单击"完成"按钮结束安装。

2) 瑞星杀毒软件的配置

(1) 启动瑞星杀毒软件,进入杀毒软件主界面,单击界面右上端"设置"按钮,如图 9-23 所示。

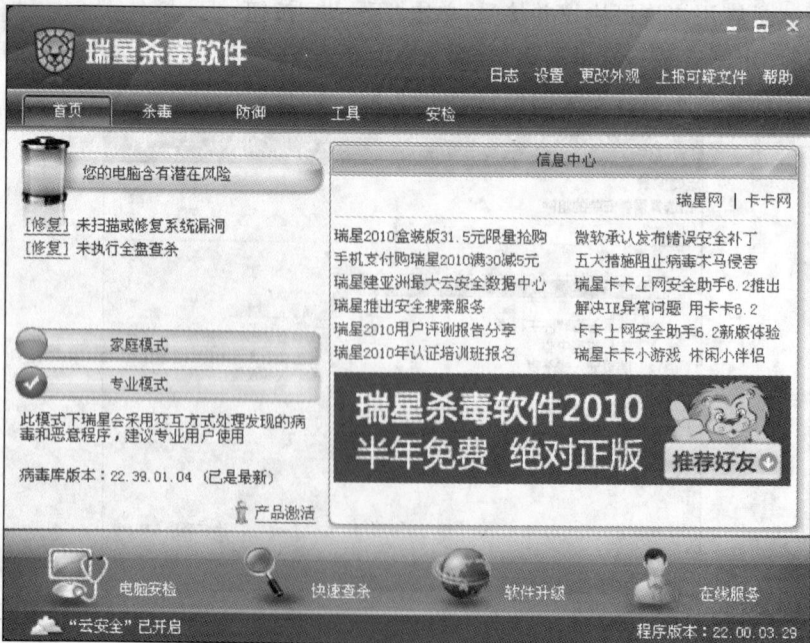

图 9-23　"瑞星杀毒软件"主界面

（2）在设置界面中，可对各选项进行设置，这里采用默认值，也可以根据自己的需要进行设置，如图 9-24 所示。

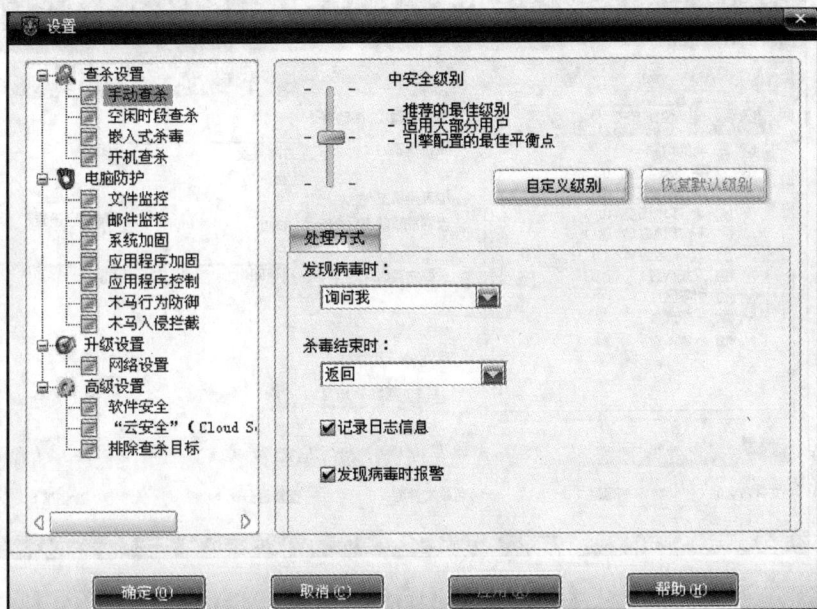

图 9-24　软件设置

3）瑞星杀毒软件的升级

（1）启动瑞星杀毒软件，进入杀毒软件主界面，单击"软件升级"按钮。

（2）检测网络配置并连接瑞星升级服务器。

（3）连接到升级服务器后，显示升级信息，单击"继续"按钮开始升级，如图 9-25 所示。

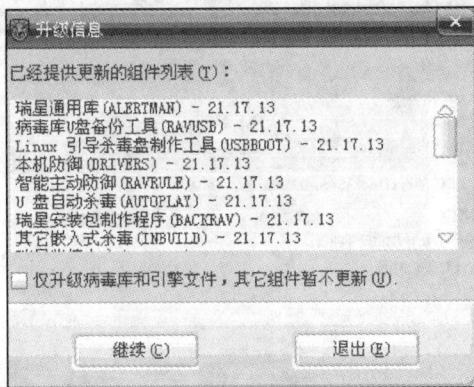

图 9-25　升级信息

（4）升级完成后，单击"完成"按钮结束升级。

4）瑞星杀毒软件的病毒查杀

（1）启动瑞星杀毒软件，进入杀毒软件主界面，选择"杀毒"选项卡。

（2）选择查杀目标，复选框打"√"即被选中，单击"开始查杀"按钮，如图 9-26 所示。

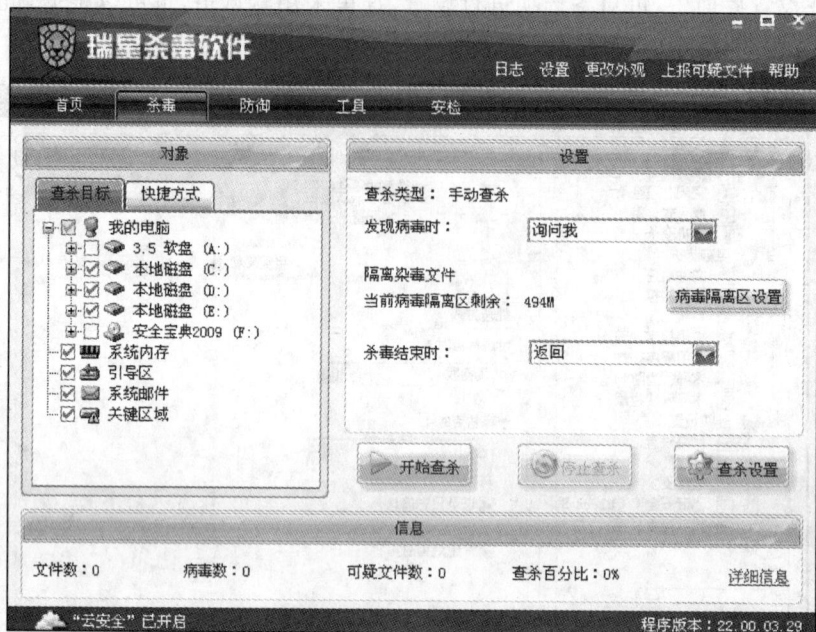

图 9-26 选择查杀目标

（3）病毒查杀过程一般需要较长的时间，需要等待，在杀毒过程中，会给出查杀信息，如果发现病毒，会在界面的下半部分列出染毒的文件名、文件所在路径、病毒名和处理结果，如图 9-27 所示。

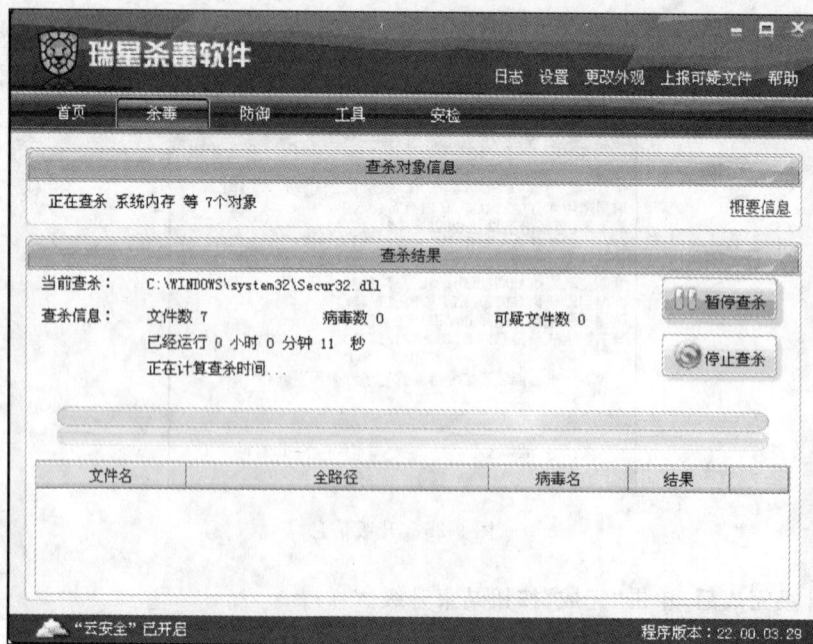

图 9-27 查杀过程

3. 实验结论

随着网络技术的发展,病毒技术也在不断地发展提高,旧的网络病毒不断变种,新的病毒不断出现,为了增强对未知病毒、变种病毒、木马、恶意网页程序、间谍程序的快速查杀能力,为了全面保护计算机不受病毒侵害或阻止恶意程序在本机执行,每一个计算机用户都应该安装杀毒软件,这是互联网时代保护计算机系统安全的必备工具。另外,用户可以根据自己系统的特殊情况,对杀毒软件进行设置,制定独特的防护规则,设定个性化的查杀级别和处理方式、升级策略等,从而进一步完善软件功能,确保计算机的安全。

9.3.2　问题与解答

1. 问题 1　杀毒软件为什么经常升级病毒库?

病毒的特征会被记录在病毒库中,杀毒软件检查文件时,通过与病毒库中病毒的特征作比较来判断该文件是否为病毒或是否已感染病毒,然后对病毒进行查杀。而新病毒不断出现,当出现新病毒时,若病毒库中没有这个新病毒的特征代码,杀毒软件就不会查杀这个病毒。因此,杀毒软件需要经常更新病毒库,以提高软件查杀病毒的能力。

2. 问题 2　病毒库的作用是什么?

所谓病毒库就是记录病毒特征的文件。它的作用是:杀毒软件要根据病毒库中病毒的特征来判断某文件是否为病毒或是否已经感染病毒,是杀毒软件识别病毒的依据。

第10章 信息检索与利用上机实践

知识点：

- Internet 网上信息的查找方法
- 学术文献的检索方法
- 数字图书馆资源的使用
- 数字信息的再加工

本章导读：

信息的检索与利用是当代大学生必须掌握的信息处理技能，是现代社会信息素养的重要组成部分。Internet 的普及和应用使得全球的信息相关联，世界被包裹在了一个规模空前的信息空间中。人们需要的各种各样的信息无处不在，同时人们不需要的信息也充斥着整个互联网络。如何在纷繁复杂的信息环境中找到自己需要的信息，如何冲破各种虚假信息的迷雾，探求信息的真实性与实用性，是人们在信息利用过程中需要极力解决的问题。通过本章的实践学习，能够掌握信息检索的一般方法，学会信息再加工的技术和技巧，为在信息网络中更加快捷地检索信息，更加高效地利用信息奠定一定的基础。

10.1 信息检索的常用方法

信息检索的方法多种多样，针对不同的信息来源和形式有不同方法。本节就 Internet 中信息检索所普遍应用的搜索引擎进行实践学习，从而掌握信息检索的一般方法和技巧。

10.1.1 实验1 通过百度搜索引擎检索信息

1. 实验目的

通过本实验学习通过百度搜索引擎搜索信息，掌握百度搜索的一般方法和技巧。

2. 实验步骤

（1）打开 IE 浏览器，在地址栏内输入 URL：http://www.baidu.com。

（2）如图 10-1 所示，把百度检索目标的范围设定在"网页"连接，在搜索栏内输入"龙芯"关键词，单击"百度一下"搜索按钮。

（3）浏览检索出的信息全部都是和"龙芯"有关的网站、网页，发现信息量很大，而且包罗万象，在众多的信息当中不太容易找出自己希望获取的信息。

（4）如图 10-2 所示，单击百度搜索引擎页面上方的"更多"连接，从列出的列表中选择"百科"选项；把百度搜索切换到"百度百科"。保持搜索栏内的"龙芯"关键词不变，单击"搜索词条"按钮，百度检索出有关"龙芯"的各种词条信息。单击"进入词条"按钮，打开"龙芯"

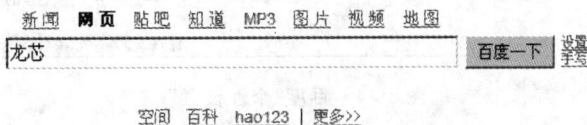

图 10-1　在百度检索中搜索"龙芯"

词条的"百度百科"页面,该页面是"龙芯"词条的详细内容。

(5) 对于词条的解释可以自由编辑,如果需要编辑词条的内容,可以在该页面中单击"编辑词条"连接就可以对词条进行编辑。

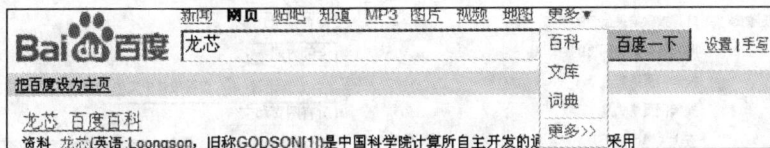

图 10-2　切换到"百度百科"

(6) 单击百度搜索引擎页面上方的"图片"连接,把百度搜索切换到"百度图片"。保持搜索栏内的"龙芯"关键词不变,单击"百度一下"按钮,百度可以检索出有关"龙芯"的各种图片资料。

(7) 单击百度搜索引擎页面上方的"贴吧"连接,把百度搜索切换到"百度贴吧"。保持搜索栏内的"龙芯"关键词不变,单击"百度一下"按钮,百度贴吧可以检索出有关"龙芯"的论坛信息。

(8) 如图 10-3 所示,单击百度搜索引擎页面上方的"文库"连接,把百度搜索切换到"百度文库"。保持搜索栏内的"龙芯"关键词不变,选择 DOC 搜索类型,再单击"搜索文档"按钮,百度文库可以检索出有关"龙芯"的各种 DOC 文档信息。

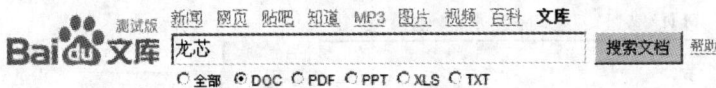

图 10-3　百度文库检索

(9) 在百度首页界面中,单击"更多"连接,能够打开百度所有频道的连接列表,在这些连接列表中可以自由选择要检索的频道项目。

(10) 在百度首页界面中,单击"设置"连接,能够打开百度个性设置页面,如图 10-4 所示,在个性设置页面中,能够对搜索框提示、搜索语言范围、搜索结果显示条数进行设置。

(11) 在百度首页界面中,单击"设置"连接,如图 10-5 所示,能够打开百度"高级搜索"页面,在"高级搜索"页面中,可以对百度"查询语法"进行直观地应用,方便做各种搜索查询。

(12) 百度提供详尽的帮助信息,在百度首页可以通过单击"设置"连接进入"设置和高级搜索"页面,然后单击"帮助中心"进入百度的帮助页面;也可以在每个具体的搜索频道页

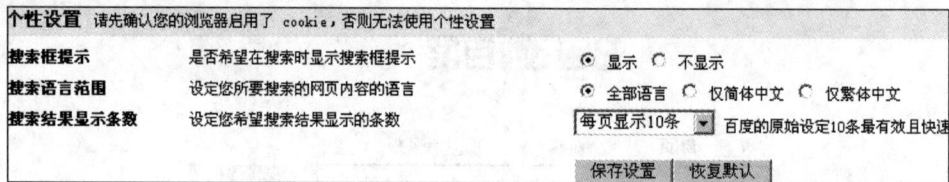

图 10-4　百度"个性设置"

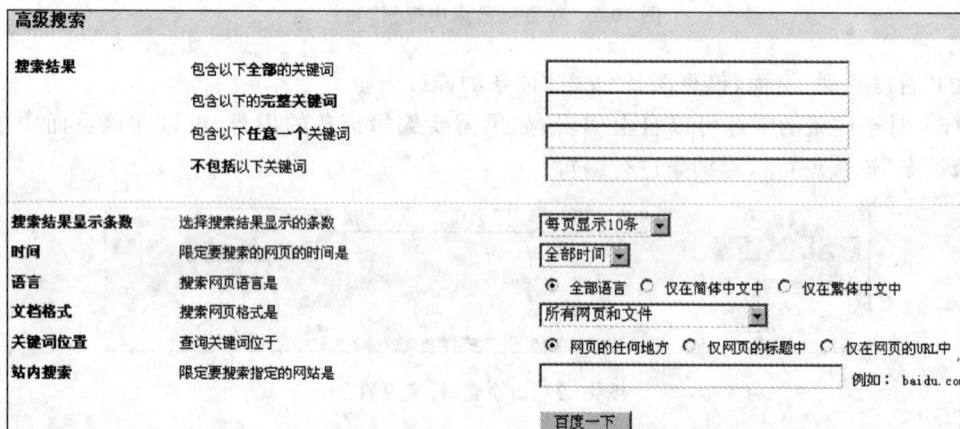

图 10-5　百度"高级搜索"设置

面中,单击"帮助"连接进入百度帮助页面。

(13) 对于在搜索过程中不会使用中文输入法或者不知道某个汉字的具体输入编码(拼音输入、五笔输入等)时,百度提供了"手写输入"功能,可以让用户通过手写方式输入信息。如图 10-6 所示,单击"百度一下"按钮右侧的"手写"连接,就可以打开百度手写工具。

图 10-6　百度手写输入

3. 实验结论

百度提供了灵活的检索手段和分门别类的搜索频道,通过这些搜索频道,可以快捷、方便地搜索相关的信息资源。丰富的检索内容、友好的交互界面、灵活的个性定制使得百度搜索引擎在 Internet 网上中文资源检索中成为主要的检索工具。

10.1.2 实验 2 通过 Google 搜索引擎进行学术文献搜索

1. 实验目的

通过本实验学习 Google 搜索引擎的使用。学习利用 Google 的"学术"搜索频道进行学术文献的搜索。

2. 实验步骤

(1) 打开 IE 浏览器,在地址栏内输入 URL:http://www.google.com。

(2) 单击界面中的"更多/更多〉〉"连接,打开谷歌的"更多 Google 产品"页面,在该页面的"搜索服务"列表中,找到"学术搜索"项目,单击"学术搜索",进入谷歌"学术搜索"页面。

(3) 如图 10-7 所示,在搜索栏内输入"信息检索"关键词,单击"搜索"按钮开始进行搜索。

图 10-7 谷歌学术搜索

(4) 在检索结果页面中,列出了有关"信息搜索"的相关学术信息条目。

(5) 可以对学术搜索进行一定的精确搜索限制,如图 10-8 所示,在"时间不限"列表中可以选择搜索文献的起始年份,例如,"始于 2000",表示搜索 2000 年以后的文献信息。在"包含引用"的列表中,可以选择"包含引用"或者"至少显示摘要"。当选择的是"包含引用"项时,搜索的结果会把搜索关键词被引用的文献信息检索列出,并表示出"被引用的次数"。

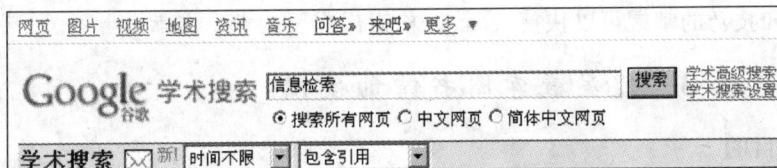

图 10-8 设置"时间不限"或"包含引用"

(6) 学术搜索检索列出的信息都连接指向了搜索"关键词"所对应的文献出处,例如,"维普咨询"、"万方数据"等学术咨询网站的页面。

(7) 单击"学术高级搜索"连接,如图 10-9 所示,打开谷歌"学术高级搜索"页面,在该页面中可以对"查找文章"、"作者"、"出版物"、"日期"等进行设置,从而精确检索出相关文献。

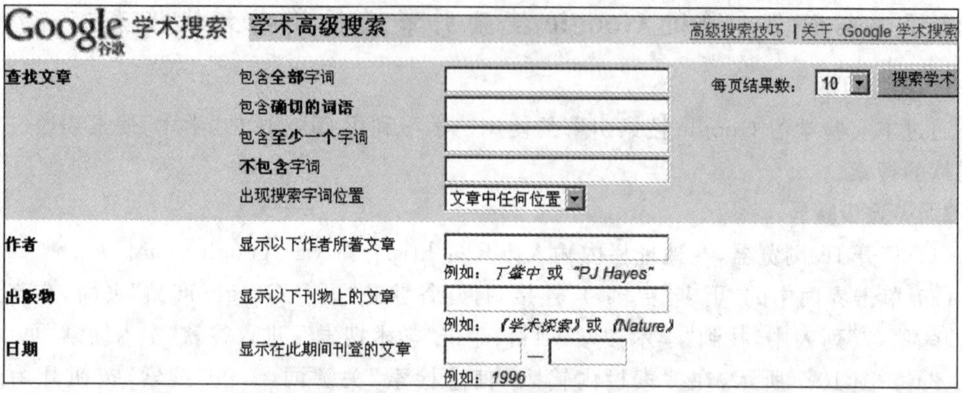

图 10-9 学术高级搜索

(8) 针对作者搜索:作者搜索是找到某篇特定文章最有效的方式之一。如果知道要查找文章的作者,只需要把作者姓名添加到搜索栏中即可,例如,在搜索栏内输入"作者:何克抗",则检索出有关何克抗发表的学术文章及相关引用约有 642 条结果。

(9) 针对出版物限制搜索:出版物限制选项只适用于高级学术搜索,可以检索来自特定出版物、针对特定字词的搜索结果。例如,如果要在《计算机世界》上搜索有关"游戏"的文献,则可以进行如下操作:在"查找文章"→"包含全部字词"栏输入"游戏",在"出版物"→"显示以下刊物上的文章"栏内输入"计算机世界",单击"搜索学术"按钮即可检索出相关文章。

(10) 针对日期限制搜索:日期限制选项只适用于高级学术搜索,可以检索来自特定日期范围、针对特定字词的搜索结果。例如,如果要在 2000—2010 年时间段范围内搜索有关"新媒体"的文献,则可以进行如下操作:在"查找文章"→"包含全部字词"栏输入"新媒体",在"日期"→"显示在此期间刊登的文章"栏内输入"2000—2010",单击"搜索学术"按钮即可检索出相关文章。

3. 实验结论

虽然搜索引擎能够提供一般的搜索方法来查找资料,但不同的操作方法会导致不同的检索效率,究其原因就在是否掌握了所需的搜索技巧和搜索知识。谷歌学术搜索是为学术文献的检索量身订制的"专门"工具,其在学术文献的搜索上可谓独树一帜。通过对谷歌学术搜索方法和技巧的掌握可以快捷、高效地检索出需要的学术文献。

10.1.3 实验 3 超星数字图书馆的使用

1. 实验目的

通过本实验学习超星数字图书馆的实用。学习如何在超星数字图书馆提供的庞大图书数据库中检索需要的图书资源。阅读、浏览和下载数字图书。

2. 实验步骤

(1) 首先需要安装超星阅读器,下载超星阅读器最新版本(4.01 版)到本地磁盘:鼠标双击安装文件开始安装,在安装过程中根据安装提示信息进行操作,完成软件的安装。

（2）在 Windows 桌面上双击"超星阅读器"图标,运行超星阅读器程序,进入超星阅读器界面。

（3）初次使用超星阅读器需要先建立一个注册用户,在下拉菜单中选择"注册"→"新用户注册",打开"用户注册"界面,填写相关注册信息,单击"注册"按钮完成注册。注册以后就可以登录访问超星阅读器内置的浏览器页面了。

（4）选择超星阅读器的"资源"选项卡,在"资源"选项卡中列出了"本地图书馆"、"光盘"和"数字图书馆"的资源条目。如图 10-10 所示,展开"数字图书馆"→"综合主题馆"选项,选择"辞典"项,显示该主题中收藏有《资治通鉴大辞典》系列书籍。

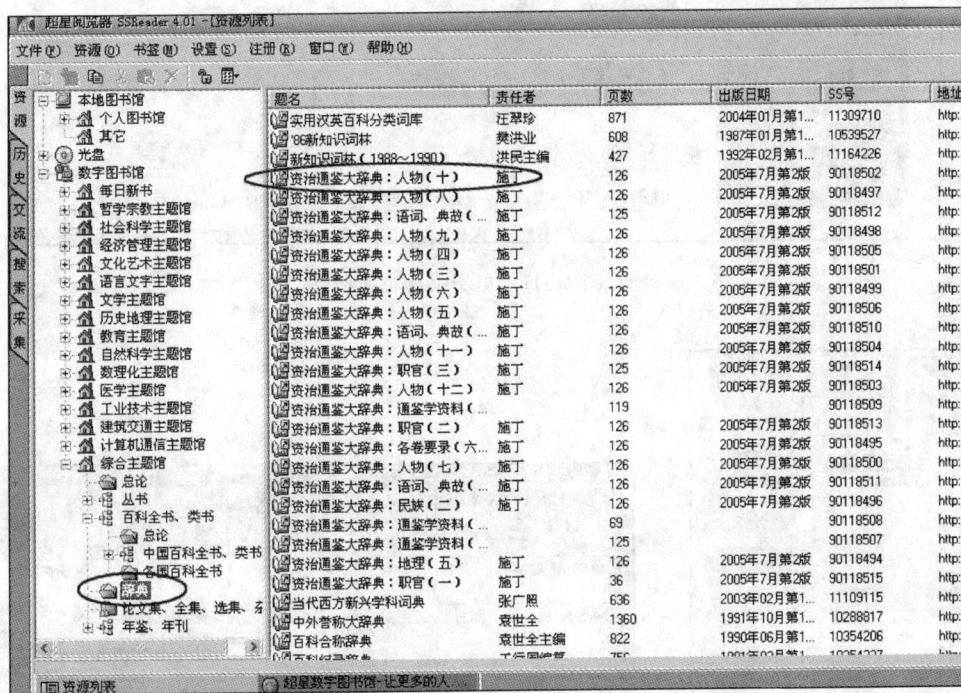

图 10-10　数字图书馆资源

（5）双击《资治通鉴大辞典》人物（十）图书目录,如图 10-11 所示,进入该电子书籍的页面,在该页面中可以进行"阅览器阅读"、"下载图书"、"收藏本书"等操作。

（6）单击"下载图书"按钮,系统提示"正在连接服务器",稍后系统弹出"下载选项"对话框,如图 10-12 所示,在该对话框中的"分类"选项卡中,可以"新建"、"新建子分类",可以对已有分类项目进行"重命名"或"删除"操作。在"存放路径"栏内,通过右侧的"…"按钮选择下载图书所存储的磁盘位置。

（7）单击"确定"按钮,如图 10-13 所示,打开"下载监视"页面,在该页面中,可以监视图书下载的过程。下载完成的图书资源存放到了指定的文件夹。

（8）打开阅读器主界面的"搜索"选项卡,如图 10-14 所示,进入"搜索"页面,在搜索栏内输入"唐代诗歌"关键词,单击"搜索图书"按钮,随后,搜索到的图书信息列表显示到了页面中。

信息检索与利用上机实践

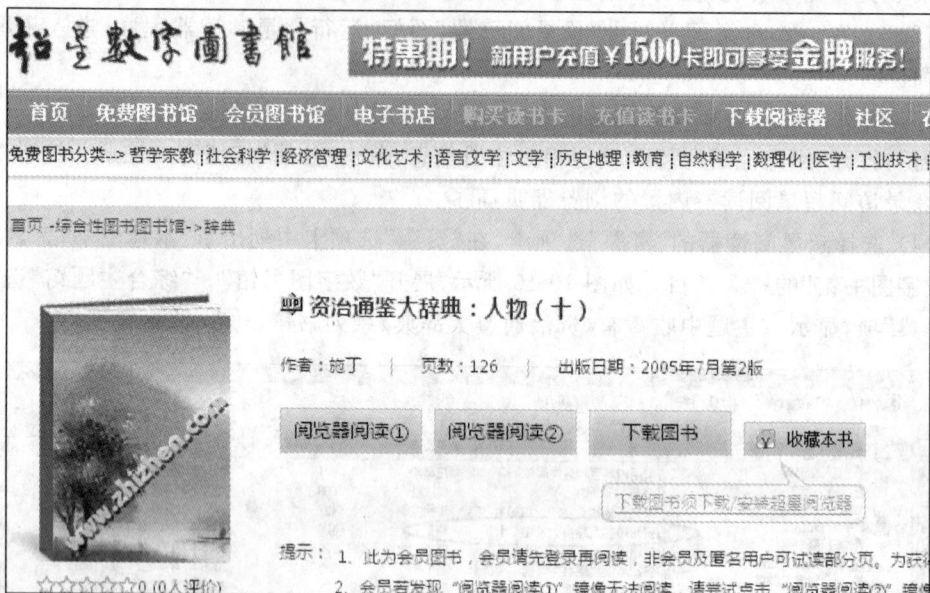

图 10-11 电子书籍页面

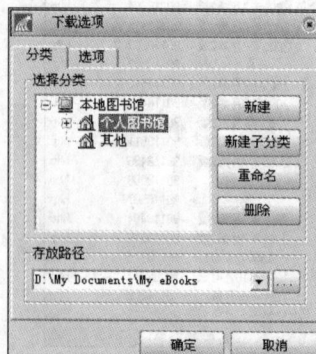

图 10-12 "下载选项"对话框

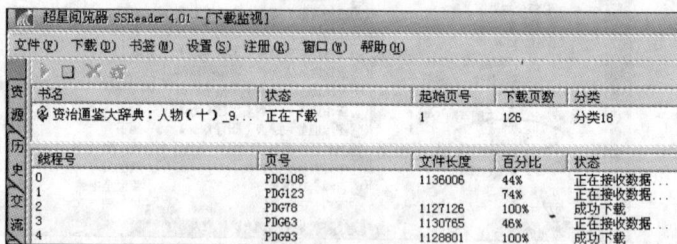

图 10-13 下载监视器

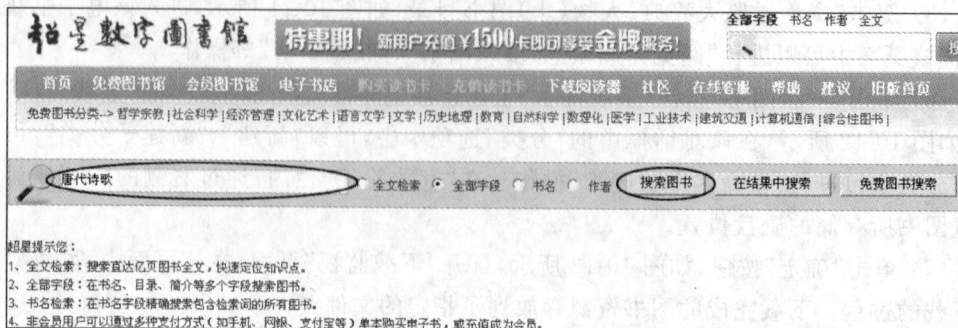

图 10-14 数字图书搜索

（9）在检索出的有关"唐代诗歌"列表中，找到《唐代诗歌点评》（一）图书目录，单击"IE阅读"按钮，进入浏览器阅读界面，在该页面下，可以在线阅读《唐代诗歌点评》（一）数字图书。

（10）在检索出的有关"唐代诗歌"列表中，找到《唐代诗歌点评》（一）图书目录，单击"阅览器阅读"按钮，进入超星器阅读界面，在该页面下，可以在线阅读《唐代诗歌点评》（一）数字图书。

（11）在阅读界面的工具栏内找到"选择图像进行文字识别"工具，使用该工具在书籍页面中划选一块文字区域，如图 10-15 所示，弹出"识别文字"窗口，该窗口中的文本文字就是阅读器对划选的内容进行自动识别后转换得到的文本，该文本可以被复制到文本编辑软件中（如 Word、写字板、记事本等）利用，也可以单击"保存"按钮，存储格式为"∗.txt"的文本文件。

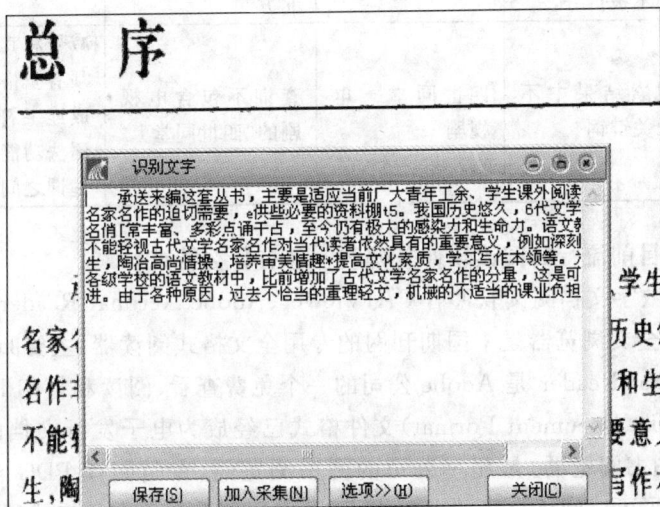

图 10-15　选择图像进行文字识别

（12）在阅读界面的工具栏内找到"图书标注"工具，弹出"标注"工具栏，使用标注工具栏中的"铅笔"、"直线"、"高亮"、"画圈"等工具可以在书籍页面中绘制带颜色的线条、圆圈等标记；使用"批注"工具可以给一个选定的区域建立批注信息；使用"连接"工具可以给一个选定的区域建立超链接。

3. 实验结论

超星数字图书馆是网络上主流的数字图书馆之一，以丰富的藏书量、便捷的在线阅读功能赢得了大量的用户。通过超星阅读器可以阅读 pdg 格式的数字图资料，可以在线阅读，也可以下载到本地磁盘阅读。阅读时可以在书籍上进行标注、注释等操作，书籍内容还可以通过文字识别等操作转换成文本字符加以保存、复制和粘贴。

10.1.4　问题与解答

1. 问题 1　百度高级查询语法规则是什么？

百度高级查询语法规则如表 10-1 所示。

表 10-1　百度高级查询语法规则

语　法	功　能	实　例	说　明	备　注
intitle：关键词	把搜索范围限定在网页标题中	intitle：三国演义	检索标题中包含"三国演义"的网页	intitle:和后面的关键词之间，不要有空格
site：站点域名	把搜索范围限定在特定站点中	集张铁路 site：bbs. hasea. com	在海子铁路网论坛中检索包含"集张铁路"的网页	注意："site:"后面跟的站点域名，不要带"http://"；另外，site:和站点名之间，不要带空格
inurl：关键词	把搜索范围限定在 url 连接中	Photoshop inurl：jiqiao	检索关于 Photoshop 的使用技巧	inurl:语法和后面所跟的关键词，不要有空格
"关键词"或《关键词》	精确匹配，关键词不被拆分	"中国正北方"	整词查询"中国正北方"	
一关键词	搜索结果中不含关键词	四世同堂—电视剧	查询不包含电视剧的"四世同堂"	减号和其之前的内容之间必须有空格，否则，减号会被当成连字符处理，而失去减号语法功能。减号和其后的关键词之间，有无空格均可

2. 问题 2　目前流行的阅读软件有哪些？各有什么特点？

目前流行的数字文档阅读软件有 CAJViewer、Adobe Acrobat Reader、SSReader。

CAJViewer 全文浏览器是中国期刊网的专用全文格式阅读器，主要阅读 CAJ 格式的文档；Adobe Acrobat Reader 是 Adobe 公司的一个免费查看、阅读和打印 PDF 文件的工具，目前 PDF(Portable Document Format)文件格式已经成为电子发行文档的事实上的标准；SSReader(超星图书阅览器)是超星公司的图书阅览器，专门阅读 PDG 格式的数字图书。这三种阅读器除了可以阅读自己的专门格式外，也可阅读其他多种格式的数字图书。

10.2　通过 OCR 软件进行数字信息的再加工

通过搜索引擎、数字图书阅读器等检索、下载得到的资源一般都是 PDF、CAJ、PDG 等格式文件，这些格式文件的内容很大一部分是转换成了图像的形式，其中的"文字"一般只能阅读，不能进行文本的复制、粘贴等操作，其中的"图片"也只能浏览，不能直接进行复制、粘贴等操作。为了能对格式文件中的文字、图片等信息进行再利用，就必须通过 OCR 等技术手段进行识别处理。

10.2.1　实验 1　对数字格式文档进行图像转换

1. 实验目的

通过本实验学习虚拟打印机的安装和使用，掌握把数字文档转换成为图像文件的一般方法。

2. 实验步骤

(1) 下载图像捕捉软件 Snagit，根据安装向导进行软件的安装，安装完毕后，会在

Windows 系统中添加一款虚拟打印机 Snagit,通过打开 Windows 系统的"打印机和传真"窗口看到该打印机。

(2) 下载 PDF 阅读器软件 Adobe Acrobat Reader,根据安装向导的提示安装完成该软件。

(3) 运行 Adobe Acrobat Reader 阅读器,在文件下拉菜单中选择"打开"选项,打开一个格式为 pdf 的数字文档文件。

(4) 在文件下拉菜单中选择"打印设置"菜单项,如图 10-16 所示,弹出"打印设置"窗口。在该窗口中,选择"打印机"栏内的"名称"列表,从中选择"Snagit 10"打印机作为打印文档的打印机。

(5) 在"打印设置"窗口中单击打印机栏内的"属性"按钮,弹出所选 Snagit 打印机的设置"属性"窗口,在该窗口中单击"高级"按钮,如图 10-17 所示,进入"Snagit 10 Printer 高级选项"窗口,在该窗口中,单击"图形"→"打印质量"选项,在弹出的选项列表中选择"300×300 dots per inch"列表项。把虚拟打印机的打印精度调整成 300×300dpi 的分辨率。

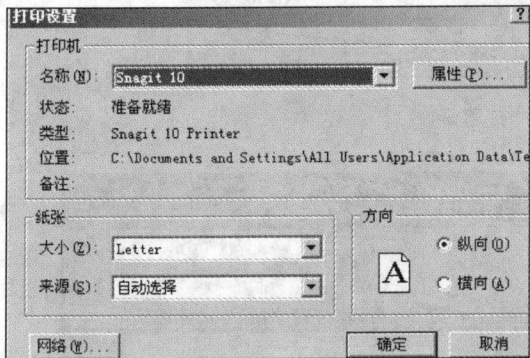

图 10-16　选择 Snagit 打印机　　　　　　图 10-17　调整打印分辨率

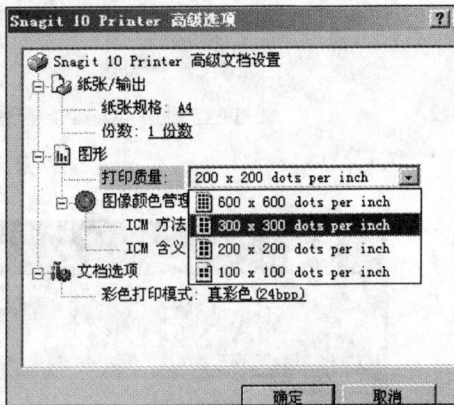

(6) 在文件下拉菜单中选择"打印"选项,如图 10-18 所示,弹出"打印"窗口,在该窗口中设置好各打印参数,例如,在"打印范围"的"页数"栏内,输入要打印文档的页数。单击"确定"按钮进行打印。

(7) 稍候,Snagit 虚拟打印完成,如图 10-19 所示,打印的内容呈现在了 Snagit Editor 窗口中。

(8) 在 Snagit Editor 窗口中单击 save 按钮,弹出 Save As 窗口,在"文件名"栏内输入存储文件的名称为"转换图像",默认的文件名是文件建立的日期时间,如"2010-3-16 15-40-57"。单击"保存"按钮后,如图 10-20 所示,弹出 Multiple Page Capture 窗口,在该窗口中选择 Save each page as a separate file(把每一个页面存储成分离的文件)项,保存文件。

(9) 浏览保存文件的文件夹,看到已经生成了多个图像文件。

3. 实验结论

Snagit 是一款屏幕捕捉程序,其主要功能是把屏幕上显示的信息进行捕捉,转换成图像文件,同时 Snagit 还提供了一个虚拟打印机,可以把任何内容通过"打印"转换成图像文件。Snagit 功能强大,操作简便。不仅有基本的屏幕捕获、虚拟打印功能,还能对捕获的内容进行图像编辑、效果处理、图像管理等。转换 PDF、CAJ、PDG 等格式的文档为数字图像文件,

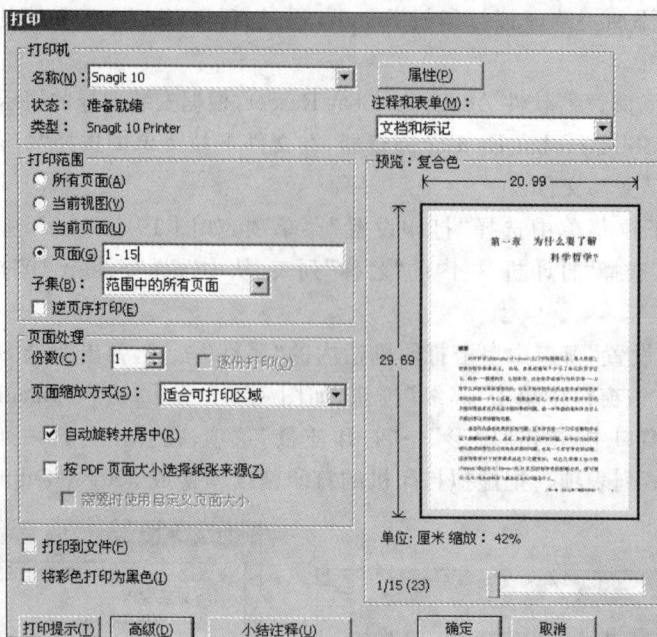

图 10-18　打印窗口

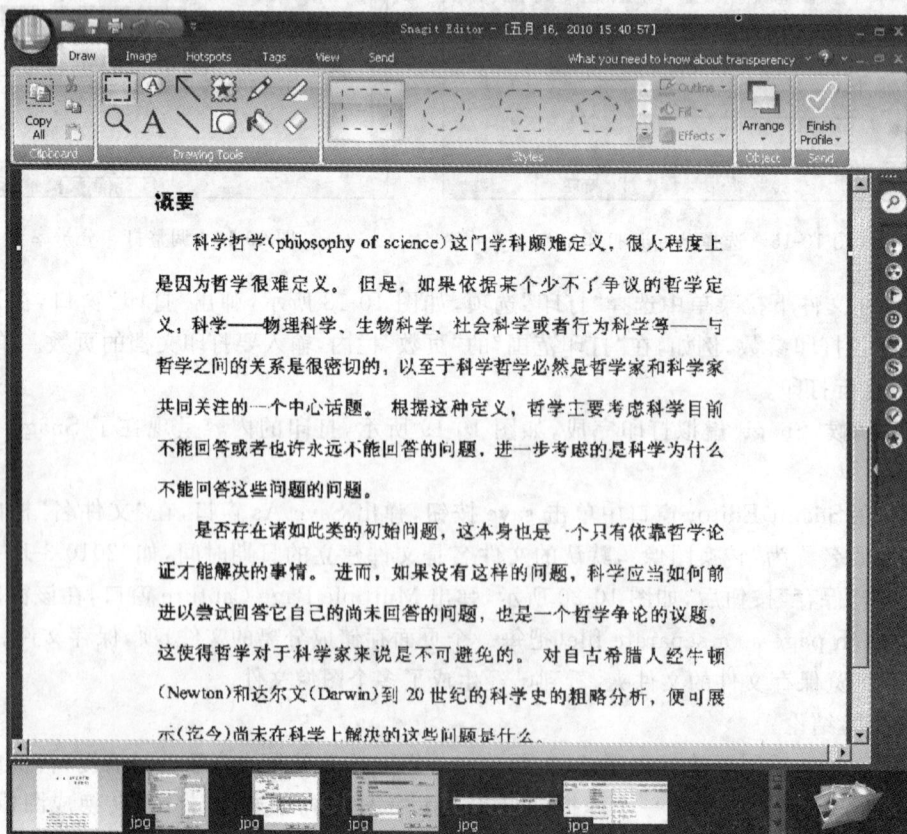

图 10-19　Snagit Editor 窗口

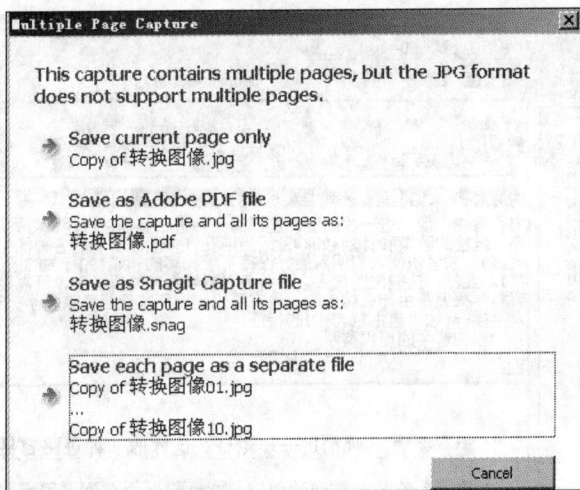

图 10-20　保存转换的图像文件

除了使用"虚拟打印"外,也可以通过 Snagit 进行屏幕抓图来转换,但比较烦琐。

10.2.2　实验 2　通过尚书 OCR 进行图像文件的文字识别

1. 实验目的

通过本实验了解 OCR 的基本概念,掌握文字识别的一般方法。

2. 实验步骤

(1) 运行尚书七号文字识别软件的 setup.exe 安装程序,根据安装向导进行安装。

(2) 单击"开始"→"尚书七号 OCR"→"尚书七号 OCR"命令,运行尚书七号 OCR 软件,打开"尚书七号 OCR"界面。

(3) 在文件下拉菜单项中选择"打开图像"选项,弹出"打开图像文件"窗口,在该窗口中,浏览选择"实验 1"中转换的图像文件,例如,"转换图像 01.jpg",也可以通过键盘上的 Shift 键配合鼠标选择多个文件。单击"打开"按钮,把选择的文件加载到"尚书七号 OCR"的文件列表中。

(4) 选择列表中的一个文件,则在文件浏览窗口显示出该文件的内容。选择"识别"下拉菜单中的"版面分析"选项对该文件进行自动版面分析。

(5) 也可以在"识别"下拉菜单中选择"选择全部文件"选项,把文件列表中的文件全部选中,再选择"识别"下拉菜单中的"版面分析"选项,对全部文件进行自动版面分析。

(6) 在"识别"下拉菜单中选择"开始识别",如图 10-21 所示,系统自动进行识别操作。识别过程结束后,识别出的文本呈现在文本窗中,可以通过鼠标对识别出的文本进行选择查看,如果发现有识别错误的文本,则可以马上通过键盘进行修改,也可以通过"字符修正"栏内给出的"可能的正确字符"进行修正。

(7) 识别并修改完成后,单击"输出"下拉菜单中的"到指定格式文件"选项,如图 10-22 所示,弹出"保存识别结果"窗口,在该窗口中,给出要保存的文件名和指定保存路径,选择保存文件格式(TXT、RTF、HTM、XLS 等格式),单击"保存"按钮完成保存。也可以选中"输出到外部编辑器"复选框进行编辑。

311

第 10 章

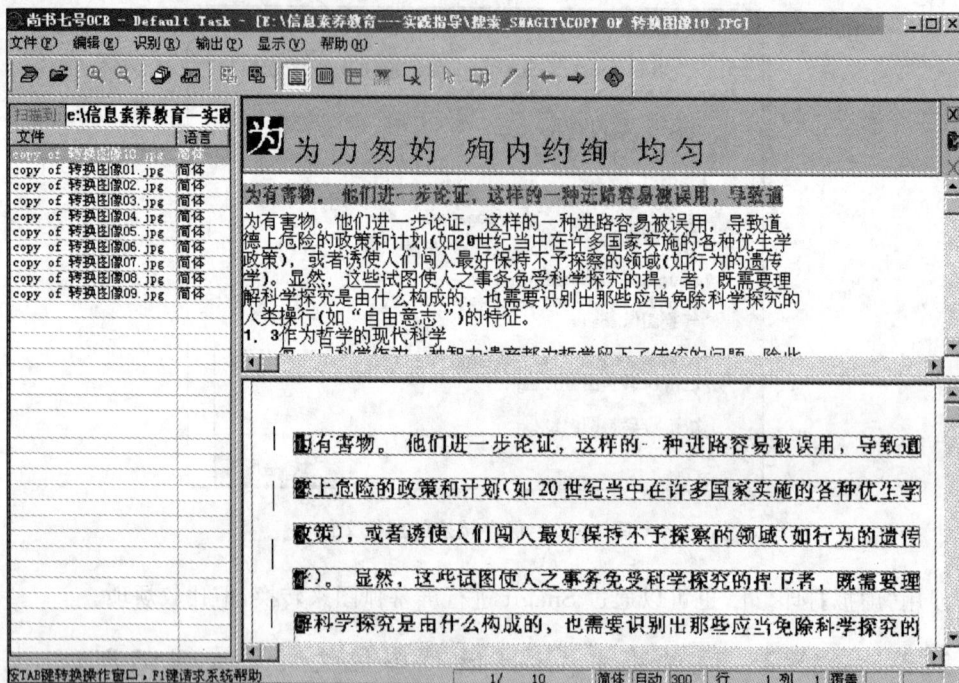

图 10-21　尚书七号 OCR 文字识别界面

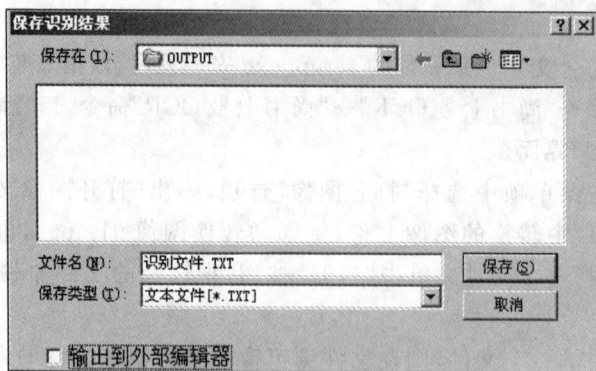

图 10-22　保存识别的文件

3. 实验结论

Windows 7 提供的桌面小工具不仅能够实时获取来自于网络的信息，例如，最新的金融行情、新闻条目、天气情况等，也可以实施监控和管理系统资源信息，为用户的日常工作、生活、娱乐带来各种各样的便利和乐趣。

10.2.3　问题与解答

1. 问题 1　OCR 的概念是什么？

OCR 指的是光学字符识别技术，是光学字符识别（Optical Character Recognition）的英文缩写。OCR 技术，是指对文字图像进行暗、亮的模式检测，确定其形状，然后用字符识别方法把形状翻译成计算机文字的过程。一般 OCR 的流程是对文字打印稿（印刷稿、手写稿）资料进行扫描生成文字图像文件，然后对图像文件进行分析处理，获取文字及版面信息。

识别率的高低是衡量 OCR 技术成熟与否的重要指标，同时衡量一个 OCR 系统性能好坏的主要指标还有拒识率、误识率、识别速度、用户界面的友好性、产品的稳定性、易用性及可行性等方面。

2. 问题 2　什么是虚拟打印？

虚拟打印是指通过系统安装的虚拟打印机"模拟"文档打印的过程。虚拟打印的结果不是把文档打印在打印纸上，而是建立了一个打印结果文件（一般是图像文件），该文件的内容同使用真实打印机打印在打印纸上的内容一致。

虚拟打印机并不是客观上存在的打印机，它是用软件模拟出的"软打印机"。例如，Snagit、TM 和 FlashPaper2 等软件都自带了虚拟打印机。专门的虚拟打印机软件 FinePrint 能够实现更加丰富和强大的"打印"功能。

虚拟打印机是靠截获 Windows 程序的打印操作，模拟出打印效果，再输出到一个文件中。虚拟打印给办公自动化工作带来了很大的方便，是无纸化办公的重要手段。

参 考 文 献

[1] 姚建东,张桂英,王翠茹,金涛.信息素养教育.北京:清华大学出版社,2009.

[2] 张洪星,李志梅.信息技术基础教程.3版.北京:电子工业出版社,2006.

[3] 鲁宏伟,汪厚祥.多媒体计算机技术.2版.北京:电子工业出版社,2004.

[4] 卢湘鸿.计算机应用基础.5版.北京:清华大学出版社,2007.

[5] 周春城.Vision 2007从入门到精通.北京:电子工业出版社,2008.

[6] 卓越科技.计算机综合培训教程.2版.北京:电子工业出版社,2008.

[7] 董亚谋.新概念计算机应用基础案例实训.北京:中国人民大学出版社,2008.

[8] 卓越科技.快学快用Office 2007图解入门.北京:电子工业出版社,2008.

[9] 刘万年.视音频处理技术.南京:南京大学出版社,2009.

[10] 詹宏.视音频编辑处理技术教程.北京:人民邮电出版社,2005.

[11] 周国栋.Flash 8角色与动画短片设计技术精粹.北京:人民邮电出版社,2007.

[12] 何帆.电脑动画概论.北京:人民美术出版社,2008.

[13] 杨格,曾双明,王洁,王占宁.Flash经典案例完美表现200例.北京:清华大学出版社,2008.

[14] 孙连军.Flash 8动画设计与制作案例教程.北京:机械工业出版社,2008.

[15] 杨聪,邓宾.Photoshop CS3平面设计案例实训教程.北京:中国人民大学出版社,2009.

[16] 朱丽静.Photoshop平面设计精品教程.北京:光明日报出版社,2008.

[17] 王雁南,关方.Photoshop图像处理实训教程.北京:航空工业出版社,2009.

[18] 郭光.Photoshop CS3标准教程.北京:中国青年出版社,2008.

[19] 邓凯,王晓燕.Photoshop图像处理.长春:吉林电子出版社,2009.

[20] 卢锋.Premiere Pro CS3实用教程.北京:清华大学出版社,2008.

[21] 刘小伟,俞慎泉.Premiere Pro视频编辑实用教程.北京:电子工业出版社,2009.

[22] 刘利杰.Premiere Pro中文版影视编辑案例教程.北京:中国水利水电出版社,2009.

[23] 刘峥,张云.Premiere Pro CS3中文版教程.长春:吉林电子出版社,2009.

[24] 文东,冯建华.Premiere Pro CS3基础与项目实训.北京:中国人民大学出版社,2009.

[25] Windows 7的网址:http://www.microsoft.com/china/windows/.

[26] 谢希仁.计算机网络.北京:电子工业出版社,2003.

[27] 赵腾任,刘国斌,孙江宏.计算机网络工程典型案例分析.北京:清华大学出版社,2004.

[28] Tanenbaum A S.计算机网络.第4版.北京:清华大学出版社,2004.

[29] 向光祥.Windows XP安装、操作与维护大全.北京:电子音像出版社,2008.

[30] 郑奕.BIOS与Windows注册表入门与提高.上海:上海科学普及出版社,2006.

[31] 梁越.多媒体计算机组装与维护.北京:科学出版社,2005.

[32] 李晓堂,詹峰.计算机组装与维护.北京:机械工业出版社,2009.

[33] 黎连业,等.防火墙及其应用技术.北京:清华大学出版社,2004.

相关课程教材推荐

ISBN	书　　名	定价(元)
9787302228295	信息处理技术基础教程(第2版)	34.00
9787302150565	多媒体技术应用基础	25.00
9787302218579	程序设计基础(C语言版)第2版	23.00
9787302220541	程序设计基础(C语言版)第2版 实验指导与习题	13.00
9787302176855	C程序设计实例教程	25.00
9787302180937	计算机应用基础教程	32.00
9787302183013	IT行业英语	32.00
9787302185413	大学计算机基础教程(Windows Vista · Office 2007)	29.00
9787302199274	大学计算机基础	33.00
9787302185635	网页设计与制作实例教程	28.00
9787302201649	网页设计与开发——HTML、CSS、JavaScript实例教程	29.00
9787302191094	毕业设计(论文)指导手册(信息技术卷)	20.00
9787302175384	计算机常用工具软件教程	32.00
9787302173267	C程序设计基础	25.00
9787302194422	Flash8动画基础案例教程	22.00
9787302203872	大学计算机基础	29.50
9787302152200	计算机组装与维护教程	25.00
9787302185055	计算机组装与维护技术实训教程	27.00
9787302216605	计算机组装与系统维护技术	32.00
9787302193838	微型计算机系统装配教程	25.00
9787302220534	微型计算机系统装配实训教程	19.50
9787302200628	信息检索与分析利用(第2版)	23.00

以上教材样书可以免费赠送给授课教师，如果需要，请发电子邮件与我们联系。

教学资源支持

敬爱的教师：

感谢您一直以来对清华版计算机教材的支持和爱护。为了配合本课程的教学需要，本教材配有配套的电子教案(素材)，有需求的教师可以与我们联系，我们将向使用本教材进行教学的教师免费赠送电子教案(素材)，希望有助于教学活动的开展。

相关信息请拨打电话010-62770175-4505或发送电子邮件至liangying@tup.tsinghua.edu.cn咨询，也可以到清华大学出版社主页(http://www.tup.com.cn 或 http://www.tup.tsinghua.edu.cn)上查询和下载。

如果您在使用本教材的过程中遇到了什么问题，或者有相关教材出版计划，也请您发邮件或来信告诉我们，以便我们更好为您服务。

地址：北京市海淀区双清路学研大厦A-708　　计算机与信息分社 梁颖 收
邮编：100084　　　　　　　　　　电子邮件：liangying@tup.tsinghua.edu.cn
电话：010-62770175-4505　　　　　邮购电话：010-62786544